Der Flotations-Prozess

Von

C. Bruchhold
gepr. Bergingenieur

Mit 96 Textabbildungen

Berlin
Verlag von Julius Springer
1927

ISBN-13:978-3-642-93932-7   e-ISBN-13:978-3-642-94332-4
DOI: 10.1007/978-3-642-94332-4

Vorwort.

Der augenblickliche Stand der Aufbereitung der Erze durch Flotation erlaubt es nicht, eine ausführliche Abhandlung über dieses Gebiet zu schreiben; denn der Prozeß ist noch in der Entwicklung begriffen und was heute als richtig angesehen wird, mag einige Jahre weiter als überwunden und veraltet gelten.

Ich beabsichtige daher, dem in der Praxis stehenden Flotationsingenieur ein Handbuch zu geben, in dem er sich schnell Rat holen kann. Infolgedessen wurde auch in der Stoffeinteilung mehr den praktischen Anforderungen als einer streng wissenschaftlichen Erörterung entsprochen.

Eine Beschreibung älterer Verfahren, die kaum noch ein historisches Interesse erwecken, ist absichtlich unterlassen, und nur die neueren Gedankengänge sind berücksichtigt worden, um so eine möglichst vollständige Darstellung des augenblicklichen Zustandes der Flotation zu geben. Ebenso sind Prozesse, die nur durch Laboratoriumsversuche bekannt, aber noch nicht in der Praxis im großen erprobt sind, unberücksichtigt geblieben.

Auch die früher häufig ausgeführte Verknüpfung der Flotation mit der Herd- und Setzarbeit als Anhängsel an letztere ist nur kurz gestreift worden. Der Prozeß ist schon zu weit gediehen, um nur als Hilfsprozeß angesehen zu werden. Er ist selbständig geworden und als solcher zu betrachten. Gerade die Einfachheit seiner Stammtafel gibt ihm einen unbedingten Vorzug vor allen anderen mechanischen Aufbereitungsarten.

Dies sind die Grundzüge, die mich zur Ausarbeitung des vorliegenden Leitfadens veranlaßt haben. Da „Der Flotationsprozeß" fast ausschließlich ein Ausfluß amerikanischer Erfahrung ist, konnten auch nur amerikanische Maschinen berücksichtigt werden und ich hoffe, daß dem deutschen Fachmann manche Anregung zu Verbesserungen gegeben wird. Eine Angabe der Literatur wurde unterlassen, da vieles aus den Artikeln der amerikanischen Fachblätter nur umgearbeitet und in abgekürzten Auszügen wiedergegeben werden konnte.

Hoffentlich kann das vorliegende Buch dazu beitragen, die Flotation in Deutschland zur allgemeinen Einführung zu bringen, um so den Abbau armer Erzlagerstätten zu ermöglichen und die im vorigen Jahrhundert blühende Industrie des deutschen Erzbergbaues aufs neue zu beleben.

Herr Dr.-Ing. A. Pelzer von der Bergbauabteilung der Technischen Hochschule Aachen unterzog die vorliegende Abhandlung einer Durchsicht. Ich danke ihm an dieser Stelle bestens für seine Bemühungen und bin ihm für einige Hinweise technischer Natur verbunden.

Mexiko, im Mai 1926.

Der Verfasser.

Inhaltsverzeichnis.

                                                                           Seite

I. Theorie des Prozesses 1

   Macquisten- und Wood-Prozesse 2

   Potter-Delprat-Prozeß 4

   Älterer Elmore-Prozeß mit Öl im Überschuß 4

   Moderne Ölflotation 5

   Attraktionstheorie 5

   Theorie der kleinsten potentiellen Energie 6

   Theorie der elektrischen Ladungen 7

II. Kolloide in fein gemahlener Trübe 8

III. Ölmischungen 10
      Öler S. 10. — Schaumbildner S. 11.

   Die in der Praxis benutzten Öle und ihre Schaumbildung . 12
      Kohlenteer S. 12. — Rohteeröl und Rohkreosote S. 12.
      — Saurer Rückstand der Erdöldestillation S. 13. — Kiefern-
      öl S. 13. — Rohkresol S. 14. — Vegetabilische Öle, Fette,
      Paraffine, Erdöle usw. S. 14. — Nichtölige Reagenzien
      S. 15. — Schmieröle und Schmierfette S. 16.

   Verhältnis zwischen Öler und Schaumbildner 17

   Minimalölverbrauch 20

   Beziehungen zwischen den chemischen Reaktionen der Erz-
      trübe und der Ölmischung 22

   Aufgabe der Ölmischung 25
      Aufgabeapparate für Öle S. 27. — Aufgabe der Chemi-
      kalien S. 28. — Erwärmen der Trübe S. 29.

   Erprobte Ölmischungen 29
      Blei-, Zinkerze S. 29. — Kupfererze S. 30.

   Zusammenstellung der Schlußfolgerungen in bezug auf Öl-
      mischungen 31

IV. Zusätze von Chemikalien zur Trübe 32
   Saure Zusätze 32
      Schwefelsäure S. 32.

   Alkalische Zusätze 34
      Ätznatron S. 35. — Rohsoda S. 37. — Zyankalium und
      Zyannatrium S. 37. — Ätzkalk S. 38.

   Zusätze für selektive Flotation 40
      Zusatz von Kupfervitriol im zweiten Grobflotator S. 41.
      — Zusatz von Schwefelnatrium im ersten Grobflotator
      S. 42. — Zusatz von Zyannatrium oder Zyankalium im
      ersten Grobflotator S. 44. — Einführung von Schwefel-
      dioxyd im ersten Flotator S. 44.

   Sulfidbildende Zusätze für die Flotation oxydierter Erze . . 46
      Sulfidieren mit Schwefelwasserstoffgas S. 46. — Sulfi-
      dieren mit Sulfiden und Sulfiten des Natriums oder Kal-
      ziums S. 47. — Sulfidieren mit Schwefel S. 50.

Seite

Die Flockenbildung vermindernde Zusätze. 51
    Wasserglas (Natrium- oder Kaliumsilikatlösung) S. 51. —
    Eisenspäne S. 52.
Zusatz magnetischer Substanzen (Murex-Prozeß) 52
Betrag der 1924 in den Vereinigten Staaten verbrauchten
    Flotationsreagenzien 54

V. Zerkleinern der Erze. 55
    Amerikanische Siebskalen S. 56.
  Feinheit des Aufschließens. 57
  Aushalten eines Teiles d. Mahlgutes während d. Zerkleinerung 62
    Ausklauben verhüttbarer Produkte S. 63. — Setz- und
    Herdarbeit vor der Flotation S. 63. — Abscheiden von
    Bergen S. 65.
  Vorzerkleinerungsmaschinen 68
    Steinbrecher S. 68. — Pochstempel S. 69. — Grob- und
    Feinwalzen S. 69. — Symons Tellermühle S. 71. — Lang-
    samlaufende „chilenische" Mühlen S. 72.
  Feinzerkleinerungsmaschinen (Mühlen) 73
    Kugelmühlen mit zentralem Austrag 75
      Hardinge-Mühle S. 76. — Marcy-Mühle S. 77. — Fairchild-
      Doppelaustragmühle S. 78.
    Kugelmühlen mit Austrag an der Peripherie 80
      Kruppsche Kugelmühle S. 81. — Herman-Mühle S. 81.
    Stabmühlen. 82
    Schnellaufende „chilenische" Mühlen 84
    Röhrenmühlen 85
    Pfannenmühlen 87
    Trockenmahlen 87
    Anordnung der Zerkleinerungsmaschinen 90
    Musteranlage für Grobzerkleinerung nebst Probenahme-
      anordnung 91
    Antrieb der Zerkleinerungsmaschinen 93
  Apparate zur Trennung des Überkorns 94
    Mechanische Klassifikatoren S. 94. — Siebe zum Abson-
    dern des Überkorns S. 99.
  Trübe-Elevatoren 105
    Elevatoren bis 7,5 m Förderhöhe S. 105. — Elevatoren bis
    15 m Förderhöhe S. 110. — Elevatoren bis 30 m Förder-
    höhe S. 111.
  Aufgabevorrichtungen 111
    Für grob gebrochenes Gut S. 111. — Für fein gebrochenes
    Gut S. 113. — Für Kugelmühlen S. 114.
  Zwischentransport 115

VI. Beschaffenheit der Trübe 117
  Dichte der Trübe 117
  Bestimmung der Dichte einer Trübe 119
  Temperatur der Trübe. 124
  Alkalische oder saure Reaktion der Trübe 124

VII. Grobflotatoren und Reiniger 126
  Parallel- oder Reihenschaltung der Grobflotatoren 127
  Mehrzellige Grobflotatoren 132
  Schaumzurückgabe im Grobflotator nach dem Gegenstrom-
    prinzip 137

Seite

Fassungsvermögen des Reinigers 138
Wiederholte Reinigung 140
Wegfall der Reinigermaschinen 142
Verwendung von Herden an Stelle der Reinigermaschinen . . 143
Lage des Reinigers in bezug auf den Grobflotator 148
Zwischenschalten von Herden 149

VIII. Flotationsmaschinen 150
Kontrollapparate vor den Flotationsmaschinen 150
Pneumatische Flotatoren. 153
    Callow-Flotationsmaschine S. 154. — Inspiration-Flotationsmaschine S. 157. — Sundt-Diaz-Flotationsmaschine S. 161. —
    Gerinne-Flotationsmaschine S. 162. — Simpson-Flotationsmaschine S. 162. — Elmore-Flotationsmaschine S. 164.

Agitationsflotatoren mit vertikaler Welle 166
    Minerals-Separation-Flotationsmaschine S. 168. — Subaerations-Flotationsmaschine S. 170. — Janney-Flotationsmaschine S. 171. — Kraut-Flotationsmaschine S. 172.

Agitationsmaschinen mit horizontaler Welle 173
    K. u. K. Flotationsmaschine S. 174. — Parker-Flotationsmaschine S. 175. — Hynes-Flotationsmaschine S. 176. —
    Akins-Flotationsmaschine S. 177. — Zeigler-Flotationsmaschine S. 177.
Hydraulische Flotatoren 179

IX. Beschaffenheit des Erzschaumes 180
Vorrichtungen zur Einstellung der Beschaffenheit des Erzschaumes 183
Einstellung des Trübeausflusses. 185
Schaumabheber 186
Aufbrechen des Schaumes 187

X. Selektive Flotation 188
Ölmischungen für selektive Flotation 190
Konditionierende Zwischenbehälter 191
Dicke Trübe und Mineralölverbrauch 192
Fassungsvermögen der beiden Grobflotatoren 193
Reinigung der Konzentrate 194
Stammtafeln für selektive Flotation 196
Letzte Fortschritte der modernen selektiven Flotation . . . 203

XI. Herdarbeit in Verbindung mit Flotation 205
Herde vor der Flotation. 205
Herde nach der Flotation 207
Flotation als Haupt- oder Nebenprozeß 209

XII. Entwässern und Trocknen der Konzentrate 210
    Waschen der Konzentrate S. 210. — Flache Absetzbecken
    S. 210.
Mechanisch arbeitende Klassifikatoren 211
Stetig arbeitende Verdicker mit anschließendem Vakuumfilter 212
    Verdickungsapparate S. 213. — Vakuumfilter S. 226.
Zeitweises Absetzen mit Filtrieren 231
Entwässern der Konzentrate durch Zentrifugalkraft 231
Trocknen der Konzentrate 232

                    Inhaltsverzeichnis.

                                                                Seite
XIII. Allgemeine Angaben 235
      Probenehmen 235
            Irrtümer in der Ermittlung der Tonnenzahl S. 236. — Irr-
            tümer im Probenehmen S. 237. — Siebanalysen S. 238. —
            Siebanalyse einer Klassifikatortrübe S. 240. — Berechnung
            der Ausbeute S. 241.
      Bestimmung der vH-Zusammensetzung der Mineralien eines
            Konzentrates 243
      Einsetzung der spezifischen Gewichtsbestimmung für die
            chemische Analyse 247
      Besondere Betriebsschwierigkeiten 248
      Wahl des Geländes für Flotationsanlagen 250
      Anlage von Absetzteichen für die Abgänge 253
      Vermeidung von Betriebsstörungen 254
      Anlage- und Betriebskosten 256

XIV. Laboratoriumsversuche 257
      Durchschnittsmuster 258
      Feinmahlen 259
      Flotationsapparate für Laboratoriumszwecke 261
      Vorversuche mit Konzentration 265
      Eigentliche Flotationsversuche 266
      Ermittlung der Ölmischung und Ölmenge in Verbindung mit
            der Trübereaktion 268
      Bestimmung der Trübeverdünnung 270
      Wirkung des Feinmahlens auf die Versuche 271
      Temperatur der Trübe 273
      Reinigen der Konzentrate 273
      Agitations- oder pneumatische Flotationsmaschinen 275
      Tabellarische Zusammenstellung der Versuchsergebnisse . . . 276
      Elmore-Prozeß 277
      Prozesse ohne mechanische oder pneumatische Durchmischung 277
      Flotation oxydierter Erze 278
      Ausbeute der Laboratoriumsversuche 279

 XV. Schlußbemerkungen 279

Sachverzeichnis 283

Druckfehlerberichtigung.

S. 154. 5. Zeile von unten lies (s. Abb. 50) statt (s. Abb. 20).
S. 164. 14. Zeile von unten lies $0,11-0,08\,\mathrm{m^3/min}$ statt $0,11-0,08\,\mathrm{cm^3/min}$.
S. 229. 6. Zeile von oben lies ... $1\,\mathrm{m^3/min}$ ... statt ... $1\,\mathrm{cm^3/min}$ ...
S. 243. Die 2. und 3. Formel auf dieser Seite müssen richtig lauten:

Bleiausbeute in Hundertteilen:

$$E = \frac{K_b \cdot [(A-T)\cdot(k_z-t) - (a-t)\cdot(k_b-T)]}{A \cdot [(K_b-T)\cdot(k_z-t) - (K_z-T)\cdot(k_b-T)]} \cdot 100.$$

Zinkausbeute in Hundertteilen:

$$e = \frac{k_z \cdot [(a-t)\cdot(K_b-T) - (A-T)\cdot(K_z-t)]}{a \cdot [(k_z-t)\cdot(K_b-T) - (k_b-T)\cdot(K_z-t)]} \cdot 100.$$

I. Theorie des Prozesses.

Die Grundlage für die meisten Flotationserscheinungen ruht unzweifelhaft auf der Theorie der Oberflächenspannung, mit der flüssige oder gasförmige Körper bestrebt sind, sich der gewaltsamen Änderung ihrer Oberfläche zu widersetzen. Diese ist für jede Flüssigkeit konstant und beträgt z. B. für reines Wasser an einem 1 cm breiten Streifen in der Richtung senkrecht zur Kante von 1 cm: 81 Dyn. Doch kann 1 Linearzentimeter bedeutend mehr tragen, da beim Eintauchen eines Mineralteilchens sich eine gekrümmte größere Berührungsfläche bildet.

Abb. 1.

Ein fester Körper als Kugel wird daher unter gewissen Bedingungen auf der Oberfläche des Wassers schwimmen, solange der Unterschied zwischen Gewicht und Spannung der gekrümmten Oberfläche $P = \dfrac{T}{r}$ ist, worin T die Oberflächenspannung des Wassers und r den Kugelradius bedeutet. Für einen Zylinder gilt $P = \dfrac{2\,T}{r}$. Die Länge des Zylinders hat gemäß der Theorie keinen weiteren Einfluß. Man ersieht, daß bei gleichen Radien und gleicher Berührungsfläche das spezifische Gewicht einer größten Kugel, die eben noch schwimmt, doppelt so groß sein kann als das spezifische Gewicht eines schwimmenden Zylinders. Die Gestalt der schwimmenden Körnchen ist also von wesentlichem Einflusse.

Die gewisse Bedingung aber, unter der ein beliebig langer Zylinder schwimmt, hängt vom Vorhandensein oder Nichtvorhandensein eines Oberflächenfilms ab. Ein ganz blanker Kupferdraht, dessen Durchmesser ein wenig kleiner als der nach der Formel berechnete ist, schwimmt, ganz gleich, ob er lang oder kurz ist. Ist er aber verwittert, besitzt er also einen Oxydationsfilm auf der Oberfläche, so sinkt er unter. Unterwirft man ihn dann der Einwirkung von Schwefelwasserstoffgas, so bildet sich an Stelle der Oxydschicht ein dünner Sulfidfilm und

der Draht wird wieder schwimmen. Ebenso schwimmt angelaufener
Bornit nicht, weil er mit einem dünnen Oxydfilm von Limonit
überzogen ist. Entfernt man den letzteren durch Einwirkung von
Säuren, so kann man diesen geänderten Bornit sehr wohl zum Schwimmen bringen. Ob ein Körper schwimmt oder untersinkt, hängt
also neben der Größe, dem spezifischen Gewicht und der Form des
Körpers hauptsächlich von der Beschaffenheit seines Oberflächenfilms ab. Zur Erklärung hierfür hat man, wie wir weiter unten
sehen werden, verschiedene Hypothesen aufgestellt.

Die verschiedenen für praktische Flotation erfolgreich verwandten
Prozesse hängen im allgemeinen von der wechselseitigen Wirkung ab,
die zwischen der Oberfläche fester Mineralteilchen in Berührung mit
der Oberfläche von Flüssigkeiten oder Gasen besteht; und zwar macht
man in der Praxis Gebrauch von der Wechselwirkung zwischen der
Oberfläche eines festen Körpers

mit der Oberfläche einer Flüssig-
   keit . . . . Macquisten-und Wood-Prozesse,
mit der Oberfläche einer Flüssig-
   keit und von Gasblasen . . Potter-Delprat-Prozeß,
mit der Oberfläche zweier nicht
   mischbaren Flüssigkeiten . . älterer Elmore-Prozeß,
mit der Oberfläche zweier nicht
   mischbaren Flüssigkeiten und
   von Luftblasen . . . . Moderne Ölflotation.

Alle diese Prozesse zeigen die Eigentümlichkeit, daß bei der
genannten Wechselwirkung sich zu den meisten Sulfidteilchen eine
größere, selektive Vorliebe zeigt als zu den Gang- und oxydierten
Erzteilchen, wofür bis jetzt eine einwandfreie Erklärung noch nicht
gegeben worden ist.

Macquisten- und Wood-Prozesse.

Beide Prozesse beruhen darauf, daß ohne Zuhilfenahme von Öl das
feingemahlene Gut auf eine ruhige Wasseroberfläche vorsichtig aufgegeben wird, wodurch die Sulfide als metallglänzender Film auf dem
Wasser schwimmen bleiben, während die Gangarten untersinken.

Alle Erklärungsversuche beschränken sich darauf, daß die Schwimm-
fähigkeit vom Berührungswinkel des jeweiligen Mineralkörpers beim
Auffallen auf das Wasser abhängt. Ist dieses Körnchen ein Sulfid,
so wird die Adhäsion an der metallischen, glatten Berührungsfläche
zwischen Sulfid und Wasser geringer sein als die Oberflächenspannung
des Wassers und es bildet sich eine Einsenkung in der Wasseroberfläche.
Die Berührungsfläche wird verkleinert und der Kontaktwinkel fällt

größer aus. Das Sulfidkörnchen kann also vom Wasser nicht benetzt werden und bleibt darauf schwimmen.

Fällt hingegen ein Gangkörnchen (z. B. Quarz) auf eine ruhende Wasseroberfläche, so ist die Adhäsion zwischen Körnchen und Wasser infolge der nichtmetallischen Beschaffenheit des Quarzes größer als die Oberflächenspannung des Wassers und es bildet sich statt der Einsenkung eine Oberflächenerhebung. Dadurch fällt die Berührungsfläche größer aus und der Kontaktwinkel wird kleiner. Das Quarzkörnchen wird also mehr und mehr vom Wasser benetzt, durchbricht

Abb. 2. Kontaktwinkel von Quarz und Sulfid.
a Quarz, kleiner Kontaktwinkel vom Wasser benetzt, sinkt unter.
b Sulfid, großer Kontaktwinkel vom Wasser nicht benetzt, schwimmt.

seine Oberfläche und sinkt unter. Das gleiche gilt von den oxydierten Erzen (eigentliche Metalloxyde sowie Karbonate, Sulfate usw. der Metalle) und von den Sulfidteilchen, die nicht mehr blank, sondern schon angelaufen oder gar in Verwitterung übergegangen sind.

Die Aufgabe des feingemahlenen Gutes auf die Wasseroberfläche geschieht auf folgende Art und Weise: Macquisten benutzt eine sich langsam im Wasser drehende Röhre von 1,8 m Länge und 0,3 m Durchmesser, in deren Inneren ein gewöhnliches Schraubengewinde eingegossen ist. Beim Durchschrauben des Mahlgutes durch das Wasser wird bei jeder Umdrehung das Erz etwas mitgehoben und rollt dann langsam zurück. Die Sulfidteilchen schwimmen infolge ihres größeren Berührungswinkels auf dem Wasser bis zum Austrage, während die Quarzkörnchen mit kleinem Berührungswinkel im Wasser untersinken und allmählich durch die Schraubenwindungen zum Austragkasten gefördert werden, wo sie auf den Boden fallen und getrennt abgezogen werden. Wood hingegen läßt das gemahlene Gut mittels einer vibrierenden Aufgabeplatte als ganz dünnen Strom über eine geringe, einstellbare Fallhöhe von 6—100 mm Höhe auf das Wasser eines größeren Behälters fallen. Durch Einspritzen feiner Wasserstrahlen direkt unterhalb der Wasseroberfläche wird dem Wasser eine schnelle, aber ruhige Oberflächenströmung nach vorn gegeben. Über die Länge dieser Strömung wird nun der größte Teil der Gangmasse vom Wasser benetzt und sinkt unter. Der Film von nahezu reinen Sulfiden schwimmt bis an das Ende und wird hier durch ein endloses Kanevasband unter flachem Winkel herausgehoben und dann mit einer Brause abgespült.

Beide Prozesse sind mit Erfolg in der Praxis erprobt worden, leiden aber an dem Übelstande, daß die feinsten kolloiden Schlämme direkt unter der Oberfläche des Wassers in Suspension bleiben und sich nicht absetzen, sondern mit dem Erzfilm zusammen zum Austrag gelangen, wodurch der Wert der gebildeten Konzentrate wieder heruntergedrückt wird. Sie arbeiten also nur gut bei schlämmefreiem Erzgute, das beim Mahlen relativ körnig bleibt.

Potter-Delprat-Prozeß.

Das Verfahren benutzt die Bildung von Gasblasen, die, durch chemische Reaktionen erzeugt, als Trennungs- und gleichzeitig als Transportmittel dienen. An ihnen haften nach denselben Grundsätzen wie beim Wasser die Sulfidteilchen infolge ihres größeren Berührungswinkels und werden mit den aufsteigenden Gasblasen nach oben getragen, während die Gangkörnchen infolge ihres kleineren Berührungswinkels dies nicht tun, sondern am Boden zurückbleiben.

Gewöhnlich wird das feingemahlene Gut mit einer 1—10 vH, im Durchschnitt $1^1/_2$ vH Schwefelsäurelösung im gleichen Gewichtsverhältnis gemengt, durch mechanische Rührwerke schwach durchmischt und mittels einströmenden Frischdampfes auf 70° C erhitzt. Die durch die Wirkung der Säure auf die Sulfide sich bildenden H_2S-Blasen tragen die Sulfide durch das Wasser nach oben, wo sie sofort stetig abgeschöpft werden müssen. Führen die Erze genügend Karbonate (Eisenspat oder Kalkspat), so bilden sich CO_2-Blasen, welche die Reaktion wesentlich unterstützen, so daß man absichtlich karbonatarmen Erzen bis zu 3 vH an Späten zusetzt.

Älterer Elmore-Prozeß mit Öl im Überschuß.

Die Erztrübe (Wasser zu feste Bestandteile wie 3:1) mischte man mit einer so großen Menge Öl (2—3fache des Gewichtes des Erzes), daß beim Umrühren in einer sich langsam drehenden Röhre oder Trommel die Erzteilchen mit der über dem Wasser ausgebreiteten Ölschicht in Berührung kamen, sich mit einem Ölfilm überzogen und in der Ölschicht schwimmen blieben. Die Umdrehungen wurden so niedrig gehalten, daß die Ölschicht nicht in ihrer Lage gestört wurde und mit dem Wasser keine Emulsion bildete. Die sich nicht ölende Gangart fiel auf den Boden zurück und bildete eine Sandschicht, die allmählich nach dem Austrage vorrückte. Den Auftrieb der Sulfidteilchen in die Ölschicht hinein unterstützte man durch Zugabe von $1/_2$ vH Schwefelsäure, die Schwefelwasserstoffblasen erzeugte, auf denen die Sulfide in die Ölschicht hinein-

getragen wurden. Als Öle wurden die schweren, dickflüssigen Petroleumrückstände verwandt. Die Trennung des Öles mit den Konzentraten
von der Gangmasse nahm man in einem anschließenden Spitzkasten
oder ähnlichen Apparat vor. Durch Erwärmen und schwaches Umrühren wurden die Sulfide von der Hauptölmasse getrennt.

Der Prozeß wurde zu Beginn dieses Jahrhunderts mehrfach angewendet, ist aber jetzt infolge großer, unvermeidlicher Ölverluste ganz
aufgegeben worden; die benötigte Ölmenge konnte nämlich, da sehr
viel Öl mit den Konzentraten zurückblieb und sich nicht wieder-
gewinnen ließ, auf das 2—3fache des Erzgewichtes steigen.

Moderne Ölflotation.

Die Erztrübe wird mit einer geringen Ölmenge (0,02—0,10 vH)
gemischt, um die Oberflächenspannung des Wassers herabzumindern.
Erzeugt man dann eine Unmenge kleiner Luftblasen in dieser Mischung
durch Einblasen von Preßluft oder durch Umrühren der Trübe mittels
mechanischer Rührwerke, so überziehen sich die Luftblasen mit einem
dünnen Ölfilm, steigen auf und vereinigen sich allmählich zu größeren
Blasen, die an der Oberfläche des Wassers austreten und sich längere
Zeit halten, ohne zu platzen. Gleichzeitig überziehen sich die Sulfidteilchen mit einem dünnen Ölfilm, schließen sich infolgedessen an die
geölten Luftblasen an und werden von diesen nach oben getragen, wo
sie überfließen oder abgeschöpft werden. Die Gangmassen (Quarz,
Kalkspat usw.) und die oxydierten Erze (Metalloxyde und Karbonate,
Sulfate usw. der Metalle) hingegen überziehen sich nicht mit einer
Ölschicht, sondern bleiben vom Wasser benetzt und können sich daher
nicht mit den Luftblasen vereinigen; sie fallen auf den Boden der Maschine zurück, von wo sie als Abgänge ausgetragen werden.

Zur Erklärung, warum die Sulfidteilchen eine größere Neigung als
die Gangkörnchen besitzen, sich zu ölen, um so von den geölten Blasen
in die Höhe getragen zu werden, sind verschiedene Theorien aufgestellt
worden, die alle von der Tatsache ausgehen, daß die Trübe mit den
abgezogenen Sulfidteilchen im allgemeinen mehr oder weniger sich
geölt zeigt, während die mit den Gangkörnchen ablaufende Trübe kein
oder nur wenig Öl aufweist.

Attraktionstheorie (Will. H. Coghill).

Jeder feste Körper übt eine gewisse Anziehung auf Flüssigkeiten
aus, die größer ist als die in der Flüssigkeit an und für sich vorhandene Kohäsion, und zwingt sie daher, einen dünnen Flüssigkeits-
film auf der Oberfläche des festen Körpers zu bilden. Je reiner und

blanker seine Oberfläche ist, desto größer wird im allgemeinen diese Anziehung sein.

Besteht nun die Gesamtflüssigkeit aus zwei nicht mischbaren Flüssigkeiten (Öl und Wasser), so können sich nur Filme der einen Flüssigkeit auf dem festen Körper bilden, welche die Entstehung eines zweiten Films der anderen Flüssigkeit nicht zulassen. Die Gangarten (Quarz und Kalkspat) überziehen sich im Wasser nur mit einem Wasserfilm, der auf keinen Fall ein nachträgliches Überziehen mit Öl erlaubt. Sulfide aber mit ihrer blanken, glatten und metallisch glänzenden Oberfläche haben eine starke Anziehungskraft auf Öle und überziehen sich nur mit einem Ölfilm, der andererseits wieder keinen Wasserfilm zuläßt. Dieser Vorgang wird dann noch dadurch erleichtert, daß infolge der Beimengung des Öles zur Trübe die Oberflächenspannung des Wassers vermindert ist und daher die Anziehungskraft des Sulfides eine um so größere Wirkung ausübt.

Erzeugt man nun in einer Öl-Wasser-Flüssigkeit, in der das Öl so vollkommen verteilt ist, daß das Wasser opalisiert, durch weiteres Umrühren kleinste Luftblasen, so überziehen sich diese sofort mit einem Ölfilm. Treffen sie nun bei ihrem Aufsteigen auf ein schon geöltes Sulfid, so wird das letztere, vorausgesetzt, daß es nicht zu schwer ist, sich sofort damit vereinigen und darauf schweben. Kommen die Blasen mit einem noch blanken, nicht geölten Sulfidteilchen in Berührung, so werden sie von ihrem Ölfilm abgeben und das Sulfidteilchen damit überziehen, wodurch es mit der Blase vereinigt bleibt. Infolge des geringeren spezifischen Gewichtes steigt die Blase in die Höhe und trägt das Sulfidteilchen mit sich. Dieses Überziehen geschieht besonders leicht, wenn das Sulfid etwa kleine Einsenkungen besitzt, die von mitgerissener Luft aufgefüllt sind. Kommt aber die Luftblase mit einem Quarzkörnchen zusammen, so wird diese Erscheinung nicht eintreten, denn dieses wurde ausschließlich mit Wasser benetzt und ist mit einem Wasserfilm überzogen, der absolut kein Öl zuläßt. Das Quarzkörnchen kann sich also nicht mit der Luftblase vereinigen, sondern bleibt in der Trübe zurück.

Ist ein Sulfid durch die Einwirkung der Atmosphäre etwas verwittert und daher mit einem Oxydfilm überzogen, so wird das Wasser sofort einen Film darauf bilden, der ein Ölen unmöglich macht; es wird also nicht aufsteigen. Ebenso verhalten sich die oxydierten Erze.

Theorie der kleinsten potentiellen Energie.

Nach A. F. Taggart strebt jedes physikalische System einen Zustand an, in dem seine potentielle Energie am kleinsten ist. Haben wir nun eine Wasser-Öl-Mischung und darin Sulfide und Gangkörnchen, so werden sich beide zunächst mit einem Wasserfilm überziehen, aber auf den Sulfiden wird das Öl den Wasserfilm verdrängen und an seiner Stelle sich als Ölüberzug darauf absetzen, denn nach dem Gesetz der geringsten potentiellen Energie ist die Energie des Sulfid-Öl-Berührungssystems kleiner als die der Sulfid-Wasser-Berührung. Entsprechend ist für Quarz die Energie des Gang-Wasser-Berührungssystems kleiner als die der Gang-Öl-Berührung. Die Sulfide werden also eine größere Vorliebe zum Öl haben und die Gangart eine größere Vorliebe zum Wasser, weil dies den Zustand der kleinsten potentiellen Energie für jedes von ihnen bedeutet.

Führen wir nun in dieses System eine Unmenge kleiner Luftblasen ein, so werden diese ebenfalls eine größere Vorliebe für Öl zeigen, da die Energie der Luft-Öl-Berührung kleiner ist als die der Luft-Wasser-Berührung. Das Öl wird also einen dünnen Film über der Luftblase bilden. Die Sulfide in der Trübe werden nun eine großes Bestreben zeigen, aus dieser auszuwandern, um sich mit dem Ölfilm der Luftblasen zu vereinigen, da dies dem Zustande der kleinsten potentiellen Energie am besten entspricht. Beim Aufsteigen der Luftblasen werden sie dann mit in die Höhe getragen.

Da ferner Öl bedeutend zähflüssiger als Wasser ist, so werden die Luftblasen mit ihrem Ölfilm infolge der Viskosität des Öles beträchtlich dauerhafter sein, und dieser Zustand wird noch erhöht, weil die Luftblasen in einem gut gemischten Öl-Wasser-Medium schwimmen, das wegen des Öles eine geringere Oberflächenspannung besitzt. Die Viskosität des Ölfilms wird aber noch weiter erhöht durch die auf ihm sitzenden, fein verteilten Sulfidteilchen. Infolge dieser erhöhten Viskosität werden die Luftblasen nicht platzen, wenn sie die Oberfläche des Wassers erreichen, sondern bleiben als solche längere Zeit bestehen und bilden mit anderen zusammen einen Schaum, der abgehoben werden kann.

Theorie der elektrischen Ladungen.

Alle festen Körper sind verschieden elektrisch geladen; die Sulfidteilchen haben eine andere elektrische Ladung als die Gangkörnchen. In jeder Trübe befinden sich ferner mehr oder weniger kolloide Schlämme. Besitzen die nun mit einem Ölfilm überzogenen Luftblasen eine äußerst schwache elektrische Ladung, so werden sie die in der Trübe vorhandenen kolloiden Schlämme von entgegengesetzter Ladung anziehen und sich mit einem dünnen Film dieser Schlämme überziehen. Der Film zieht nun wieder die Sulfidteilchen an, die die gleiche Ladung wie die Luftblasen besitzen und sonst von diesen abgestoßen werden. Die Gangkörnchen hingegen, die dieselbe Ladung wie die kolloiden Schlämme haben, werden nicht angezogen, sondern abgestoßen.

Diese Theorie gewinnt in der letzten Zeit an Anhängern, obgleich dagegen eingewendet wird, daß entgegengesetzte elektrostatische Ladungen nur eine Eigenschaft der durch und durch kolloiden Lösungen sind und daher nicht auf Erztrüben angewendet werden können, bei denen der größte Teil der in Suspension gehaltenen Teilchen einen solchen Durchmesser besitzt, daß er schon bei schwacher Vergrößerung wahrgenommen werden kann. Solche Teilchen müßten im allgemeinen in einem Elektrolyt die gleiche elektrische Ladung haben, höchstens daß der Ölfilm oder der eben erwähnte Film kolloider Schlämme sie isolieren könnte.

Auf alle Fälle sehen wir, daß der Oberflächenfilm auf Mineralteilchen eine wichtige Rolle spielt, und daß der Ölzusatz zwei Hauptaufgaben zu erfüllen hat:

1. die Oberflächenspannung des Wassers zu vermindern, so daß sich dauerhafte Blasen bilden können,

2. auf Sulfidteilchen in kürzester Zeit einen nicht nassen Ölfilm zu erzeugen, während die Gangkörnchen vom Wasser benetzt bleiben.

In der neueren Zeit hat man noch gefunden, daß nicht bloß Öle diese Eigenschaft zeigen, einen nicht nassen Film auf Sulfiden zu erzeugen, sondern auch nicht ölige, feste oder flüssige organische Salze, wie gewisse Derivate der Kohlenwasserstoffe, z. B. Alpha-Naphthylamin, Orthotoluidin, Kalium- bzw. Natriumxanthogenat usw. (vgl. S. 15), und gerade diese sind es, die zu den Erfolgen der modernen Flotation ganz wesentlich beigetragen haben.

II. Kolloide in feingemahlener Trübe.

Da nur ein ganz zäher Schaum so viel Tragfähigkeit besitzt, verhältnismäßig grobgemahlene Erzteilchen nach oben zu heben, ist ein äußerst hochgetriebenes Feinmahlen des Erzes eine grundlegende Bedingung für die Flotation.

Man mahlt in der Tat so fein, daß das Gut durch wenigstens 48—65 Siebmaschen pro 1 Linearzoll hindurchgeht mit der Bedingung, daß 50 vH (seltener 75 vH) davon durch ein Sieb mit 150 Maschen zum Linearzoll hindurchgehen. Je feiner gemahlen wird, desto bessere Ergebnisse sind bei der nachfolgenden Flotation zu erwarten, besonders wenn man fein bis mikroskopisch verwachsenes Erz zu verarbeiten hat.

Bei solchem enormen Feinmahlen läßt es sich nicht vermeiden, daß kolloide Schlämme sich bilden, die als solche in beständiger Suspension in der Trübe bleiben, wobei ausdrücklich darauf hingewiesen sei, daß unter kolloiden Flotationsschlämmen nicht echte kolloide Lösungen mit nur durch das Ultramikroskop zu erkennender Verteilung zu verstehen sind, sondern Schlämme von so feiner Beschaffenheit, daß sie sich tagelang im Wasser in Suspension erhalten, also nur äußerst langsam zum Absetzen gebracht werden können. Wenn sie aber einmal zum Absetzen gelangt sind, bilden sie eine ganz undurchdringliche Masse.

Nach ihrem Ursprunge unterscheidet man primäre Schlämme, die von Haus aus im Mahlgut vorhanden sind infolge einer lettigen, kaolinisierten Gangmasse oder der im Erze selbst auftretenden wasserhaltigen Mineralgele, die in der Oxydationszone als Verwitterungsprodukte der Schwermetalle des Zinkes, Kupfers, Eisens, Mangans und Aluminiums auftreten, und sogenannte sekundäre Schlämme, die erst durch das Feinmahlen selbst innerhalb der Kugelmühle entstehen, also ein unvermeidliches Übel sind.

Eine Flotation von Erzen, die viele kolloide Schlämme führen, ist aber für praktische Verhältnisse nahezu unmöglich, denn die Kolloide sind in beständiger Bewegung und besitzen infolge ihrer Reibung mit dem Dispersionsmittel verschiedene elektrische Ladungen. Sie ziehen sich an und fällen sich aus, und es bilden sich Flocken, die die Sulfidteilchen in sich schließen und mit einer undurchdringlichen Hülle umgeben, so daß sie, ohne zu flotieren, mit den Schlämmen wegfließen. In der Praxis erkennt man ihre Gegenwart dadurch, daß die Flotationsmaschine zwar einen guten Schaum im Überschuß bildet, der aber nur wenige Konzentrate führt, dafür aber sehr viel Gangmasse in feinster Verteilung, während die abfließenden Abgänge immer hohe Metallgehalte aufweisen. Läßt man eine solche Trübe in einem Glaszylinder sich absetzen, so wird die oberhalb der abgesetzten Masse stehende Flüssigkeit nie vollkommen klar werden, sondern immer trübe bleiben.

Erze, die viel primäre Schlämme führen, wird man daher, wenn es irgend möglich ist, nur soweit aufschließen, daß die Bildung solcher Schlämme vermieden wird. In der Praxis wird man daher höchstens so fein mahlen, daß nur 4—6 vH des Mahlgutes auf einem Sieb von 48 Maschen zum Linearzoll zurückbleiben (0,295 mm Durchmesser des Korns). Ist dies nicht angängig, so versucht man solches Material mit anderen Erzen zu mischen, die beim Feinmahlen noch relativ körnig bleiben, so daß der Gehalt an primären Schlämmen auf 10—12 vH (höchstens 20 vH) der Gesamtmasse heruntergedrückt wird, denn bei diesem Gehalt kann man erfahrungsgemäß die Verluste in den Abgängen auf normaler Höhe halten.

Kann man aber aus irgendwelchen Gründen diese beiden Hilfsmittel nicht anwenden, so kann man der Trübe die Flockenbildung zerstörende Substanzen zusetzen, die dem Absetzen und Ausflocken der suspendierten Sole entgegenwirken und den Grad der

Flockenbildung herabsetzen. Als solche Substanzen gelten alle Alkalien wie z. B. Ätznatron, und an seiner Stelle als billiger Ersatz die Soda. Auch Kochsalz ist mitunter erfolgreich verwendet worden.

Ebenso nachteilige Wirkung wie die kolloiden Schlämme weisen die kolloiden Öllösungen auf, die entstehen, wenn das Öl sich so im Wasser auflöst, daß es kolloid darin weiterbesteht und eine wirkliche Emulsion bildet. Wirkliche Emulsionen werden nie einen nichtnassen Oberflächenfilm auf einem Sulfidteilchen erzeugen können, sondern werden Sulfide wie Gangkörnchen nur mit einem nassen Film bekleiden, da eben das kolloid gelöste Öl in beständiger Bewegung suspendiert bleibt. **Wirkliche Ölemulsionen sind daher für die Flotation untauglich.**

Doch kann man glücklicherweise durch Verwendung von **Flockenbildung erzeugenden Substanzen** solchen Ölemulsionen die **Eigenschaft wiedergeben, einen nicht nassen Film zu bilden**; denn diese Substanzen begünstigen das Zusammenballen und Ausflocken der kolloiden Ölpartikel zu Gelen, wirken also der Emulsionbildung entgegen. Am besten wirkt die **Kresylsäure** und in absteigender Reihenfolge die **Essigsäure, Aluminiumsulfat** und **Zitronensäure, Schwefelsäure** und alle anderen anorganischen Säuren, und am wenigsten wirksam **Kupfersulfat.**

Da der Zusatz von Schwefelsäure bei vielen Flotationen einen günstigen Einfluß ausübt, hat man früher geglaubt, es sei ihre chemische Wirkung, welche die Oberfläche der Sulfide reinige und sie so der Bildung eines Ölfilms leichter zugänglich mache. Dies kann aber kaum in Betracht gezogen werden, denn man setzt selten mehr als $^1/_2$ vH zu, so daß eine effektive, chemische Wirkung der Säure wohl nicht zu erwarten ist.

Die Nichtbeachtung dieser soeben berührten Tatsachen hat schon öfters Flotationsneuanlagen scheitern lassen; aber auch das Gegenteil ist eingetreten, daß der zufällige Zusatz einer die Flockenbildung begünstigenden bzw. sie vermindernden Substanz eine Anlage vor der Betriebseinstellung gerettet hat.

III. Ölmischungen.

Die zur Flotation benutzten Öle werden gern in folgende zwei Gruppen eingeteilt:

Öler (Kollektoren). Ihre Hauptaufgabe ist es, einen nicht nassen Film auf der Oberfläche des Sulfid zu bilden. Sie mischen sich nicht oder nur schwer mit Wasser und erzeugen, für sich allein gebraucht, einen dürftigen, armen Schaum, der aber äußerst zähe und dauerhaft ist und daher sich vorzüglich eignet, die Konzentrate auf sich anzusammeln.

Schaumbildner. Damit sich durch eine voluminöse Schaumbildung eine gute Ausbeute ergibt, bedürfen die Öler des Zusatzes der Schaumbildner, die hauptsächlich die Oberflächenspannung des Wassers herabsetzen und damit die Bildung eines kräftigen und äußerst reichlichen Schaumes ermöglichen. Sie mischen sich leicht mit Wasser und bilden mit dem Öler zusammen einen Schaum, dessen Blasen mehr elastisch und von solcher beständiger Natur sind, daß sie sich lange auf der Oberfläche halten, ohne zu platzen.

Eine streng theoretische Trennung der Öle in diese beiden Klassen ist aber unmöglich. Sie sind gegenseitig austauschbar, und oft tritt ein Öl, das in einer Mischung als Öler benutzt wurde, in einer anderen Mischung als Schaumbildner auf. Der typische Vertreter der Öler ist der Kohlenteer und der typische Schaumbildner das Kiefernöl, während die Kreosote sowohl als Öler als auch als Schaumbildner verwendet werden.

Das früher gehandhabte Verfahren, die Ölmischung vor der Aufgabe in die Flotationsmaschine in besonderen Rührapparaten fertig herzustellen, ist zu verwerfen; denn es können sich dann leicht wirkliche Emulsionen bilden, deren Nachteile auf S. 10 beschrieben worden sind. Bringt man ferner etwas Öler auf die Oberfläche eines Wassers, so breitet sich dieser als dünner Film aus; gibt man dann einen Tropfen Schaumbildner darauf, so zieht sich sofort der Ölfilm beträchtlich zusammen. Aus diesem Grunde gibt man zuerst den Öler auf, damit dessen Eigenschaft, sich auszubreiten und dadurch mit den Sulfidteilchen in Berührung zu kommen, hauptsächlich ausgenützt wird. Würde man beide Öle zusammengemengt aufgeben, so würde die filmbildende Kraft des Ölers durch die Gegenwart des Schaumbildners bedeutend vermindert werden.

Aber auch aus einem anderen Grunde wird man den Öler zuerst und erst nachher den Schaumbildner aufgeben. Setzt man nämlich Kiefernöl zur Trübe zu, so löst es sich leicht im Wasser auf und gibt mehr oder weniger eine wirkliche Emulsion, die also mehr den Charakter von Wasser hat und daher nicht bloß den Quarz, sondern auch Sulfidteilchen mit einem dünnen Wasserfilm überziehen wird, so daß keins von beiden aufsteigt. Würde man dann trotzdem noch Teeröl zugeben, so hätte dies gar keinen Zweck, da die Sulfidteilchen schon mit dem Wasserfilm benetzt sind und daher die Bildung eines Ölfilms darüber nicht mehr zulassen. In der Praxis befolgt man obigen Grundsatz dadurch, daß man den Öler schon vorher in der Kugelmühle aufgibt, so daß er ordentlich mit dem Erze gemischt ist und die Sulfidteilchen mit einem Ölfilm überzieht. Der Schaumbildner aber wird erst kurz vor oder in der Flotationsmaschine hinzugefügt.

Im Anschluß hieran möge noch bemerkt werden, daß die schaumbildende Kraft des Kiefernöls absolut nicht von der Reinheit des
Öls abhängt, denn ganz reines Kiefernöl bildet überhaupt keinen Schaum.
Es sind die Beimengungen im Öl selbst, die den Schaum bilden,
und vor allem auch die mitgenommenen geölten Sulfidteilchen,
vorausgesetzt, daß fein genug gemahlen wurde, damit sie als Kolloide
auftreten können. Eine Folgerung daraus würde sein, daß es möglich
sein muß, erfolgreich ohne Schaumbildung flotieren zu können, was den
nicht zu unterschätzenden Vorteil hätte, daß die zur Schaumbildung
nötige motorische Kraft wegfallen würde. Angestrebt wurde dies in
dem ursprünglichen, aber jetzt aufgegebenen „Elmore-Verfahren mit
Öl im Überschuß".

Die in der Praxis benutzten Öle und ihre Schaumbildung.

Kohlenteer. Seit Beginn des Weltkrieges wurde der Teer zufällig
versucht und wegen seiner Wohlfeilheit eingeführt, so daß er jetzt fast
ausschließlich als Öler benutzt wird. Der Holzkohlenteer soll im
Vergleich mit anderen Teeren die besten Ergebnisse geben, aber billiger
ist der Steinkohlenteer, der als Nebenprodukt der Koks- und Leucht-
gasfabrikation mitfällt. In den Vereinigten Staaten benutzt man jetzt
nur noch das Nebenprodukt der Wassergasdarstellung: den Wassergasteer.

Für sich allein verwendet gibt er nur einen dürftigen, armen Schaum,
obgleich von vorzüglicher Beschaffenheit. Wenn man aber die Trübe
genügend lange Zeit aufrührt, so bekommt man sehr wohl hochgradige
Konzentrate und beinahe reine Abgänge.

Wenn im Überschuß gebraucht, hat er dieselbe Wirkung wie
frisches Rohöl. Er trennt sich und tötet die Schaumbildung in
seiner unmittelbaren Umgebung. Entweder liegt er wie tote Flocken
auf oder er verfilzt die kleineren Blasen so unter sich zusammen, daß
sich eine Art Loch bildet, das wie ein Wirbel die darauf stürzenden
anderen kleinen Blasen gleichsam verschluckt (vgl. S. 16).

Rohteeröle und Rohkreosote. In den ersten Entwicklungsstufen der
Flotation wurde das Schwerdestillationsprodukt des Teeres, das Roh-
kreosot, fast ausschließlich zur Flotation benutzt und erst später durch
das billigere Leichtdestillationsprodukt, das Rohteeröl, das hauptsächlich Benzol enthält, verdrängt.

Mit Vorliebe bedient man sich der Destillationsprodukte des Holz-
teeres aus Kiefern- und Buchenholz, da bei der Flotation von Zinkblende führenden Erzen bessere Ergebnisse damit erhalten werden als
mit dem Steinkohlenkreosot, der Zinkblende bedeutend leichter zum
Aufsteigen bringt.

Beide Öle mischen sich ziemlich leicht mit Wasser und geben für sich allein verwendet einen zähen, schwer zerstörbaren Schaum. Der Blasendurchmesser ist bei Holzkohlenkreosot meist $^1/_2''$, doch treten neben ihnen noch größere, frei schwimmende Blasen bis 3'' Durchmesser auf, während das Steinkohlenkreosot Blasen bis zu 12'' Durchmesser zu bilden imstande ist. Wenn zwei Blasen zusammenkommen, so platzen sie, vereinigen sich aber in demselben Augenblick zu einer einzigen größeren Blase und übertragen die hochgehobene Sulfidlast auf die Nachbarblase, mit der sie vor dem Platzen in Berührung waren. Der Schaum hat infolge seiner Zähigkeit eine ausgezeichnete Tragfähigkeit für Mineralien. Im Überschuß verwendet, bringt Steinkohlenkreosot wie alle Öler Gangart in die Höhe und setzt dann den Wert der Konzentrate sofort herunter.

Saurer Rückstand der Erdöldestillation. Die bei der Leichtdestillation des Erdöles erhaltenen Kerosinrückstände werden bekanntlich mit Schwefelsäure chemisch gereinigt, um die teerigen und harzigen Bestandteile zu entfernen. Diese mit Teer durchtränkte Schwefelsäure von nahezu schwarzer Farbe läßt man in Behältern absetzen, um sie wieder zur Weiterverarbeitung abzuziehen, und dieser abgesetzte „acid sludge", der 50—60 vH reine Schwefelsäure enthält, wurde mit Erfolg auf der Anaconda-Grube, Montana für die Flotation von Kupferkies in saurer Trübe benutzt; er ist aber seit den letzten zwei Jahren durch das Kaliumanthat (s. S. 17) ersetzt worden.

Kiefernöl (Terpentinöl). Kiefernöl wird ausschließlich als Schaumbildner gebraucht. Man versteht darunter die Dampfdestillationsprodukte amerikanischen Kiefern- oder Fichtenholzes, die ein strohgelb gefärbtes Öl von stark aromatischem Geruch geben, und dessen spezifisches Gewicht 0,94 ist. Da es aber sehr teuer ist, wird es gewöhnlich mit anderen ähnlichen Ölen gemengt, und diese Mischungen, die ein spezifisches Gewicht 0,875 —0,900 besitzen, werden unter dem allgemeinen Namen „Kiefernöl" (pine oil) jetzt ausschließlich benutzt.

Das Öl mischt sich sehr leicht im Wasser. Da es ein schlechter Öler ist, gibt es zwar einen sehr voluminösen Schaum, dessen einzelne Blasen aber infolge seiner geringen Zähigkeit sehr leicht platzen. Die Blasen sind sehr klein und haben kaum den Durchmesser von $^1/_4''$—$^1/_2''$; sie sind sehr unbeständig und zerspringen bald nach dem Auftauchen an der Wasseroberfläche. Die mitgehobenen Sulfidteilchen werden dann auf der nächstfolgenden, aufsteigenden Blase abgelagert.

Für sich allein als Öler gebraucht, erzeugt es nur sehr niedrige Konzentrate, die infolge des mehr wässerigen Zustandes der Ölwassermischung zuviel Berge mit sich tragen; ja sogar gröbere Gangkörnchen werden mit Leichtigkeit nach oben gebracht. Dasselbe zeigt sich, wenn Kiefernöl im Überschuß in der Mischung mit einem

Öler vorhanden ist. Wenn es in älteren Anlagen immer noch als Öler benutzt wird, besonders für Kupferglanz führende Erze, so verlangen die Flotationsmaschinen eine beständige Aufsicht und Einstellung der Mischung, um gut zu arbeiten.

Kiefernteeröl, das dem Kiefernöl sehr ähnlich ist, wurde früher als Ersatz für letzteres gebraucht, hat aber den Nachteil, sehr arme Konzentrate zu erzeugen, die große Mengen Berge mit sich führen. Im Überschuß verwendet, gibt es so enorme Schaummengen, daß ganze Anlagen damit überschwemmt werden können.

Terpentinspiritus erzeugt einen elastischen, beständigen Schaum, der infolge seiner äußerst zähen Beschaffenheit alles hebt, was mit ihm in Berührung kommt: Konzentrate und Mittelprodukte. Das Volumen an erzeugtem Schaum ist unverhältnismäßig groß, und der Schaum läßt sich nur äußerst schwer niederschlagen. Wegen der großen Menge sehr niedriger Konzentrate, die er hebt, wird er fast gar nicht mehr verwendet.

Rohkresol (Kresylsäure). Rohkresol wurde früher besonders für Kupferkiesflotation vorgezogen. Da es aber sehr unangenehm zu handhaben ist, ja sogar gefährliche Brandwunden beibringen kann, wird sein Gebrauch jetzt mehr und mehr eingeschränkt.

Es löst sich nahezu vollkommen in Wasser auf und gibt einen guten Schaum, dessen Blasen von $1/_2''$—$2''$ Durchmesser weder zu unbeständig noch zu zähe sind, so daß er leicht zu zerstören ist. Die sehr guten Konzentrate lassen sich ohne Schwierigkeit reinigen.

Gleichzeitig ist es nach S. 10 zur Flockenbildung sehr geeignet. Dieser Eigenschaft dürften wohl viele Erfolge zuzuschreiben sein, die man früher bei der Verwendung von Kresylsäure unbewußt erhalten hat.

Vegetabilische Öle, Fette, Paraffine, Erdöle usw. Als die Flotation in Aufschwung kam, wurden selbstverständlich alle möglichen Öle und Fette auf ihre Verwendbarkeit für die Flotation geprüft und auch längere Zeit benutzt. Aber keines ist dauernd beibehalten worden mit Ausnahme des Eukalyptusöles, das in Australien noch heute vielfach Anwendung findet, wobei eine Mischung von Petroleum und Kohlenteer als Träger benutzt wird.

In Mexiko wurde mit Erfolg das zähflüssige Roherdöl (chapopote) eingeführt, indem man es in soviel Gasolin auflöste, daß eine tropfbare Mischung entstand.

Heizöl und Rohpetroleum wirken ähnlich wie Kreosot. Ihr Schaum ist zwar äußerst unbeständig, gibt aber so reine Konzentrate, daß es beinahe unmöglich ist, reine Abgänge zu erzielen. Ferner ist der Schaum sehr schwer niederzuschlagen, doch arbeitet er relativ gut in Mischung mit Kreosot.

Gasolin und andere sich verflüchtigende Öle werden nie für sich allein gebraucht, sondern haben wohl nur den Zweck, die Auflösung des Teeres oder eines anderen dickflüssigen Öles im Wasser zu beschleunigen, um es so leichter mit letzterem mischbar zu machen, wenn man aus bestimmten Gründen diese Öle nicht in der Kugelmühle aufgeben will.

Nicht-ölige Reagenzien. Die „nicht öligen" Reagenzien kommen in den letzten Jahren immer mehr in Anwendung, da sie bequem zu handhaben sind, sich leichter einstellen lassen und meist zufriedenstellendere Ergebnisse liefern als Öle. Es werden aber nicht die Reinprodukte, sondern die billigen, stark verunreinigten Rohprodukte, die mehr oder weniger von der betreffenden chemischen Substanz enthalten, verwendet.

Fast ausschließlich sind es feste oder flüssige organische Präparate, die bei der Weiterverarbeitung der leicht- und mittelsiedenden Produkte der Steinkohlenteerdestillation entstehen. Teils verwendet man Salze mit basischer Reaktion, die aus den Destillationsprodukten gewöhnlich durch vorausgehendes Nitrieren mit nachfolgender Reduktion durch Amidieren erhalten werden und in ihrer chemischen Zusammensetzung durch die Einführung des Amides NH_2 an Stelle des H-Atomes im Benzolring gekennzeichnet sind, teils werden sauer reagierende Sulfopräparate benutzt, bei denen das einwertige Radikal SH auftritt.

Alpha-Naphthylamin, das Amidderivat des Naphthalins, kommt als sogenanntes „X-Reagens" in den Handel. Es ist ziemlich teuer und muß vorher in heißem Wasser aufgelöst werden. Neuerdings wird es wieder viel benutzt in Verbindung mit dem flüssigen Xylidin, dem Amidierungsprodukt des Xylols, als sogenanntes „Y-Reagens".

Orthotoluidin, das Amidderivat des Toluols, ist flüssig und wird für sich allein gebraucht, aber besonders gern in Lösung mit dem kristallisierten Thiokarbamid; letzteres ist ein sauer reagierendes Sulferierungsprodukt des Diphenylharnstoffes. Sehr beliebt ist augenblicklich die sogenannte „T-T-Mischung" aus 80 vH Orthotoluidin und 20 vH Thiokarbamid.

Kaliumxanthogenat, das sogenannte „Z-Reagens", kommt seit den letzten zwei Jahren zum Flotieren von Kupferkieserzen mehr und mehr in den Vordergrund, so daß es heute auf allen größeren Kupfergruben der Vereinigten Staaten ausschließlich gebraucht wird. Es unterdrückt das Aufsteigen des tauben Pyrites in solchem Maße, daß die Scheidung und gleichzeitig der Grad der Anreicherung derart erhöht wird, daß beträchtliche Ersparnisse nicht nur in der Zahl der Reinigermaschinen, sondern auch an der sonst benötigten Oberfläche der Verdickungs- und Filtrierapparate gemacht werden. Seine Kosten betragen nur $^1/_3$ bis $^1/_5$ der „T-T-Mischung". Meist benutzt man die unreine, rotbraun gefärbte Mutterlauge vom spezifischen Gewichte 1,21, die bei der Darstellung des Salzes aus alkoholischen Prozessen zurückbleibt. Für Laboratoriumsversuche stellt man es sich selber dar durch Schütteln von Schwefelkohlenstoff mit kalter alkoholischer Kaliumlauge [$CS_2 + C_2H_5OH + KOH = H_2O + CS(OC_2H_2)$ (SK)]. Der Schwefelkohlenstoff löst sich dann mit gelber Farbe unter Bildung des Salzes, das durch Verdampfen des Alkohols im Wasserbade zurückbleibt. — Das Xanthat wird ausschließlich in alkalischer Lösung (vgl. S. 23) verwandt, deren Alkaligehalt man z. B. durch Zusatz von Ätzkalk auf 0,10—0,25 kg freies CaO je Kubikmeter Wasser hält. Um den gebildeten Schaum beständiger zu machen, gibt man meist eine Kleinigkeit Kiefernöl zu oder beim Auftreten von viel Zinkblende eine Mischung aus Kiefernöl mit Teeröl, die man schon in den Zerkleinerungsmaschinen zusetzt, während das Xanthat selbst infolge seiner nahezu augenblicklichen Wirkung erst im Verteiler vor den Flotationsmaschinen aufgegeben wird. Die Menge des verwandten Xanthates beträgt für Kupfererze im Durchschnitt 0,045—0,070 kg je Tonne Roherz. Gewöhnlich wird es in 25 vH Lösung aufgegeben.

Versuche mit Natriumxanthat brachten für Kupferkies keine so guten Ergebnisse wie mit dem Kaliumsalze, aber jetzt wird es für die selektive Flotation von Bleizinkerzen bevorzugt, indem es eine vorzügliche Trennung beider Mineralien bewirkt und so gestattet, zwei getrennte Reinprodukte von Bleiglanz- und Zinkblendekonzentraten herzustellen, deren jedes für sich verkaufsfähig ist.

Die eben beschriebenen Sulferierungsprodukte des Thiokarbamides und des Kalium- bzw. Natriumxanthates werden auch mit besonderem Erfolge zur Flotation angelaufener und schon etwas verwitterter Kiese benutzt, und ihre Wirkung beruht wahrscheinlich darauf, daß ihr relativ lose gebundener Schwefel chemisch auf den schon etwas oxydierten Erzteilchen einen dünnen Sulfidfilm niederschlägt, wodurch letztere wie ein metallisches Sulfid der Flotation leichter zugänglich gemacht werden.

Bei der Verwendung aller dieser sogenannten nicht öligen Reagenzien wird aber immer eine Kleinigkeit Kiefernöl zugesetzt, um so den gebildeten Schaum beständiger zu machen. Am wenigsten Kiefernöl brauchen die Xanthatsalze.

Schmieröle und Schmierfette. Beide Substanzen erzeugen einen zähen Schaum, der sich schwer niederschlagen läßt und außerdem nur wenige oder gar keine Sulfide hochbringt. Auch töten beide die Schaumbildung anderer Öle, wenn sie zufällig als Rohöl in die Flotationsmaschinen gelangen, ohne daß sie vorher mit der Trübe gut gemischt wurden.

Man wird daher immer gut tun, beim Erscheinen von Schmierölen nach der Quelle zu forschen, um eine weitere Zufuhr zu unterbinden. Solange sie von den Schmiervorrichtungen der Zerkleinerungsmaschinen herrühren, ist ihr schädlicher Einfluß nur gering und verursacht keine nennenswerten Schwierigkeiten, da sie ja in der Mühle mit der gesamten Trübe gut gemengt werden. Wenn das Schmieröl aber auf dem Wege zwischen der Kugelmühle und den Schwimmapparaten eindringt, so kann es sich nicht mehr innig mit der Trübe vermengen und zeigt dann dieselbe tötende Wirkung wie Rohöl (vgl. S. 12 u. 22), so daß man sofort Sorge tragen muß, es zu entfernen.

Verhältnis zwischen Öler und Schaumbildner.

Bis heute ist es unmöglich gewesen, aus den Eigenschaften eines Öles eine Voraussage auf seine Verwendbarkeit zu machen. Es ist vielmehr eine Sache des steten Versuchens und der Erfahrung, herauszufinden, welche Ölmischung sich am besten eignet. Jede Flotationsanlage findet eine Ölmischung, die ihr für das Flotieren ihrer Erze besonders zusagt, und bis heute scheint es kein Öl zu geben, das überall und bei denselben Bedingungen zufriedenstellende Ergebnisse verspricht. Die früher oft aufgestellte Behauptung, daß Öle, die bei vorsichtigem, langsamen Eindampfen bis zur Trockne einen größeren, klebrigen und gummiartigen Phellandrenrückstand hinterlassen, sich besonders gut für die Flotation eignen, stimmt nicht mit den Tatsachen überein. Selbst Teer, der eigentlich allgemein als Grundlage für die Ölmischungen anerkannt ist, zeigt je nach seinem Ursprung Unterschiede in seinem Verhalten, ebenso wie auch ein und derselbe Teer bei plötzlicher Änderung der Gangart oft ein verhängnisvolles Abweichen von seinem früheren Verhalten zeigt. Wie schon oben S. 12 bemerkt wurde, liefert Teer bei genügend langem maschinellen Rühren für sich allein fast immer gute Ergebnisse. Da aber ein längeres maschinelles Rühren wirtschaftlich unvorteilhaft ist, so setzt man ihm Kiefernöl als Schaumbildner zu und erhält dadurch dieselben guten Ergebnisse: hohe Konzentrate und reine Abgänge, aber in kürzester Zeit. Die gebräuchlichste Mischung hierfür ist: 80 vH Teer und 20 vH Kiefernöl, wobei man natürlich, um eine gründliche Mischung des Teeres mit dem Erze zu erzielen, diesen dem Mahlgut schon in der Zerkleinerungsmaschine (Kugelmühle) zusetzt, während das Kiefernöl erst in der Flotationsmaschine aufgegeben wird.

Diese einfache Mischung ist aber infolge des hohen Preises des Kiefernöles noch ziemlich unwirtschaftlich, außerdem bringt sie im allgemeinen infolge des hohen Teergehaltes zuviel Zinkblende in die Höhe, die den Grad der Konzentrate heruntersetzt. Daher gibt man meist noch Kreosot oder Teeröl zu, die dann an Stelle des Kiefernöles ebenfalls als Schaumbildner auftreten und gleichzeitig den Teer mehr verdünnen. Eine erprobte Mischung ist: 50—80 vH Teer und 50 bis 20 vH Kreosot (Teeröl) nebst einer Kleinigkeit Kiefernöl.

Diese Mischung bewirkt Blasen von mittlerer Größe, die weder zu zäh noch zu unbeständig sind, und dürfte daher in den meisten Fällen gute Ergebnisse erzielen lassen, zumal der Zusatz von nur einigen Tropfen Kiefernöles oft eine wunderbare Wirkung auf die Anreicherung ausüben kann.

Genannte Mischung ist aber absolut nicht grundlegend. In Wirklichkeit bekommt man in den Vereinigten Staaten alle möglichen Mischungen fertig angeboten, deren Zusammensetzung in den meisten Fällen geheimgehalten wird, und deren jede als Allheilmittel angepriesen wird. Das beste ist, man geht bei der Voruntersuchung von einer bestimmten Mischung aus, die man sich selbst zusammenstellt und ändert im Verlauf der Versuche deren Zusammensetzung, bis man die besten Ergebnisse erzielt. Hierbei ist allerdings unbedingte Voraussetzung, daß man sich eine gute Durchschnittsprobe des gesamten Erzes der Grube für die Untersuchung verschafft hat.

Als allgemeine Regel für das Verhältnis zwischen Öler und Schaumbildner in einer Ölmischung gilt: Je mehr Öler (Teer) verwendet wird im Verhältnis zum Schaumbildner (Kiefernöl), desto reiner werden die Abgänge abfließen, und desto größere Mengen Konzentrate gibt der Schaum ab, die allerdings auch von niedrigem Gehalt sind, weil in ihnen noch zuviel Zinkblende und Berge mit aufsteigen und so den Metallwert heruntersetzen. Ein solcher Schaum läßt sich aber leicht in den Reinigungsmaschinen anreichern. Würde man in obiger Mischung den Kreosotgehalt bis auf 80 vH erhöhen, so könnte man unter Zusatz von etwas Kupfervitriol reine Zinkblendekonzentrate flotieren. — Umgekehrt gilt: Je mehr Schaumbildner (Kiefernöl) man im Verhältnis zum Öler (Teer) hinzusetzt, desto reiner werden die Konzentrate und desto höher der Metallgehalt der Abgänge. Hingegen bringt ein Überschuß an Kiefernöl immer Berge in die Höhe.

Aus diesem Grunde gibt man im ersten oder Grobflotator grundsätzlich mehr Teer zu, weil man hier vor allem bestrebt ist, ein möglichst umfangreiches Konzentrat zu bilden, wenn auch von niedrigem Gehalt, wofür aber die Abgänge so rein als möglich, d. h. frei von Metallwerten, abfließen.

In den anschließenden Reinigungsmaschinen wird man hingegen etwas mehr Kiefernöl zugeben, um möglichst reine Konzentrate zu bilden. Die Abgänge der Reinigungsmaschinen dürfen einen relativ hohen Metallwert erhalten, da man sie ja grundsätzlich zur Wiederverarbeitung an den Grobflotator zurückschickt.

Eine weitere Regel für die Beziehung zwischen Öler und Schaumbildner innerhalb einer Ölmischung betrifft die Beschaffenheit der Trübe: Je dünner die Trübe ist, desto größer soll der Anteil des Schaumbildners sein, denn eine solche Trübe enthält mehr Wasser, und um dieselbe Schaummenge pro Gewichtseinheit Trübe zu erzeugen, muß selbstverständlich der Konzentrationsgrad des Schaumbildners beträchtlich höher sein. Umgekehrt wird man für eine dicke Trübe mehr Öler verwenden.

Ein Erz, das wegen seiner lettigen Gangart viel Schlämme beim Feinmahlen geben wird, erfordert aus praktischen Gründen, um es erfolgreich fein mahlen zu können, einen höheren Verdünnungsgrad der Trübe als mehr sandig bleibendes Gut. Es wird daher je Tonne Erz mehr Kiefernöl bedürfen als Erz mit quarziger Gangart, das nicht so leicht schlämmt.

Wie wir später sehen werden, zieht man es vor, im Grobflotator eine möglichst dicke Trübe zu haben, um reine Berge und dadurch eine hohe Anreicherung zu erzielen. Folglich wird man in ihr relativ mehr Öler anwenden als in der Reinigungsmaschine, was wieder mit dem weiter oben Gesagten übereinstimmt.

Doch ist diese Beziehung zwischen Öler und Schaumbildner absolut nicht zu verwechseln mit der Gesamtmenge der zum Flotieren nötigen Ölmischung, obgleich diese in engem Zusammenhange damit steht. Die Voraussetzungen sind dieselben, und daher ergibt sich dieselbe Schlußfolgerung: Je dünner die Trübe ist, desto mehr Gesamtöl benötigt sie (vgl. S. 20).

Endlich hängt das Verhältnis zwischen Öler und Schaumbildner gewissermaßen vom Gehalt an Sulfiden im Erze selbst ab: Je mehr Sulfidteilchen in der Trübe vorhanden sind, desto mehr „Kollektoröl" ist nötig, um sie mit dem Ölfilm zu überziehen. Eine selbstverständliche Folgerung daraus ist: Je feiner das Erz gemahlen ist, desto mehr „Kollektoröl" verbraucht es. Denn je feiner man mahlt, um so mehr müssen die verwachsenen Erze ihre eingeschlossenen Sulfidteilchen abgeben, und um so größer wird die Zahl der freien Sulfidteilchen. Dadurch vermehrt sich aber auch ihre Oberfläche und folglich ist mehr Öler nötig für die Bildung des Oberflächenfilms.

Erze, die ganz fein bis mikroskopisch verwachsen sind und daher sehr fein zu Schlämmen gemahlen werden müssen, um in der nachfolgenden Flotation eine wirkungsvolle Trennung zu ermöglichen, werden mehr Öler verbrauchen als Erze, die beim Aufschließen relativ körnig bleiben dürfen. Erze, die gröber verwachsen sind, daher nur zu Sanden aufgeschlossen werden und folglich körniger bleiben, werden weniger Öler, aber dafür mehr Schaumbildner benötigen.

Nicht zu verwechseln ist dieses Verhältnis zwischen Öler und Schaumbildner mit der Frage, ob ein Erz mit vielen Sulfiden mehr Gesamtöl braucht als eins mit wenig Sulfiden. Bis jetzt hat man in der Praxis keinen nennenswerten Unterschied gefunden: Erze mit 20 vH Zinkblende verbrauchen fast genau dieselbe Gesamtölmenge wie Erze mit nur 5 vH Zinkblende.

Minimalölverbrauch.

Es ist eine bekannte Tatsache, daß bei fortgesetzter Vermehrung der aufzugebenden Ölmenge bald ein Punkt erreicht wird, bei dem die erzielte höhere Ausbeute nicht mehr im Einklang mit den dadurch verursachten Mehrkosten steht. Bei noch weiter getriebener Erhöhung der Ölmenge tritt außerdem noch der Nachteil ein, daß dann auch die Gangkörnchen mitgeölt werden, infolgedessen aufsteigen und den Gehalt der gebildeten Konzentrate beträchtlich herabsetzen, d. h. ein Überschuß an Öl bringt gerade wie ein Überschuß an Kiefernöl in der Ölmischung immer Berge in die Höhe, die den Wert der gebildeten Konzentrate vermindern. Das Öl verliert dann gewissermaßen seine selektive Eigenschaft, nur die Sulfide in die Höhe zu bringen. Aus diesen Gründen und auch aus wirtschaftlichen Rücksichten wird es daher angebracht sein, immer einen Minimalölverbrauch anzustreben.

In der Praxis schwankt der Gesamtölverbrauch zwischen 0,45—0,80 kg Öl je Tonne Erz mit einem Minimum von 0,18 kg (Nacozari), während das Maximum über 2,00 kg hinausgeht, was damit zusammenhängt, daß die „Minerals Separation Cor." als Patentinhaberin nur für den Gebrauch von weniger als 1 vH Öl je Tonne Abgaben verlangt, so daß viele Gesellschaften es vorzogen, anstatt Abgaben zu bezahlen, mit einem Ölverbrauch höher als 1 vH zu arbeiten.

Der eben erwähnte Minimalölverbrauch kann nun erzielt werden:

1. Durch Verwendung einer möglichst dicken Erztrübe; denn eine solche führt weniger Wasser und braucht daher weniger Gesamtöl. Es sind in einem gleich großen Trübevolumen mehr Erzteilchen vorhanden, sie sind mehr zusammengedrängt und das Öl erreicht sie schneller, um sie mit dem Ölfilm überziehen zu können, während in einer dünnen Trübe die Erzteilchen mehr verteilt sind. Daher muß sich das Öl auf größere Entfernungen ausbreiten, um sie erreichen zu können, und infolgedessen wird in der Trübe mehr Öl benötigt. Gebraucht man aber für eine dicke Trübe weniger Gesamtöl, so ist auch weniger Schaumbildner erforderlich (s. S. 18), und die Ölmischung kommt daher billiger zu stehen, weil das Kiefernöl im Vergleich zum Teer bedeutend teurer ist. Auf die anderen Vorteile einer dicken Trübe, geringerer Kraftverbrauch und bessere Ausbeute, komme ich noch später zurück (vgl. S. 58). Man darf aber auch keine

zu dicke Trübe verwenden, die so mit Schlämmen überladen ist, daß der Schaum nicht mehr aufsteigen und überfließen kann. Treibt man die Verdickung zu weit, so muß man dann bedeutend mehr Gesamtöl zusetzen, als es unter normalen Umständen der Fall gewesen wäre.

Der Gebrauch einer dicken Trübe ist grundsätzlich für selektive Flotation anzustreben, die bekanntlich nicht bloß einen einzigen Sulfidkörper, wie z. B. Kupferkies, von den Bergen trennen will, sondern vielmehr schon in der ersten Maschine ein ausgewähltes Sulfid, wie z. B. Bleiglanz, nicht nur von der Gangmasse, sondern auch von den anderen begleitenden Sulfiden, wie z. B. Zinkblende und Eisenkies, trennen will. Man nimmt an, daß die gesamte aufgegebene Minimalölmenge gerade ausreicht, um nur das am leichtesten zu flotierende Hauptsulfid, den Bleiglanz, mit dem Schaume heraufzubringen, so daß nichts oder nur eine Kleinigkeit von Öl übrigbleibt, um die begleitenden Sulfide der Zinkblende und des Eisenkieses zu flotieren, d. h., daß nur ein ganz geringer Prozentsatz der letzteren mit in die Höhe steigt.

Eine Ausnahme von der obigen Regel machen die Erze, die viel lettige Gangmasse führen und daher beim Feinmahlen eine größere Menge kolloider Schlämme erwarten lassen. Wie schon S. 19 erwähnt wurde, können aus praktischen Gründen solche Erze nur in dünner Trübe behandelt werden, wodurch die Bildung zusammenhängender Flocken und Klumpen von undurchdringlichen Kolloidschlämmen vermieden wird, wie es bei einer dicken Trübe sehr leicht eintreten könnte. Solchen Erzen muß man grundsätzlich eine bedeutend größere Ölmenge zusetzen, in der nach S. 19 außerdem noch der Anteil des Kiefernöles im Verhältnis zum Teer größer als üblich genommen werden muß.

2. Durch stärkeres Mischen der zu flotierenden Trübe, und zwar durch vermehrte Preßluftzufuhr oder durch stärkeres maschinelles Rühren. Letzteres tut man aus praktischen Gründen aber nur ungern. Selbstverständlich muß in einem solchen Falle etwas mehr Schaumbildner zugegeben werden; denn sonst würde sich nur ein schwacher zerbrechlicher Schaum bilden, der weniger haltbar sofort an der Wasseroberfläche platzt. Bei größerem Luftvolumen bilden sich größere Mengen von Luftblasen, die lebhafter innerhalb der Trübe umlaufen und daher mehr Sulfidteilchen erreichen können, die sie mit sich in die Höhe tragen.

Desgleichen macht man von der stärkeren Durchmischung mit Luft Gebrauch bei der selektiven Flotation von Bleiglanz-Blende-Erzen, indem man gerade soviel Öl aufgibt, daß eben nur der Bleiglanz geölt wird und durch die größere Luftmenge das sofortige Aufsteigen der geölten Bleiglanzteilchen bewirkt und mit Erfolg eine Trennung von der Zinkblende erzielt wird, die unten bleibt und mit den Bergen zusammen ausgetragen wird. Dasselbe gilt für die selektive Trennung des Kupferkieses vom Eisenkies.

Andererseits muß vor einem Überschuß von Luftzufuhr ge-
warnt werden, denn dadurch wird eine größere Oberfläche an Luftblasen geschaffen, die wie bekannt, sich zuerst mit einem Ölfilm überziehen. Es ist dann nicht genügend Öl vorhanden, um auch noch die
Erzteilchen zu ölen, so daß das Gegenteil von dem eintritt, was man
beabsichtigt hatte. Es muß bedeutend mehr Gesamtöl aufgegeben
werden, als unter normalen Verhältnissen nötig gewesen wäre.

3. Durch Zurückgabe des öligen Überflusses, der beim Entwässern der Konzentrate im Verdicker und Filter erhalten wird,
an die Zerkleinerungsmaschinen. Beim Gebrauch von Kiefernöl
und anderen Schaumbildnern, die sich leicht mit Wasser mischen und
in diesem Zustande lange im Wasser sich halten, wird man nach einiger
Zeit sehen, daß beim Zurückpumpen der Lösung nur ein ganz geringer
Betrag frischen Kiefernöls als Ersatz für das beim Entwässern verloren-
gegangene Öl zuzugeben ist. Diese Ersparnis an Öl ist aber mehr eine
Frage der Betriebswirtschaft, und werden monatliche Kosten-
tabellen endgültig Aufschluß darüber geben, ob das Zurückpumpen des
öligen Überflusses teurer zu stehen kommt, als der Gewinn an Öl durch
die zurückgegebene Lösung.

Überflüssig ist es wohl, zu bemerken, daß bei einer Ölmischung,
die nicht vollkommen mit dem Erze gemischt ist, der Ölverbrauch beträchtlich steigt, um beste Flotationsergebnisse zu
erzielen, denn ungemischt vorhandenes Öl wirkt wie Rohöl, das den
Schaum tötet. Der Schaum stellt sich niedriger ein und beginnt sich
aufzulösen, so daß die darunter befindliche Trübe durchscheint. Die
Schaumblasen laufen ziellos vor- und rückwärts in der Maschine, werden
äußerst zerbrechlich und verschwinden zum Schluß ganz. Es wird
dieselbe Wirkung erzielt, als wenn zufällig rohes Schmieröl oder -fett
in die Maschine gelangt (s. S. 16).

Beziehungen zwischen den chemischen Reaktionen der Erztrübe und der Ölmischung.

Als die Flotation sich noch in der ersten Entwicklung befand,
glaubte man gefunden zu haben, daß stark alkalische Trüben bei
der Bleiglanzflotation eine bessere Verteilung des Öles in der Trübe
bewirkten und so viel wirksamer zur Ölung der Erzteilchen beitrugen.
Andererseits fand man, daß große Kupferflotationsanlagen mit Vorteil
stark saure Trüben benutzten. In neuerer Zeit ergab sich jedoch, daß
auch Kupferkiese in alkalischer Trübe vorzüglich flotierten. Dies gab
Veranlassung, die Beziehungen zwischen der Reaktion der Trübe und
der Reaktion der Ölmischungen zu studieren, und das Ergebnis dieser
Untersuchungen ist:

Sauer reagierende Öle benutze man ausschließlich für saure Trüben und umgekehrt, alkalisch reagierende Öle ausschließlich für alkalische Trüben.

Unter saurer oder alkalischer Reaktion eines Öles versteht man, daß die im Wasser löslichen Bestandteile des Öles einer Öl-Wasser-Mischung eine von beiden Reaktionen erteilen. Als Indikator für diese Untersuchungen gebraucht man eine Phenolphthaleinlösung (0,5 g Phenolphthalein werden in 50 ccm Alkohol aufgelöst und dann auf 100 ccm mit Wasser verdünnt. Sollte sich die alkoholische Lösung beim Wasserzusatz trüben, so gebe man sofort noch etwas mehr Alkohol zu). Die Gegenwart von Alkalien wird durch die Rotfärbung der Flüssigkeit angezeigt, die im Augenblick des Überschusses an Säure verschwindet. Will man auf Säure prüfen, so benutzt man eine durch mehrere Tropfen einer Alkalilösung rotgefärbte Phenolphthaleinlösung, die sich beim Zuschütten zu einer sauer reagierenden Trübe sofort entfärbt. Auch kann man hierzu eine Methylorangelösung 1 : 1000 verwenden, die bei Anwesenheit von Säure sich sofort rot färbt.

Sauer reagierende Öle enthalten gewöhnlich aromatische Teersäuren, die bei der Destillation des Steinkohlenteers als mittlere Öle sich abscheiden, wie das Phenol (Karbolöl), das Kresol (Kresylsäure) und das Kreosot, die also chemisch durch die Einführung der OH-Gruppe im Benzolring charakterisiert sind. Auch die analogen Fettsäuren, wie das Olein (Ölsäure), werden mitunter gebraucht, obgleich letzteres einen so zähen Schaum bildet, daß sogar leichtere Gegenstände von ihm getragen werden.

Zu den alkalisch reagierenden Ölen gehört der Teer selbst und die leichten Öle der Steinkohlendestillation, wie das Teeröl, sowie die neuerdings viel gebrauchten nichtöligen Amidderivate des Teeröles: Alpha-Naphthylamin, Xylidin, Orthotoluidin und Kalium- bzw. Natriumxanthat. Da sie fast alle Produkte der Leichtdestillation sind, ist der Schluß berechtigt, daß je leichter ein Öl siedet, es desto besser arbeitet.

Reagiert nun eine Trübe auf Lackmuspapier nicht, d. h. ist sie schwach sauer bzw. schwach alkalisch, so wird man sie durch Zusatz von Chemikalien so weit verstärken, bis sie deutlich auf Lackmuspapier reagiert. Den schwach sauer reagierenden Trüben wird man verdünnte Schwefelsäure zusetzen und den schwach alkalisch reagierenden Trüben Ätznatron oder die billigere Soda. Seit den letzten Jahren benutzt man auch den Ätzkalk mit Erfolg, der wohl der billigste aller Zusätze ist. Je nach der Reaktion der Trübe wird man dann das entsprechende Öl aussuchen.

Ob man bei einer auf Lackmuspapier neutral reagierenden Trübe die Verstärkung auf alkalische oder saure Reaktion vornimmt, hängt sehr oft von der Schlämmeführung des betreffenden Erzes ab. Wird es lettige Gangmassen enthalten und daher beim Feinaufschließen viele Schlämme ergeben, so daß mit Sicherheit deren kolloides Auftreten zu erwarten ist, so wird man die Trübe auf alle Fälle durch Zusatz von Ätznatron alkalisch machen und gleichzeitig ein alkalisch reagierendes Öl benutzen. In diesem Falle macht man nämlich von der die Flockenbildung vermindernden Eigenschaft des Ätznatrons Gebrauch, die dem Absetzen kolloider Schlämme entgegenarbeitet. Ein Ansäuern der Trübe dürfte verhängnisvoll ausfallen, da alle Säuren Flocken bildende Substanzen sind, die das Ausflocken kolloider Schlämme begünstigen (vgl. S. 10). Selbstverständlich darf man zum Alkalischmachen solcher Trüben keinen Ätzkalk benutzen, da dieser ja ein guter Flockenbildner ist. Ferner wird man einen Öler gebrauchen, der eine niedrige Siedetemperatur hat. — Erze hingegen, die beim Aufschließen relativ körnig bleiben und nur wenig Schlämme aufweisen, wird man in einer von beiden Trüben behandeln können, ganz gleich, ob sie durch Ätzkalk alkalisch oder durch Schwefelsäure sauer gemacht worden waren; nur muß man dann das entsprechende Öl aussuchen.

In der Praxis hat sich aber herausgestellt, daß, wenn nur ein Sulfid zu flotieren ist, z. B. Kupferkies in nur Gangart man nicht streng nach den eben gegebenen Grundsätzen verfahren soll, sondern am besten mit einer Mischung von sauer und alkalisch reagierenden Ölen arbeitet, wie z. B. mit der auf S. 15 erwähnten „T-T-Mischung", in welcher man den alkalischen Bestandteil (Orthotoluidin) vorwiegen läßt, wenn man eine alkalische Trübe verwendet oder umgekehrt den sauren Bestandteil (Thiokarbamid) bei Benutzung saurer Trübe.

Hat man aber mehrere Sulfide selektiv zu flotieren, wie z. B. Bleiglanz-Zinkblende oder Kupferkies-Eisenkies, so macht man die Trübe zuerst alkalisch und benutzt ein alkalisch reagierendes Öl, um dadurch den ersten Mineralkörper, z. B. den Bleiglanz, ausschließlich zu flotieren. In der folgenden Maschine macht man die Trübe sauer und gebraucht ein sauer reagierendes Öl, um den zweiten Mineralkörper, die Zinkblende, zu flotieren. Man kann natürlich auch umgekehrt verfahren, indem man zuerst mit saurer Trübe arbeitet und dann die alkalische Behandlung anschließt. Dabei beachte man immer die Flocken bildende Eigenschaft der Zusätze. Auf diese Weise wird es fast immer gelingen, zuerst den Bleiglanz von der Blende zu trennen, bzw. den Kupferkies vom Eisenkies oder von der Blende.

Die „Eustis-Mill" in Quebeck flotiert z. B. ein Kupfer-Eisenkieserz mit 3,5 vH Cu und erzielt ein 24 vH Cu haltendes Konzentrat neben einem 48 vH Fe haltigen Produkt bei einer Ausbeute von 92 bzw. 90 vH. In alkalischer Trübe (4,5 kg Ätzkalk) wird 0,15 kg

„T-T-Mischung“ und 0,005 kg Kiefernöl zugesetzt, wodurch der Kupferkies flotiert, während der Eisenkies in den Abgängen zurückbleibt.
Diese Abgänge-Trübe wird verdickt und so größtenteils von ihrer
alkalischen Lösung befreit. In einem Zwischenbehälter wird dann
die Trübe durch Zusatz von 7,3 kg Schwefelsäure sauer gemacht und
unter Verwendung von 0,45 kg Kohlenteerkreosot nebst 0,113 kg
Xanthat je Tonne des ursprünglichen Erzes der Eisenkies zum
Flotieren gebracht.

Immer ist es ratsam, eine Kleinigkeit Kiefernöl als Schaumbildner dem Öle zuzugeben, obgleich jenes meistens eine saure Reaktion
zeigt. Die Schaumblasen werden dadurch in größerer Menge gebildet,
leichter zum Auftriebe gebracht und beständiger gemacht. Unbedingt
nötig ist dieser Zusatz an Kiefernöl bei der Verwendung der modernen
nichtöligen Reagenzien mit Ausnahme beider Xanthatsalze, die so gut
wie gar kein Kiefernöl benötigen.

Aufgabe der Ölmischung.

Wie schon S. 22 bemerkt wurde, ist eine innige Mischung des
Öles mit der Trübe unbedingt nötig, um gute Flotationsergebnisse zu
erzielen. Man wird den Öler, der meist aus Teer oder schweren Teerölen
besteht, grundsätzlich in der Kugelmühle aufgeben bzw. kurz vorher, wodurch man es erreicht, daß die Erzteilchen genügend Zeit haben,
sich vollständig mit dem Öle zu mischen und mit dem Ölfilme zu überziehen, der für eine erfolgreiche Flotation immer nötig ist. Den Schaumbildner, der sich leicht mit Wasser mengt und den man nach S. 11 erst
nachher aufgeben soll, wird man prinzipiell kurz vor den Flotationsmaschinen zur Trübe fließen lassen. Wie ebendort bemerkt wurde, ist
es falsch, die Ölmischung in sogenannten Emulsionsapparaten
oberhalb der Schwimmapparate fertig herzustellen.

Für leichtere Öler, wie z. B. Kreosot, die sich verhältnismäßig
leicht oder vollkommen mit Wasser mischen, sieht man oft von der
Aufgabe in der Kugelmühle ab, da bei der Zurückgabe des Überkorns
oft Öl verlorengeht, und stellt daher kurz vor der Flotationsmaschine
den sogenannten „Pachucatank“ (vgl. Abb. 3) auf, der aus der
Zyankaliumpraxis übernommen und nach einer Stadt in Mexiko, wo er
zuerst in Anwendung kam, benannt wurde. Es ist dies ein zylindrischer
Behälter oder viereckiger Holzkasten von ungefähr 0,46 m Durchmesser
mit konischem, unter 60° geneigtem Boden, in dem eine 0,10 m zentrale
schmiedeeiserne Röhre bis nahe auf die Spitze herunterreicht. In ihr
geht eine 1″- Zuleitungsröhre für Preßluft bis auf die halbe Eintauchtiefe
herunter. Durch die eingeblasene Preßluft wird das Gewicht der in
der zentralen Röhre befindlichen Erztrübe vermindert und steigt infolge

des Druckes der umgebenden äußeren Wassersäule in die Höhe, wodurch ein kräftiges, stetiges Fließen der Trübe nach oben erzielt wird. Oberhalb der Mündung der zentralen Röhre ist ein Deflektor angebracht, der die daraufstoßende Trübe in den Behälter gleichmäßig verteilt zurückwirft. Bei jedem Aufsteigen werden am unteren Ende der zentralen Röhre neue Trübemassen angesaugt und so eine vorzügliche Mischung der Trübe mit dem Öl erzeugt. Der Apparat ist äußerst bequem zu handhaben und daher sehr beliebt, obgleich er in bezug auf den Luftverbrauch äußerst unwirtschaftlich arbeitet.

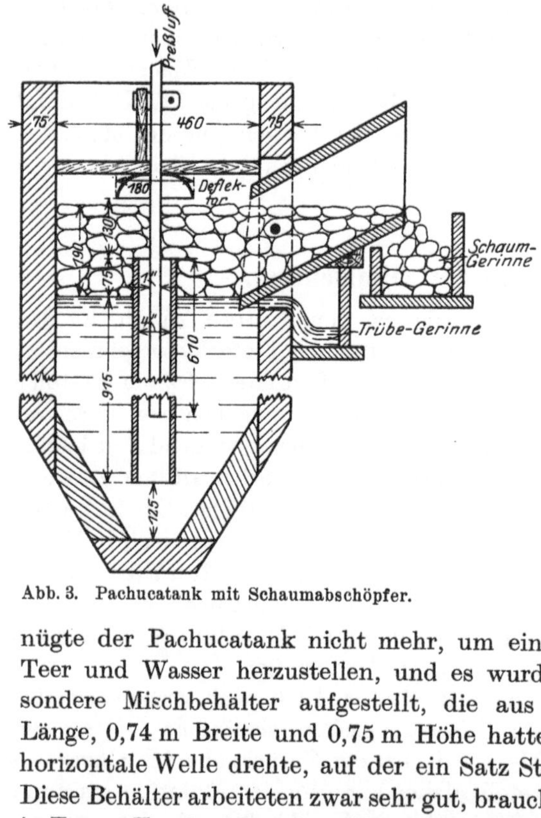

In der Zeichnung ist noch ein in seiner Neigung verstellbarer Kasten angegeben, wodurch ·bis über 15 vH der im Behälter schon gebildeten fertigen Konzentrate abgezogen werden kann, um in einem besonderen Gerinne direkt zur Reinigungsmaschine geführt zu werden. Es wird dadurch die Leistungsfähigkeit der anschließenden Flotationsmaschinen beträchtlich erhöht.

Abb. 3. Pachucatank mit Schaumabschöpfer.

Als aber später der Teer als Öler aufkam, genügte der Pachucatank nicht mehr, um eine gute Mischung zwischen Teer und Wasser herzustellen, und es wurden in Ergänzung noch besondere Mischbehälter aufgestellt, die aus Eisenblech gefertigt 3 m Länge, 0,74 m Breite und 0,75 m Höhe hatten, und in denen sich eine horizontale Welle drehte, auf der ein Satz Stahlschaufeln befestigt war. Diese Behälter arbeiteten zwar sehr gut, brauchten aber ungefähr 3—4 PS je Tonne Erz in 1 Stunde. Sie wurden daher aufgegeben und an ihrer Stelle der Zusatz des Teeres in der Kugelmühle allgemein eingeführt.

In Ermangelung eines Pachucatanks bedient man sich besonders in kleinen Anlagen eines gewöhnlichen längeren Gerinnes zwischen der Kugelmühle und der Flotationsmaschine, in dem man entlang der Seiten abwechselnd quadratische Holzblöcke anschraubt, deren Länge $^1/_2$—$^1/_3$ der Gerinnbreite beträgt. Es wird dadurch ebenfalls eine gute Mischung des Öles mit dem Wasser erzielt, aber es geht bedeutend mehr an Gefällhöhe verloren.

Aufgabeapparate für Öle. Für die Aufgabe des Öles selbst an die Kugelmühle in bestimmt abgemessenen Mengen pro Minute werden die verschiedensten, mitunter sehr sinnreich ausgedachten Apparate verwendet. Die Aufgabe geschieht mit Vorliebe im Rücklaufgerinne des mit der Mühle im geschlossenen Kreislaufe stehenden Klassifikators (s. S. 74).

Das einfachste ist natürlich ein Hahn am tiefsten Punkte der Ölkanne, der so eingestellt wird, daß nur eine bestimmte Zahl Öltropfen pro Minute ausfließen kann. Durch die Erschütterungen im Gebäude ändert sich aber sehr rasch die Einstellung, so daß eine beständige Überwachung am Hahne nötig ist. — An Stelle des Hahnes verwendet man auch eine konisch sich erweiternde Ausflußröhre, in der ein verschiebbarer Messingkegel mittels eines Handrades auf verschiedene Ölausflußmengen eingestellt werden kann.

Für größere Anlagen benutzt man ein Miniaturbecherwerk, das aus einem größeren Blechbehälter mittels eines oder mehrerer Becher die nötige Ölmenge schöpft und an der oberen Antriebsscheibe in ein besonderes Gerinne austrägt. Die Becher sind an einer Kette befestigt, die über die Zähne von Kettenrädern läuft. Eine Einstellung der Ölmenge kann nur geschehen durch Ein- oder Ausschalten von Bechern oder durch Veränderung der Umfangsgeschwindigkeit mittels der Zähne eines Sperrgetriebes.

Auch kleine Plungerpumpen werden aufgestellt, deren Kolbengeschwindigkeit durch Stufenscheiben zu verändern ist. Außerdem kann man durch eine Sperrschraube die Länge des Kolbenweges abändern und so eine leidliche Einstellung der Ölmenge erzielen.

In Anaconda bedient man sich einer rotierenden Scheibe, die in den Ölbehälter eintaucht und an deren Umfang eine Anzahl Becher oder Tassen befestigt ist, die nach Art des Schöpfrades das Öl oberhalb der Achse in ein schmales Gerinne austragen, das zur Kugelmühle führt.

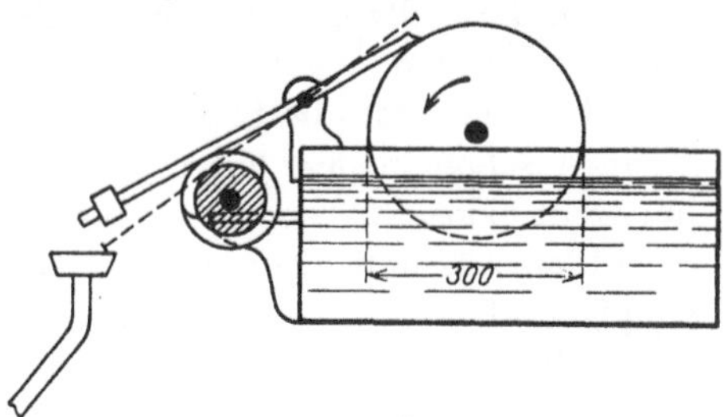

Abb. 4. Automatischer Ölaufgabe-Apparat.

Die Änderung der Geschwindigkeit geschieht durch zwei Reibungsscheiben, deren eine auf der Welle der rotierenden Scheibe sitzt, während die andere auf der Antriebswelle aufgekeilt ist. Durch Einstellung der Reibungsfläche zwischen beiden Scheiben kann man die Geschwindigkeit der Scheibe mit den Schöpftassen in allen Graden von Null bis zur Maximalgeschwindigkeit verändern. Außerdem kann man noch den Ölzufluß in größerem Maße abändern durch Aus- oder Einschalten eines oder mehrerer Schöpfbecher an der Hauptscheibe.

Den einfachsten Apparat dieser Art habe ich auf einer kleinen Grube im Staate Guanajuato der Republik Mexiko gesehen (vgl. Abb. 4). Eine oder mehrere rotierende Vollscheiben von 0,30 m Durchmesser nehmen beim Eintauchen in den Ölbehälter durch Adhäsion das Öl an ihrem Umfange mit und geben es weiter oberhalb durch eine aufliegende Röhre ab, die kippbar angeordnet ist und an ihrer Mündung etwas erweitert und zungenförmig angeschliffen ist. Durch einen unterhalb der Röhre liegenden rotierenden unrunden Körper, der in der Längenachse verstellbar ist, wird die kippbare Röhre so mit ihrer Mündung an die Vollscheibe gedrückt, daß sie von 0°—360° des Scheibenumfanges abheben kann. Auf der genannten Grube hatte man einen Zylinder aus Holz konstruiert, auf dem ein 10 mm dickes Eisenband spiralförmig aufgezogen war. Der Apparat ist äußerst einfach, verursacht keine Reparaturen und behält seine jeweilige Einstellung dauernd bei.

Aufgabe der Chemikalien. Um die Trübe stark sauer oder alkalisch zu machen, werden die auf S. 32f. beschriebenen chemischen Substanzen zugegeben.

Die alkalischen Zusätze werden in der Regel in trockener Form in die Kugelmühle mit dem Erze zusammen aufgegeben, weil ihnen dadurch längere Zeit gegeben ist, sich vollständig im Wasser aufzulösen, um so mit Sicherheit eine ausgeprägte alkalische Reaktion hervorzurufen. Nur ausnahmsweise löst man sie vorher im Wasser auf und läßt sie in dünnem Strom in die Kugelmühle einlaufen, weil sich dadurch die Stellvorrichtungen leicht verstopfen und zu Störungen Veranlassung geben. In kleineren Anlagen geschieht die Aufgabe von Hand, indem man die betreffende Substanz in abgemessenen Zwischenräumen schon in den Erztaschen zwischen dem aufgestürzten Erze aufstreut oder während des Mahlens in die Zerkleinerungsmaschinen direkt einschaufelt. Für größere Betriebe ist dies natürlich nicht angängig und bedient man sich der automatisch arbeitenden Aufgabevorrichtungen (Plungerkolben, Schüttelvorrichtungen usw.), wie sie auf S. 113 für fein gebrochenes Erz beschrieben sind.

Ist die Trübe aber anzusäuern, so zieht man es vor, die Reagenzien kurz vor oder in den Flotationsmaschinen zuzugeben, weil die Säuren das Innenfutter der Kugelmühlen im Laufe der Zeit angreifen und schnell zerstören. Es werden dazu meist die eben beschriebenen Aufgabeapparate für Ölmischungen benutzt, deren Behälter dann mit Bleiblech ausgekleidet ist. Man gibt dann entweder die Gesamtsäure auf einmal in der ersten Zelle der Flotationsmaschine auf oder verteilt die Aufgabe über ihre gesamte Länge im absteigenden Verhältnis, wie z. B. 75 vH in der ersten Zelle und den Rest so verteilt, daß in der letzten Zelle nur noch 4 vH aufgegeben werden.

Erwärmen der Trübe. Im allgemeinen hat das Erwärmen der Trübe auf ungefähr 20⁰ C einen vorteilhaften Einfluß auf die Flotation; besonders bei Verwendung dicker Trüben erzielt man immer günstige Ergebnisse.

Das Erwärmen geschieht meist durch Einblasen von Frischdampf am Kopfe der Flotationsmaschine. Der hierzu nötige Dampf wird in einem besonderen Kessel erzeugt. Wenn man Explosionsmotoren zum Antrieb benutzt, verwendet man das ablaufende Kühlwasser, das eine Temperatur von 40⁰—60⁰ C hat, direkt als Trübewasser.

Hat man einen besonderen Kessel zur Erzeugung des Dampfes aufzustellen, so verursacht das Erwärmen Extrakosten, die ungefähr 0,30 M. je Tonne Schlämme für je 10⁰ C betragen, so daß die monatlichen Betriebskosten zeigen werden, ob der Gewinn an Ausbeute die Mehrausgaben der Kesselheizung deckt oder nicht. Auf alle Fälle ist ein Erwärmen über 30⁰ C nicht mehr wirtschaftlich. Während der warmen Sommermonate unterbleibt gewöhnlich das Erwärmen, und man wird ausnahmsweise ein Fallen der Ausbeute feststellen können[1]).

Auch ist zu bemerken, daß beim Erwärmen einer mit Schwefelsäure sauer gemachten Trübe die zerstörende Wirkung der Säure auf die Eisenteile der Maschinen besonders schnell und stark hervortritt.

Erprobte Ölmischungen.

Wenn ich im folgenden eine Zusammenstellung von in der Praxis erprobten Ölmischungen gebe, so sollen diese nur als Anhalt dienen für die ersten Versuche und sollen durchaus nicht besagen, daß sie für ein gegebenes Erz allgemeingültig seien.

Blei-, Zinkerze. Alle im folgenden gemachten Angaben beziehen sich auf 1 Tonne Erz.

1,10—2,20 kg Holzkohlenkreosot mit 0,09 kg Kiefernöl, wobei die höheren Zahlen für Erze gelten, die mehr als 20 vH Zink enthalten,

0,50 bis 1 kg einer Mischung aus 66—80 vH Wassergasteer mit 34—20 vH Kreosot,

---

[1]) In der selektiven Flotation hat man neuerdings die Erfahrung gemacht, daß das Erwärmen der Trübe einen besonders günstigen Einfluß aufweist, wenn es sich darum handelt, zeitweise unterdrückte Zinkblende der Konzentrate nach dem Neutralisieren zum Wiederaufsteigen zu bringen (vgl. S. 202). Das Erhitzen geschieht dann auf 60⁰ C in einem der Blendeflotation vorangestellten Zwischenbehälter mit Rührwerk. Da es sich bei den Konzentraten nur um geringe Mengen handelt, kommt die Wirtschaftlichkeit des Erhitzens auf einen so hohen Grad nicht so sehr in Frage, als wenn die Trübe des gesamten Erzes zu erwärmen wäre.

0,25—0,50 kg einer Mischung aus 60 vH Wassergasteer mit 40 vH Steinkohlenkreosot.

Ferner werden ohne Gewichtsverhältnisse folgende Mischungen angegeben:

40 vH Steinkohlenteer mit 40 vH Steinkohlenkreosot und 20 vH Kiefernöl,

45 vH Steinkohlenteer mit 40 vH Steinkohlenkreosot, 10 vH Kresylsäure und 5 vH Kiefernöl,

50 vH Wassergasteer und 50 vH Steinkohlenteeröl.

Für die Benutzung vegetabilischer Öle seien zwei in Australien benutzte Mischungen gegeben:

0,75—0,50 kg Eukalyptusöl mit 1—1,25 kg einer Mischung aus dunklen Mineralölen,

0,50—2,50 kg einer Lösung aus 20—30 vH Kolophonium in Terpentinöl mit 0,125 kg Rohparaffin in 0,15 kg Eukalyptusöl aufgelöst.

Kupfererze. Auch hier beziehen sich alle Angaben auf 1 Tonne Erz.

Die Kupferkiesgruben von „Inspiration" in Arizona benutzten 0,75 kg einer Mischung aus 95 vH Rohsteinkohlenteer mit 5 vH Kiefernöl, wobei der Teer vollständig in der Kugelmühle aufgegeben wurde.

Auf der „Anacondagrube" in Montana wurde gebraucht 1—1,15 kg „Acid Kerosene Sludge" mit 0,25—0,50 kg Rohholzkohlenteerkreosot (vgl. S. 13). Trotz des Säuregehaltes des „sludge" wurde die Trübe noch mit 3—4 kg Schwefelsäure angesäuert. — Jetzt wird aber nur noch Kaliumxanthat in alkalischer Trübe verwendet.

„Nacozari" im nördlichen Mexiko gebrauchte 0,18 kg Wassergasteer mit einer Kleinigkeit Kiefernöl. Früher war ein Teil des Teers durch Kreosot ersetzt; man gab es aber auf, weil man fand, daß eine nachteilige, hohe Schaumbildung beim Entwässern der Konzentrate im Verdicker dadurch erzeugt wurde. — In der neuesten Zeit wurde diese Mischung ersetzt durch die folgende:

0,14 kg „T-T-Mischung" aus 20 vH Thiokarbamid und 80 vH Orthotoluidin, der außerdem noch 0,07 kg Kiefernöl als Schaumbildner zugesetzt wird.

Für kleinere Anlagen steht noch folgende Mischung im Gebrauch:

0,60 kg einer Mischung aus 65 vH Steinkohlenteer mit 30 vH Kreosot und 5 vH Kiefernöl.

Ohne Gewichtsangaben seien folgende Mischungen angeführt:

80 vH Steinkohlenteer mit 15 vH Kreosot bzw. Teeröl und 5 vH Kiefernöl,

60 vH Steinkohlenteer mit 35 vH Kreosot und 5 vH Kiefernöl,

60—70 vH Rohterpentinöl mit 32—21 vH Kreosot und 15—2$^1/_2$ vH Kiefernöl.

Von einer Grube wurde erwähnt, daß der Zusatz von 3—4 kg Portlandzement je Tonne Erz gute Ergebnisse lieferte, wobei die Ölmischung selbst aus Kreosot und Kiefernöl bestand.

Noch möge die in Mexiko mitunter benutzte Mischung angegeben werden:

1,50 kg „Chapopote" (mexikanisches Roherdöl) in 50 g Gasolin aufgelöst, bis eine tropfbare Mischung entsteht. Als Schaumbildner werden 50 g Kiefernöl genommen.

Zum Schluß sei noch die folgende Mischung von nichtöligen Reagenzien angeführt:

0,09 kg Thiokarbamid mit 0,18 kg Kiefernöl.

Zusammenstellung der Schlußfolgerungen in bezug auf Ölmischungen.

Im folgenden gebe ich eine gedrängte Zusammenfassung der im vorausgegangenen beschriebenen Erwägungen über die Verwendung von Ölmischungen für die Flotation:

1. Als Ausgangspunkt benutze man eine Mischung aus Steinkohlenteer und Kreosot nebst einer Kleinigkeit Kiefernöles (s. S. 17). Je mehr Teer in der Mischung ist, desto reiner werden die abfließenden Abgänge sein und eine desto höhere Ausbeute erzielt man. Je mehr Kiefernöl in der Mischung im Verhältnis zum Teer verwandt wird, desto reiner bilden sich die Konzentrate, aber desto höhere Metallwerte zeigen die abfließenden Berge und desto niedriger wird die Ausbeute (vgl. S. 18).

2. Man stelle nie fertige Ölmischungen zum Gebrauch her, sondern gebe zuerst den Öler in der Kugelmühle auf und erst nachher den Schaumbildner in oder vor den Flotationsmaschinen (s. S. 11 und 25). Das Öl muß immer gut mit der Trübe gemengt sein, damit es nicht die Schaumbildung tötet (s. S. 22).

3. Je dünner die Trübe ist, desto mehr Schaumbildner muß sie enthalten im Verhältnis zum Teer, und je dicker sie ist, desto mehr Öler muß in ihr vorhanden sein (s. S. 19).

4. Je feiner gemahlen wird, desto bessere Ergebnisse erhält man (s. S. 8), und besonders gilt dies für fein verwachsene Erze. Aber auch desto mehr Öler ist zu benutzen (s. S. 19).

5. Entstehen beim Feinmahlen zu viele kolloide Schlämme, so verwende man eine dünnere Trübe mit relativ größerer Gesamtölmenge, in der das Kiefernöl im Verhältnis zum Teer vorherrschen soll (vgl. S. 19 u. 21). Oder man vermenge sie mit Erzen, die beim Feinmahlen relativ körnig bleiben, unter Umständen setze man die Flockenbildung vermindernde Substanzen zu (s. S. 9).

6. Der Ölverbrauch muß unbedingt auf ein Minimum beschränkt werden, d. h. man verwende dicke Trüben, achte auf starke Durchmischung mit Luft und gebe den öligen Überfluß vom Entwässern der Konzentrate an die Kugelmühle zurück (vgl. S. 20 u. f.).

7. Überschuß an Öl bringt immer Berge in die Höhe, ebenso wie ein Überschuß an Kiefernöl in der Ölmischung Berge in die Höhe fördert (vgl. S. 14 u. 20).

8. Das Erwärmen der Lösung auf 20° C ist fast immer vorteilhaft (s. S. 29).

9. Man vermeide das Eindringen von Schmieröl oder -fett auf dem Wege zwischen Kugelmühle und Flotationsmaschinen.

IV. Zusätze von Chemikalien zur Trübe.

Als Grundsatz für den Gebrauch von Extrachemikalien bei der Flotation beachte man: Man bediene sich nur der chemischen Zusätze, um die Trübe sauer oder alkalisch zu machen, sonst vermeide man soweit als möglich die Benutzung von Chemikalien, außer man findet einen positiven Gewinn in ihrer Handhabung. Chemikalien bedeuten eine Mehrausgabe, und daher ist es unbedingt nötig, daß ein wirklicher Gewinn in der Ausbeute sich nachweisen läßt, bevor man zu ihrer endgültigen Benutzung schreitet.

Saure Zusätze.

Schwefelsäure. Schwefelsäure wird ausschließlich und allgemein verwendet zum Ansäuren der Trübe in Mengen, die selten 3—4 kg je Tonne Erz überschreiten. Einen Überschuß an Säure zu verwenden, ist direkt nutzlos, denn sehr bald wird ein Maximum erreicht, wo jede weitere Zufuhr an Säure überflüssig und daher unwirtschaftlich wird. Gewöhnlich benutzt man die billige 60 vH Kammersäure vom spezifischen Gewicht 1,53 (50° Bé): Schwefelsäure soll grundsätzlich nur bei frischen, noch unverwitterten Erzen für das Ansäuern der Trübe verwandt werden, da sie auf schon oxydierte Erze chemisch auflösend einwirkt.

Das Sauermachen der Trübe bei gleichzeitiger Verwendung eines geeigneten sauer reagierenden Ölgemenges (s. S. 23 u. f.) hat fast immer einen Ausschlag gebenden Einfluß auf die Flotation, indem sich die Konzentrate ziemlich rein und nahezu frei von Zinkblende und Eisenkies abscheiden, während die abfließenden Berge nur einen niedrigen Metallgehalt aufweisen, so daß eine hohe Ausbeute erzielt wird. In Anaconda, Arizona enthält z. B. bei einer Aufgabe von 2,3—2,6 vH Cu je Tonne die abfließende Bergetrübe 1,25 vH Cu, wenn keine

Schwefelsäure benutzt wird, geht aber auf 0,3 vH Cu herunter, sowie die Trübe sauer gemacht wird. Vielfach wird auch behauptet, daß bei richtigem Säurezusatz der Ölverbrauch sich vermindere.

Die Aufgabe der Säure erfolgt ausschließlich kurz vor oder direkt in der Flotationsmaschine mittels der auf S. 28 beschriebenen Aufgabeapparate, deren Behälter mit Bleiblech ausgeschlagen sind, um den zerstörenden Einfluß der Säure aufzuheben. Die Aufgabe in der Kugelmühle wird unterlassen, weil die Säure mit der Zeit das gußeiserne Innenfutter der Mühle angreift und rasch zerstört.

Sollte freie Säure nach der Flotation aus irgendwelchen Gründen in den Konzentraten zurückbleiben, so tut man gut, sie durch Zuschütten von Ätzkalk, den man beim Entwässern der Konzentrate im Verdickungsbehälter aufgibt, zu neutralisieren.

Die Anwendung der Säure hat zu unterbleiben:

a) beim Verarbeiten von Erzen, die aus der Oxydationszone stammen und Karbonate des Kupfers und Eisens führen; denn bei solchen Erzen arbeitet die Säure zersetzend und setzt die Karbonate dieser Schwermetalle in lösliche Sulfate um:

$$CuCO_3 + H_2SO_4 = CuSO_4 + H_2CO_3 \, .$$

Bleikarbonat wird bekanntlich nicht angegriffen, da es sich sofort mit einer Schicht des unlöslichen Bleisulfats überzieht, das eine weitere Reaktion der verdünnten Schwefelsäure zum Stillstand bringt. Das gebildete Kupfersulfat geht mit den Bergen ins Freie und kann unter Umständen einen hohen Verlust darstellen, ganz abgesehen davon, daß es auf die Flotation selbst schädlich einwirkt, indem es dazu beiträgt, Zinkblende lebhaft zum Aufsteigen zu bringen, wodurch der Gehalt der Konzentrate stark vermindert wird (s. weiter unten bei Kupfervitriol S. 41). In einem solchen Fall ist es daher immer angebracht, eine Untersuchung der abfließenden Bergetrübe auf löslichen Kupfergehalt vorzunehmen. Wenn es sich dabei herausstellt, daß der Gehalt an Kupfer ziemlich hoch ausfällt, so wird man versuchen es zurückzugewinnen, indem man die Lösung über fein zerteiltes Abfalleisen laufen läßt und Zementkupfer niederschlägt. Auch kann man die Lösung durch eine rotierende Trommel gehen lassen, die mit Eisenschrott gefüllt ist.

b) beim Auftreten von Karbonaten des Kalziums und Magnesiums in der Gangmasse; denn diese Mineralien werden von der Säure leicht angegriffen und in lösliche Sulfate übergeführt, die die Schaumentwicklung beeinträchtigen und gleichzeitig infolge ihrer Flocken bildenden Eigenschaft das Absetzen feinster Schlämme begünstigen, die dabei eine Unmasse Sulfide in sich einschließen, die zusammen mit den Bergen auf die Halde abfließen. Dazu kommt noch der hohe Verbrauch an Säure, so daß sich schon aus wirtschaftlichen Rücksichten ihre Weiterverwendung von selber verbietet.

c) beim Vorhandensein von **lettigen, lehmigen Gangarten im Erze**, die beim Mahlen primäre Schlämme bilden. In diesem Falle kommt die Flocken bildende Wirkung der Schwefelsäure besonders zur Geltung, die das Ausflocken und Absetzen der kolloiden Schlämme begünstigt, so daß die Flotation nur ärmliche Konzentrate liefert und die Ausbeute bedeutend sinkt (vgl. S. 9).

Hingegen wird man sich der **Flocken bildenden Eigenschaft der Säure gern bedienen**, wenn die Ölmischung zur Emulsionsbildung neigt. Die Gegenwart der Schwefelsäure wird dann nie erlauben, daß eine solche Emulsion bestehen kann, die sowohl Sulfide wie Gangkörnchen mit einem Wasserfilm überziehen will, so daß die Sulfide durch den Schaum nicht mehr in die Höhe gebracht werden können. — Auf dieser Wirkung beruht wahrscheinlich ihr Zusatz zur **Verbesserung von chemisch reinem Wasser**, wie man es mitunter hoch im Gebirge antrifft. Chemisch reines Wasser gibt bekanntlich gar keine oder nur schlechte Schaumbildung, denn das Öl löst sich in solchem Wasser vollkommen auf, und es entsteht eine wirkliche Emulsion. Sowie aber dieser Zustand durch Zusatz von Schwefelsäure aufgehoben wird, arbeitet das Wasser ebensogut wie gewöhnliches Leitungswasser.

Alkalische Zusätze.

Alkalische Zusätze haben nicht nur den Zweck, die **Trübe alkalisch zu machen**, um in Verbindung mit einer alkalisch reagierenden Ölmischung das Erz erfolgreich zu flotieren, sondern man nutzt gleichzeitig noch ihre chemische Wirkung aus, die darin besteht, daß sie **etwa vorhandene Mineralsäuren neutralisieren**, und ferner daß sie die im Wasser vorhandenen **löslichen Salze der Schwermetalle als unlösliche Verbindungen ausfällen**, wodurch der schädliche Einfluß dieser löslichen Salze auf die Flotation vermieden wird. Endlich ist noch zu beachten, daß die Flockenbildung durch Alkalien leicht vermindert wird, während der Ätzkalk hingegen ein ausgezeichneter und billiger **Flockenbildner** ist. Infolge dieser chemischen Wirkungen wird sich der alkalische Zusatz **unbedingt nötig** machen für Kiese, die schon **angelaufen** oder durch Lagern auf der Halde den Beginn der **Verwitterung** zeigen, d. h. lösliche Sulfate als Verwitterungsprodukte führen, die durch die Alkalien zu unlöslichen Hydraten der betreffende Metalle ausgefällt werden.

Die **Aufgabe** der alkalischen Zusätze erfolgt meist im festen Aggregatzustande, indem sie feingemahlen in der Erzvorratstasche selbst oder kurz vor der Kugelmühle zugeschüttet werden, wodurch eine innige Mischung mit dem Mahlgute eintritt und das Wasser der Erztrübe genügend Zeit findet, die Zusätze aufzulösen und so der Trübe eine entschieden alkalische Reaktion zu erteilen. Bei kleineren Anlagen geschieht die Aufgabe von Hand, indem in der Erztasche lagenweise dünne Schichten des Pulvers aufgestreut werden, und bei größeren Betrieben durch automatische Schüttapparate, wie sie bei der Beschreibung der Zerkleinerungsmaschinen auf S. 113 noch besprochen werden. Weniger gebräuchlich ist das Auflösen in Wasser, weil hierbei leicht mechanische Verluste auftreten können, während die Trübe vom mechanischen Klassierapparate zur Kugelmühle abfließt, ferner weil die Stellvorrichtungen sich leicht verstopfen, und endlich weil die gleichzeitige Bedienung von zwei Hähnen für das Trübewasser und die alkalische Lösung bei ungeübtem Personal nachteilige Verwirrung anrichten kann.

Die in der Praxis zumeist benutzten alkalischen Zusätze sind folgende:

Ätznatron. Ätznatron wurde früher allgemein verwendet, aber als man später fand, daß die billigere Soda dieselben Eigenschaften besitzt, wurde es rasch durch letztere verdrängt. Es wird in Mengen von 0,5—1,0 kg je Tonne der Trübe zugesetzt und gibt bei der gleichzeitigen Benutzung alkalisch reagierender Ölmischungen die gewünschten Ergebnisse: reine Konzentrate und metallarme Abgänge, so daß die Ausbeute günstig ausfällt. Ein Überschuß an Ätznatron verbietet sich aus wirtschaftlichen Gründen von selbst.

Ist man ausschließlich auf die Benutzung von Grubenwasser zum Mahlen des Erzes angewiesen, so neutralisiert das Ätznatron die darin vorhandenen Mineralsäuren und fällt die löslichen Sulfate der Schwermetalle aus, die häufig in größerer Menge in solchem Wasser auftreten und dann schädlich auf die Flotation wirken. Die aufgelösten Sulfate des Kupfers und Eisens sind nämlich Flockenbildner und begünstigen das Aufsteigen der Zinkblende in hohem Maße, so daß der Gehalt der gebildeten Konzentrate empfindlich heruntergesetzt wird. Der Grund hierfür ist, daß durch diese Flocken bildend wirkenden Sulfate die Schlämme schneller zum Absetzen gebracht werden und der Zinkblende mehr freien Zwischenraum in der Trübe lassen, so daß sie leichter geölt wird und infolgedessen aufsteigt. Der Zusatz des Ätznatrons bewirkt nun, daß das lösliche Kupfersulfat als Kuprihydroxyd ausfällt:

$$CuSO_4 + 2\,NaOH = Na_2SO_4 + Cu(OH)_2$$

und das Eisensulfat als Ferrihydroxyd niedergeschlagen wird:

$$FeSO_4 + 2\,NaOH = Fe(OH)_2 + Na_2SO_4\,.$$

Diese beiden Salze üben keinen schädlichen Einfluß mehr auf die Flotation aus. Sollte bei schon weiter vorgeschrittener Verwitterung auch das schwer lösliche Ferrosulfat auftreten, so wird es als Ferrohydrat ausgefällt:

$$Fe_2(SO_4)_3 + 6\,NaOH = 2\,Fe(OH)_3 + 3\,Na_2SO_4\,.$$

Ferner wird hartes Wasser durch Benutzung des Ätznatrons weich gemacht, wodurch die schädliche Einwirkung der in hartem Wasser enthaltenen Kalziumsalze auf die Flotation ausgeschaltet und die dadurch behinderte Schaumbildung wieder auf den normalen Stand gebracht wird. Die das Wasser hart machenden, gelösten Bikarbonate und Sulfate des Kalziums werden nun durch Ätznatron als unlösliche Karbonate bzw. Hydrate ausgefällt:

$$H_2Ca(CO_3)_2 + NaOH = CaCO_3 + NaHCO_3 + H_2O$$
$$CaSO_4 + 2NaOH = Na_2SO_4 + Ca(OH)_2\,.$$

Grundsätzlich soll das Ätznatron angewendet werden für Erze, die viel zersetzte, lettige Gangmasse mit Silikathydraten führen, indem es infolge seiner Flocken zerstörenden Wirkung eine entschiedene Verbesserung in der Flotation hervorruft. Solche Erze liefern beim Mahlen viele primäre Schlämme, die bei Gegenwart von Ätznatron sich nicht mehr zu festen undurchdringlichen Flocken und Klumpen zusammenballen können, die bei ihrer Bildung die feinsten, d. h. gleichzeitig die reichsten Sulfidteilchen in großer Menge in sich einschließen, sondern die Schlämme werden durch das Ätznatron aufgebrochen, verteilen sich in der Trübe und werden infolgedessen vom Wasser benetzt und mit einem Wasserfilm überzogen, der sie nicht mit dem Schaum aufsteigen läßt. Die aufsteigenden Luftblasen finden daher ungehinderten Zutritt zu den Sulfiden und können diese rasch mit einem Ölfilm überziehen, so daß sie von den Luftblasen nach oben getragen werden. Die abfließende Bergetrübe wird also nicht mehr einen so hohen Metallgehalt aufweisen, als wenn sie ohne Ätznatron behandelt worden wäre.

Infolge seiner verseifenden Wirkung macht das Ätznatron auch den Schaum locker und leicht, weswegen Zinkblende und Berge, die vielleicht mitgehoben worden sind, Zeit und Gelegenheit finden, aus dem Schaum wieder zurückzufallen.

Ein Nachteil dieser Flocken zerstörenden Eigenschaft ist aber, daß es oft sehr schwierig wird, die Schlämme in den Kläranlagen zum Absetzen zu bringen, ja mitunter es nahezu unmöglich ist, klares Wasser von ihnen abzuziehen.

Eine weitere Betriebsschwierigkeit bei Anwendung des Ätznatrons besteht darin, daß es begierig Feuchtigkeit aufsaugt und bei der Aufgabe als Pulver in den Aufgabevorrichtungen stockt und nicht mehr läuft. Aus diesem Grunde gibt man das Ätznatron mitunter in Wasser gelöst als starke Lauge auf. Ja man löst sogar auf einigen Gruben den Teer in starker Ätznatronlauge auf und gibt diese Lösung direkt in die Flotationsmaschinen. Gewöhnlich ist aber die Aufgabe in den Kugelmühlen vorzuziehen und dafür die Unannehmlichkeit mit in Kauf zu nehmen, daß es sich in den Aufgabevorrichtungen festsetzt.

Rohsoda. Rohsoda hat infolge ihrer Billigkeit das Ätznatron fast vollkommen verdrängt als alkalisches Reagens, zumal es auch dessen gute chemischen Eigenschaften alle besitzt. Sie wird jetzt fast ausschließlich zum Alkalischmachen der Trübe benutzt, und da sie nicht so kräftig reagiert wie das Ätznatron, so steigt der Verbrauch bis auf 3,50 kg Soda je Tonne Erz.

Bezüglich des Weichmachens von hartem Wasser hat es dieselbe Wirkung wie Ätznatron. Das Bikarbonat sowohl wie das Sulfat des Kalziums fallen beide als unlöslicher kohlensaurer Kalk aus:

$$CaSO_4 + Na_2CO_3 = CaCO_3 + Na_2SO_4$$
$$H_2Ca(CO_3)_2 + Na_2CO_3 = CaCO_3 + 2\,NaCO_3H\,.$$

Die Flockenbildung vermindernde Wirkung der Rohsoda ist nicht so ausgeprägt als wie beim Ätznatron. Auf einige Erze bleibt sie ganz ohne Wirkung und auf andere wirkt sie ausgesprochen flockenbildend. Wenn es daher auf diese Eigenschaft ankommt, müssen erst eingehende Versuche angestellt werden, bevor man sich endgültig zu ihrer Anwendung entschließt. Mitunter hilft man sich dann mit einer Mischung von 1 Teil Ätznatron mit 1 Teil Soda.

Zyankalium und Zyannatrium. Beim Flotieren der Bergehalden älterer Zyankaliumanlagen stellte sich heraus, daß der geringe Zyankaliumgehalt, den unvollkommenes Auswaschen darin gelassen hatte, einen günstigen Einfluß auf die Flotation ausübte. Man gab daher absichtlich CyK oder CyNa in geringen Mengen mit Soda zusammen auf und konnte oft die Zinkblende erfolgreich niederhalten, so daß sie nicht mehr zum Aufsteigen kam. Bald fand man aber, daß dieser Zusatz nicht 0,05 kg CyK je Tonne Trockenerz überschreiten durfte, und daß größere Mengen einen schädlichen Einfluß auf die Flotation ausübten.

In den letzten zwei Jahren hat man aber mit großem Erfolg das Zyannatrium in bedeutend größeren Mengen zum Flotieren von Kupfer-Eisenkies-Erzen verwandt, indem ein solcher großer Zusatz das Aufsteigen des Schwefelkieses unterdrückt. Man nimmt an, daß das CyNa einen dünnen Überzug von komplexen Ferro- und Ferrizyaniden auf dem leichter angreifbaren Eisenkies bildet, der in alkalischer Trübe sich in das Ferro- bzw. Ferrihydrat umwandelt, weswegen ein so umgewandelter Eisenkies als oxydiertes Erz nicht mehr aufsteigen kann. Man benutzt von 0,50—4,00 kg CyNa je Tonne Erz und fand sogar, daß der Zusatz von Soda zum Alkalischmachen der Trübe gar nicht mehr nötig war, im Gegenteil das Ergebnis wahrnehmbar verschlechterte. Der Zusatz des CyNa geschieht grundsätzlich in der Kugelmühle. Ein Erwärmen der Trübe begünstigt den unterdrückenden Einfluß auf den Schwefelkies. Als Öl benutzte man 0,5 kg Barrettoil oder 0,25—0,50 kg der „T-T-Mischung" mit 0,05 bis 0,15 kg Kiefernöl.

Ätzkalk. Früher kam die Anwendung des Ätzkalkes bei der Flotation gar nicht in Frage, denn er wirkte der Schaumbildung entgegen und förderte gleichzeitig das Absetzen der Schlämme. Höchstens verwandte man ihn beim Entwässern der Flotationskonzentrate, indem man im Verdickungsbehälter Ätzkalk aufstreute, um ein rasches Absetzen der Konzentrate zu bewirken oder, wie schon S. 33 erwähnt wurde, um vorhandene freie Säure in den Konzentraten zu neutralisieren. In den letzten Jahren hat man sich trotzdem seiner zum Alkalischmachen der Trübe bedient, da er offenbar der billigste aller alkalischen Zusätze ist. Wegen der eben genannten schädlichen Eigenschaften darf man aber nur gerade soviel zusetzen, daß die Trübe eben neutralisiert wird, und gibt dann noch einen kleinen Überschuß von 0,25—0,50 kg freies CaO je Tonne Erz zu, das der Trübe die gewünschte alkalische Reaktion verleiht. Der Gesamtverbrauch beträgt dann ungefähr 2,5—3,0 kg CaO je Tonne Erz einschließlich des zum Neutralisieren verwandten Ätzkalkes.

Diese Bedingung für den Gehalt an freiem Ätzkalk muß aber streng eingehalten werden, und daher ist ein beständiges Titrieren der Trübe aller halben Stunden mit $\frac{N}{10}$ Oxalsäure unbedingt nötig unter Benutzung von einigen Tropfen Phenolphthaleinlösung als Indikator (vgl. S. 33). $\frac{N}{10}$ Oxalsäure wird hergestellt durch Auflösen von 6,3029 g chemisch reiner $H_2C_2O_4 \cdot 2\,(H_2O)$ in wenig Wasser und Verdünnen auf genau 1000 cm^3 mit Wasser. Die Lösung ist alle 4—6 Wochen zu erneuern. $\frac{N}{10}$ CaO enthält 0,002804 g CaO in 1 cm^3 Lösung, und da 1 cm^3 $\frac{N}{10}$ Ätzkalk durch 1 cm^3 $\frac{N}{10}$ Oxalsäure neutralisiert wird, so zeigt bei Benutzung von 25 cm^3 filtrierter Trübe jeder Kubikzentimeter verbrauchter $\frac{N}{10}$ Oxalsäure $\frac{0{,}002804 \cdot 100}{25} = 0{,}0112$ vH CaO in 1 cm^3 Trübe an oder 0,112 kg freies CaO je Tonne Wasser. Hätte man z. B.

0,6 cm³ $\frac{N}{10}$ Oxalsäure verbraucht bis zum Verschwinden der Rotfärbung, so enthielt die Trübe $0,6 \cdot 0,112 = 0,0672$ kg freies CaO je Kubikmeter Wasser. War ferner das Verdünnungsverhältnis $1 : 4$, so entspricht dies 0,269 kg freiem CaO je Tonne Roherz.

Sinkt der freie Ätzkalkgehalt unter 0,25 kg je Tonne Erz, so steigt der Metallgehalt der abfließenden Berge und die Ausbeute wird schlechter; steigt aber der freie Ätzkalkgehalt über 0,50 kg, so arbeitet die Flotation schlecht; es bildet sich weniger Schaum und muß daher mehr Öl aufgegeben werden. Über Kontrollindikatoren des Alkaligehaltes vgl. S. 126.

Selbstverständlich darf man sich des Ätzkalkes nur bedienen für schlämmefreie Erze, die beim Feinmahlen immer noch relativ körnig bleiben. Erze mit lettiger oder lehmiger Gangmasse, die kolloide Schlämme geben, sind von der Behandlung mit Ätzkalk auszuschließen, denn die Flocken bildende Eigenschaft des Ätzkalkes würde dann ein Ausflocken und Absetzen der kolloiden Schlämme bewirken, wodurch die feinsten Sulfidteilchen mitgerissen werden, so daß die abfließenden Berge einen hohen Metallgehalt aufweisen.

Wie schon weiter oben gesagt, zeigt der Ätzkalk dieselben Eigenschaften wie das Ätznatron: er neutralisiert alle Mineralsäuren in der Trübe und schlägt die löslichen Kupfer- und Eisensalze im Wasser als Hydrate nieder. Hingegen macht er nur solches Wasser weich, das durch gelöstes Bikarbonat des Kalziums hart gemacht ist:

$$H_2Ca(CO_3)_2 + CaO = 2\,CaCO_3 + H_2O\,.$$

Das lösliche Kalziumsulfat wird hingegen nicht ausgefällt.

Am besten setzt man den Ätzkalk der Trübe als Kalkmilch zu. Um aber ein Verstopfen der Leitungsröhren soweit als möglich zu verhindern, gebrauche man möglichst viel Wasser zum Löschen (3,25 bis 3,50 Gewichtsteile Wasser auf 1 Gewichtsteil 100 vH Ätzkalk), weil in einer solchen Kalkmilch die ungelösten Bestandteile stundenlang in der Schwebe bleiben, bevor sie sich absetzen, und weil außerdem ihre alkalisierende Tätigkeit bedeutend kräftiger ist als die eines mit weniger Wasser angerührten Kalkhydrates.

Man führt diese Behandlung meist in festen Trichter- oder Trogbehältern mit langsam umlaufendem Rührwerk aus. Für größere Anlagen empfiehlt sich die Aufstellung einer besonderen Kugelmühle in geschlossenem Kreislauf mit einem Klassifikator (s. S. 74). Der Überlauf des letzteren gibt die gewünschte Kalkmilch äußerst rein, während nicht genügend Gemahlenes oder sich langsamer löschende Teilchen in die Mühle zurückgehen. Kalkaufgabe und Wasserzusatz in der angegebenen Menge müssen sich genau einstellen lassen. Oft geschieht die Wassereinführung nach ein Drittel der Länge der Mühle. Über Kontrolle des Zuflusses der Kalkmilch s. S. 126.

Die Benutzung gebrannten Dolomites kommt nicht in Frage, da das Hydroxyd des Mg nur in ganz geringen Mengen im Wasser löslich ist und in einem solchen Falle bedeutend größere Mengen an Dolomit verwendet werden müßten.

Zusätze für selektive Flotation.

Bei den meisten selektiven Flotationsanlagen handelt es sich darum, die Zinkblende von ihren Begleitern, dem Bleiglanz oder dem Kupferkies, abzutrennen und nachher für sich zum Aufsteigen zu bringen. Zinkblende ist bekannt als der Flotation nur schwer zugänglich und ist daher eins der reaktionsträgsten Sulfide, das erst nach Ablauf einiger Zeit der Einwirkung des Öles unterliegt und sich schließlich doch mit einem Ölfilm überzieht. Um die selektive Trennung zwischen Bleiglanz und Blende zu erzielen, kann man zwei verschiedene Wege einschlagen:

Der gewöhnlichste und einfachste Weg ist, eine Ölmischung zu finden, die den der Flotation am leichtesten zugänglichen Körper, den Bleiglanz, so schnell als möglich mit einem Ölfilm zu überziehen gestattet, während die trägere Blende weder Zeit noch Gelegenheit findet, sich auch zu ölen und infolgedessen sich mit einem Wasserfilm überzieht, der sie am Aufsteigen hindert. Dicke Trüben und rasches Durchfließen, also gewissermaßen ein Überladen der Flotationsmaschine, sind unterstützende Hilfsmittel. Da nun der Theorie gemäß ein einmal gebildeter Wasserfilm absolut keinen Ölfilm zuläßt, so würde die Blende überhaupt nicht mehr zum Flotieren zu bringen sein. Setzt man aber in der zweiten Maschine der Trübe Kupfervitriol zu, so scheint dieser den Wasserfilm zu zerstören, die Blende kann sich wieder mit einem Ölfilm überziehen und wird mit dem Schaum lebhaft nach oben gebracht. Man bezeichnet Kupfervitriol als betätigenden Zusatz, der die vorübergehend unterdrückte Blende wieder zum Aufsteigen veranlaßt.

Der andere Weg ist in seinen Reaktionen empfindlicher und wird daher weniger gern benutzt. Man führt schon in der ersten Flotationsmaschine ein chemisches, in der Trübe lösbares, reduzierendes Reagens als festen Körper oder als Gas ein, das die Blende gegen den Einfluß des Öles vorübergehend unempfindlich macht, so daß also nur der Bleiglanz aufsteigt. Es sei damit nicht gesagt, daß die Blende sich hierbei mit einem Wasserfilm überziehen muß, sondern sie bleibt nur mehr oder weniger unempfindlich gegen das Öl, solange die Wirkung des reduzierenden Reagens anhält. Neutralisiert man dann vor dem Eintreten in die zweite Maschine dieses Reagens durch

Säure, so hört seine Einwirkung sofort auf, und die Blende kann nun
zum Aufsteigen gebracht werden. Solche unterdrückende Zustände sind Schwefelnatrium oder Zyannatrium in Verbindung mit
Zinksulfat.

Eine einwandfreie Erklärung für das Verhalten der hierzu benutzten
Chemikalien ist bis jetzt noch nicht gegeben worden. Selbstverständlich
wirkt keine von beiden Methoden vollständig, sondern jede erzeugt in
der ersten Maschine ein mehr oder weniger mit Zinkblende gemischtes
Konzentrat, das in zwei oder mehr anschließenden Reinigungsmaschinen
von der Blende allmählich befreit werden muß.

Zusatz von Kupfervitriol im zweiten Grobflotator. Wie soeben gesagt
wurde, wird in der ersten Flotationsmaschine der Bleiglanz abflotiert
und in der zweiten Maschine die Blende zum Aufsteigen gebracht durch
Zusatz von Kupfervitriol, das aber nicht in kristallisiertem Zustand
zugegeben wird, sondern als 20—25 vH Lösung in Wasser. Die Menge
des zuzusetzenden Vitriols schwankt zwischen 0,25—0,70 kg Kupfervitriol je Tonne des ursprünglichen Gewichtes des Erzes.

Überall wo Kupfervitriol zu diesem Zweck benutzt wird, erzielt man
gute Ergebnisse in der selektiven Flotation der Zinkblende; verfährt
man aber umgekehrt und setzt das Sulfat in der genannten Menge schon
in der ersten Maschine zu, so kann man sicher sein, daß ein äußerst
lebhaftes Aufsteigen der Blende erfolgt in Gemeinschaft mit dem Bleiglanz und daß ein sehr unreines Zink-Blei-Konzentrat abgezogen wird.

Da Kupfersulfatlösung sauer reagiert, so muß man nach S. 23f.
versuchen, den Bleiglanz im ersten Grobflotator in alkalischer
Trübe mit alkalisch reagierenden Ölmischungen möglichst vollkommen abzuflotieren. Im zweiten Grobflotator säuert man die
Trübe noch an für den Fall, daß nicht schon durch den Zusatz des
Kupfervitriols diese Reaktion hervorgerufen wurde. Gleichzeitig gibt
man noch etwas mehr Ölmischung auf: ungefähr 25—50 vH der
Ölmischung, die im ersten Flotator aufgegeben worden ist. Gemäß
S. 17 verstärkt man oft den Kreosotgehalt dieser zweiten Mischung
ganz erheblich. — Auf anderen Gruben bekommt man gute Erfolge
durch Zugabe von 1 kg einer Ölmischung aus 50—80 vH Rohheizöl
mit 50—20 vH Terpentin; dieser Mischung wurden noch 0,25 kg
Kupfersulfat und 0,50—1 kg Natriumsulfid beigegeben. Stieg
man hierbei mit dem Natriumsulfidzusatz über 1 kg, so stieg sofort
zuviel Eisenkies mit der Blende in die Höhe. Eine Grube berichtet,
daß die Ausbeute auf 82,5 vH Zinkblende stieg bei Anwendung von
Kupfervitriol und auf 69 vH sank, wenn Kupfervitriol nicht zugesetzt
wurde.

Auch für das selektive Trennen von Kupferkies und Blende
hat sich der Kupfervitriolzusatz bewährt. Noch viel schwerer als bei

Bleiglanz gelingt es hier gleich in der ersten Maschine, ein reines Kupferkiesprodukt zu bilden, sondern man muß sich mit einem sehr niedrigen Kupferkies-Blende-Konzentrat begnügen, um kupferfreie Berge zum Abfließen zu bringen. Doch erreicht man es, in mehreren aufeinanderfolgenden Reinigungsmaschinen den Kupferkies von der begleitenden Zinkblende allmählich abzusondern, wenn man die dicke Trübe so rasch wie möglich durch die Reinigungsmaschinen gehen läßt. Im kupferfreien Bergerückstand der ersten Maschine ist es dann verhältnismäßig leicht, mit Kupfersulfat die Blende im zweiten Grobflotator zum Flotieren zu bringen.

Von der rein die Flockenbildung vermindernden Eigenschaft des Kupfervitriols macht man nur in Ausnahmefällen Gebrauch bei Bleiglanzerzen, die nur wenig Blende führen und bei denen der Bleiglanz leicht schlämmt. Setzt man solchen Erzen nur wenig Kupfervitriol zu, so kann es gelingen, ziemlich reine Abgänge zu erhalten. Doch soll man nie über 0,10—0,125 kg Kupfersulfat je Tonne Trockenerz hinausgehen, weil sonst sofort die Blende mit aufsteigt.

Zusatz von Schwefelnatrium im ersten Grobflotator. Die zweite Methode, Bleiglanz und Zinkblende selektiv zu trennen, besteht darin, daß man schon in der ersten Maschine Schwefelnatrium als Trennungsreagens zusetzt, das die Eigenschaft hat, das Aufsteigen der Zinkblende vorübergehend zu unterdrücken und dafür nur den Bleiglanz hochzubringen. Neutralisiert man dieses Salz vor dem Eintritt in die zweite Maschine, so gelingt es mit derselben Ölmischung in der zweiten Maschine die Blende mit dem Schaume hochzuheben.

Das dazu benutzte Schwefelnatrium stellt man auf der Grube selbst her durch Kochen von pulverisiertem Schwefel in Natronlauge oder Soda, wodurch man allerdings eine Mischung von verschiedenen Polysulfiden und dem Hydrosulfid des Natriums erhält. Man kann auch die billigere Kalziumpolysulfidmischung bereiten durch Kochen von Schwefel mit gelöschtem Kalk, aber offenbar ist die Reaktionsfähigkeit dieser Mischung bedeutend träger, und deshalb sieht man immer mehr von ihrer Anwendung ab.

Da das Schwefelnatrium eine längere Berührung für die Ausübung seiner Wirkung nötig hat, so setzt man es grundsätzlich in der Kugelmühle zu. Es darf aber nur in ganz geringen Mengen zugegeben werden, nur so viel, daß in der ersten Maschine gerade der Bleiglanz flotiert; denn ein Überschuß an Schwefelnatrium bringt sofort neben dem Bleiglanz noch Zinkblende in größerer Menge in die Höhe. Die zuzusetzende Menge, die also mehr vom Bleiglanzgehalte als von dem der Zinkblende abhängt, beträgt beispielsweise auf der „Timber Butte Mill" 1 kg Schwefelnatrium des Handels mit 53 vH Na_2S bei einem Bleigehalte von 1 vH im Roherze, steigt aber auf 2,75 bis

3 kg Natriumsulfid bei einem Bleigehalte von 7,5 vH. Gewöhnlich
hält man die Trübe in der ersten Maschine alkalisch durch Zusatz
von Rohsoda. Nachdem so das Aufsteigen der Zinkblende im ersten
Flotator unterdrückt wurde, muß man vor dem Eintritt der Trübe
in die zweite Maschine die Wirkung des Schwefelnatriums neutralisieren durch den Zusatz von 1—5 kg Schwefelsäure (60° Bé), je
nach der Menge des benutzten Schwefelnatriums, damit dann die Zinkblende in dieser zweiten Maschine unter Umständen bei etwas mehr
Ölzusatz zum Flotieren gebracht werden kann. Der Vorgang findet
nach der Formel statt:

$$Na_2S + H_2SO_4 = Na_2SO_4 + H_2S \, .$$

Doch tritt die Reaktion nicht sofort ein, sondern man muß längere
Zeit warten.

Sind aber Karbonate des Kalziums oder Magnesiums im
Erz als Gangmasse vorhanden, so greift die Schwefelsäure mit Vorliebe diese zuerst an und neutralisiert das Schwefelnatrium erst nach
der Umwandlung der Karbonate in lösliche Sulfate, wodurch der Säure-
verbrauch auf 15—20 kg steigen kann. Außerdem haben diese löslichen
Sulfate, wie wir schon gesehen haben, einen äußerst nachteiligen, schädlichen Einfluß auf Schaumbildung und Flotation. Daher zieht man es
vor, die Wirkung des Schwefelnatriums durch Zusatz von 0,45—0,50 kg
Kupfervitriol zu neutralisieren, behält aber dann die alkalische
Reaktion der Trübe bei, indem man ihr 0,75—1 kg Rohsoda mehr
zufügt. Dies hat außerdem noch den Vorteil, daß dieses Verfahren
billiger als mit Schwefelsäure ausfällt und gleichzeitig gestattet, die
oben beschriebene Wirkung des Kupfervitriols auszunutzen, nämlich
das Aufsteigen der Zinkblende zu fördern.

Meist muß man nach erfolgter Neutralisierung noch etwas mehr
frische Ölmischung im Zinkflotator aufgeben und setzt zu diesem
Zwecke 0,35—0,50 kg Barrettoil Nr. 4 mit 0,05—0,075 kg Kiefernöl
zu, wodurch dann ein reichliches Überfließen des Zinkschaumes erzielt wird.

Allerdings wird von einer Grube mitgeteilt, daß bei der Aufgabe
von Schwefelnatrium in der Kugelmühle sich auffällige Unregelmäßigkeiten beim Feinmahlen von Erzen, die nur wenige oder gar
keine primären Schlämme führen, ergeben, indem der Überlauf des
mit der Kugelmühle verbundenen Klassierapparates anfing, nur ganz
feine Schlämme aufzuweisen, wodurch bald die Kugelmühle überladen
wurde und zum Schlusse nur ein grobes, unklassiertes Gut im Überlauf
abgab. Man half sich dadurch, daß man das Schwefelnatrium in Lösung
vor den Flotationsmaschinen aufgab. Eine befriedigende Erklärung
dafür wird nicht gegeben.

Das Neutralisieren der Wirkung des Natriumsulfides wird meist in der zweiten Maschine vorausgehenden Zwischenbehältern (vgl. S. 191) vorgenommen, die mit einem mechanischen Rührwerk versehen sind, um das Absetzen des Gutes zu verhindern und gleichzeitig solche Abmessungen aufweisen, daß der Aufenthalt des Flotationsgutes in ihnen der Zeit entspricht, die erfahrungsgemäß nötig ist, um die eben erwähnte Neutralisierung hervorzurufen. Ausnahmsweise, wenn ein solcher Einbau nicht möglich ist, hilft man sich dadurch, daß man im Abflußgerinne des Bleiflotators nur den nötigen Zusatz an Ölmischung aufgibt und erst in dem auf den Zinkflotator folgenden Reiniger mit Schwefelsäure neutralisiert, wodurch wegen der kleineren Menge der Konzentrate zwar an Säure gespart wird, aber auch die Ausbeute an Zink und vor allem an Silber sinkt.

Zusatz von Zyannatrium oder Zyankalium im ersten Grobflotator. An Stelle des Schwefelnatriums hat man sich in den letzten zwei Jahren mit Erfolg des Zyannatriums bedient in Verbindung mit Zinksulfat, wodurch ebenfalls das Aufsteigen der Zinkblende vorübergehend unterdrückt wird. Auch hier ist ein Neutralisieren des zugesetzten Salzes vor dem Eintritt in die zweite Maschine durch Kupfersulfat bzw. Schwefelsäure nötig.

Die Trübe in der ersten Maschine wird wie gewöhnlich für selektive Trennung von Blei-Zink-Erzen durch Zusatz von 1,5—1,75 kg Rohsoda in der Kugelmühle alkalisch gemacht. Außerdem setzt man in der Kugelmühle noch 0,23—0,27 kg Zinksulfat nebst 0,14—0,18 kg Zyannatrium zu, während als Ölmischung 0,09—0,11 kg Barrettoil Nr. 4 aufgegeben wird. In der ersten Flotationsmaschine selbst gibt man noch eine Kleinigkeit Kiefernöl (0,023 kg) auf.

Zum Neutralisieren setzt man den vom Bleiflotator abfließenden Zinkabgängen im Gerinne 0,45 kg Ätznatron und 0,45 kg Kupfersulfat zu und gleichzeitig noch 0,50 kg Barrettoil Nr. 4 und 0,05 kg Kiefernöl und läßt diese Reagenzien in den Zwischenbehältern ungefähr ½ Stunde auf die Trübe einwirken. Ist aber der Bleigehalt sehr niedrig (1,0 bis 1,75 vH), so fand man es vorteilhafter, in saurer Lösung zu arbeiten und im Gerinne eine Mischung von 5—6 kg Schwefelsäure (60° Bé), 0,45 kg Kupfersulfat, 0,45 kg Kiefernöl und 0,05 kg Natriumxanthat aufzugeben, wodurch man eine 92,5 vH Zinkausbeute erzielte.

Nähere Angaben über das von Sheridan und Griswold entwickelte Verfahren sowie seine Stammtafel werden auf S. 200f. gegeben.

Einführung von Schwefeldioxyd im ersten Flotator. Der „L.-Bradford-Prozeß" führt in Wasser lösliches, reduzierendes Schwefeldioxyd oder Schwefelwasserstoffgas in die Trübe der ersten Flotationsmaschine ein, um dadurch die Blende vom Bleiglanz zu trennen. Der Prozeß ist im kleinen mit gutem Nutzen auf einigen australischen Gruben eingeführt worden.

Der Grundgedanke des Prozesses ist, das Erz in einem mit Öl gemengten Medium zu behandeln, in welches das reduzierend wirkende
Schwefeldioxyd eingeführt wird, wodurch die Zinkblende vorübergehend
gegen Flotationsöle unempfindlich gemacht wird, so daß sie mit der
Gangmasse in den Bergen zurückbleibt, während der Bleiglanz und
Eisenkies dadurch nicht beeinflußt werden, sich mit einem Ölfilm
überziehen und dadurch flotieren. Ob und welche Einwirkung das
gebildete Schwefeldioxydgas auf die Blende ausübt, ist noch nicht
erforscht worden.

Gewöhnlich wird die Erztrübe durch H_2SO_4 angesäuert und gleichzeitig mit einer richtig zu bemessenden Menge von Natriumthiosulfat
in einem Vorbehälter für längere Zeit behandelt, wobei durch Einwirkung der Säure auf das genannte Salz eine chemische Zersetzung
eintritt und sich im Wasser lösliches Schwefeldioxyd bildet:

$$Na_2S_2O_3 + H_2SO_4 = Na_2SO_4 + S + SO_2 + H_2O.$$

Auch kann dazu das Sulfit bzw. Bisulfit des Natriums benutzt
werden, doch gibt man in der Praxis im allgemeinen dem Hyposulfit
den Vorzug. Ferner hat man die Erfahrung gemacht, daß die Trübe
möglichst dick sein soll, um gute Ergebnisse zu erzielen. Man kann aber
auch das Schwefeldioxyd für sich außerhalb der Flotationsmaschinen
erzeugen und es in die Trübe einführen als Gasstrom oder schon in
Wasser gelöst der Trübe zusetzen, bevor letztere in die Flotationsmaschinen eintritt. Auf keinen Fall darf man die Gaserzeugung in der
Flotationsmaschine selbst vornehmen wollen dadurch, daß man das
Hyposulfit während der Flotation in die angesäuerte Trübe aufgibt.
Statt des Schwefeldioxyds bedient man sich öfters des Schwefelwasserstoffes, den man bei der Einwirkung der Schwefelsäure auf
die Polysulfide des Natriums oder Kalziums erhält. — Ganz gleich,
welches von beiden Gasen man benutzt, man erhält immer in der anschließenden Flotation einen reichlichen Schaum, der ein reines, hochgradiges Bleiglanzkonzentrat abzuziehen erlaubt, während die Blende
im Rückstande bleibt und mit den Bergen in den zweiten Flotator fließt.
Im großen hat der Prozeß bis jetzt keine Anwendung gefunden, da
er empfindlich in seinen Reaktionen ist und beständiger Überwachung
bedarf. Da ferner die Neutralisierung des Gases mit Schwierigkeiten
verknüpft ist, kann er eigentlich nur für blendeführende Erze benutzt
werden, bei denen man von vornherein auf eine Gewinnung der Blende
verzichtet, wie es in abgelegenen, von der Eisenbahn weit entfernten
Gruben der Fall ist.

Sulfidbildende Zusätze für die Flotation oxydierter Erze.

Seitdem die Flotation praktische Erfolge aufzuweisen begann und mit allen anderen Aufbereitungsmethoden in Wettbewerb trat, hat man sich bemüht, auch oxydierte Erze zu flotieren, die bekanntlich beim gewöhnlichen Flotationsverfahren wie die Berge sich nicht mit einem Ölfilm überziehen und daher mit dem Schaume nicht aufsteigen. Das Ergebnis dieser Versuche im kleinen und im großen ist heute noch nicht als zufriedenstellend zu bezeichnen, aber die erzielten Fortschritte berechtigen zur Hoffnung, daß innerhalb weniger Jahre auch dieser Zweig der Flotation dieselben Ergebnisse liefern wird wie die Flotation der natürlichen Sulfide.

Erfolgreiche Flotation oxydierter Mineralien, d. h. der Karbonate des Bleies, Kupfers und des Zinkes, hängt hauptsächlich davon ab, daß sie vor der Flotation sulfidiert werden, d. h. daß sie nicht in vollkommen reine Sulfide übergeführt werden, was zu teuer ausfallen würde, sondern daß nur die Oberfläche der Karbonatteilchen mit einem solchen dünnen, schwarzen Sulfidfilm überzogen wird, so daß sie in der folgenden Stufe des Prozesses wie natürliche Sulfide in der Flotationsmaschine auftreten, sich mit einem Ölfilm umgeben lassen und dann vom Schaume in die Höhe getragen werden.

Das Sulfidieren ist ein rein chemischer Prozeß und kann geschehen:

1. durch Einwirkung von Schwefelwasserstoffgas auf trockenes oder besser naß gemahlenes Erz,

2. durch Zusatz von Lösungen der Sulfid- und Sulfitverbindungen des Natriums und Kalziums, und

3. durch Verwendung von sulferierten Ölen oder von kolloidem Schwefel.

Bei der Benutzung von diesen Methoden fand man, daß unter gewissen Umständen nur einige den gewünschten schwarzen Sulfidfilm auf den Karbonaten erzeugten, während andere so energisch wirkten, daß die Karbonate durch und durch in Sulfide umgewandelt wurden, was einen großen Verbrauch an Sulfid bildenden Zusätzen bedingte. Durch Ansäuern der Trübe, Mahlen im Nassen und durch Ausdehnen der Behandlung auf längere Zeit in sehr verdünnten Lösungsmitteln konnten aber in fast allen Fällen befriedigende Ergebnisse erzielt werden. Ferner glaubt man gefunden zu haben, daß ein hoher Gehalt an in Säuren löslichem Aluminium dem Sulfidieren hinderlich ist und die Flotation verbietet.

Sulfidieren mit Schwefelwasserstoffgas. Schwefelwasserstoff kann billig im großen dargestellt werden durch Behandlung von Schwefeleisen (Matte) mit Schwefelsäure. Doch fand man bei der Verwendung trocken gemahlener Erze, daß das Gas so kräftig einwirkte, daß die

Karbonate schon vollständig in Sulfide umgewandelt waren, während man sich noch der Annahme hingab, daß eben erst die Bleikarbonate so weit angegriffen seien, daß sie eine günstige Ausbeute ergeben würden. Der Schwefelwasserstoffverbrauch stellte sich infolgedessen viel zu hoch. Doch gelang es, durch den Gebrauch nasser, angesäuerter Trübe allmählich den Verbrauch an H_2S so weit herunterzudrücken, daß der Prozeß auf einzelnen Gruben als wirtschaftlicher Erfolg angesehen werden kann.

Auf der „Magma Copper Co." in Arizona, die bahnbrechend für diese Versuche gewesen ist, wurden reine Malachit- und Chrysokollerze der Oxydationszone oberhalb der Kupferkiese auf diese Weise behandelt, und man erzielte eine Ausbeute von durchschnittlich 83 vH Cu. Auch das in Lösung befindliche Kupfer wurde vollkommen in Sulfid umgewandelt. Hingegen bei der Behandlung von gemischten Erzen aus 33 vH natürlichen Kupfersulfiden und 47 vH oxydierten Kupfererzen bei 20 vH Gangmasse stellte sich heraus, daß die Sulfidierung der Karbonate zwar vollständig war und diese gut flotierten, hingegen die natürlichen Sulfide nicht mit der gleichen Bereitwilligkeit aufstiegen, so daß die Ausbeute nur noch 66 vH Cu betrug. Beim Flotieren dieser Erzmischung ohne vorausgegangene Behandlung mit Schwefelwasserstoffgas sank die Ausbeute sogar bis auf 24 vH Cu.

Das Gas wird hergestellt durch Erhitzen eines Gemenges von 23 vH Schwefel mit 77 vH Roherdöl in einer Retorte, die auf einer Temperatur von 300⁰ C gehalten wird. Nach einer sehr sorgfältigen Reinigung in einem Skrubber wird das Gas mit der Erztrübe zusammen durch eine Zentrifugalsandpumpe angesaugt und beide durch ein Balggebläse geleitet, durch das der etwaige Überschuß des freien Gases mittelst eines Abzuges in die Atmosphäre ausgeblasen wird. Man hatte nämlich gefunden, daß im freien Zustande vorhandener Schwefelwasserstoff eine nachteilige Wirkung auf die Flotation ausübt. Die Trübe mit dem Gas wird dann durch Frischdampf leicht angewärmt und geht durch drei hintereinandergeschaltete „Callow-Flotationsmaschinen", deren jede fertige Produkte liefert, die in konischen Klassierapparaten entwässert werden. Besondere Reinigungsmaschinen für diese Konzentrate sind nicht aufgestellt, würden aber voraussichtlich das Ergebnis bedeutend verbessern. Die folgende Abb. 5 auf Seite 48 gibt eine schematische Darstellung der Stammtafel dieser Anlage:

Der Verbrauch an Schwefel beträgt 1—1,5 kg und der an Öl 2,6—3 kg je Tonne Trockenerz. Die Ölmischung für die Flotation selbst besteht aus 30 vH Steinkohlenteer mit 45 vH Steinkohlenkreosot, denen 25 vH Kiefernöl beigemengt wurde.

Sulfidieren mit Sulfiden und Sulfiten des Natriums oder Kalziums. Zu diesem Verfahren werden die schon auf S. 42 angeführten Lösungen

des Natriums auf der Grube selbst hergestellt oder das fertig zu kaufende
schwefligsaure Salz des Natriums benutzt. Wie ebendort gesagt wurde,
scheinen die Salze des Kalziums träger in ihrer Reaktion zu sein und
werden nur dann verwendet, wenn die Frage der Wohlfeilheit in den
Vordergrund tritt. Auch die Bariumpolysulfide sind erfolgreich zur

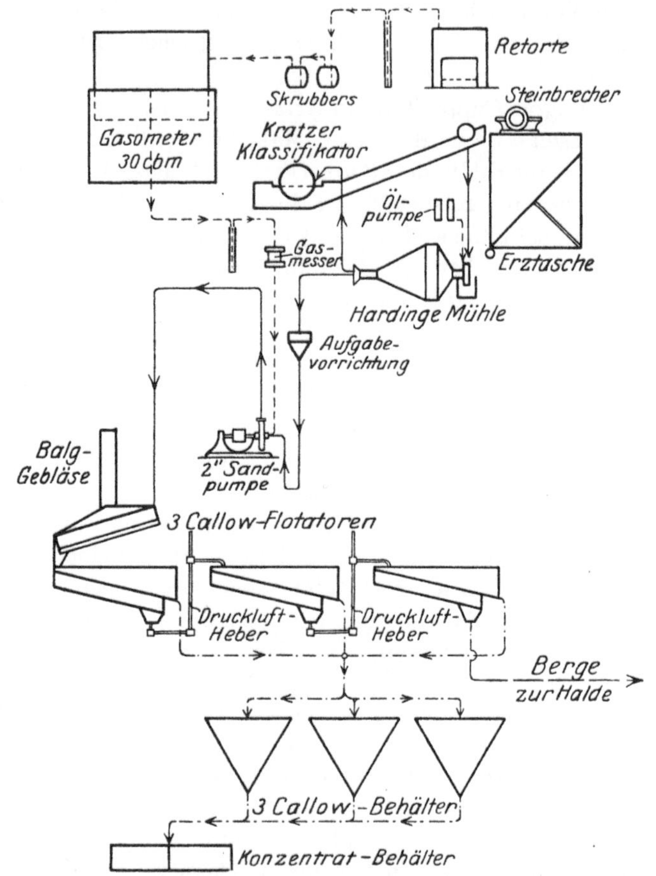

Abb. 5.   Stammtafel für Flotation oxydierter Erze mittels Schwefelwasserstoffgas.
———————— H_2S-Gas.   ————————— Trübe. ————————— Konzentrate.
———— —— Berge.

Flotation von Kupferkarbonaten versucht worden, während sie für Blei-
karbonatflotation nicht den gehegten Erwartungen entsprachen. Daher dürfte sich ihre Benutzung nur empfehlen, wo größere Schwerspat-
lager in der Nähe vorhanden sind, die eine billige Herstellung des Salzes
auf der Grube gestatten. Kalium- und Ammoniumpolysulfide
sind im allgemeinen zu teuer, besonders wenn sie in größeren Mengen
für die Flotation benutzt werden müssen.

Die besten Ergebnisse wird man gewöhnlich mit dem selbst hergestellten Gemisch von Natriumpolysulfiden erhalten; dies wird sogar infolge
seiner Billigkeit im wirklichen Betriebe dem Sulfidieren durch Schwefelwasserstoffgas vorzuziehen sein, besonders wenn man die Mengen der
zu benutzenden Reagenzien dabei in Berücksichtigung zieht.

Man fand, daß bei der Verwendung von 5—10 kg Schwefelnatrium
je Tonne Roherz und bei längerer Behandlung in sehr dicker Trübe mit
einer Verdünnung von 1 : 1 eine möglichst starke Lauge entstand, die
in nicht zu langer Zeit die dunkelschwarze Färbung der sulfidierten
Bleikarbonate eintreten ließ gemäß der chemischen Formel:

$$PbCO_3 + Na_2S = PbS + Na_2CO_3 \, .$$

Verdünnt man die Trübe auf das Verhältnis 4 : 1 oder 3 : 1 und flotiert
mit einer der gebräuchlichen Ölmischungen, so gelingt es, eine 90 vH
Ausbeute an Konzentraten zu erhalten. Doch fand man auch, daß die
Silberausbeute wesentlich hinter der Bleiausbeute zurückbleibt, während
bei Verwendung von Schwefelwasserstoffgas gerade das Umgekehrte
wahrzunehmen ist. Ein weiterer Übelstand der Schwefelnatriumbe-
handlung ist, daß bei Zugabe des Salzes in den oben angegebenen
Mengen der Schaum sehr leicht zerstört wird und so schon flotierte
Sulfidteilchen wieder zurückfallen, die Abgänge viel zu hoch abfließen
und sich eine ungünstige Ausbeute ergibt.

Die Stammtafel einer im Jahre 1925 in Betrieb gesetzten 150-t-
Anlage in Arizona für sulfidierende Behandlung oxydierter Bleierze
soll im folgenden wiedergegeben werden. Das Roherz hält 5,5 vH Pb,
170 g Ag und 1,7 g Au je Tonne, und die erzielte Ausbeute beträgt im
Durchschnitte 90 vH Pb, 65 vH Ag und 75 vH Au.

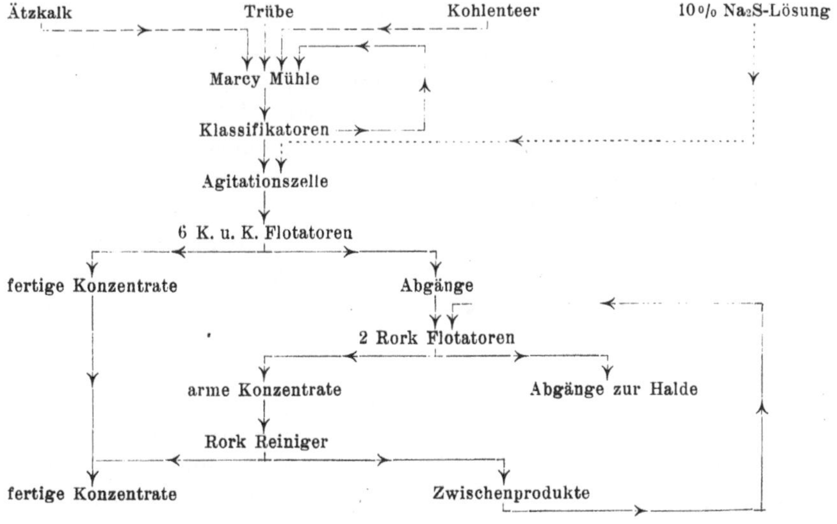

Die Trübe wird alkalisch gemacht durch Zusatz von 0,45 kg Ätzkalk je Tonne Roherz, der zugleich mit dem Kohlenteer in der Kugelmühle aufgegeben wird. Das Schwefelnatrium gibt man in 10 vH-
Lösung dem Klassifikatorablauf zu. Die Trübe tritt nun in eine Mischzelle mit Rührwerk (vgl. S. 191) ein und bleibt darin der Berührung mit der Schwefelnatriumlösung so lange ausgestzt, bis eine genügende Sulfidierung erzielt worden ist. Die Abgänge der parallel geschalteten Grobflotatoren werden in weiteren, sekundären Flotatoren
nochmals behandelt und geben dann reine Abgänge, die zur Halde
gehen, während die erhaltenen armen Konzentrate in einem Reiniger
angereichert werden. Die in letzterem entstandenen Zwischenprodukte
gehen zu den zweiten Flotatoren wieder zurück.

Behandelte man aber **Kupferkarbonate** mit Schwefelnatrium,
so ergab sich, daß sofort das im Wasser aufgelöste Kupfer sehr gut sulfidiert wurde, aber von den Karbonaten nur ein geringer Teil, so daß
wie bei den Bleikarbonaten erst durch längere Berührung der Schwefelnatriumlösung mit der Trübe vor dem Eintritt in die Flotation günstige
Ergebnisse erzielt werden konnten.

Für **Zinkkarbonate** scheint die Behandlung mit Schwefelnatrium
erfolglos zu sein, wahrscheinlich weil Zinkkarbonate gewöhnlich mit viel
Silikaten gemeinsam auftreten.

Die besten Erfolge mit der Natriumsulfidbehandlung erzielt man
bei **Kupferkiesen**, die zum Teil **angelaufen** oder schon **verwittert** sind, und wo der Anteil des Kupferkarbonats nur gering ist.
Hier hilft in hohem Maße der Zusatz von $1\frac{1}{2}-3$ kg Na_2S in der Kugelmühle oder im Pachucatank vor der Flotation. Bei nur angelaufenen
Kiesen kann man die Zugabe auf $0,08-0,175$ kg Na_2S herunterdrücken.

Unbedingt nötig ist es, darauf hinzuweisen, daß bei etwaigem
Mangangehalt der Erze die sulfidierende Eigenschaft des Schwefelnatriums verloren geht, indem der Schwefel des letzteren sich ausschließlich mit dem Mangan zu unlöslichem MnS verbindet. Für
solche Erze ist also die Verwendung des Natriumsulfids von vornherein ausgeschlossen.

Sulfidieren mit Schwefel. Das Sulfidieren mit Schwefeldämpfen
ist nur mit geringem Erfolg versucht worden; denn man fand bald,
daß das Erhitzen weit über die Schmelztemperatur des Schwefels bis
zur Siedetemperatur (445^0 C) getrieben werden muß, um größere Kon-
densationsverluste zu vermeiden.

Auch die Benutzung sulferierter Öle, die den Schwefel nur lose
gebunden halten, wie z. B. die Rückstände der Texas-Erdöle nach
ihrer Reinigung durch rauchende Schwefelsäure, hat keine besondere
Anwendung gefunden. **Kolloider Schwefel** scheint ebenfalls keine
Verbindungen mit Karbonaten einzugehen, sondern schwimmt als

weißer Überzug auf den Schaumblasen, die nur wenig sulfidierte Schwermetalle zum Flotieren bringen.

Über die erfolgreiche Benutzung der sulferierten nichtöligen
Reagenzien wurde schon auf S. 15 das Nötige mitgeteilt.

Die Flockenbildung vermindernde Zusätze.

Die Flockenbildung vermindernde Zusätze werden mit Vorliebe benutzt für Erze, die viel lehmige oder lettige Gangart führen. Die
ganz feinen, nur schwer sich absetzenden Schlämme ballen sich gern
zu größeren dichten Flocken zusammen und reißen dabei eine Unmasse
feiner und reicher Sulfidteilchen an sich, die sie in sich einschließen,
so daß sie mit den Bergen abfließen und verlorengehen. Durch den
Zusatz die Flockenbildung zerstörender Substanzen werden aber die
Schlämme am Zusammenballen gehindert, werden aufgebrochen und
müssen sich mehr in der Trübe verteilen, so daß sie infolgedessen mehr
Gelegenheit finden, vom Wasser mit einem Wasserfilm überzogen zu
werden, und so als reine Berge in die wilde Flut abfließen, während die
Sulfide sich ungehindert mit einem Ölfilm überziehen können und daher mit dem Schaum aufsteigen.

In den vorausgegangenen Beschreibungen sind als gute Zerstörer
der Flockenbildung schon das Ätznatron und das Kupfervitriol
genannt worden, während diese Eigenschaft der Rohsoda etwas zweifel-
haft ist. Noch erwähnt werden muß:

Wasserglas (Natrium- oder Kaliumsilikatlösung). Wasserglas wird
mit Vorliebe in den Reinigungsmaschinen und Wiederreinigern
angewendet, aber nur selten schon in den Grobflotatoren, da bei letzteren
seine Anwendung infolge des hohen Preises zu kostspielig ausfallen
würde, denn im Reiniger ist das Volumen der Konzentrate bedeutend
kleiner im Verhältnis zum gesamten Volumen der ursprünglichen Trübe,
und wird daher auch die Menge des aufzugebenden Wasserglases in
demselben Verhältnis vermindert. Man gebraucht in diesem Falle nur
0,5 kg Wasserglas je Tonne des ursprünglichen Trockenerzes.

Im Anschluß hieran möchte ich noch des Vorschlags von Lock-
wood Erwähnung tun, mit Wasserglas unreine Blende-Bleiglanz-
Konzentrate der Flotation auf Herden zu reinigen. Solche Konzentrate werden in einer 5 vH Ätznatronlauge, der 1 vH Wasserglas
beigegeben wird, für längere Zeit durchmengt und dann auf einem
„Deisterherd" behandelt, wodurch ein sehr reines Bleiglanzprodukt
gewonnen wird, während Mittelprodukte nur in ganz unbedeutenden
Mengen auftreten. Der Abfluß enthält reine Blende nahezu frei von
Bleiglanz. Ein Versuchsposten von einer Tonne eines auf 60—80 Maschen zum Linearzoll gemahlenen Gutes ergab:

	Bleiglanzkonzentrate	Pb-Gehalt	Mittelprodukte
bei der Behandlung mit Wasser-glaslösung	125 kg	77 vH	36 kg
bei der Behandlung mit reinem Wasser	100 kg	72 vH	90 kg

Eine praktische Verwendung hat der Vorschlag bis jetzt nicht gefunden, obgleich er sicher weitere Untersuchungen verdient.

Eisenspäne. Während der Voruntersuchungen auf der „Inspiration"-Grube fand man im Laboratorium, daß der Zusatz von ungefähr 1,25 vH feiner Eisenspäne zu den zuerst ausfallenden, reicheren Schlämmen einen vorteilhaften Einfluß auf die Ausbeute ausübte und dem schädlichen Einflusse der Schlämme wirksam entgegenarbeitete. Auf Grund dieser Versuche entschloß man sich, Kugelmühlen statt der vorgesehenen Röhrenmühlen einzuführen, damit die durch die Abnutzung der Kugeln entstandenen feinen Eisenteilchen an Stelle der Eisenspäne traten. Ob die Reaktion chemischer oder nur physikalischer Natur war, geht aus den Untersuchungen nicht hervor. Bei Wiederholung der Versuche mit anderen Erzen zeigte sich vielfach keine Verbesserung der Ausbeute.

Zusatz magnetischer Substanzen (Murex-Prozeß).

Im Anschluß an das Kapitel über den Zusatz von Chemikalien möchte ich noch den Murexprozeß kurz beschreiben, der auf einigen kleinen Anlagen auch in Deutschland mit Erfolg eingeführt worden ist, obgleich er kein eigentlicher Flotationsprozeß ist. Er übernimmt von der Flotation nur das Ölen der Sulfide, benutzt aber nicht die Schaumbildung, um die geölten Erzteilchen von den Bergen zu trennen, sondern setzt der Ölmischung noch magnetische Substanzen zu und trennt dann mit einem Elektromagneten die mit dem magnetischen Ölfilm überzogenen Sulfide von der Gangmasse. Soweit es das Ölen anbetrifft, können alle Prozesse, die der Flotation eigentümlich sind, hierbei durchgeführt werden: also gewöhnliche Flotation eines Minerales, selektive Flotation mehrerer Sulfide und auch Flotation oxydierter Erze. Ein nicht zu unterschätzender Vorteil besteht darin, daß es nicht nötig ist, das Material bis zur äußersten Grenze fein zu mahlen, sondern es genügt nur so weit aufzuschließen, daß die tatsächliche Befreiung der Sulfide von der Gangmasse erfolgreich durchgeführt ist, da schon Teilchen von 2—3 mm Durchmesser von dem Elektromagneten angezogen werden können. Gewöhnlich wird eine Zerkleinerung auf 20 Maschen zum Linearzoll vorgenommen.

Das Wesen des Prozesses besteht darin, daß man eine magnetische oder magnetisierbare Substanz zu äußerst feinem Pulver reibt und mit einem dicken Öl (meist Teer) zu einem Teig anrührt von der Konsistenz, wie sie Ölfarben zeigen. Dieser magnetische Teig wird zur Erztrübe in einem horizontalen, umlaufenden Zylinder aufgegeben, der mit quadratischen Holzblöcken ausgefüttert ist und 0,9 m Durchmesser bei 3,0 m Länge hat. In ihm befinden sich 100—150 kg Schrotkugeln aus Eisen oder Blei von 6 mm Durchmesser und eine genügende Menge größerer Kieselsteine. Bei der langsamen Umdrehung des Zylinders überziehen sich zuerst die Metallkugeln mit einem Anstrich des mit der Trübe aufgegebenen Ölteiges und die Kugeln wieder reiben diesen Anstrich auf die Oberfläche der Sulfide, sowie sie mit letzteren in Berührung kommen. Die Kieselsteine hingegen, die gewöhnlich vor der Aufgabe mit einem Ölanstrich versehen werden, haben nur den Zweck, die Bildung von zusammenhängenden kleineren oder größeren Körnern und Klumpen im Erz oder das Zusammenhängen der Schrotkugeln selbst zu verhindern. Die mit dem Magnetitölüberzug bekleideten Sulfide werden allmählich in der Trübe zum Austragsende befördert, von wo sie durch eine Schüttelrinne unterhalb eines kräftigen Magneten vorbeitransportiert werden, der infolge des im Ölanstrich befindlichen Magnetits die Sulfidteilchen anzieht, während die nicht geölten Gangkörnchen abfallen. Unter dem Magneten geht rechtwinklig dazu ein endloses Abzugsband vorüber, das die Sulfidteilchen auf der unteren Seite so lange schwebend hält, bis sie aus dem Bereich des magnetischen Feldes kommen, wo sie mit Wasser in den Konzentratsammelbehälter übergespült werden.

Als magnetische Substanzen benutzt man gewöhnlich fein gemahlenen Magnetit oder Pyrrhotin; in deren Ermangelung bedient man sich magnetisierbarer Substanzen wie Eisenfeilspäne oder fein pulverisiertes Gußeisen. Als Öl dient zumeist der gewöhnliche Wassergasteer oder Erdöl und dessen Destillationsrückstände. Das Gewichtsverhältnis des Magnetits zum Teer beträgt 2 : 1.

Nur so lange, als die Schrotkugeln mit einem vollen, fest anhaftenden Ölanstrich überzogen bleiben, arbeiten sie vorzüglich. Daher ist eine öftere Untersuchung nötig, ob der Ölanstrich sich nicht gelockert hat oder gar abgefallen ist, und muß dann für Erneuerung des Anstrichs Sorge getragen werden. Eine weitere Betriebsschwierigkeit ergab sich dadurch, daß der Magnetit sich leicht vom Öl trennte und ins Wasser abfiel. Dem wurde dadurch abgeholfen, daß man der Trübe irgendein lösliches Salz zusetzte, das mit dem Öl unlösliche Seife bildet. Gewöhnlich benutzt man eine 1—5 vH Alaunlösung. Besteht aber die Ölmischung aus Mineralölen, die sich nicht verseifen lassen, so muß man außerdem noch eine geringe Menge Seife oder eines verseifbaren Öles zugeben.

Die Trübe wird teils sauer, teils alkalisch gehalten, je nach der Beschaffenheit des Erzes. Hat man selektiv mehrere Mineralkörper zu trennen, so gibt man die gleichen Zusätze wie bei der gewöhnlichen selektiven Flotation. Ebenso wird bei der Behandlung oxydierter Erze

Schwefelnatrium in genügenden Mengen zugesetzt, um einen Sulfid-film über dem Karbonate zu bilden. Zufriedenstellende Ergebnisse für oxydierte Erze ergibt eine Ölmischung von 40 kg Magnetit in 20 kg Erdölrückstand mit einem Zusatz von 1 kg Schwefelnatrium.

Das gute Arbeiten der Anlage muß beständig auf einem „Deister-herd" überwacht werden, auf den die ablaufende Bergetrübe geleitet wird. Bildet sich dabei ein schmaler Erzstreifen, so ist dies ein Zeichen schlechter Ausbeute, und müssen die nötigen Abänderungen in der Öl-mischung, Trübeverdickung, Umdrehungszahl des Zylinders usw. vor-genommen werden.

Der Prozeß ist nie auf großen Anlagen zur Einführung ge-kommen, weil plötzliche, nicht vorauszusehende Schwierigkeiten das sonst gute Arbeiten durchkreuzen. Die umlaufenden Zylinder bean-spruchen ziemlich viel Platz, da die Leistung eines Zylinders von 0,9 bei 3,0 m kaum 12,5 t Erz in 24 Stunden überschreitet. Der Haupt-übelstand ist aber der hohe Ölverbrauch, der zwischen $\frac{3}{4}-1\frac{1}{4}$ vH des Trockengewichtes des Erzes schwankt, so daß die Betriebskosten im Vergleich zur gewöhnlichen Flotation sehr hoch ausfallen. Eine amerikanische Grube berichtet 1917, daß die Durchschnittskosten unter Ausschluß der Zerkleinerungskosten 1,78 Dollar je Tonne Erz betrugen, wovon 28 vH allein auf Öl und Magnetit entfallen. Große moderne amerikanische Flotationsanlagen arbeiten heutzutage mit 0,40—0,50 Dol-lar reiner Flotationskosten je Tonne Erz. Die Ausbeute auf der be-treffenden Grube wird mit 80—85 vH angegeben.

Betrag der 1924 in den Vereinigten Staaten verbrauchten Flotationsreagenzien.

Zum Schlusse möchte ich noch auf eine interessante Statistik über Flotationsreagenzien hinweisen, die letzhin vom „Bureau of Mines" für das Jahr 1924 veröffentlicht wurde, nach der der Gesamtverbrauch an Ölen, Säuren und anderen Reagenzien irgendwelcher Art auf sämtlichen Flotationswerken der Vereinigten Staaten 81054 t be-trug, was rund 1,80 kg je Tonne Roherz ausmacht, da 45105101 t Erz im Jahre 1924 durch Flotation behandelt wurden.

Die Kupfererzflotation verbrauchte im Durchschnitt 1,87 kg je Tonne Erz, und zwar 0,05 kg Schaumbildner (Kiefernöle) und 0,47 kg Öler. Die erste Stelle als Öler nahm das Steinkohlenkreosot mit 34 vH der Häufigkeit ein und darauf folgte „acid sludge" und Stein-kohlenteer, beide mit je 30 vH an Häufigkeit. Die Trübe wurde im allgemeinen sauer gehalten durch Zusatz von durchschnittlich 1,29 kg Schwefelsäure je Tonne Erz. Für das Jahr 1925 dürfte aber eine große Wandlung in diesen Angaben zu verzeichnen sein, da in diesem Jahre allgemein alkalische Lösungen in Verbindung mit Kaliumxanthat als Reagens von fast allen größeren Gesellschaften benutzt wurden.

Für Zink - und Zink - B leierz - Flotation betrug der Durchschnittsverbrauch 1,68 kg je Tonne Erz, und zwar 0,27 kg Schaumbildner (Kiefernöle) und 0,28 kg Öler. Die am meisten gebrauchten Öler sind, nach Hundertteilen geordnet: Steinkohlenteer mit 38 vH, Holzkohlenkreosot mit 19 vH, Naphthylamin mit 13 vH, Kresylsäure mit 10 vH und Thiokarbamid mit nur 7 vH. Die Trübe wurde meist alkalisch gemacht durch Zusatz von durchschnittlich 0,14 kg Rohsoda je Tonne Erz. Der Zusatz an sulferierenden Reagenzien machte 0,68 kg je Tonne Erz aus, und zwar waren es Schwefel zu 61 vH, Natriumdisulfat zu 33 vH und Natriumdisulfit zu 6 vH. Für selektive Flotation wurde mit Vorliebe das Kupfersulfat (0,20 kg je Tonne Erz) verwendet, während zur Reinigung der Konzentrate 0,13 kg Natronwasserglas je Tonne Erz verbraucht wurden.

Die Blei - und Blei - Silber - Erz - Flotation hatte den geringsten Verbrauch an Reagenzien: 0,23 kg je Tonne Erz, der sich aus 0,005 kg Schaumbildner (Kiefern- bzw. Terpentinöle) und 0,225 kg Ölern zusammensetzte. Als Öler wurde vor allem Holzkohlenkreosot (66 vH) und in zweiter Linie Steinkohlenteer (25 vH) verwendet. Heizöl (4 vH), Barrettoil Nr. 4 (2 vH), Holzkohlenteer und Kresylsäure mit je 1 vH machten die restlichen 9 vH aus.

Für Gold - Silber - Erze werden keine Gewichtsangaben gemacht und nur angegeben, daß Steinkohlen- und Holzkohlenkreosot als Reagenzien dienten.

Die Graphiterze verbrauchten im Jahre 1923 an Reagenzien 0,32 kg je Tonne Erz, die aus 0,15 kg Flotationsöl, 0,07 kg Gasolin und 0,10 kg Rohsoda sich zusammensetzten.

V. Zerkleinern der Erze.

Für jedes Zerkleinern von Erz ist von maßgebendem Ausschlag die Beantwortung der folgenden zwei Kardinalfragen:

I. Bis zu welchem Grade der Feinheit hat man das Erz für die Flotation zu zerkleinern?

II. Ist die Gesamtheit des Erzes der mechanischen Zerkleinerung zu unterwerfen oder können Teile von ihm durch einen wirtschaftlich billigeren Prozeß als Flotation bearbeitet werden, so daß es sich lohnt, diese vorher abzutrennen?

Bevor ich aber im folgenden auf die Erörterung dieser Fragen eingehe, möchte ich kurz die in Amerika gebräuchlichen Systeme der Siebskalen beschreiben, da diese fast überall als Richtschnur für die Bezeichnung des Grades der Feinheit für das Aufschließen genommen werden.

Amerikanische Siebskalen. Die amerikanische Bezeichnung von z. B.
60 Maschen besagt nur, daß auf einem Linearzoll 60 gleich große Öffnungen vorhanden sind. Diese Angabe ermangelt aber jeder technischen
Genauigkeit, solange nicht der Durchmesser der dazwischen liegenden
Drähte angegeben wird.

In der Praxis hat sich meist die sog. M-M-Siebskala (Standards
of the Institution of Mining and Metallurgy) eingebürgert, die ganz
willkürlich ist und kein bestimmtes Verhältnis zwischen zwei aufeinanderfolgenden Sieböffnungen aufweist. Ihr liegt nur die Beziehung zugrunde,
daß der Lochdurchmesser möglichst nahe dem Drahtdurchmesser entspricht, so daß man ohne Zuhilfenahme von Tabellen sich
schnell den Durchmesser der Sieböffnung berechnen kann. 60 Maschen
haben also einen Lochdurchmesser $\dfrac{1}{60 + 60} = 0{,}0083$ in. $= 0{,}0083 \cdot 25{,}4$
$= 0{,}211$ mm.

Doch kommt diese willkürliche Skala mehr und mehr außer Gebrauch.
Auf allen neueren Werken und offiziell wird nur noch die U-S-Sieb-
skala benutzt (United States Bureau of Standards), die auch als Tylor-
skala bekannt ist. Für das Verhältnis zwischen zwei aufeinanderfolgenden Sieböffnungen wendet sie den alten Rittingerschen Koeffi-
zienten $\sqrt{2} = 1{,}414$ an und beginnt mit 200 Maschen, denen eine
Öffnung von 0,0029 in. zugrunde liegt, so daß der Drahtdurchmesser
$\dfrac{1 - 200 \cdot 0{,}0029}{200} = 0{,}00211$ in. ist. Die folgende Siebnummer besitzt
150 Maschen von $0{,}0029 \sqrt{2} = 0{,}0041$ in. Öffnung mit einem Drahtdurchmesser von 0,0026 in. usw.

Weniger gebräuchlich ist die Stadlerskala, die im Verhältnis von
1 : 4 von 1 in. abwärts die Reduktion vornimmt, so daß der Koeffizient
für zwei aufeinanderfolgende Sieböffnungen $\sqrt[3]{4} = 1{,}5874$ ist.

Die ziemlich beträchtlichen Unterschiede zwischen diesen drei Siebskalen sind aus der folgenden Tabelle zu entnehmen:

U-S-Skala		M-M-Skala		Stadler-Skala
Siebnummer	Sieböffnung mm	entsprechende Siebnummer	Sieböffnung mm	Sieböffnung mm
14	1,168	12	1,059	1,000
20	0,833	16	0,792	—
28	0,589	20	0,635	0,630
35	0,417	30	0,421	0,397
48	0,295	40	0,317	—
65	0,208	60	0,211	0,250
100	0,147	90	0,139	0,157
150	0,104	120	0,107	0,099
200	0,074	200	0,062	0,062

Feinheit des Aufschließens.

Wie schon in der Theorie des Flotationsverfahrens bemerkt wurde, ist die Tragfähigkeit des Schaumes eine beschränkte und gilt daher als oberster Grundsatz: Jedes Erz muß für Flotationszwecke so weit aufgeschlossen werden, daß die gröbsten Erzteilchen noch von einem normalen, nicht zu zähen Schaume getragen werden können.

In der Flotationspraxis ist man daher gezwungen, gleich von Anfang an so fein zu mahlen, daß das gesamte Endprodukt wenigstens durch ein Sieb von 28—35 Maschen hindurchgeht. Je nach der Fähigkeit des Erzes, Schlämme zu bilden oder nicht, kann man erwarten, daß 20—40 vH des gemahlenen Gutes durch 200 Maschen hindurchgehen. Dieses sofortige einmalige Aufschließen unterscheidet die Flotation wesentlich von der alten Gravitationsaufbereitung, die das Erz stufenweise zerkleinert und in jeder Stufe die entsprechenden Konzentrate absondert. Außerdem geht sie mit der Zerkleinerung nur selten bis unter 1,5 mm Korndurchmesser, weil dann Schwierigkeiten auftreten, die Trübe hydraulisch mit Erfolg zu sortieren.

Andererseits muß man aber unbedingt das Feinaufschließen so weit treiben, daß die Sulfidteilchen von den Gangkörnchen vollkommen frei gemacht werden, um durch Flotation eine vollständige Trennung zwischen Erz- und Gangart zu erzielen. Dieser schon von der alten Gravitationsaufbereitung aufgestellte Grundsatz kommt besonders zur Durchführung für fein bis mikroskopisch verwachsenes Erz. Je feiner solches Erz gemahlen wird, desto bessere Ergebnisse wird es geben, so daß es Anlagen gibt, die von vornherein auf 65, ja sogar auf 100 Maschen fein mahlen. Bei einem solchen außerordentlichen Feinmahlen wird natürlich der Prozentsatz an feinsten Schlämmen bedeutend höher ausfallen, und der Anteil, der durch 200 Maschen hindurchgeht, schwankt zwischen 60—80 vH der Gesamtmasse. Immerhin kommen auch Erze vor, die bei einem solchen Feinmahlen verhältnismäßig noch so körnig bleiben, daß nur 35—40 vH durch 200 Maschen hindurchgehen. Es sind dies jedoch Ausnahmen.

In Befolgung dieser beiden Grundsätze wäre es also verfehlt, wenn man z. B. ein Bleiglanzerz nur auf 48 Maschen aufschließen wollte, weil in dem gegebenen Falle die Mineralien schon untereinander und von der Gangart befreit wurden. Bleiglanzteilchen zwischen 65 und 80 Maschen werden nämlich infolge ihres hohen spezifischen Gewichtes kaum noch von den Luftblasen getragen, außer man verwendet größere Mengen Öl derart, daß von dem Schaumerzeuger etwas weniger zugegeben wird. In diesem Falle ist es also unbedingt angebracht, auf 80—100 Maschen fein zu mahlen, um den Bleiglanz vollständig flotieren zu können. Die Kosten des Feinmahlens werden aber dadurch stark gesteigert, und ist es in einem solchen Falle gerechtfertigt, die Aufstellung von Herden zur Vorbehandlung zu erwägen, vorausgesetzt, daß die Herdkonzentrate genügend hohen Wert besitzen, damit der daraus erzielte Gewinn an Betriebskosten nicht nur die Kosten des sonst nötigen weiteren Feinmahlens deckt, sondern auch die Amortisationsbeträge der Einrichtung der Herdanlage. Würden hierbei noch die Herde reine Berge liefern, die direkt auf die Halde gehen können, so daß also nur Zwischenprodukte aufzuschließen bleiben, so wäre ohne allen Zweifel die vorausgehende Herdbehandlung angebracht.

Außer den obigen zwei Bedingungen hat man noch das Erfahrungsgesetz zu berücksichtigen: Je gröber ein Erz gemahlen ist, desto dickere Trübe kann man anwenden und deren Vorteile ausnutzen. Denn man hat praktisch gefunden, daß in einem sehr fein gemahlenen Erz, das keiner Klassierung unterworfen wird, um die Schlämme abzusondern, die darin vorhandenen gröberen Sulfidteilchen viel leichter zum Flotieren gebracht werden, als wenn die Schlämme vorher entfernt wurden. Gröbere Erzteilchen zeigen selbstverständlich höheren Metallwert an als feine, und aus diesem Grunde wird man die Trübe in der Praxis so dick als möglich halten, damit das gröbere Gut nicht zu rasch durch das Wasser und die Gangmasse infolge seines höheren Gewichtes herunterfällt, sondern von den dicht aneinandergedrängten feinsten Schlämmen gewissermaßen gestützt und in der Schwebe gehalten wird, so daß es von den aufsteigenden Luftblasen in Gemeinschaft mit den feinsten Sulfiden in die Höhe getragen wird. Eine dünne Trübe wird zwar den Vorteil haben, daß weniger Gangmaterial in ihr aufsteigt und daher die Konzentrate bedeutend reiner ausfallen, aber die gröberen Sulfidteilchen kommen nicht darin zum Aufsteigen, sondern bleiben in den Bergen zurück, so daß die Ausbeute beträchtlich sinkt. Nun sind aber moderne Flotationen sehr bemüht, eine möglichst hohe Ausbeute schon in der ersten Maschine zu erzielen, und sie ziehen es daher vor, arme Konzentrate von ihr abzuheben, weil diese mit Leichtigkeit in einer Reinigungsmaschine angereichert werden können.

Die Vorteile einer dicken Trübe kann man wie folgt zusammenfassen: Wie wir eben gesehen haben, lassen sie eine hohe Ausbeute zu. Ferner gebrauchen sie nach S. 20 weniger Gesamtöl als eine dünne Trübe, wobei natürlich zu beachten ist, daß die Ölmischung so zusammengesetzt wird, daß sie einen etwas zähen Schaum gibt, der imstande ist, gröbere Teilchen gut zu tragen. Da weiterhin dicke Trüben weniger Wasser halten als dünne, sind zum Hervorrufen der Schaumbildung in den Flotationsmaschinen geringere Mengen umzurühren, d. h. die motorische Kraft wird kleiner und die täglichen Betriebskosten erniedrigen sich in dem gleichen Maße. Für Anlagen, die mit einer schon vorhandenen Kraftquelle haushälterisch umzugehen haben, wird die Vermehrung oder Verminderung des Kraftverbrauches von einschneidender Bedeutung sein. Z. B. für den extremen Fall einer Verdünnung von 7 : 1 steigt der Kraftverbrauch um 75 vH der Antriebskraft, die bei der normalen Verdünnung von 3 : 1 nötig ist. Endlich wird ein gegebenes Volumen gemahlenen Gutes in dicker Trübe in derselben Zeiteinheit schneller durch die Flotationsmaschinen fließen, als das gleiche Volumen dünner Trübe, weil bei letzterer bedeutend größere Wassermengen zu bewegen sind. Die Leistung der Flotationsmaschine wird in dicker Trübe also für grob gemahlenes, sandiges Gut höher sein als in dünner Trübe für fein gemahlene Schlämme. Für die üblichen pneumatischen oder Agitationsmaschinen rechnet man, daß 1 m² Bodenfläche des Flotators ungefähr 16—22 t Sande in 24 Stunden verarbeiten kann, während für reine Schlämme nur 4—8 t angenommen werden dürfen.

Im Betriebe kommt man nun öfters in die Lage, gröber mahlen zu müssen, als der normale Betrieb es verlangt. Es tritt dies gewöhnlich ein, wenn infolge von Reparaturen eine oder mehrere Kugelmühlen stillgelegt werden und die übrigen infolgedessen überladen werden müssen, um die vorgeschriebene tägliche Tonnenzahl durch die Anlage durchzuzwingen. Es kann aber auch geschehen, daß längere Stillstände infolge Streiks, Ausbleiben der motorischen Kraft usw. die Leitung zwingen, das Versäumte nachzuholen und dann das gesamte Zerkleinerungssystem für längere Zeit vorsätzlich zu überladen. In beiden Fällen werden die Kugelmühlen gröber mahlen müssen und der Ingenieur ist gezwungen, sich diesen veränderten Verhältnissen anzupassen dadurch, daß er die Trübe noch dicker macht als unter normalen Umständen, um möglichst viel Gut durchgehen zu lassen. Er wird dann finden, daß die Flotationsmaschinen keine besonderen mechanischen Schwierigkeiten verursachen; denn für gröber gemahlenes Gut zeigen sie ja ein größeres Fassungsvermögen als wie für das normal fein gemahlene Erz. Daher ist ein gezwungenes Überladen der Flotatoren in der Praxis nur von geringer Bedeutung und es brauchen keine Befürchtungen gehegt werden, daß ernsthafte Verluste im Metallausbringen in den Bergen sich zeigen. Hingegen werden wir später sehen, daß die Flotationsmaschinen ungeheuer empfindlich sind gegen die geringsten Abweichungen vom Verdünnungsverhältnis ebenso wie gegen jede Ungleichmäßigkeit im Zufluß der Trübe, die beide sofort ein Sinken der Ausbeute bewirken.

Zum Schluß muß noch darauf hingewiesen werden, daß in bezug auf Feinheit des Aufschließens der Einfluß der Schlämmebildung eines Erzes von schwerwiegender Bedeutung ist. Ein äußerst fein verwachsenes Erz muß gewöhnlich so fein aufgeschlossen werden, daß mit Sicherheit hohe sekundäre Schlämmebildung zu erwarten steht. Dann sieht man sich vor die Frage gestellt, wie weit wird die Schlämmebildung das Endergebnis der Flotation beeinträchtigen? Denn Erze, die fast nur Schlämme führen, bleiben der Flotation wenig zugänglich, weil die kolloiden Schlämme sich nicht ölen lassen, wobei unter kolloiden Schlämmen nicht reine Kolloide zu verstehen sind, sondern hauptsächlich so fein gemahlene Schlämme, daß sie während der Dauer des Flotationsprozesses nicht zum Absetzen gebracht werden können (vgl. S. 7f.). In solchen Fällen wird man sich durch Zusatz von Substanzen, die die Flockenbildung vermindern, zu helfen suchen, um eine Zerstreuung und Verteilung der Schlämme innerhalb der Trübe zu erreichen (s. S. 51), oder man wird, wenn es möglich ist, den anderen Ausweg ergreifen und sandiges Material in solchen Mengen zu setzen, daß der schädliche Einfluß der reinen Schlämme sich aufhebt und eine Mischung gebildet wird, die nur einen geringen Abfall in der Ausbeute wahrnehmen läßt und gleichzeitig den Wert der Konzentrate nur wenig heruntersetzt. Doch bleibt dies immer ein kostspieliges Verfahren, und man wird daher lieber versuchen, den technischen Schwierigkeiten in der Handhabung feinster Schlämme dadurch zu begegnen, daß man dünnere Trübe verwendet, also von vornherein auf die Vorteile der dicken Trübe verzichtet und in Verbindung damit nur so weit aufschließt, daß der Prozentsatz der gebildeten Schlämme keinen oder nur einen geringen Einfluß auf die Flotation ausübt. Es handelt sich dann um die Entscheidung der Frage: Wie weit werden die Nachteile der dünnen Trübe und des etwas gröberen Kornes aufgewogen durch den Verlust an Ausbeute, der sich ergibt, wenn man nicht genügend fein aufschließt, um Gangart und Erz vollkommen voneinander zu trennen? Um diese Frage endgültig lösen zu können, sind umfangreiche Untersuchungen in größeren Versuchsanlagen anzustellen, die sich auf viele Monate erstrecken. Die „Inspiration Co." studierte diese Frage 1913 in einer 50-t-Anlage, erweiterte diese 1914 zu einer größeren Versuchsanlage von 600 t täglich und übergab erst 1915 die endgültige Anlage von 14400 t täglich dem Betriebe. Das Ergebnis dieser Untersuchungen war, daß nur bis 20 vH des äußerst leicht schlämmenden Graniterzes dem gewöhnlichen Schiefererz zugesetzt werden durfte, ohne störend auf die Flotation einzuwirken, und ferner, daß nur so weit zerkleinert werden durfte, bis 4—6 vH des gesamten Gutes auf einem Sieb von 48 Maschen zurückblieben.

Ältere Anlagen, in denen viele primäre Schlämme auftraten, glaubten die Lösung darin zu finden, daß sie eine Gravitationsaufbereitung mit Schlämm- und Herdarbeit der Flotation vorausgehen ließen einzig und allein aus dem Grunde, um auf diese Weise genügend körniges Material zu erzeugen, das in der folgenden Flotation als Hilfsprozeß die erfolgreiche Behandlung der widerspenstigen primären Schlämme ermöglichte. Das bekannteste Beispiel hierfür bietet die „Anaconda Copper Mining Co." in Butte, Montana mit ihrer Anlage für 16000 t täglicher Leistung. Nachdem man auf Setzmaschinen die gröberen Konzentrate abgehoben hat, zieht man eine strenge Grenze zwischen Schlämmen und Sanden und benutzt nur die Schlämme für die Flotation. Diese Trennung vollzieht sich durch mechanisch arbeitende Klassifikatoren mit anschließenden Verdickungsbehältern. Die Sande werden auf Herde aufgegeben mit dem Bestreben, ein möglichst hohes Konzentrat davon abzuziehen, das direkt verhüttungsfähig ist, während man auf rein abgehende Berge verzichtet. Mittelprodukte und Abgänge werden zusammen in Kugelmühlen weiter zerkleinert und das erhaltene Produkt mit den ursprünglich abgesonderten Schlämmen gemengt. Die so erhaltene Mischung kann dann mit Erfolg der Flotation unterworfen werden. — Durch eine solche Anordnung geht aber der große Vorteil der Flotation verloren, die denkbar einfachste Stammtafel zu besitzen, und die Anschaffungs- und Betriebskosten erhöhen sich in beträchtlichem Maße.

Auch für die sog. Gold- und Silbererze war diese Zusammenstellung von Herden mit nachfolgender Flotation früher sehr beliebt; denn diese Erze haben eine hohe Konzentrationsrate[1]), so daß die Schlämme gebende taube Masse vorwiegt, während die Sulfide der Schwermetalle, die gleichzeitig durch hohen Edelmetallgehalt ausgezeichnet sind, mehr zurücktreten.

In der Neuzeit hat man aber diese Zusammenstellung wegen ihrer Umständlichkeit vollkommen aufgegeben und zieht es vor, Flotation allein als selbständigen Prozeß anzuwenden. Man schließt nur so weit auf, daß gerade die Flotation der Sulfide vor sich gehen kann, aber andererseits die Gegenwart der gebildeten Schlämme auf die Flotation keinen nachteiligen Einfluß mehr ausübt. Nur bei einer schon vorhandenen Gravitationsaufbereitung kann man der Stellung der Flotation als Hilfsprozeß eine Existenzberechtigung nicht absprechen aus der Erwägung heraus, daß es unklug gehandelt sein würde, durch Niederreißen oder Umbau der schon vorhandenen Anlage das darin festgelegte Kapital zu opfern; nur in einem solchen Falle kann die Anwendung der Flotation als Hilfsprozeß direkt geboten sein.

Nur ganz ausnahmsweise wird der Fall eintreten, daß man zu körnigem Material absichtlich Schlämme zusetzt. Beispielsweise wird man es kaum wagen, nur Zwischenprodukte von der Halde

---

[1]) Unter „Erzen von hoher Konzentrationsrate oder -grad" werden solche verstanden, die nur sehr wenig Sulfide, aber sehr viel Berge halten, so daß das Verhältnis des gewonnenen Konzentratgehaltes zum ursprünglichen Erzgehalte sehr hoch ausfällt.

einer schon vorhandenen Gravitationsaufbereitung, selbst wenn sie sehr fein gemahlen sind, für sich allein zu flotieren, sondern ihnen einen gewissen Teil Schlämme zusetzen, vorausgesetzt, daß sie nicht zu arm sind, um eine solche Beimischung zu ertragen. Zwischenprodukte bleiben bekanntlich immer körnig, auch wenn sie noch so fein gemahlen sind[1]), so daß selbst ein sehr zäher Schaum nicht imstande sein würde, alle schwereren und gröberen Teilchen zum Aufsteigen zu bringen, sondern es müssen so viel Schlämme beigemengt werden, daß die oben erwähnten Zustände einer dicken Trübe erzielt werden; nämlich, daß diese zugesetzten Schlämme die gröberen Körner nicht mehr durchfallen lassen, sondern sie so lange in Schwebe halten, bis sie von den Luftblasen emporgetragen werden.

Aushalten eines Teiles des Mahlgutes während der Zerkleinerung.

Die Ausschaltung eines Teiles des Mahlgutes während der verschiedenen Stufen der Zerkleinerung soll grundsätzlich aus wirtschaftlichen Gründen durchgeführt werden:

I. wenn der ausgeschaltete Teil an und für sich so reiche Stufferze liefert, wie sie die Flotation als Endprodukt abgibt,

II. wenn der ausgeschiedene Teil durch ein billigeres Verfahren als Flotation behandelt werden kann,

III. wenn die Absonderung eines ganz wertlosen Materials, dessen Mitschleppen durch alle Grade der Zerkleinerung und die anschließende Flotation unverhältnismäßig hohe Betriebskosten verursacht, dadurch ermöglicht wird.

Fast auf allen modernen amerikanischen Anlagen werden diese Grundsätze nicht im geringsten beachtet, im Gegenteil, man stellt als oberste Norm auf, keine Konzentration irgendwelcher Art, sei es Flotation oder Gravitationsaufbereitung, ernsthaft zu versuchen, bevor nicht das Erz auf die Feinheit zerkleinert ist, die für den Flotationsprozeß durch die Voruntersuchung als richtig befunden wurde. Durch strenge Befolgung dieser Grundsätze im Betriebe glaubt man beste Ergebnisse erhalten zu können, weil nur dadurch die größte Einfachheit im Zerkleinerungsverfahren gewährleistet wird, und folglich die Betriebskosten am billigsten ausfallen. Für große Anlagen, die täglich 5000 bis 15000 t von im Tagebau gewonnenen armen Erzen verarbeiten, mag

---

[1]) Unterwirft man ein Erz, das beim Feinmahlen kolloide Schlämme gibt, der Gravitationsaufbereitung und schließt es dazu bis auf 1 mm auf, so müssen bei der Herdarbeit die in Suspension bleibenden kolloiden Schlämme mit der wilden Flut abgehen und daher die zurückbleibenden Zwischenprodukte davon frei, d. h. körnig sein.

eine gewisse Berechtigung darin liegen, die Stammtafel der Zerkleinerung so einfach wie möglich zu halten; denn jede Komplikation erschwert die Aufsicht, und der geringste Fehler, der im Betrieb begangen wird, kann ungeahnte Schwierigkeiten im Gefolge haben, die die Einheit des Betriebes folgenschwer stören. Aber für mittlere und kleinere Anlagen sollte man den obenerwähnten Grundsätzen mehr Beachtung schenken, als es bisher geschehen ist, da dadurch bedeutende Ersparnisse gemacht werden können.

Ausklauben verhüttbarer Produkte. Da die Flotation in letzter Beziehung ein Anreicherungsvorgang ist, der nicht bloß verhüttbare Produkte liefern, sondern sie außerdem noch so hoch anreichern soll, daß die Verschiffungskosten auf ein Minimum herabgedrückt werden, so ist die früher allgemein übliche Sortierung von Hand in der Scheidebank, die eigentlich nur den Gesamtgrad der Erze zu erhöhen trachtete, als Vorarbeit für die Flotation nicht angebracht.

Ausklauben ist nur so weit gerechtfertigt, als lieferungsfähige Produkte in größerer Menge durch billige Handarbeit abgesondert werden, die denselben oder höheren Metallwert zeigen, als die Endprodukte der Flotation, wodurch vermieden wird, daß das ausgeklaubte Gut unnötigerweise durch die gesamte Zerkleinerung und die Flotation mit hindurchgeht. Selbstverständlich müssen auch die Klaubekosten geringer sein als die Kosten des maschinellen Zerkleinerns und Mitführens dieses Teiles des Erzes durch die Gesamtanlage.

Hieraus geht hervor, daß Ausklauben nur für sehr grob verwachsenes Erz in Frage kommt und gewöhnlich im Anschluß an den Steinbrecher ausgeführt wird, der das Erz auf 38—50 mm vorbricht. Meist wird zu diesem Zweck der Gurtförderer als Leseband eingerichtet, wenn er das Erz vom Steinbrecher in die Vorratstaschen vor den Mühlen befördert. Ausklauben reicher Stufferze wird also nur in ganz seltenen Fällen für die Flotation in Betracht zu ziehen sein.

Setz- und Herdarbeit vor der Flotation. Erze, die in der Natur grob kristallisiert anstehen, werden besser durch stufenweises Zerkleinern und stufenweises Anreichern auf Setzmaschinen und Herden vorzubehandeln sein, wieder vorausgesetzt, daß ein Konzentrat in genügender Menge erzielt wird, das denselben Metallgehalt wie die Flotationsendprodukte besitzt. Denn niedrigere Konzentrate würden beim Mengen mit reichern Flotationskonzentraten den Metallwert der letzteren so weit heruntersetzen, daß die Verschiffungskosten, bezogen auf die Aufbereitungskonzentrate, zu hoch ausfallen. Damit aber auch die weitere Bedingung erfüllt wird, daß die Kosten der Setz- und Herdarbeit billiger ausfallen als die Kosten der Flotationsarbeit, muß die Ersparnis an Zerkleinerungskosten größer sein als die Summe der Amortisationsbeträge der Anlage für Setz-

und Herdarbeit; denn die eigentlichen täglichen Betriebskosten für Arbeitslöhne und Kraftbedarf werden bei beiden Methoden nur unbedeutende Unterschiede zeigen.

Um nun solche reiche Konzentrate billig und in großer Menge gewinnen zu können, wird man nur ganz roh aufbereiten und die Trübe nicht vorher durch hydraulische Apparate in aller Vollkommenheit zu sortieren trachten, sondern man wird die Erzeugung vieler Zwischenprodukte mit in den Kauf nehmen und das Hauptgewicht darauf legen, daß die Berge von den Herden so rein als möglich abfließen, so daß sie ohne weiteres in die wilde Flut gelassen werden können. Es würde also nur ein Zwischenprodukt übrigbleiben: Verwachsenes, das an die Zerkleinerung zurückgegeben wird, um dann zur Flotation zu gehen. Als ein nicht zu unterschätzender Vorteil dieser Anordnung sei erwähnt, daß die Aufbereitungskonzentrate in ihrer mechanischen Handhabung beim Entwässern viel weniger Schwierigkeiten verursachen als die Flotationskonzentrate, die in ausgedehnten Verdickungs- und Filteranlagen entwässert werden müssen. Die Gravitationsaufbereitung wird in diesem Falle nicht das Hauptverfahren sein, sondern nur ein der Flotation vorausgehendes Verfahren.

Kann man beispielsweise beim Aufschließen auf 8—10 Maschen schon einen größeren Prozentsatz des Erzes der Herd- und Setzarbeit mit den eben bezeichneten Vorteilen übergeben, so wäre es grundfalsch, dieses Material auf 60—80 Maschen feiner zu mahlen, bloß um den Grundsatz der möglichsten Einfachheit im Aufschließungsverfahren streng durchzuführen. Gravitationsaufbereitungen vor der Flotation als Hilfsverfahren werden sich besonders für grob verwachsenes Erz mit hoher Konzentrationsrate empfehlen, bei denen die Gangart überwiegt und die Masse der Sulfide zurücktritt, während Erze mit kleiner Konzentrationsrate, bei denen die Sulfide in bezug auf die Gangart vorherrschen, wohl meist der ausschließlichen Flotation direkt überwiesen werden; denn bei letzteren Erzen sind von vornherein zwar große Mengen von Konzentraten, aber von niedrigem Gehalt zu erwarten.

Erze, bei denen die Gangmasse an und für sich ein hohes spezifisches Gewicht hat, oder bei denen die zu trennenden Sulfide ziemlich dasselbe spezifische Gewicht besitzen, wie z. B. Kupferkies (4,1—4,3) und Zinkblende (3,9—4,2), sind selbstverständlich sofort der Flotation zu übergeben, und kommt eine vorausgehende Aufbereitung überhaupt nicht in Frage.

Wenn auch alle Faktoren zugunsten einer vorbereitenden Setz- und Herdarbeit sprechen sollten, so sind doch noch deren Nachteile einer eingehenden Berücksichtigung zu unterziehen. Die Anschaffungskosten fallen meist höher aus, und die Maschinen beanspruchen eine weit größere Bodenfläche als die Flotationsmaschinen, d. h. der überdeckte Raum muß ausgedehnter angelegt werden. Die Einfachheit und Übersichtlichkeit der Stammtafel der Anlage geht verloren. Der Hauptnachteil ist aber, daß für gutes Arbeiten auf Herden sehr viel Waschwasser zugegeben werden muß, wodurch die Trübe so verdünnt wird, daß sie für direkt nachfolgende Flotation untauglich ist. Es sind infolgedessen Absatz- und Verdickungsbehälter zwischenzuschalten, für die der moderne Aufbereitungsingenieur nicht gern zu haben ist, weil sie wegen ihrer größeren Platzbeanspruchung außerhalb des Gebäudes aufgestellt werden müssen, und bei längeren Betriebseinstellungen ihr Anlassen zwar keine Schwierigkeit in sich birgt, wohl aber der Abfluß lange Zeit braucht, bis er wieder seine normale Beschaffenheit annimmt, was wieder auf lange Zeit störend auf das richtige Arbeiten der Flotation zurückwirkt.

Grundsätzlich falsch wäre es, Herde vor der Flotation einzuschalten zum alleinigen Zweck, die gröberen Erzteilchen, die unter Umständen die Flotation nicht zum Aufsteigen bringt, vorher mittels der Herde abzuscheiden, wie dies früher oft von den Anhängern dieser Methode zu ihrer Verteidigung angeführt wurde. Man kann diesen Zweck viel bequemer erreichen durch Aufstellung von Herden nach der Flotation, wodurch die Aufstellung von Verdickungsbehältern ganz wegfällt, und man mit einer bedeutend geringeren Zahl von Herden auskommt, da über diese eine größere Tonnenzahl laufen kann, ohne daß die Trübe vorher sorgfältig sortiert wird (vgl. S. 205ff.).

Abscheiden von Bergen. Das Absondern von Bergen wird für Erz mit hoher Konzentrationsrate in Frage kommen, bei denen die Gangmasse nur wenig haltig ist und aller Metallwert in den Sulfiden liegt.

Die Handscheidung der Berge soll grundsätzlich eingeführt werden, wenn ihre Kosten ungefähr soviel betragen wie die Ersparnisse, die man dadurch für den Gesamtbetrieb erzielt. Der Gewinn liegt dann in der Erhöhung des Fassungsvermögens einer schon vorhandenen Anlage, so daß das Erz feiner gemahlen werden kann, und die Feinzerkleinerungsmaschinen nicht auf volle Leistung beansprucht werden, oder in der Verringerung der Anschaffungskosten einer geplanten Neuanlage, da dann die letztere für so viel weniger Tonnen täglich zu errichten ist. Kann man beispielsweise 10 bis 20 vH reiner Berge abscheiden, und betragen die Gesamtkosten der Flotation einschließlich Zerkleinerung 3,00 M. je Tonne Erz, so wird die Handscheidung vorteilhaft sein, wenn ihre Kosten nicht über 0,30—0,60 M. je Tonne Roherz ausmachen. Das Handscheiden geschieht wie das Ausklauben im Anschluß an den Steinbrecher auf den Gurtförderern, die das grob vorgebrochene Erz den Erztaschen vor den Kugelmühlen zuführen.

Neuerdings hat man mit Erfolg Herde aufgestellt, die nebenbei eine oberflächliche Anreicherung gestatten, deren Hauptzweck aber ist, eine möglichst große Menge reiner, unhaltiger Berge abzuscheiden, die direkt auf die Halde gehen können. Wie bei der Handscheidung müssen die Anlagekosten und die des Betriebs der Herde kleiner sein als der Gewinn an Anschaffungskosten der kleineren Anlage. Doch kommt hier schon der Nachteil in Betracht, daß das gesamte Erz unverhältnismäßig fein aufgeschlossen werden muß, um auf Herden behandelt werden zu können.

Vorgeschlagen wurde auch, Erze, die sehr fein eingesprengt auftreten und bei hoher Konzentrationsrate größere Massen Schlämme erzeugen, einem der Flotation vorausgehenden Absetzen in Verdickungsbehältern zu unterziehen, die in Reihe hintereinander aufgestellt werden und gestatten, einen großen Teil der Schlämme im Überlauf abzuziehen, so daß ein um so viel geringerer Prozentsatz des Erzes selbst der Flotation zu unterwerfen ist. In großen Anlagen ist aber der Vorschlag noch nicht praktisch zur Einführung gelangt.

Endlich ist hier noch die Anwendung der sog. schweren Lösungen zu empfehlen, wie z. B. in der „Chanceschen Sandflotation" zur Trennung der Kohle vom Schiefer, die seit Jahren mit ausgezeichneten Ergebnissen benutzt wird. Ihre Verwendung beruht darauf, daß man Magnetkies oder Bleiglanz sehr fein mahlt, so daß er aber noch körnig bleibt. Man setzt dann so viel Wasser zu, daß bei kräftigem Umrühren ein dicker Teig entsteht, der ein spezifisches Gewicht von 2,8—3,0 hat, wodurch Quarz und Feldspat zum Schwimmen gebracht werden, während die spezifisch schwereren Sulfide sofort darin untersinken. Soll z. B. das spezifische Gewicht der Mischung 2,8 sein, und hat der verwandte Bleiglanz das Gewicht 7,5, so wird die Lösung $\frac{2,8-1}{7,5-1} \cdot 100$ = 27,7 Vol.vH Bleiglanz enthalten. Es sind also auf je 1 t Bleiglanz 0,348 t Wasser zuzugeben, was einer Trübe mit 74,2 vH Trockenmasse entspricht. Obgleich diese Trübe ziemlich dick ist, läßt sie sich noch ganz gut umrühren, und nur der Propellerverschleiß wird hoch ausfallen. Innerhalb gewisser Grenzen kann man durch Vergrößerung oder Verminderung der Beimengungen das spezifische Gewicht der Lösung derart ändern, daß alles, was als taube Gangmasse für die betreffende Anlage aufzufassen ist, abflotiert wird. Der Vorteil ist hierbei, daß der Durchmesser der aufgegebenen Stücke absolut keine Rolle spielt. Ein 0,200 m Gangstück schwimmt ebensogut wie ein Korn von 2 mm Durchmesser, so daß die Abscheidung der Berge theoretisch nach jeder beliebigen Zerkleinerungsmaschine vorgenommen bzw. wiederholt werden kann. Praktisch ist es aber nur für gröberes Gut durchführbar, dessen Durchmesser nicht unter 2—3 mm sinkt, weil sonst die Zurückgewinnung des wiederzubenutzenden Bleiglanzes durch Siebe nicht mehr möglich ist. Die Handsortierung wird also durch diese Maschinenarbeit vollkommen überflüssig gemacht, und die Trennung steht unter besserer Überwachung, als wenn man mit Klassifikatoren und Herden arbeitet, bei denen die Trennung auf Grund der Korngröße und des spezifischen Gewichtes erfolgt, während hier nur mit dem spezifischen Gewicht allein gearbeitet wird und die Größe der Stücke gar nicht in Betracht kommt. Außerdem ist noch zu beachten, daß die zu behandelnde Menge Erz pro Flächeneinheit sehr groß ist. Daten hierüber sind nur für Kohlenflotation bekannt, wo 1 m² Oberfläche bequem 12,5 t Kohle pro Stunde abschwimmen läßt, während 6,5 t Schiefer gleichzeitig untersinken, so daß das Gesamtfassungsvermögen 19,0 t je Quadratmeter und Stunde beträgt.

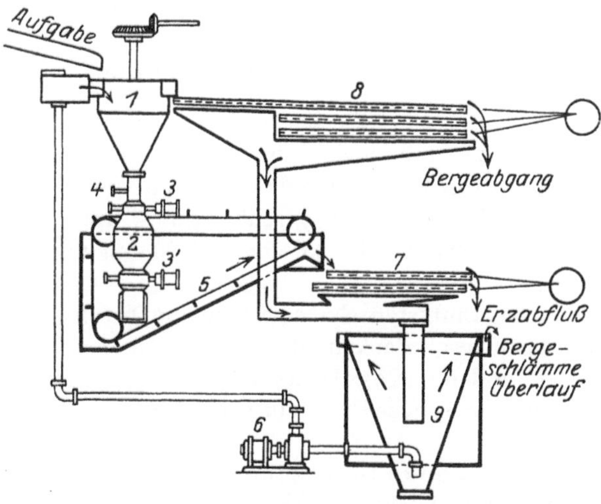

Abb. 6. Skizze einer Bergeflotation mittels schwerer Lösungen.
1. Agitationsraum.   2. Absetzkammer.   3, 3'. Absperrschieber.
4. Druckwasserhahn.   5. Kettenkratzer.   6. Zentrifugalpumpe.
7, 8. Schüttelsiebe.   9. konischer Klassifikator.

Aus der schematischen Darstellung in Abb. 6 ersieht man, daß im Agitationskonus 1 unter kräftiger Umrührung von Wasser und Bleiglanz vermittels Propeller die schwere Lösung auf das nötige spezifische Gewicht gebracht wird. In denselben Konus wird das Erz aufgegeben und die abschwimmenden Berge über die Schüttelsiebe 8 geleitet, wo eine Trennung von dem mit übergegangenen Bleiglanz stattfindet. Durch den Hahn 4 wird gleichzeitig Druckwasser eingeführt, das den vom untersinkenden Erz mitgerissenen feinen Bleiglanz wieder zum Aufsteigen bringt. Die durch das Schüttelsieb 8 durchgefallene Mischung von Bleiglanz und feinen Bergeschlämmen gelangt durch ein Gerinne zu dem konischen Klassifikator 9, worin die feineren und leichteren Schlämme aufsteigen und durch ein ringförmiges Gerinne ausgetragen werden. Der reine, am Boden sich absetzende Bleiglanz wird mittels der Zentrifugalpumpe 6 abgesaugt und durch eine Röhrentour an den Agitationskonus 1 zurückgegeben. Das in der Lösung untersinkende Erz wird von Zeit zu Zeit durch den Absperrschieber 3 in die Absatzkammer 2 eingelassen und fällt von hier mittels eines zweiten Absperrschiebers 3' in einen Trog, von wo es durch den Kettenkratzer 5 auf das Schüttelsieb 7 befördert wird. Hier findet wieder eine Trennung von dem feiner gemahlenen und mitgerissenen Bleiglanz statt, der durch das Gerinne in den konischen Klassifikator 9 gelangt, in dessen Spitze sich die durch das Schüttelsieb 7 durchgefallenen gröberen Erzkörner von 1,5 mm Korndurchmesser absetzen und von wo sie von Zeit zu Zeit durch einen Regulierschieber abgelassen werden.

Vorzerkleinerungsmaschinen.

Steinbrecher. Die Steinbrecher dienen zum Grobvorbrechen des Erzes von 250 mm und mehr auf 50—25 mm. Besteht das angeförderte Gut aus größeren Wänden, so stellt man bei Großanlagen mehrere Steinbrecher in Reihe geschaltet auf, von denen der erste von 750 mm auf 300 mm, der zweite auf 90 mm und der dritte auf 38 mm bricht.

Die beiden bekanntesten Systeme sind die **Backenquetsche**, die das Gut zwischen zwei Backen bricht, von denen die eine beweglich angeordnet ist, und die **Kegelmühle** (giratory crusher), bei der sich ein umgekehrter Konus exzentrisch in verstellbarem Abstand von einem festen Kopfe dreht.

Die **Blakesche Backenquetsche** mit Drehpunkt am oberen Ende des beweglichen Brechbackens wird gern für kleinere Anlagen benutzt wegen folgender Vorteile: geringeres Gewicht, geringerer Kraftverbrauch, weniger Abnutzungskosten der auswechselbaren Ersatzstücke und geringere Fallhöhe.

Bei größeren Anlagen zieht man die **Kegelmühle** vor wegen ihrer größeren Leistung, größerer Maulöffnung und größerer Gleichmäßigkeit des Brechproduktes.

Für **äußerstes Feinbrechen auf 6—12 mm** werden besondere Brecher gebaut mit Drehpunkt am unteren Ende der beweglichen Backe oder mit gekrümmten Backen, die mehr aufeinander rollen als brechen. Doch besitzen alle diese Bauarten nur ein **geringes Fassungsvermögen.**

In bezug auf den **Kraftverbrauch** rechnet man, daß 1 PS/st ausreicht zum Brechen von den in der folgenden Tabelle angegebenen Mengen:

Backenquetsche 1 PS/st.		Kegelmühle 1 PS/st.	
0,5 t Erz pro St. auf 38 mm		0,6 t Erz pro St. auf 38 mm	
0,6 t „ „ „ „ 45 mm		1,2 t „ „ „ „ 45 mm	
0,8 t „ „ „ „ 51 mm		1,4 t „ „ „ „ 51 mm	

Die Leistung eines Steinbrechers wählt man grundsätzlich so groß, daß er in 8—10 Stunden die gesamte Erzmenge bewältigen kann, um die übrige Zeit für Reparaturen und sonstige Instandhaltungsarbeiten ausnutzen zu können.

Um Brüche zu vermeiden, wenn Stahl oder Eisenteile ihren Weg zwischen die Backen finden, setzt man die hintere Brechplatte aus zwei überlappenden und genieteten Teilen zusammen, so daß bei anormalem Widerstand die Nieten abgeschoren werden. Man schaltet auch auf der Antriebswelle eine Flanschenkupplung ein, die durch zwei oder mehrere Bolzen aus weichem Eisen verbunden ist.

Die Losscheibe setzt man gern auf eine unabhängige kurze Welle mit besonderen Lagern, damit Unaufmerksamkeit im Ölen des leerlaufenden Brechers keine Ursache für längere Betriebsstörungen abgibt. Viele Steinbrecher werden in Verbindung mit einem horizontalen oder unter 45⁰ geneigten Stabrost aufgestellt, um das Grubenklein abzusondern.

Pochstempel. Pochstempel wurden früher allgemein an den Steinbrecher angeschlossen, gelangen aber bei Neuanlagen nicht mehr zur Anwendung, da man in den Vereinigten Staaten endlich eingesehen hat, daß sie äußerst teuer in der Aufstellung und Fundamentierung sind und einen ungeheuer großen Kraftverbrauch haben. Für Flotationszwecke sind sie auch nicht besonders geeignet, weil sie einen sehr hohen Verbrauch an Frischwasser für gutes Arbeiten nötig haben, so daß die Trübe zu sehr verdünnt würde und man Verdickungsbehälter zwischen Pochstempel und Flotatoren zwischenhalten müßte. Wo sie noch angewandt werden wegen ihres vielgepriesenen, aber nur angeblichen Vorzuges, „foolproof"[1) zu sein, gebraucht man sie als Vorpocher, die nur auf 8—10 Maschen grob pochen.

Grob- und Feinwalzen. Walzen beanspruchen nur ein Zehntel des Raumes der Pochstempel und sind im Betrieb bedeutend wirtschaftlicher. Wenn sie als Trockenwalzen benutzt werden, erlauben sie selten ein Feinermahlen als auf 1,5 mm, während bei Naßmahlen man

---

1) „foolproof" (proof against a fool) will sagen: sicher gegen etwaige Hantierungen eines ungeschulten Arbeiters, die bei anderen Maschinen sofort eine Außergangsetzung zur Folge hätten.

bis auf 0,5 mm heruntergehen kann. Für ton- und lehmhaltige Erze
sind sie ungeeignet. In der Praxis ordnet man meist ein Grob-
walzenwerk an, das das Steinbrecherprodukt auf die Hälfte zerkleinert: 25—12 mm, und ein nachfolgendes Feinwalzwerk, das ungefähr auf ein Viertel weiter zerkleinert: 6—3 mm.

Als Durchschnittsverbrauch wird gerechnet, daß 1 PS/st ausreicht für das Grobwalzen von 2,0—1,8 t pro Stunde und für Feinwalzen nur für 1,2—0,9 t pro Stunde.

Der im Betriebe gebräuchlichste Durchmesser ist 750 mm bei
einer Breite von 330 mm, obwohl Walzen bis zu 1800 mm gebaut werden. Die Umfangsgeschwindigkeit für mittlere Walzen beträgt
1,50 m/sek für Grobwalzen mit Zahnradantrieb und 1,80—2,00 m/sek
für Feinwalzen mit Riemenantrieb.

Die Leistungsfähigkeit berechnet sich gewöhnlich, wie folgt:

$$\eta \cdot \pi \cdot d \cdot b \cdot s \cdot 60n \cdot \gamma \text{ Tonnen je Stunde,}$$

wobei bedeutet η den Wirkungsgrad für Vollbelastung = 13—20 vH
(im Maximum 30 vH), d den Walzendurchmesser, b ihre Breite und s
die Spaltöffnung; alle Maße in Metern, n ist die Umdrehungszahl pro
Minute und γ das spezifische Gewicht des vorgebrochenen Erzes (im
Durchschnitt 1.600).

Die richtige Einstellung auf Spaltweite und der Parallelismus
der Achsen wird durch besondere Stellvorrichtungen mittels Zahn-

Abb. 7. Dings magnetische Scheibe.

rädern und Handkurbeln ermöglicht; auch läßt sich die feste Walze
in ihrer Achse durch flachgängige Schrauben verschieben, um eine
gleichmäßige Abnutzung der Walzenringe zu erzielen. Starke Federn
an der beweglichen Walze sind vorgesehen, um Beschädigungen des Rahmens und der Spannbolzen beim Eindringen von Stahl oder anderem

unzerbrechlichen Material zu vermeiden. Meist ordnet man aber noch über dem Aufgabetrichter Magnete oder magnetische Scheiben (vgl. Abb. 7) an, die Stahl- und Eisenteile anziehen, so daß sie dann an einer besonderen Rutsche abgestrichen werden können.

Alle Walzwerke sind zur Zurückgabe des Überkorns mit Trommelsieben und Elevatoren zu verbinden.

Symons Tellermühle. Das Zerreiben des Erzes findet bei modernen Tellermühlen in der doppelten Konkavität statt, die zwischen zwei ausgehöhlten Tellerscheiben aus Mangangußstahl gebildet wird. Nach Abb. 8 laufen beide Teller in derselben Richtung um, sind aber unter

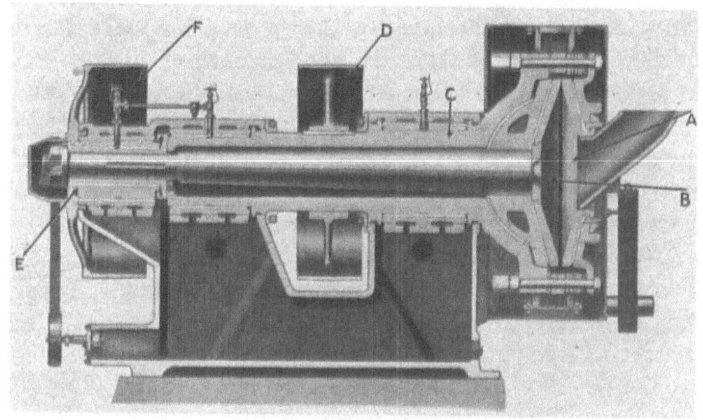

Abb. 8. Symons 48″-Tellermühle (Längsschnitt).
A, B Mahlteller. C Hohlwelle. D, F Antriebscheiben. E Exzenter.

geringem Neigungswinkel zueinander aufgestellt. Sie werden von zwei Wellen getragen, deren eine hohl ist, während die andere als Vollwelle darin unter flacher Neigung geführt wird. Das entgegengesetzt umlaufende Exzenter am äußersten Ende der Vollwelle beschleunigt die zerreibende Wirkung, indem es die Tellerscheiben mehr aneinander schließt.

Das zu mahlende Gut wird durch eine zentrale Röhre zwischen den beiden Scheiben aufgegeben und durch die starke Zentrifugalkraft über die Oberfläche der Tellerscheiben ausgebreitet, so daß jeder Zusammenhang vermieden wird. Anstatt zusammenzubacken werden die Teilchen auseinander geschleudert und mit großer Gewalt nach dem Umfang geworfen, wo sie zerrieben und durch dieselbe Zentrifugalkraft in den umgebenden Abfuhrkanal ausgetragen werden, so daß ein unnötiges Feinzerkleinern vermieden wird. Es kann also keine Verstopfung eintreten, wie dies bei anderen ähnlich gebauten Maschinen der Fall ist. Durch Auswechseln von Unterlagsscheiben kann leicht und rasch die richtige Einstellung des Tellerscheibenabstandes erfolgen.

Die Tellermühle kommt neuerdings mehr und mehr in Aufnahme, weil bei zunehmdem Verschleiß die Scheiben sich äußerst bequem nachstellen lassen, ferner nur wenig Überkorn geliefert wird und ihre Anschaffungskosten gegenüber anderen Zerkleinerungsmaschinen von derselben Leistung niedriger ausfallen. Ihr großer Nachteil ist, daß sie lange nicht so widerstandsfähig bleibt wie andere Mühlen, und absolut kein Überladen verträgt. Daher ist es auch unbedingt nötig, alle in Erz vorhandenen Eisen- oder Stahlteile vorher durch die in Abb. 7 auf S. 70 gegebenen magnetischen Scheiben zu entfernen.

Eine Mühle von 460 mm Durchmesser der Tellerscheiben braucht 1 PS/st, um 0,35—0,65 t je Stunde von 38 auf 6,5 mm ohne Zwischenstufe zu zerkleinern, während die größeren Scheiben von 610 mm Durchmesser 0,54—0,74 t je Stunde von 75 mm auf 13 mm mahlen. Die Scheiben laufen mit 200 Umdrehungen pro Minute um.

Die größte Bauart von 1220 mm Durchmesser der Tellerscheibe wird seit einigen Jahren mit vertikalstehender Welle geliefert, wodurch die Maschine sich in der äußeren Form sehr gedrungen gestaltet. Die Scheiben öffnen sich am Austragsumfang genügend, um das zerriebene Material sofort ohne Hemmung frei austreten zu lassen. Die obere Scheibe wird durch starke Federn angepreßt, wodurch anormale Spannungen gemindert werden. Die Arbeitsleistung ist bedeutend höher, und genügt 1 PS/st, um 1,65—1,80 t je Stunde von 75 mm auf 13 mm zu brechen bei 350 Umdrehungen pro Minute. Ein weiterer Vorteil ist, daß nur eine Antriebsscheibe nötig wird.

Langsam laufende „chilenische" Mühlen. Die sog. „Lanemühle" besteht aus einem flachen ringförmigen Trog von 2—3 m Durchmesser, in dem nach Art der Kollergänge 6 Läufer von großem Durchmesser umlaufen mit 11—8 Umdrehungen pro Minute. Das auf 25—38 mm vorgebrochene Gut wird zwischen der auswechselbaren Bahn und den Läufern aufgegeben. Auf der gemeinschaftlichen Vertikalachse ist ein großer eiserner Behälter befestigt, der mit Steinen oder anderem schweren Material aufgefüllt wird, wodurch die zerdrückende und zerreibende Kraft der Läufer sich bedeutend erhöht. Der Austrag geschieht nicht durch Siebe, sondern über die freie äußere Kante des Troges, dessen Höhe je nach der verlangten Feinheit des Gutes zwischen 100 bis 225 mm gehalten wird. Es wird also die Trübe hauptsächlich durch den Auftrieb im bewegten Wasserstrom sortiert. Die zu großen Körner, die nicht aufsteigen können, fallen zurück zum Weitermahlen. Infolgedessen ist die Leistung der Mühle gering, dafür wird aber ein sehr gutes Feinmahlen bewirkt.

Die Lane-Mühle kann besonders für kleinere Anlagen empfohlen werden, da sie bei geringen Anschaffungs- und Aufstellungskosten den großen Vorteil hat, das Gut in einer einzigen Stufe zu zerkleinern, und alle Siebe und Apparate zur Zurückgabe des Überkorns wegfallen. Ihr Nachteil für die Verwendung zur Flotation ist, daß sie einen großen Überschuß an Klarwasser verlangt, indem man die Trübe meist auf 70—80 vH mit Wasser verdünnt halten muß, und daß das Endprodukt ziemlich viel Schlämme hält (60—70 vH, die durch 200 Maschen gehen). Aus letzterem Grunde soll man diese Mühe nie für Feinzerkleinerung benutzen, da bei einer Aufgabe von 1 mm Korn das Mahlgut so fest zusammenbackt, daß die Mühle rasch zum Stillstand kommt.

Ihre Leistung beträgt 20—45 t innerhalb 24 Stunden je nach der Größe der Mühle. Den Kraftverbrauch rechnet man zu 1 PS/st pro 0,075—0,100 t Erz je Stunde; er ist also bedeutend höher als bei irgendeiner anderen Mühle.

Feinzerkleinerungsmaschinen (Mühlen).

Die Feinzerkleinerungsmaschinen empfangen das grob aufgeschlossene Gut und mahlen es bis auf die für die Flotation gewünschte Feinheit (vgl. S. 57f.). Da die technischen Schwierigkeiten, ein Gut auf 48—60 Maschen zu mahlen, ungeheuer groß sind, so folgt notwendigerweise, daß die Ausnutzung des Fassungsvermögens dieser Mühlen so hoch als möglich gesteigert werden muß, damit sie ein Maximum an Feinmahlen geben bei einem Minimum an Abnutzung der Kugeln und des auswechselbaren Innenfutters der Mühle. Nur indem man die Aufgabe so hoch als möglich treibt, wird es gelingen, innerhalb der Mühle überall zwischen den Kugeln eine dünne Lage Sand zu haben, die alle Abnutzung vermindert. Denn eine solche Sandschicht gibt einen elastischen Puffer ab, der den Schlag zwischen den Kugeln selbst und zwischen Kugeln und Futter auffängt und abschwächt. Hält man hingegen die Aufgabe niedrig, so wird diese Abnutzung bedeutend in die Höhe gehen und außerdem noch ein beträchtlicher Teil des Mahlgutes zurückgehalten und so weit über die verlangte Grenze hinaus fein gemahlen werden. Es werden sich zu viel Schlämme bilden und der Kraftverbrauch zu hoch ausfallen, was man ja von Anfang an zu vermeiden suchte. Verdicken der Trübe wirkt allerdings ebenso: Je dicker die Trübe ist, desto feiner mahlt die Mühle und desto mehr Schlämme gibt sie ab.

Um nun das obenerwähnte Maximum der Leistungsfähigkeit zu erzielen, erkannte man bald, daß es unbedingt nötig ist, ein vorzüglich arbeitendes System des Klassierens außerhalb der Mühle einzuführen, das das Überkorn an die Mühle in einem geschlossenen Kreislauf zurückgibt. Denn es ist unmöglich, eine Mühle innerhalb

ihrer Trommel derart einzustellen, daß sie in jedem Moment genau
ihrer Maximalausnutzung entspricht. Die Mühle ist vielmehr ein starres
System, das sich den unvermeidlichen, ganz geringen Schwankungen
in der Aufgabe nicht streng anpassen kann. Der Hauptzweck der
mechanischen Klassifikatoren ist also, außerhalb der Mühlen-
trommel die Regulierung des Siebfeinen derart vorzunehmen, daß das
genügend fein gemahlene Gut so schnell wie möglich abgestoßen, aber
gleichzeitig möglichst alles Überkorn zurückgegeben wird, so daß die
Maximalbelastung der Mühle beständig gewährleistet ist. Der Klassifikator bestimmt also die Feinheit des Produktes und nicht, wie bei
älteren Mühlen, ihre Ausdehnung in horizontaler Richtung. Eine kurze
Mühle mit großem Durchmesser in Verbindung mit einem mechanischen Klassifikator wird demnach höchste Leistungsfähigkeit zeigen,
weil ihr Inhalt an Trübe klein ist und daher rasch durch die Mühle fließt.

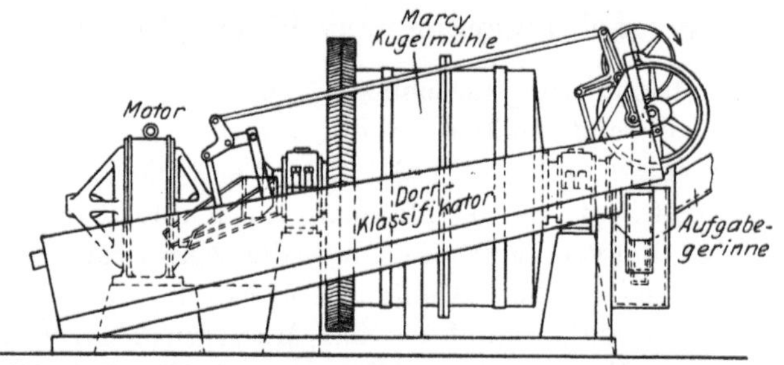

Abb. 9. Klassifikation im geschlossenen Kreislauf mit Kugelmühle.

Gleichzeitig hat diese Anordnung des Klassifikators noch den Vorteil,
eine wirksame und sichere Überwachung der Vorgänge in der Mühle
in bezug auf Menge und Beschaffenheit des zurückgegebenen Gutes zu
ermöglichen. Durch Vergrößerung der Kugelladung oder Verminderung
der Dichte der Trübe können sofort die nötigen Schritte getan werden,
um die Mühlenleistung zu erhöhen, ohne daß die ununterbrochene
Aufgabe vor der Mühle abgesperrt oder gedrosselt werden muß, und
doch die ungeänderte Beschaffenheit des Endproduktes vom Klassifikator
aufrechterhalten bleibt.

Der geschlossene Kreislauf hat endlich noch den weiteren Vorteil,
daß der mechanische Klassifikator infolge der Neigung des Austrags-
troges zum Zurückgeben des Überkorns an die Mühle benutzt
werden kann, wodurch besondere Trübeelevatoren wie bei der Verwendung von Sieben vollständig wegfallen. Die in der Abb. 9 gezeichnete
schematische Darstellung dieser Anordnung bedarf wohl keiner weiteren
Erläuterung.

Andererseits birgt die Anordnung des geschlossenen Kreislaufes
den Übelstand in sich, daß die Tonnenzahl des durchfließenden

Erzes beträchtlich erhöht wird und die Leistung der Mühle und des Klassifikators größer angenommen werden muß, als die wirkliche Tonnenzahl der Anlage es verlangt. Ist z. B. die ursprüngliche Aufgabe $T = 280$ t in 24 Stunden, die $a = 57,2$ vH des Materials liefert, das auf der gewünschten Siebgröße (z. B. 48 Maschen) zurückbleibt, aber im Überlauf des Klassifikators nur noch $c = 3,6$ vH von dieser Siebnummer hält, und ist ferner S die durch den Klassifikator zurückzugebende Menge des Überkorns, die mit $a = 57,2$ vH der betreffenden Siebnummer in diesen eintritt und mit $b = 80,8$ vH ihn verläßt, so ist:

$$S\,(b{-}a) = T\,(a{-}c)$$
$$S = \frac{T\,(a{-}c)}{b{-}a}$$
$$S = 636 \text{ t}\,.$$

Die gesamte durch die Mühle durchfließende Tonnenzahl wird also $280 + 636 = 916$ t, und das Verhältnis der gesamten Masse zur ursprünglichen Aufgabe $\frac{916}{280} = 3,27 : 1$. Für kleinere Anlagen begnügt man sich oft mit einem Verhältnis von $2 : 1$.

Kugelmühlen mit zentralem Austrag.

Auf kleineren Anlagen werden aus Ersparnisrücksichten Kugelmühlen leider noch immer als Einstufenzerkleinerer eingebaut, die das Steinbrechergut direkt ohne Zwischenstufe auf die nötige Siebfeinheit zermahlen, obgleich dies wirtschaftlich ganz falsch ist, da die Mühlenleistung bedeutend vermindert wird, der Kraftbedarf steigt und gleichzeitig eine hohe Abnutzung der Kugeln und des Innenfutters sich ergibt.

Auf allen modernen Anlagen schließen sich daher Kugelmühlen direkt an die Walzen oder Tellermühlen an, die das zu mahlende Material auf 6—3 mm zerkleinert anliefern.

Weniger gebräuchlich ist die Anordnung der Vorzerkleinerer, indem sie das Steinbrechergut von 50—25 mm auf 8—3 mm zerkleinern und das weitere Feinmahlen durch sekundäre Kugelmühlen oder Röhrenmühlen erfolgt.

Die Einführung der Kugelmühlen im geschlossenen Kreislauf mit mechanischen Klassifikatoren war epochemachend, und erst dadurch wurde es möglich, solche arme Erze zu verarbeiten, die vorher einer wirtschaftlichen Ausbeutung unzugänglich erachtet wurden. Meist im Gebrauch sind die folgenden zwei Systeme: die „Marcymühle", die durch einen kurzen Zylinder mit großem Durchmesser gekennzeichnet ist, und die „Hardingemühle", die am Aufgabeende einen kurzen Konus von sehr steiler Neigung hat, woran sich ein zylindrisches Stück vom Maximaldurchmesser anschließt, der nach dem Austragsende zu in einen längeren Konus von flacher Neigung übergeht.

Beide Mühlen werden meist für Naßmahlen eingerichtet, obgleich dadurch die Abnutzung der Kugeln und des Mantelfutters etwas höher ausfällt als beim Trockenbetrieb. Aufgabe und Austrag erfolgen durch die mächtigen hohlen Endzapfen der Welle. Eine bis drei spiralförmig angeordnete Schaufeln schöpfen das Gut aus einem Trog und geben es in die zentrale Eintragsöffnung weiter. Gleichzeitig dienen sie noch zur Aufgabe der Kugeln.

Hardinge-Mühle. Die in Abb. 10 dargestellte konische Kugelmühle ist schon seit längerer Zeit bekannt und wurde ihr diese konische Form gegeben, weil erfahrungsgemäß die Mehrheit der größeren Kugeln im zylindrischen Teil nahe der Aufgabe sich ansammelt, während die

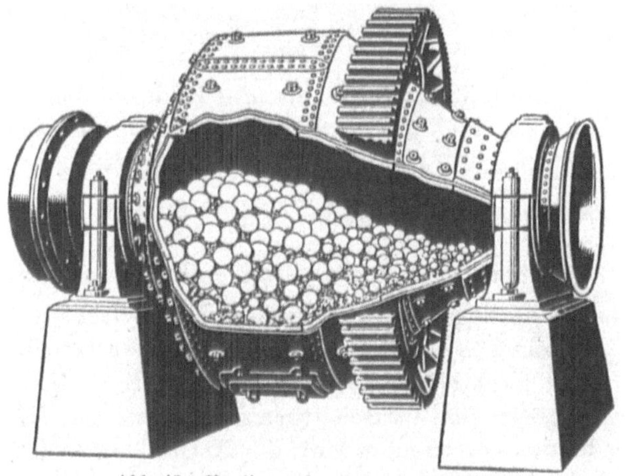

Abb. 10. Hardinges konische Kugelmühle.

kleineren Kugeln sich mehr nach dem Austragsende hindrängen. Daher empfängt ein grobes Erzstück die volle Kraft des Schlages der großen Kugeln. Bei dem Weiterwandern nach dem Austragsende hin nimmt aber die Kraft des Schlages in demselben Maße ab, wie das Erzstück feiner gemahlen wird, denn der Durchmesser der Kugeln wird kleiner, und die Umfangsgeschwindigkeit des Materials sowie die Fallhöhe der Kugeln vermindert sich infolge der Konizität der Trommel. Es wird also dadurch das unnötige Feinmahlen zu Schlämmen vermieden, so daß das Endprodukt der konischen Mühlen im Durchschnitt körniger ist und etwas weniger Schlämme enthält als das der zylindrischen Kugelmühle. Ein weiterer Vorteil dieser Mühlen ist der Wegfall des bei den zylindrischen Mühlen nötigen Austragsiebes. Um das Entweichen der Kugeln durch die Austragsöffnung zu verhindern, wird im Hohlzapfen ein umgekehrter Konus mit breiten Schlitzen eingebaut.

Marcy-Mühle. Die in Abb. 11 dargestellte zylindrische Kugelmühle wurde seit 1915 in die Praxis eingeführt und macht seitdem der konischen

Mühle energisch das Feld im Wettbewerb streitig. Um das Mahlgut so rasch als möglich aus ihr zu entfernen, baut man ein äußerst kräftiges, 80 mm dickes Austragssieb mit Schlitzöffnungen ein, wodurch man erreicht, daß der Austrag des genügend fein gemahlenen Gutes hauptsächlich durch dessen untere Schlitze stattfindet. Es entsteht dadurch eine hydrostatische Druckdifferenz, zufolge der die ausschwemmende Wirkung des Wassers den Austrag des feinen Gutes beschleunigt. Das Austragssieb verhindert selbstverständlich auch noch das Entweichen der Kugeln und groben Erzstücke durch die Austragsöffnung.

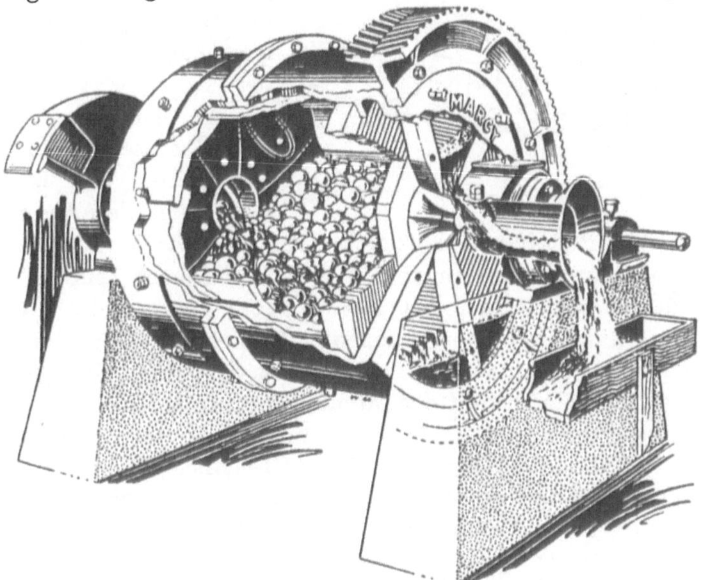

Abb. 11. Marcy zylindrische Kugelmühle.

Die Schlitzöffnungen hatte man im Anfang sehr eng gemacht, kam aber bald zur Einsicht, daß nichts gewonnen wird, wenn ein Erzteilchen an der Austragsöffnung zurückbehalten wird, bevor es nicht auf die nötige Feinheit gemahlen ist. Es entstand dadurch eine Anhäufung dieser nur halb gemahlenen Erzteilchen und die Mühle wurde überladen. Um den drohenden Stillstand der Mühle zu vermeiden, mußte man dann die Aufgabemenge vermindern. Jetzt macht man die Schlitzöffnungen genügend groß (3—5 mm), so daß das halb gemahlene Gut mit Leichtigkeit durchfließen kann und legt somit das Hauptgewicht auf die Leistungsfähigkeit des mechanischen Klassifikators, der das unvollkommen Gemahlene abtrennen und als Überkorn möglichst rasch an die Mühle zurückgeben soll, so daß diese immer hinreichend belastet ist. Das Austragssieb muß sehr kräftig gebaut sein, weil gerade hier die größte Abnutzung stattfindet; denn man hat gefunden, daß im

vorderen Teil der Trommel die Kugeln zuerst nur von dem vorhandenen
Material das Feinere angreifen und es zerreiben, während alles gröbere
Gut nach dem Austragsende unangegriffen befördert wird, und daß
dann dort die stärkste Arbeit und dadurch bedingt die stärkste Abnutzung vor sich geht.

An Stelle des auswechselbaren gußeisernen Innenfutters verwendet
man auf mexikanischen Gruben mit Vorliebe alte Eisenbahnschienen
(vgl. Abb. 12), die eng aneinander gelegt durch gußeiserne Zwischenstücke, die auf der Grube selbst hergestellt werden, mittels Bolzen an
den Wandungen der Trommel
festgehalten werden. Je nach
der Länge der Trommel verwendet man zwei bis drei
solcher Zwischenstücke. Dieses Futter ist bedeutend
billiger in der Anschaffung,

Abb. 12.
Selbstgefertigtes Futter zylindrischer Kugelmühlen.

verursacht nur geringe Transportkosten, und die Auswechslung geschieht ohne große Anstrengung und in sehr kurzer Zeit.

In den letzten Jahren hat man Mäntel aus weichem Gummi
von 25—40 mm Dicke mit doppelter Hanfeinlage eingeführt, deren
Vorteil darin besteht, daß infolge des um ein Zwanzigstel geringeren
Gewichtes der Kraftbedarf der Mühle sich niedriger stellt, ferner, daß
das Herausnehmen und Neueinsetzen in kürzester Zeit geschieht, und
endlich, daß die Abnutzung der Kugeln reichlich abnimmt. Die Anschaffungskosten und Lebensdauer sind mehr oder weniger dieselben.
Natürlich ist dieses Gummifutter nur für feine Aufgabe zu benutzen,
da bei gröberem Gut der Gummi rasch abgenutzt würde.

Fairchild-Doppelaustragmühle. Die Fairchildsche Mühlenbauart (vgl.
Abb. 13) besteht mehr oder weniger aus zwei aneinandergesetzten ein-
fachen zylindrischen Mühlen. Als leitender Gedanke liegt dabei zugrunde, daß man in einer z. B. 2 m langen gewöhnlichen Mühle die
Leistung um 100 vH erhöhen kann, wenn man sie in zwei Teile zer-
schneidet, jeden in seiner Länge um 25 vH verkürzt und dann beide
Teile entgegengesetzt aneinander fügt. Man hat also dann eine
Verdopplung der Leistung und gleichzeitig eine Verkürzung der
Länge um 25 vH. Infolge dieser geringeren Raumbeanspruchung
stellen sich die Anschaffungskosten billiger und wird auch an Betriebskraft gespart.

Zur Durchführung dieses Gedankens gibt man das Gut in der Mitte
der beiden Zylinder im tiefsten Punkt einer besonders eingebauten
schmalen Aufgabetrommel auf, die durch im Innern angebrachte spiral-
förmige Führungswände das Gut über die Achse hochhebt und dann
auf den linken bzw. rechten Teil gleichmäßig verteilt.

Für alle Kugelmühlen, ganz gleich welcher Bauart sie sind, benutzt man Stahlkugeln von einem größten Durchmesser von 90—100 mm, und zwar entsprechen nur 50 vH der Kugelladung diesem Durchmesser, während der Rest sich aus kleineren Kugeln zusammensetzt. Die leere Mühle wird gewöhnlich auf 200—250 mm unterhalb der Achse mit Kugeln gefüllt. Nur ausnahmsweise geht man bis auf 400 mm bei großen Mühlendurchmessern. Je feiner man mahlen will, desto größer muß die Kugelladung sein und desto kleiner der eben angeführte Abstand. Ebenfalls muß bei Feinmahlen der Kugeldurchmesser kleiner sein als für Grobmahlen. Das Gewicht der Kugelladung schwankt

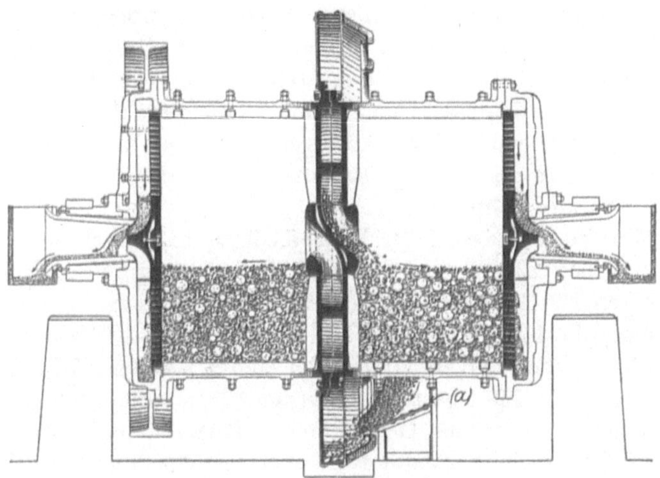

Abb. 13. Fairchild-Doppelaustragkugelmühle.

a = Aufgabe.

zwischen 46—25 kg je Tonne Erz in 24 Stunden. Der Kugelverschleiß beträgt ungefähr 0,80 kg je Tonne Erz, wenn dieses auf 48 Maschen fein gemahlen wird.

Da die Kugeln nur in einem Punkte berühren, so hat man in den letzten Jahren mit Erfolg gußeiserne Würfel von 75 mm Seitenlänge statt der Kugeln eingeführt, die auf der Grube selbst gegossen werden und offenbar die beste Ausnutzung geben, denn nicht bloß Punkt-, sondern auch Linien- und Flächenberührung wird dadurch geschaffen. Dies ergibt eine größere Mahlfläche und beste Ausnutzung der Antriebskraft. Außerdem wird die Schlämmebildung beträchtlich eingeschränkt. Merkwürdigerweise behalten diese Würfel ihre ursprüngliche Form bis zur letzten Abnutzung bei.

Um die Schlämmebildung in Kugelmühlen möglichst zu vermindern und ein mehr körniges Produkt zu bilden, kann man folgende Maßnahme treffen: Man vermindere den Gehalt der Trübe an

festem Material; denn je dünner eine Trübe ist, desto körniger bleibt
das Gut, obgleich es auch Ausnahmen von dieser allgemeinen Regel
gibt und zu hohe Verdünnungen feinste Schlämme von —200 Maschen
erzeugen können. Treibt man schließlich die Verdünnung zu weit, so
wird der Austrag allmählich gröber, das Überkorn nimmt zu, und die
Mühle bleibt zum Schluß stillstehen. Dasselbe tritt aber auch umgekehrt
bei zu großer Verdickung ein. Im Betriebe wird der Feuchtigkeitsgehalt meist auf 50 vH angenommen mit Schwankungen zwischen
30—60 vH. Ferner kann man die Umdrehungszahl erhöhen, muß
aber dann gleichzeitig Kugeln von kleinerem Durchmesser benutzen. In diesem Falle wird aber der Kraftverbrauch erhöht und der
Verschleiß der Kugeln und des Innenfutters steigt. — Endlich kann
man das Mahlgut so rasch wie möglich durch die Mühle schicken,
so daß sie beinahe überladen erscheint. Denn je reichlicher die Mühlenaufgabe gehalten wird, desto körniger mahlt sie und desto weniger
Schlämme werden erzeugt. Es ist dann ratsam, den Kugeldurchmesser
etwas größer anzunehmen.

Die Umdrehungszahl der Mühlen schwankt je nach ihrem Durchmesser zwischen 23—32 pro Minute, wobei die größeren Zahlen für
die kleineren Durchmesser gelten. Als Kraftverbrauch rechnet man
im Durchschnitt 1 PS/st genügend, um 0,125—0,180 t Erz pro Stunde
auf 65—48 Maschen fein zumahlen. Bei sachverständiger Wartung kann
die Leistung auf 0,250 t gesteigert werden. Durch die Verringerung der
Umdrehungszahl oder des Gewichts der Kugelladung wird natürlich
der Kraftverbrauch herabgesetzt, aber gleichzeitig das Fassungsvermögen vermindert. Da das Anhubsmoment zum Anlassen der
Kugelmühle sehr hoch ist, muß der direkt gekuppelte Motor eine Über-
lastung bis 100 vH vertragen können. Bei Riemenantrieb von einer
Hauptwelle ist es zu empfehlen, eine Reibungskupplung zwischenzuschalten.

Sowohl die Marcy- wie die Hardinge-Mühlen sind sehr gute Feinmahler, die in Amerika fast ausschließlich in Flotationsanlagen eingebaut
werden. Sie liefern ein relativ körniges Erzeugnis, das nur 29 bis
35 vH Schlämme von —200 Maschen im Endprodukt aufweist.
Die Marcy-Mühle gibt gewöhnlich etwas mehr Schlämme als die konische
Hardinge-Mühle.

Kugelmühlen mit Austrag an der Peripherie.

Wie schon weiter oben gesagt wurde, muß bei Kugelmühlen mit
zentralem Austrag das in der Aufgabe schon vorhandene feine Gut
durch die ganze Länge der Mühle hindurchgehen und wird dabei unnötigerweise zu Schlämmen gemahlen, während gleichzeitig die Leistung
der Mühle vermindert und der Kraftverbrauch erhöht wird. Dazu

kommt noch, daß der mit der Mühle im geschlossenen Kreislauf stehende Klassifikator nur selten so vollkommen arbeitet, daß er eine ganz reine Trennung des Überkorns vom Feinen erzeugt. Diesen Übelständen hilft man erfolgreich ab durch die Kugelmühlen mit Peripherieaustrag, die alles feingemahlene Gut sofort absieben. Allerdings haben diese Mühlen den großen Nachteil, daß sie sich nur für trockenes Gut eignen, weil beim Naßmahlen die Siebe sich leicht verstopfen.

Kruppsche Kugelmühle. Die Krupp-Mühle besteht aus einer schmalen Trommel, in der nahe der Peripherie etwas aufgebogene Stahlgußplatten so angebracht sind, daß sich ein kleiner Absatz zwischen ihnen bildet. Das feingemahlene Gut fällt durch sich verjüngende Bohrungen in den Platten auf ein Schutzblech mit 20 mm Lochungen und dann auf ein auswechselbares Drahtsieb von der verlangten Maschennummer, während das Überkorn in das Innere der Mühle durch eine durchlochte, schräggestellte Platte unterhalb der Absätze der Mahlplatten zurückkehrt.

Sie ist ein ausgezeichneter Feinmahler, aber sehr empfindlich gegen Überladen und nur wenig geeignet zum Naßmahlen, da es nur schwer gelingt, die Siebe rein zu halten. Wegen ihrer verwickelten Bauart wird sie jetzt kaum noch in neuen Werken aufgestellt.

Abb. 14. Herman-Mühle (Außenansicht der Roststäbe des Futters).

Herman-Mühle. Die in Abb. 14 wiedergegebene Hermanmühle hat vor der Kruppmühle den Vorzug, bedeutend einfacher gebaut zu sein. Der innere Mantel besteht aus aneinandergefügten Stahlgußplatten, die nach Art der Roststäbe durchbrochen sind mit breiten Schlitzen, die sich allmählich verengern. Darüber ist ein durchlochtes Kesselblech befestigt, und auf diesem ruht ein feines Drahtsieb, das mit Eisenbändern festgehalten wird. Ein empfindlicher Nachteil ist, daß die durch die

Schlitze geschwächte Mahlplatte leicht durchbricht. Auch ist die Mühle kaum zum Naßmahlen brauchbar.

Stabmühlen.

Die Stabmühlen werden entsprechend den Kugelmühlen gebaut, sie sind nur länger und besitzten den 2—3fachen Durchmesser. Die Stäbe bewirken einen Linienkontakt, und da das Gewicht einer 3,7 m langen Stahlstange 135 kg ist, fällt die ausgeübte Stoßkraft wesentlich höher als bei den nur 1,7 kg wiegenden Stahlkugeln aus.

Die Marcy-Stabmühle (vgl. Abb. 15) hat eine sehr große, durch eine Tür verschließbare Austragsöffnung. Infolgedessen liegt der

Abb. 15. Marcy-Stabmühle (Austragsende.)

Trübespiegel am Austragsende tiefer als an der Aufgabe, und die genügend feingemahlenen Erzteilchen werden äußerst rasch durch das schneller fließende Wasser herausgeschwemmt. Dadurch wird es auch unmöglich gemacht, daß die Stäbe durch den Auftrieb im Wasser gehoben werden. Ein Austragssieb wie bei den zylindrischen Kugelmühlen fällt weg, was von den Mühlentechnikern als großer Vorteil betrachtet wird. Die große offene Austragsmündung, deren Durchmesser etwas größer als die Hälfte des Trommeldurchmessers ist, erlaubt ferner einen raschen Zugang zum Innern der Mühle, um Instandsetzungsarbeiten vorzunehmen, Stäbe oder Futter auszuwechseln usw., wodurch die unbequeme Handhabung durch das Mannloch vermieden wird.

Die Marathon-Mühle hat keine so große Austragsöffnung, sondern bei ihr ist die Trommel auf einem Unterbau befestigt, der sich wie in einer Wiege kippen läßt, so daß die verschiedenen Höhenunterschiede

im Trübespiegel zwischen Aufgabe und Austrag eingestellt werden
können, um das feingemahlene Gut rasch herauszuspülen.

Zum Mahlen werden lose Stäbe aus Stahl von meist rundem
Querschnitt (50—100 mm Durchmesser) benutzt, die über die ganze
Länge der Mühle reichen. Ihr Abstand voneinander stellt sich auto-
matisch ein; am Aufgabeende ist er am größten und nimmt nach dem
Austragsende hin allmählich ab. Schon genügend feingemahlene
Teilchen in der Aufgabe können also zwischen den Stäben hindurch-
wandern, ohne daß sie noch feiner zu Schlämmen gemahlen werden.
Die Stabladung beträgt nur 15—10 kg je Tonne Erz in 24 Stunden,
so daß der Kraftbedarf niedriger als bei Kugelmühlen ist. Der innere
Mantel besteht aus gußeisernen Platten mit gewellten Vertiefungen,
wodurch bei den Umdrehungen der Mühle eine Wellenbewegung zwischen
den Stäben in der Trübe hervorgerufen wird.

Die Abnutzung der Stäbe ist ungefähr 1,1 kg je Tonne Erz;
d. h. sie ist eine Kleinigkeit höher als der Kugelverschleiß bei Kugelmühlen. Da aber die Stäbe, wenn sie sich bis zu einer gewissen Grenze
verbraucht haben, in ihrer ganzen Länge durch neue ersetzt werden
müssen, so fällt der Stahlverbrauch bedeutend höher aus. Dafür ist
aber der Preis der Stahlstangen reichlich niedriger als der der
geschmiedeten Stahlkugeln. Im übrigen gilt für die Stabmühlen dasselbe, was schon über die Kugelmühlen gesagt wurde.

Die Umdrehungszahl schwankt zwischen 28—42 pro Minute,
und als Kraftverbrauch rechnet man im Durchschnitt 1 PS/st genügend, um 0,55—0,82 t Erz pro Stunde auf 20 Maschen zu mahlen.

Die Stabmühlen machen den Kugelmühlen eine sehr ernsthafte
Konkurrenz; denn im Vergleich zu letzteren besitzen sie die Vorteile
einer größeren Leistungsfähigkeit, indem sie in dicker Trübe
bedeutend feiner mahlen; ferner erleiden sie geringeren Verschleiß
und erzeugen ein viel gleichmäßigeres Produkt, so daß unter
Umständen vom Einbau eines geschlossenen Kreislaufes mit einem
Klassifikator abgesehen werden kann. Auch ist die Schlämmebildung
beträchtlich geringer als bei Kugelmühlen (nur 14—25 vH Schlämme
von —200 Maschen im Endprodukte). — Sehr nachteilig ist aber,
daß sie für gröbere Aufgabe sich absolut nicht eignen, sondern
ein Gut verlangen, das durch Feinwalzen oder Tellermühlen schon auf
genügende Feinheit aufgeschlossen ist. Für kleinere Anlagen von
100—150 t Fassungsvermögen dürfte daher der Ankauf, die Raumbeanspruchung und der Betrieb von besonderen Walzen- oder Tellermühlen zur Vorbereitung des Gutes ausschlaggebend sein, so daß eine
Kugelmühle vorgezogen wird, die allerdings unter völligem Verzicht auf
normale Leistungsfähigkeit direkt das vom Steinbrecher kommende Gut
fein mahlt. Ein weiterer Nachteil ist, daß bei Verwendung ungeeigneten

Stahles die Stangen bei vorgeschrittener Abnutzung sich leicht werfen und krümmen, so daß die Leistung der Stabmühle rasch sinkt.

Die „Forrester-Rexman-Mühle" (vgl. Abb. 16), das jüngste Erzeugnis der Entwicklung der modernen Mühlentechnik, ist eine Stabmühle mit Peripherieaustrag. Die Trübe tritt durch einen hohlen Zapfen in eine Vorkammer und verteilt sich von hier aus in die eigentliche Trommel, die durch die Arme zweier aufgekeilter Speichenräder nahe den Stirnwänden in vier Quadranten zerlegt wird. In jedem Quadranten ruht ein Bündel Stäbe aus Stahl auf diesen Speichen, die wie die Radreifen durch auswechselbare Platten gegen den Verschleiß durch das Schlagen der Stäbe besonders geschützt sind. Es liegen also die Stäbe auf ihrer ganzen Länge frei und werden nur in zwei Punkten,

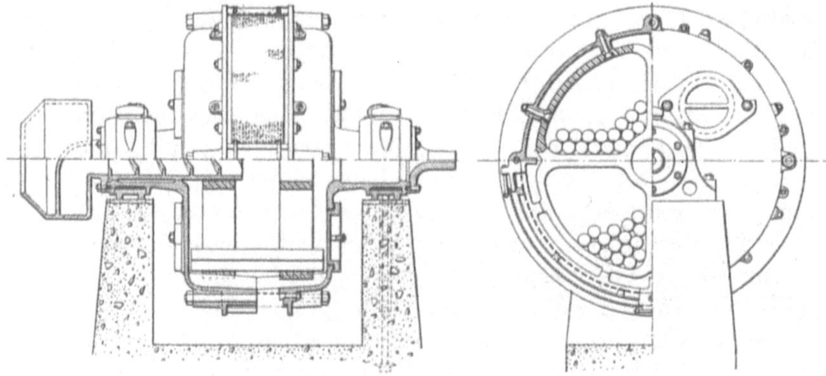

Abb. 16. Forrester-Rexman-Stabmühle.

den Armen der Speichenräder, unterstützt. Bei den Umdrehungen der Mühle bleiben sie vollkommen horizontal und parallel zueinander, außer wenn die Mühle überladen ist. Durch diese Bauart gelang es, Siebe an der Peripherie anzuordnen, ohne daß diese in Berührung mit den Stäben kommen. Das zwischen den Stäben feingemahlene Erz fällt auf den Boden der Mühle, wo es durch ein Kesselblech mit größeren Löchern durchfällt auf das darunter befindliche feine Drahtsieb. Das Überkorn fällt durch einen ringförmigen Spalt in eine der beiden Vorkammern an den Stirnwänden in das Innere der Mühle zurück. Wie alle Mühlen mit Siebaustrag an der Peripherie ist die Rexmanmühle nur für Trockenmahlen zu benutzen.

Schnellaufende „chilenische" Mühlen.

Sie sind vorzügliche Feinmahler im Anschluß an das Pochgut von 2—4 Maschen oder Walzgut von 6 mm Durchmesser; sowie aber die Aufgabe gröber wird, arbeiten sie mangelhaft. Der Austrag erfolgt durch Siebe, und enthält das Endprodukt ungefähr 40 bis 50 vH an —200 Schlämmen. Infolge ihrer verwickelten Bauart und der enorm hohen

Betriebs- und Instandhaltungskosten sind sie fast ganz außer Gebrauch gekommen.

Ihr bekanntester Vertreter ist die „Huntington-Mühle", bei der 4 beweglich aufgehängte Roller das Material gegen die umschließende Laufbahn durch Zentrifugalkraft schleudern und dort durch Druck zerkleinern. 1 PS/st genügt kaum, um 0,050—0,075 t Erz in der Stunde auf 100 Maschen zu mahlen bei einer Umdrehungszahl von 150—210 pro Minute.

<h3 style="text-align:center">Röhrenmühlen.</h3>

Die ursprünglich aus der Zementindustrie entlehnten 5—7 m langen Röhrenmühlen (vgl. Abb. 17) werden jetzt nur noch von kurzer Länge (2,5—3,5 m) gebaut, dafür aber mit um so größerem Durchmesser

Abb. 17. Röhrenmühle.

(1,5—1,8 m). In gewisser Beziehung hängt allerdings die Länge der Mühle von der verlangten Feinheit des Austrags ab, da im allgemeinen eine Mühle um so mehr Schlämme gibt, je länger sie ist. Für das Zyanidverfahren, wo man absichtlich ein hochgradiges Schlämmprodukt verlangt, zieht man die größeren Längen vor, und für das Flotationsverfahren, das nur einen geringen Teil Schlämme im Mahlgut verarbeiten kann, benutzt man gern die kürzeren Längen.

Der Hauptbestandteil, die eigentliche Röhre, ist horizontal gelagert, und die Aufgabe erfolgt wie bei Kugelmühlen mittels spiralförmig angeordneter Schaufeln, die durch den hohlen Frontzapfen, der ebenfalls mit Spiralwindungen im Innern ausgekleidet ist, das Gut in die Mühle befördern. Der Austrag geschieht durch den hohlen Endzapfen, der oft entgegengesetzte Spiralen trägt, um das Heraustragen der Kieselsteine zu verhindern. Mitunter ist die Lage der Röhrenachse in ihrer Neigung gegen die Horizontale verstellbar.

Das Innenfutter bestand ursprünglich aus harten Flintsteinen, die in Zement festgesetzt wurden. Sie wurden aber bald durch auswechselbare Hartgußplatten verschiedenster Bauart ersetzt, deren Verschleiß bedeutend geringer war, so daß das öftere Stillegen zum Auswechseln des Futters nur in längeren Pausen zu geschehen hatte und der große Zeitverlust umgangen wurde, der sich ergibt, wenn man auf das Abbinden und Festwerden des Zements zu warten hat.

Als zerreibendes Mittel benutzte man im Anfang eingeführte Flintsteine von 100—250 mm (im Durchschnitt 175 mm) Durchmesser; doch werden diese jetzt vorteilhaft durch harten Quarz oder gar harte Gangart ersetzt, die vor dem Durchgang durch den Steinbrecher ausgeklaubt und ohne jede weitere Verarbeitung in die Mühle eingetragen werden. Man hat dadurch Ersparnisse von 10—12 vH gegenüber den eingeführten Steinen erhalten. Die Höhe dieser Füllung wird ungefähr auf 50 mm oberhalb der Achse der Mühle gehalten. Geht man damit bedeutend höher, so steigt der Kraftverbrauch der Mühle unverhältnismäßig rasch, und die Steine werden durch die Aufgabeöffnung zurückgedreht, während außerdem noch das Schlitzsieb vor der Austragöffnung sich verstopft. Der Verbrauch an Steinen ist ungefähr 1,5 kg je Tonne Erz in 24 Stunden.

Der Feuchtigkeitsgehalt der Trübe muß niedrig gehalten werden, d. h. man arbeitet mit dicker Trübe. Je dünner der Trübegehalt wird, also je mehr Wasser sie enthält, desto höher steigt der Kraftverbrauch, und die in der Mühle beim Drehen emporgehobenen Steine haben das Bestreben, die mitgehobenen gröberen Erzteilchen durchgleiten zu lassen, ohne sie zu mahlen, wodurch die Leistung erheblich herabsinkt. Im Betriebe gebraucht man gewöhnlich eine Trübe von 36—38 vH Wassergehalt und geht sogar noch weiter herunter, wenn die Aufgabe etwas zu grob ist.

Röhrenmühlen sind die vollkommensten Maschinen, um Schlämme zu erzeugen, vorausgesetzt daß die Aufgabe genügend fein ist und nicht unter 28—35 Maschen sinkt. Man rechnet dann, daß im Durchschnitt 1 PS/st ausreicht, um 0,06—0,14 t Erz in der Stunde so fein zu mahlen, daß 75—90 vH des Mahlgutes durch 200 Maschen und 30—35 vH sogar durch 240 Maschen hindurchgehen.

Um die Mühle in Bewegung zu setzen, ist ein sehr hohes Anhubsmoment nötig, besonders wenn nach einem längeren Stillstande der Inhalt der Mühle sich bis zu einem gewissen Grade zementiert hat. Die Umdrehungszahl wird auf ungefähr 22 pro Minute gehalten während sie bei den älteren langen Mühlen 30 betrug.

Auch die konische Hardinge-Mühle kann als Röhrenmühle benutzt werden. Man gibt ihr dann gewöhnlich ein Futter aus Flintsteinen in Zement, und statt der Kugeln verwendet man Kieselsteine. Das Fassungsvermögen für dieselben Größenabmessungen ist natürlich weit geringer und entspricht mehr oder weniger den Angaben für zylindrische Röhrenmühlen. Die Zurückgabe des Überkorns durch den

Klassifikator muß so reichlich als möglich gehalten werden, damit am Austragsende noch genügend grobes Gut vorhanden ist. Die Kieselsteine würden hier sonst wirkungslos niederfallen und nur zur raschen Zerstörung des Futters beitragen.

Pfannenmühlen.

Die von der Silberamalgamation übernommene Pfannenmühle besteht aus einem gußeisernen Zylinder von 1,5 m Durchmesser, der am Boden mit auswechselbaren Platten belegt ist, welche die untere Mahlbahn bilden. Als obere Mahlfläche dienen 8 und mehr auswechselbare Schuhe, die auf verschiedene Weise an der vertikalen Welle befestigt werden und deren Antrieb durch Kegelräder von unten erfolgt. Die Schuhe sind in ihrer Höhe einstellbar. Die Aufgabe geschieht in der Mitte des Troges und der Austrag meist durch einen seitlichen Spitzkasten, über dessen Kante das feine Gut überfließt, während das Überkorn von selbst in die Mühle zurückfällt. Sie arbeiten also ohne Sieb.

Pfannenmühlen sind sehr gute Schlämmerzeuger, wenn die Aufgabe auf 26—28 Maschen gehalten wird. 1 PS mahlt bei 58 Umdrehungen in der Minute ungefähr 0,10 t Erz in der Stunde auf 50 Maschen, wovon 42 vH durch 200 Maschen hindurchgehen.

Sie werden noch jetzt in Australien auf kleineren Anlagen benutzt, wo man größeren Wert auf ihre Vorteile legt. Sie verursachen nämlich geringe Anschaffungskosten und sind von allen Seiten leicht zugänglich. Beim Stillstand einer Einheit infolge Ausbesserungsarbeiten erfolgt nur eine teilweise Lahmlegung des Betriebs. Die abnutzbaren Teile sind einfacher Bauart und können daher auf der Grube selbst hergestellt werden. Da das Überkorn selbsttätig zurückfällt, sind keine Klassiervorrichtungen nötig. Ihr großer Nachteil ist aber, daß sie beständige Aufsicht und Nachstellung des Spaltes zwischen der Mahlfläche und den Schuhen erfordern.

Trockenmahlen.

Das Trockenmahlen ist gegenüber dem Naßmahlen trotz seiner Vorzüge immer im Rückstande geblieben, kommt aber jetzt mehr zur Anwendung, weil die Staubentfernung nicht mehr dieselben Schwierigkeiten bietet wie früher, und die Elevatoren und Horizontalförderer für Staubgut ebenso vorzüglich arbeiten wie für nasses Gut. Gleichzeitig wird damit der große Vorteil ausgenutzt, daß sich fast gar keine oder nur wenige Schlämme bilden, denn selbst das feinste Mahlgut bleibt beim Trockenmahlen mehr oder weniger körnig. Allerdings sind zum Anrühren der Trübe mit Wasser für die nachfolgende Flotation besondere Mischbehälter unentbehrlich.

Zum Feinmahlen können die für Trockengut vorzüglich arbeitenden Kugel- oder Stabmühlen mit Austrag am Umfang gebraucht werden,

da sie eine vollständige Ausnutzung ihrer Mahlleistung bei bedeutend
vermindertem Kraftverbrauch gestatten und gleichzeitig den Vorteil aufweisen, daß die Klassifikationsanlage sich unnötig macht.
Die für das Trockenmahlen gebräuchlichen Mühlen von Krupp, Her-
man und Forrester-Rexman sind schon auf S. 81 und 84 beschrieben
worden. Sie werden für diesen Zweck mit einem Blechgehäuse umgeben, das mit Filzzwischenlagen zusammengenietet ist. Von jeder
Mühle führt eine Blechröhre von beispielsweise 225 mm Durchmesser
unter spitzem Winkel zum 450 mm Hauptstrang, der mit einem Saugventilator verbunden ist, der den angesaugten Staub in die Staub-
kammer schleudert, wo er auf den V-förmigen Boden niederfällt und
beständig durch eine Schnecke abgezogen wird, so daß eine ununterbrochene Reinigung der Kammer stattfindet, ohne sie betreten zu
müssen. Die Luft entweicht oberhalb des Daches in die Atmosphäre
und wird vor ihrem Austritt noch durch ein Staubfilter gereinigt.

Erze, die mit mehr als 5 vH Feuchtigkeit aus der Grube gefördert
werden, sind für Trockenmahlen untauglich, außer sie werden vorher in besonderen Trockenöfen auf diesen Feuchtigkeitsgehalt heruntergebracht, wodurch der Arbeitsvorgang sich wieder unnötig verteuert, denn 1 kg Steinkohle verdampft in der Praxis höchstens 6—8 kg
Wasser. Eine Untersuchung, ob die vermehrten Anschaffungs- und
Betriebskosten durch die Kraftersparnis in den Trockenmühlen gedeckt
werden, wird den Ausschlag geben, ob Trocken- oder Naßmahlen für
die geplante Flotationsanlage vorzuziehen ist.

In neuester Zeit werden auch die Hardinge-Kugelmühlen mit
einem rotierenden Luftklassifikator (vgl. Abb. 18) in absolut staub-
freier Anordnung ausgestattet. Durch einen Ventilator wird Luft aus
der Mühle angesaugt, das Material in ihr kräftig aufgewirbelt und alles
feine oder halbfeine Gut in den Luftklassifikator getragen, wo infolge
des größeren Querschnittes das Überkorn auf den Boden fällt, während
die feinsten Teilchen weiter zum Saugventilator gehen. Das Überkorn
wird nun durch Schraubenwindungen in Becher eingeschüttet, die am
Mantel des Klassifikators befestigt sind, und bis zum höchsten Punkt
gehoben, von wo es zum größten Teil in einen mitumlaufenden trichter-
förmigen Kanal fällt, der in die Luftrückkehrröhre mündet, in der infolge des verengerten Querschnitts die Luft genügend Geschwindigkeit
besitzt, das Überkorn in das Innere der Mühle zurückzutragen. Etwaige
mitgerissene feine Teilchen werden wieder durch den Saugstrom in den
Klassifikator zurückbefördert. Auf diese Weise ist ein Kreislauf geschaffen,
in dem die feineren Teilchen so lange innerhalb des Klassifikators
bleiben, bis sie endgültig durch den Ventilator angesaugt werden. Das
feine Gut wird vom Ventilator in einer Röhre mit verengertem Querschnitt in einen luftdicht verschlossenen Erztrichter geblasen und fällt

darin zu Boden. Die zurückkehrende Luft erhält durch allmähliche
Verengerung des Querschnittes eine solche Geschwindigkeit, daß sie
das Überkorn aus dem Klassifikator in die Mühle zurückblasen kann.

Eine Einstellung der Feinheit des angesaugten Gutes ist durch
Verschieben einer Röhrenmuffe zu erzielen, die in eine im Innern befindliche konische Haube eingeschoben wird, wodurch der Luftstrom in
scharfer Einknickung von seiner Richtung abgelenkt wird und etwaiges
gröberes Korn, das noch in Suspension geblieben ist, unbedingt auf den

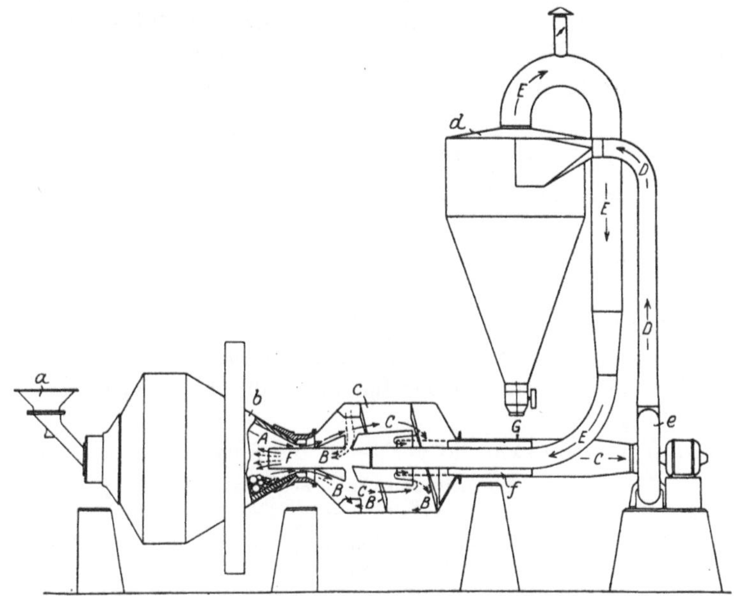

Abb. 18.　Rotierender Luftklassifikator in Verbindung mit Hardinge-Kugelmühle.

A Mahlgut und Luft aus der Mühle angesaugt.　*B* Überkorn durch Becher und rotierenden
Trichterschlitz in die Luftrückkehrröhre austragend.　*C* Feinkorn.　*D* Fertigprodukt
zum Sammelbehälter.　*E* Rückkehr der Luft zur Mühle.　*F* Luft mit Überkorn zur Mühle
zurückkehrend.　*G* Austrag des fertigen Gutes.

a = Aufgabe.　　*b* = Hardinge-Mühle.　　*c* = Rotierender Luftklassifikator.　　*d* = Sammelbehälter für Feinkorn.　　*e* = Ventilator.　　*f* = Einstellmuffe.

Boden des Klassifikators fallen muß, um durch die Schraubenwindungen
zu den Bechern geführt zu werden.

Dadurch daß immer derselbe Luftstrom benutzt und nur durch
Änderung des Röhrendurchmessers seine Geschwindigkeit und Tragkraft eingestellt wird, ist es möglich, eine wirkungsvolle Trennung
zwischen Überkorn und Feinkorn zu erhalten. Außerdem folgt aus der
äußerst schnellen Entfernung des feinen Gutes aus der Mühle eine sofortige Zunahme der Leistungsfähigkeit und damit eine bedeutende
Verminderung der Kraftunkosten. Auch die Anschaffungskosten
stellen sich etwas niedriger. Versuche haben ergeben, daß 98 vH des

erhaltenen Mahlgutes durch 48 Maschen hindurchgehen, und daß dieses Produkt ungefähr 80 vH enthält, die durch 200 Maschen gehen.

Anordnung der Zerkleinerungsmaschinen.

Die früher beliebte und jetzt noch für kleinere Anlagen fälschlicherweise bevorzugte Anordnung: Steinbrecher-Kugelmühle mit Klassifikator ist jetzt mehr und mehr aufgegeben worden, weil sie mit zu hohem Kraftverbrauch arbeitet und nur den Vorteil geringerer Aufstellungskosten gewährt, dafür aber hohe Betriebskosten aufweist. Fast alle Mühlentechniker sind jetzt der Ansicht, daß alles Gut, das auf Mühlen zum letzten Feinmahlen aufgegeben wird, grundsätzlich kleiner als 6 mm sein soll.

Die für moderne Anlagen gutzuheißenden Anordnungen sind folgende:

Steinbrecher mit Stabrost
(40—25 mm Korn)
|
Grob- und Feinwalzen mit vibrierenden Sieben
(25—12 bzw. 8—3 mm Korn)
|
Kugel- oder Stabmühlen im Kreislauf mit Klassifikator
(48—65 Maschen).

Hat man sehr fein zu mahlen, so läßt man die Kugelmühlen nur auf 10—14 Maschen mahlen und schließt eine Röhrenmühle im Kreislauf mit einem zweiten Klassifikator an, die dann ein 100-Maschen-Endprodukt gibt.

Ebenso beliebt wie die vorige ist die folgende Anordnung:

Steinbrecher mit Stabrost
(38—25 mm)
|
Symons Tellermühle
(8 mm)
|
Kugel- oder Stabmühle im Kreislauf mit Klassifikator
(48 Maschen).

Weniger gebräuchlich ist die im folgenden angegebene Aufstellung:

Steinbrecher mit Stabrost
(38—25 mm)
|
Kugelmühle mit Sieben
(8—3 mm)
|
Röhrenmühle im Kreislauf mit Klassifikator
(65—100 Maschen).

Für kleinere Anlagen empfiehlt sich die folgende Anordnung:

Steinbrecher mit Stabrost
(38—25 mm)
|
Langsam laufende Lane-Mühle
(5—3 mm)
|
Kugel- oder Stabmühle im Kreislauf mit Klassifikator
(48—65 Maschen).

Musteranlage
für Grobzerkleinerung nebst
Probenahmeanordnung.

Die in Abb. 19 gegebene schematische Darstellung eines Grobzerkleinerungsbetriebes kann als eine moderne amerikanische Musteranlage für ebenes Gelände betrachtet werden. Das aus der Grube geförderte Erz wird in ihr auf 12,5 mm vorgebrochen.

Während ältere Anlagen durch große Staubentwicklung, eine Unmasse von Riementrieben und verwickelte Zwischentransporte gekennzeichnet sind, tritt hier das Bestreben der größten Einfachheit in der allgemeinen Anordnung in den Vordergrund. Der Staubentwicklung wird vorgebeugt durch Aufstellung der verschiedenen Zerkleinerungsmaschinen in getrennten Gebäuden, durch reichliche Verwendung von Gurtförderern zur gegenseitigen Verbindung untereinander, sowie durch Einführung von gußeisernen Aufgabetrichtern und Abfallröhren, die gleichzeitig den Vorteil haben, sich äußerst leicht reinigen zu lassen. Die Aufstellung einer besonderen Entstäubungsanlage konnte daher unterbleiben. Ein Rücktransport, der aber

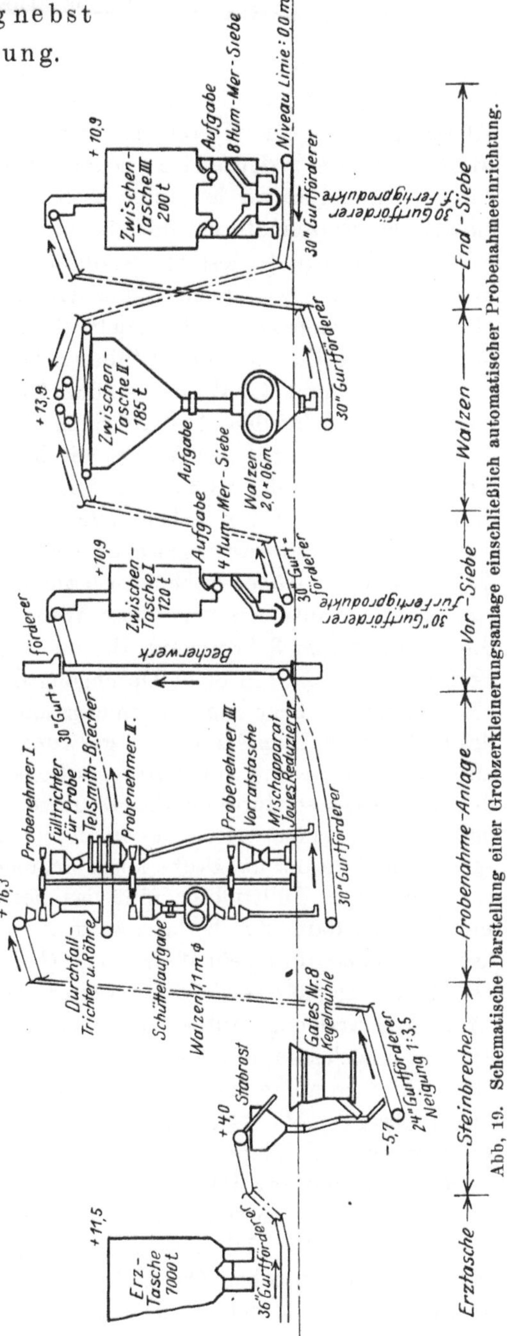

Abb. 19. Schematische Darstellung einer Grobzerkleinerungsanlage einschließlich automatischer Probenahmeeinrichtung.

unvermeidlich ist, findet nur ein einziges Mal statt: bei der Zurückgabe des Überkorns der Siebe an die Walzen. Durch Anordnung von Zwischenerztaschen mit genügend großen Abmessungen ist eine gleichmäßige Aufgabe aller Maschinen gewährleistet. An Stelle der Trommelsiebe sind moderne Hum-Mer-Siebe (vgl. S. 104) aufgestellt, die eine vorzügliche Klassierung erzeugen. Durch das Absieben des Feinkorns vor den Walzen werden letztere bedeutend entlastet, so daß sie in geringeren Abmessungen ausgeführt werden können. Sämtliche Maschinen werden durch elektrische Einzelmotoren mittels kurzer Riemenantriebe und Spannrollen in Bewegung gesetzt, wodurch alle Haupt- und Nebentransmissionswellen sowie lange Riementriebe wegfallen, so daß ein hoher Grad der Betriebssicherheit erzielt ist und außerdem das Vorkommen von Unglücksfällen auf ein Minimum beschränkt bleibt. Oberhalb des Steinbrechers und der Walzen sind kräftige Laufkrane angebracht zur leichten und schnellen Auswechslung schwerer Ersatzstücke.

Die Stammtafel der Anlage, die in 2 Parallelsystemen ausgeführt ist, damit im Falle größerer Betriebsstörungen wenigstens die eine Hälfte ungestört weiter arbeiten kann, ist nebenstehende:

Auch die Probenahmeanlage ist durch größte Einfachheit und Vermeidung der früher üblichen verwickelten Apparate gekennzeichnet. An einer gemeinsamen vertikalen Welle, die durch 3 Stockwerke hindurchgeht, sitzen 3 Armpaare, die an ihren Enden Auffangkästen aus Stahlblech tragen, die beim Durchgang durch den vertikalen Erzstrom eine bestimmte Erzmenge absondern und bei dem folgenden Passieren des Fülltrichters zum Ausstürzen gezwungen werden. Jeder Kasten kann außerdem noch etwas zur Seite verschoben werden, wodurch die Menge des aufgefangenen Gutes auf die Hälfte vermindert wird. Durch Änderung der Zahl der benutzten Arme in den 3 Etagen kann eine große Verschiedenheit in der als Probe aufgefangenen Erzmenge erreicht werden.

Vom ersten Fülltrichter fällt das Erz auf eine „Telsmith"-Kegelmühle, wird dann durch das zweite Armpaar weiter vermindert, und dessen Produkt durch ein Walzenpaar (1,05 × 0,30 m) weiter zerkleinert. Das dritte Armpaar bewirkt eine weitere Teilung. In einer Vorratstasche wird diese Erzmenge aufbewahrt und von Zeit zu Zeit in einen Mischapparat eingelassen, der ungefähr wie ein Betonmischer gebaut ist, und fällt von hier auf einen „Jones"-Apparat, der die endgültige Tagesprobe abschneidet. Der Überfall jedes Armpaares fällt durch einen Trichter und anschließende 10″ gußeiserne Röhren auf besondere Gurtförderer, die ihn zur 120 t Zwischenerztasche bringen.

Durch den turmartigen Ausbau der Probenahmeanlage (16,3 m Gesamthöhe) gestaltet sich die Ausführung sehr gedrungen und ist nahezu selbsttätig im Betriebe. Die umlaufenden Arme sind äußerst dauerhaft und gewähren eine genaue Teilung des Erzstromes.

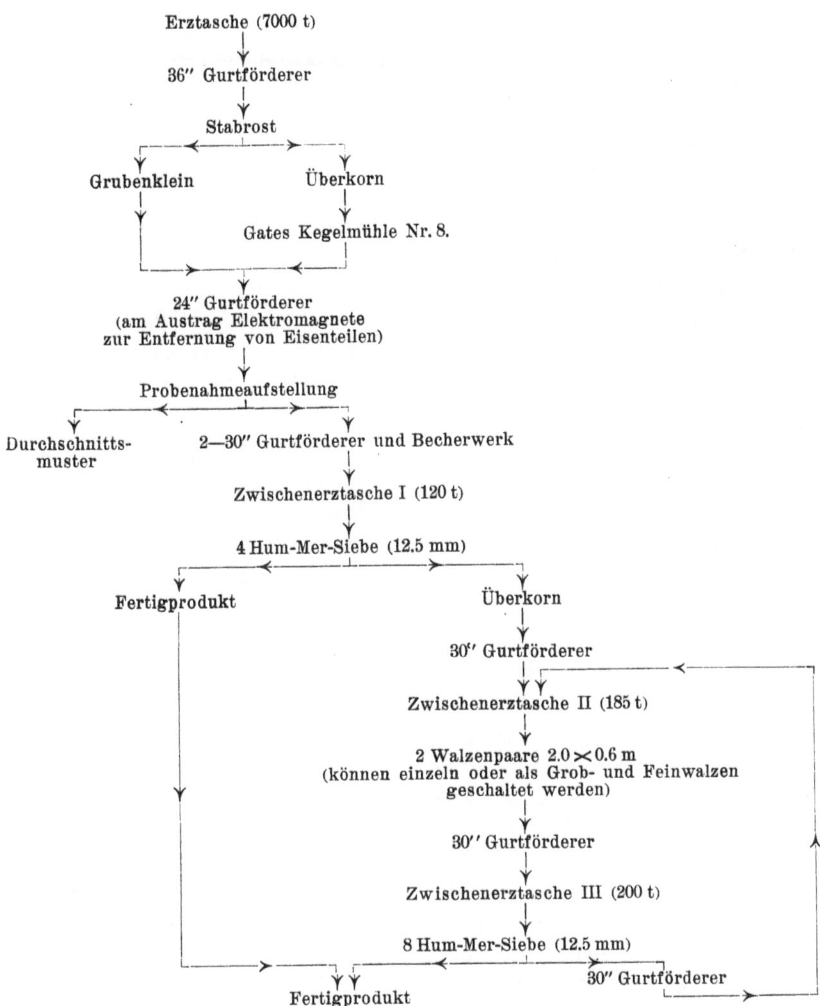

Antrieb der Zerkleinerungsmaschinen.

Der Antrieb der Zerkleinerungsmaschinen durch Riemen von einer oberhalb liegenden Hauptwelle kommt in neueren Werken immer mehr außer Gebrauch. An seine Stelle tritt der Antrieb von unten mit kurzen Riemenlängen, die durch Spannrollen angezogen werden. Durch den Wegfall der oberen Transmission wird der über den Maschinen vorhandene Raum gewonnen zur Aufstellung von fahrbaren Kranen, die das Auswechseln und Montieren schwerer Stücke mit Leichtigkeit ausführen lassen.

Bei schwereren Maschinen gibt man den Vorzug dem Antrieb durch Zahnräder mit einfachen oder doppelten Winkelzähnen oder dem Antrieb durch Ketten und Kettenrad.

Einzelantrieb durch elektrische Motoren beginnt sich besonders da einzuführen, wo billige elektrische Antriebskraft auf der Grube
selbst vorhanden ist.

Apparate zur Trennung des Überkorns.

Mechanische Klassifikatoren. Zu den mechanischen Klassifikatoren
gehören alle Apparate, die mit den Feinzerkleinerungsmaschinen in geschlossenem Kreislauf stehen, um eine Trennung des Feinkorns vom
Überkorn auf mechanischem Wege herzustellen und gleichzeitig das ab-
getrennte Überkorn an die Mühle wieder zurückzugeben. Die in der
alten Gravitationsaufbereitung benutzten Sortierapparate, die nach dem
Gleichfälligkeitsprinzip mit Hilfe des Wassers das Gut trennten, arbeiten
für Feinzerkleinerungsmaschinen viel zu langsam, weil die in den Mühlen
verwendete Trübe mit durchschnittlich 50 vH Wasser zu dick ist, ferner
weil so fein gemahlenes Gut wie es die Flotation verlangt, sich überhaupt
nicht mehr mit Wasser erfolgreich sortieren läßt, und endlich weil der
enorme Verbrauch an Klarwasser ein weiteres Hindernis für die Flotation sein würde. Die Trübeverdünnung bei Flotation geht selten über
4 : 1, so daß dann die Aufstellung von besonderen Verdickungsbehältern
auf keinen Fall zu umgehen wäre.

Meist bestehen diese Apparate aus einem langen, schmalen Kasten,
der mehr oder weniger geneigt aufgestellt wird. Die Trübe fließt ungefähr in seiner Mitte zu, und das Wasser nebst den schwer sich absetzenden Schlämmen fließt am geschlossenen unteren Ende des Kastens
über, während die leicht sich absetzenden Sande durch mechanische
Vorrichtungen allmählich höher gezogen werden und dabei sich von den
mitgerissenen Schlämmen befreien, so daß sie nach dem Austritt aus
dem Wasserspiegel als entwässerte reine Sande mehr oder weniger frei
von Schlämmen abgegeben werden. Wenn sie daher nicht überladen
sind, und das Verhältnis des Wassers zu den festen Bestandteilen genügend groß ist, um an dem mit Wasser gefüllten unteren Ende die
Sortierung nach dem spezifischen Gewichte vornehmen zu können, so
arbeiten sie äußerst wirksam, ohne daß eine besondere Bedienung
des Apparates nötig ist. Ihre Leistungsfähigkeit hängt ganz von
der Zuflußmenge ab; je geringer diese in der Zeiteinheit ist, desto
feineres Material läßt sich abtrennen, und je größer sie ist, desto mehr
Überkorn findet sich im Überlauf. Alle mechanischen Klassifikatoren
haben außerdem noch den großen Vorteil, daß sie infolge ihrer Neigung
von ungefähr 1 : 4 gleichzeitig zur Zurückgabe des Überkorns an die
Mühle dienen, also die Aufstellung besonderer Elevatoren unnötig
machen, wie aus der schematischen Zeichnung auf S. 74 Abb. 9 her-
vorgeht.

Der „Dorr-Klassifikator" (vgl. Abb. 20) ist ein schmaler, etwas ansteigender Kasten, in dem zwei langsam sich vor und zurück bewegende Gestänge, an denen eine größere Zahl Kratzer befestigt ist, das nasse Gut vor sich her die schiefe Ebene hinaufschieben. Bei jedem Umsetzen der Bewegung tritt ein kurzer Stillstand ein, der genügt, die mitgehobenen Schlämme auszuwaschen. Der Vorgang wiederholt sich bei jedem Stillstand, so daß am höchsten Punkt reines, schlämmefreies Überkorn abgegeben wird, das außerdem hoch entwässert ist, während das nur langsam sich absetzende Feinkorn und die Schlämme durch den Überlauf weggehen.

Obgleich der Mechanismus ziemlich verwickelt ist, hat der Apparat einen ungeahnten Aufschwung gefunden und sich fast überall einge-

Abb. 20. Dorr-Klassifikator.
1 Überkornaustrag. 2 Aufgabe. 3 Überlauf. 4 Ablaufhahn.

bürgert. Seine Leistungsfähigkeit schwankt zwischen 85—95 vH; d. h. 15—5 vH Schlämme sind in dem nach der Mühle zurückgegebenen Überkorn vorhanden.

Um eine wirksame Trennung des Überkorns vom Feinkorn zu erzielen, kann man die Dichte der Trübe, die Geschwindigkeit der Rechen und die Neigung des Kastens ändern. Je vollkommener man trennen will, desto höhere Maschennummern muß die Separationsgrenze anzeigen, damit der Überlauf nur aus feinsten Siebnummern besteht. Setzt man aber die Maschenzahl für die Separationsgrenze herunter, so arbeitet man gröber, und der Überlauf wird neben dem feinsten auch noch mittelfeines Korn abgeben. Eine niedrige Separationsgrenze auf z. B. 48 Maschen ergibt sich durch Verdicken der Trübe, Erhöhung der Zahl der Hübe bis auf 30 pro Minute (die Durchmischung wird dadurch verstärkt, das mittelfeine Gut wird aufgerührt und erscheint im Überlauf) und durch Steilerstellung des Kastens (Verkleinerung der Wasseroberfläche). Vermittels dieser 3 Einstellungen kann also gröber gearbeitet werden, so daß im Überlauf neben dem feinsten Unterkorn auch noch mittelfeines Gut zu finden ist. Sollte hierbei die Erhöhung der Hubzahl etwas zu groben Überlauf ergeben haben, so zieht man vor, durch eine geringe Erhöhung der Verdünnung dies zu verbessern. — Genügen die eben genannten Einstellungen noch nicht den Anforderungen, welche die nachfolgende Flotation in bezug auf die Siebfeinheit stellt, so kann man noch gröber trennen, indem man die wirksame Wasseroberfläche noch weiter vermindert durch Einsetzen von Staubrettern nahe der Überlaufkante des Kastens, die ungefähr 50 mm über die Oberfläche der Trübe hervorstehen und so weit eintauchen, daß die Rechen gerade noch freies Spiel haben. Arbeitet der Klassifikator mit Überladung, so kann man sich sehr einfach dadurch helfen, daß man die Überlaufskante um 50—75 mm tiefer ausschneidet, wodurch die Überlaufmenge vergrößert wird, der Überlauf selbst aber etwas feiner ausfällt.

Unter normalen Verhältnissen trennt ein 0,69 m breiter und 3,0 m langer, einfacher Klassifikator bei einem spezifischen Gewichte des Erzes von 2,7 wie folgt:

Trockensubstanz in t je 24 St.		Maschennummer, auf die zu separieren ist	Hübe pro Minute	Neigung des Behälters	Verdünnung der Trübe
Schlämmeüberlauf zur Flotation	Überkornrückgabe zur Mühle				
100 t	350 t	48	25—30	1 : 4,00	3 : 1
75 t	300 t	65	20—25	1 : 4,25	3,5 : 1
50 t	250 t	100	16—20	1 : 4,50	5 : 1

Bei schweren und hoch mineralisierten [1]) Erzen kann es aber vorkommen, daß trotz aller Einstellungen der Klassifikator unregelmäßig arbeitet und die Kratzer einen großen Teil des Überkorns zurückfallen lassen, so daß der Überlauf neben dem feinsten Korn viel zu viel grobes Überkorn mit sich führt. In einem solchen Falle ist es angebracht, zwei Kugelmühlen in Verbindung mit zwei Klassifikatoren nach nebenstehender Stammtafel zu vereinigen: Der Überlauf des ersten Klassifikators wird direkt in den zweiten Klassifikator geleitet, während sein Überkorn unmittelbar in die zweite Kugelmühle zu weiterer Zerkleinerung eintritt, wie auch das Überkorn des zweiten Klassifikators in sie zurückfließt.

---

[1]) Unter „hoch- bzw. schwer mineralisierten Erzen" (highly mineralized ores) werden Erze verstanden, die einen sehr hohen vH-Satz an Sulfiden (40 bis 70 vH) und nur wenig Gangart aufweisen.

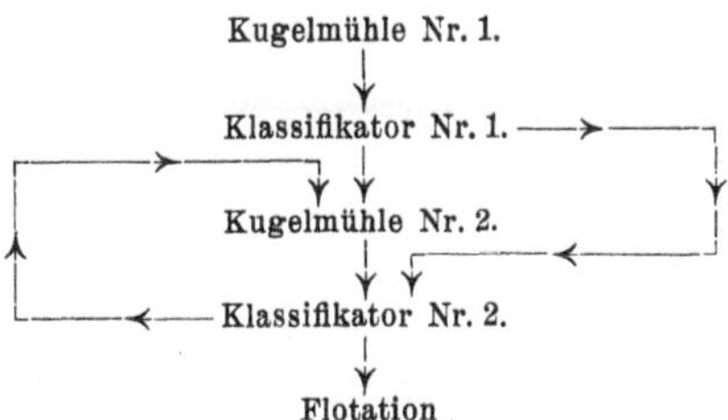

Kann man hingegen schon im Überlauf des ersten Klassifikators eine genügende Menge fertigen Feinkorns absondern, so läßt man es direkt zur Flotation gehen und schickt das Überkorn zur zweiten Kugelmühle. Der anschließende zweite Klassifikator gibt dann im Überlauf fertiges Feinkorn, das mit dem ersteren vereinigt zum Grobflotator abfließt. Das Überkorn des zweiten Klassifikators geht wie vorher zur zweiten Kugelmühle zurück:

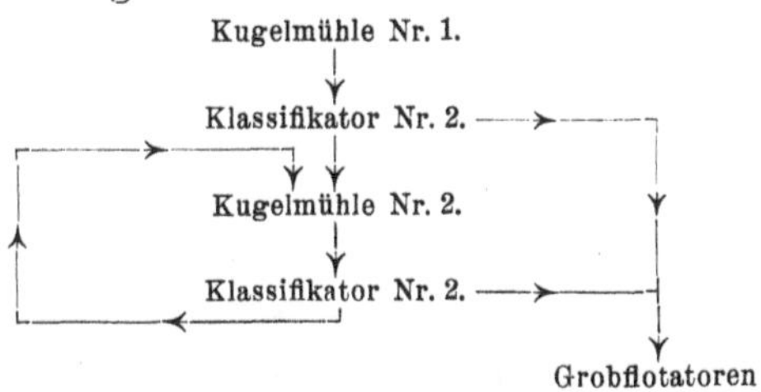

Durch diese einfachere Anordnung werden gleichzeitig Kugelmühle 2 und Klassifikator 2 entlastet und können daher von geringeren Abmessungen gewählt werden. Auch benutzt man dann häufig als ersten Klassifikator

Abb. 21. Klassifikator mit Vorbehälter.
1 Überkornaustrag. 2 Ablaufhahn. 3 Feinkornaustrag. 4 Waschwasserleitung.
5 Eintrag.

den weniger Platz beanspruchenden und billigeren Akins-Klassifikator (s. S. 98), da es ja auf kein sehr genaues Arbeiten ankommt.

Für kleinere Anlagen wird man in einem solchen Falle von der
Aufstellung eines Klassifikators ganz absehen und vibrierende Siebe
in Verbindung mit einem Trübeelevator einbauen: doch kann man dann
kaum über 65 Maschen fein mahlen.

Verlangt man absolut reines Überkorn oder wie für die Flotation
eine relativ große Überlaufsmenge im Vergleich zur Leistung der
Rechen, so benutzt man einen sog. Klassifikator mit Vorbehälter
(bowl classifier), wie er in Abb. 21 dargestellt ist.

Die Aufgabe der Trübe erfolgt bei ihm in der Mitte einer flachen
Schüssel (bowl), an deren Umfang das feinste Unterkorn direkt überfließt. Durch gekrümmte Schaufeln, die dicht am Boden der Schüssel

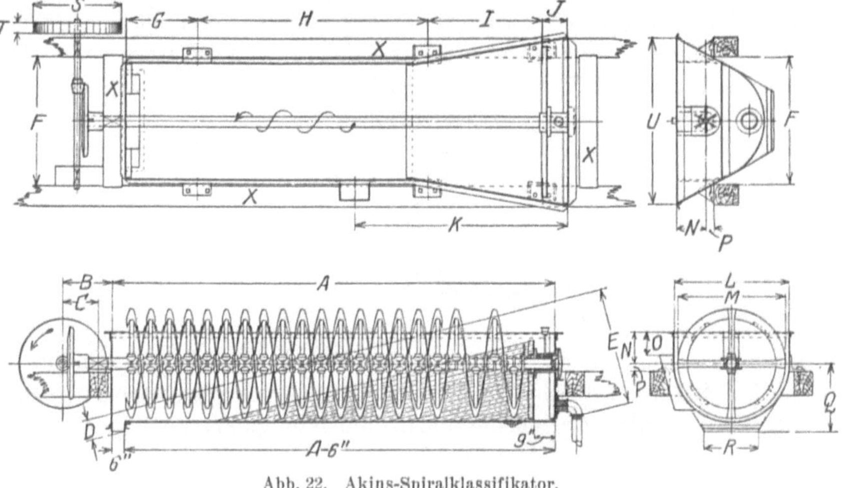

Abb. 22. Akins-Spiralklassifikator.

langsam umlaufen, wird die Trübe aufgerührt, und nur die abgesetzten
schwereren Körner allmählich nach der Mittelöffnung im Boden befördert, wo sie in den eigentlichen Klassifikator herunterfallen, der sie
dann auf die eben beschriebene Weise weiter trennt. Außerdem kann
noch Waschwasser im Haupttrog aufgegeben werden, das durch die
Zentralöffnung der Schüssel als Gegenstrom eintritt und eine weitere
Trennung besorgt, so daß nur ganz reine Sande durchfallen. Doch
wird dadurch die Trübe wieder verdünnt.

Bei einem Durchmesser der Schüssel von 1,47 m geben 400 t Trocken-
aufgabe in 24 Stunden ungefähr 150 t ganz feine Schlämme im Überlauf ab.

Beim „Akins-Klassifikator" (vgl. Abb. 22) sind auf einer unter
1 : 5 schräg gestellten Achse Spiralen von größerem Durchmesser (0,60
bis 1,20 m) befestigt, die durch ihre pflügende Wirkung eine Trennung
des Überkorns von den feinen Schlämmen bewirken. Die Schrauben-

linie ist am Überlaufsende nur einfach, aber fortlaufend, wird aber bald darauf als Doppelspirale ausgebildet mit steilerer Neigung und jede Windung für sich abgebrochen.

Dieser Apparat hat den Vorteil, nur wenig Raum einzunehmen, und seine Bauart ist sehr einfach; aber das Endprodukt ist nie so rein wie bei dem Dorr-Klassifikator, sondern das Überkorn enthält noch reichlich feine Schlämme.

Der „Ovoca-Klassifikator" arbeitet nach dem Prinzip der Schnecke. Aus einem flachen, runden Behälter von großer Oberfläche wird das Material durch ein oder zwei Schnecken eine schiefe Ebene heraufgeschoben und dabei allmählich die Trennung besorgt, so daß am oberen Ende nur Überkorn abfließen soll, während die feinsten Größen in den Behälter zurückfallen und am Rande eines Gerinnes überlaufen, von wo sie zur Flotationsmaschine gelangen. Er ist der billigste Apparat, arbeitet aber auch am unreinsten.

Der „Kratzerklassifikator" (drag classifier) besteht aus einem endlosen Riemen oder Kette, woran in kurzen Abständen Kratzeisen von 250—300 mm Breite angebracht sind, die in einem aufsteigenden Trog den Sand vor sich herschieben, während die feinsten Schlämme herausfallen und im Überlauf weggehen. Oft werden sie in ihrer Länge gebrochen, so daß der vordere Teil horizontal läuft und nur der hintere Teil steiler ansteigt. Geringe Raumbeanspruchung und Billigkeit sind seine Vorzüge, dafür arbeitet er aber sehr langsam, und das Überkorn ist nie ganz rein.

Siebe zum Absondern des Überkorns. Obgleich Siebe an und für sich sehr reine Produkte bei geringster Raumbeanspruchung liefern, haben sie sich bei der Feinmahlarbeit bis jetzt nicht sehr einbürgern können, weil sie den Nachteil haben, sich sehr leicht zu verstopfen, was bei nassem, Schlämme führendem Gut beständige Betriebsstörungen hervorruft. Die zur Vermeidung dieser Übelstände angebrachten Schüttel- oder Stoßvorrichtungen verkürzen aber die Lebensdauer der Drahtsiebe in beträchtlichem Maße. Alle Siebe haben aber außerdem noch den großen Nachteil, daß Gefällhöhe verlorengeht und zum Rücktransport des Überkorns ein besonderer Elevator sich nötig macht. Erst in den letzten Jahrzehnten hat die moderne Technik vibrierende Siebe eingeführt, die selbst bei Sieböffnungen von 60—80 Maschen sich nicht verstopfen, sondern ihre Oberfläche rein halten. Gleichzeitig wurde noch durch Vervollkommnung der Sandpumpen und Druckluftheber der Zwischentransport auf eine so hohe Leistungsstufe gebracht, daß jetzt häufiger als früher Siebe in Verbindung mit Elevatoren im geschlossenen Kreislauf mit Feinzerkleinerungsmaschinen aufgestellt werden, besonders wenn die mechanischen Klassifikatoren bei schwerem, hochvererztem Gut zu versagen drohen.

Stabroste, feststehend oder als Schüttelroste gebaut, werden meist vor dem Steinbrecher angeordnet, um das Grubenklein abzusondern, obgleich man auf vielen Gruben der Meinung ist, daß sie im allgemeinen überflüssig sind und nur Fallhöhe wegnehmen, denn ein Steinbrecher wird gewöhnlich in seinen Abmessungen übergroß angenommen, so daß er mit Leichtigkeit auch das Grubenklein durchgehen läßt.

Sie sind unerläßlich, wenn Ausklauben dem Steinbrecher folgt oder wenn das Erz naß aus der Grube kommt und viel lettige, talkhaltige Gangmasse führt. Im letzteren Falle muß man selbstreinigende Stabroste einbauen, wie sie in Abb. 23 in den Hauptmaßen dargestellt sind. Ein solcher Stabrost besteht aus 7 doppelt gekrümmten

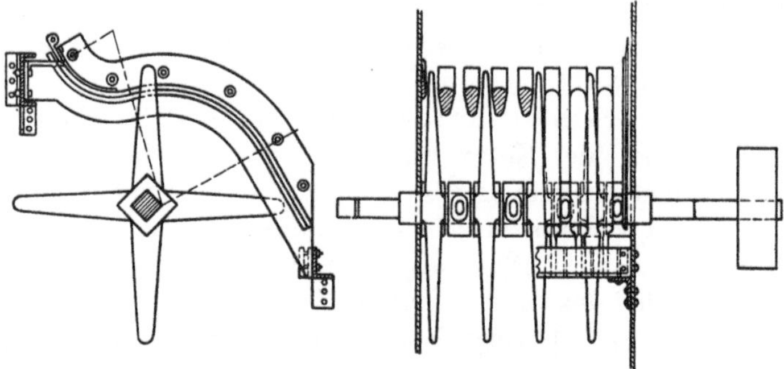

Abb. 23. Selbstreinigender Stabrost.

Roststäben, die auf Querträgern festgenietet sind und einen nach unten sich verjüngenden Querschnitt haben. Zwischen ihnen laufen 8 stählerne Doppelarme um, die unter 90° zueinander versetzt sind, und deren Spitzen 75 mm über die Oberfläche des Rostes hervorragen. Der dargestellte Rost hat den Vorteil, wenig Raum zu beanspruchen und liefert zufriedenstellende Ergebnisse bei einem Fassungsvermögen von 200 t Erz pro Stunde, das 10—12 vH Feuchtigkeit führt.

Trommelsiebe werden meist für Grob- und Feinwalzwerke benutzt und arbeiten, ohne sich zu verstopfen, für Lochdurchmesser über 3—4 mm. Je mehr Klarwasser man zugibt, desto größer ist ihr Verschleiß.

Das „Callowsieb" (vgl. Abb. 24) weicht von den Trommelsieben dadurch ab, daß es als ein endloses Drahtsieb von ungefähr 600 mm Breite über zwei Rollen läuft und durch mehrere von außen und innen wirkende Wasserbrausen beständig rein gehalten wird, so daß keine Verstopfungen vorkommen und die Sieboberfläche bedeutend mehr ausgenutzt wird als bei Trommelsieben. Seine Leistung ist bedeutend höher; es verarbeitet bei 16 Maschen Sieböffnung 12,5 t Erz und bei 60 Maschen nur noch 6,25 t in der Stunde.

Wegen seiner hohen Leistungsfähigkeit und seines geringen Verschleißes ersetzt es sehr häufig die Trommelsiebe, aber schon bei Siebnummern über 28 zeigt es die Neigung, sich zu verstopfen.

Vibrierende Siebe werden mit Vorliebe auf neueren Anlagen eingeführt, weil sie gegenüber den Trommelsieben eine Ersparnis an Sieboberfläche ergeben, die bis auf $^7/_8$ gehen kann, während die Ersparnis an Kraft sogar $^{15}/_{16}$ ausmacht und an Gesamtbetriebskosten $^4/_5$ gespart werden. Die Anschaffungs- und Aufstellungskosten sind bei weitem geringer, und infolge der leichten Zugänglichkeit lassen sich die vibrierenden Siebe bequem ausbessern, und das Auswechseln eines abgenutzten Siebes kann innerhalb einer Viertelstunde geschehen. Aus denselben Gründen verdrängen sie die alten Schüttelsiebe mit Daumenstoß und Prellklotz, obgleich diese ganz gute Ergebnisse lieferten, wenn man sie recht schmal hielt und ihnen dafür große Länge gab (z. B. 0,25 m Breite bei 4 m Länge).

Vibrierende Siebe müssen möglichst straff gespannt sein, um die Drähte durch kurze, rasch aufeinanderfolgende Schläge in Schwingungen zu setzen. Infolge dieser Vibrationen schichtet sich das auf-

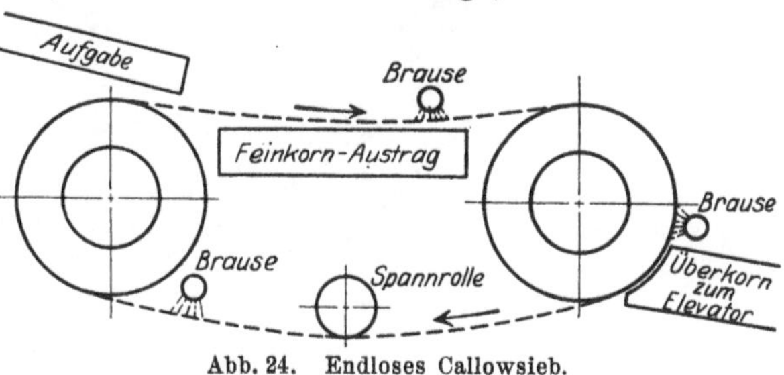

Abb. 24. Endloses Callowsieb.

gegebene Gut derart, daß das Feinste die unterste Lage direkt auf dem Sieb bildet, während das gröbste Gut zu oberst liegt. Bei den Trommelsieben ist das Umgekehrte der Fall: das Gröbste liegt zu unterst und das Feinste oberhalb. Dadurch wird die Leistung der vibrierenden Siebe merklich erhöht und die Betriebskosten vermindert. Infolge der viel gleichmäßigeren Beschaffenheit des gesiebten Korns wird ferner die Arbeit des Feinmahlens in den Kugelmühlen wesentlich erleichtert, und daher treten diese Siebe in den letzten Jahren in erfolgreichen Wettkampf mit den mechanischen Klassifikatoren, deren Endprodukt selbstverständlich nie so rein sein kann wie das der Siebe.

Da die Korngröße keine Rolle spielt, so können die vibrierenden Siebe für alle Größen von 50 mm herab bis zu 100 Maschen Feinheit benutzt werden, so daß ihre eben angeführten Vorteile nicht nur für Steinbrecher und Walzen, sondern auch für fein mahlende Kugelmühlen ausgenutzt werden können. Die Siebe arbeiten gleich gut für nasses und trocknes Erz, und selbst lehmige, lettige Gangmassen bieten nur geringe Schwierigkeiten.

Bei dem „Impakt-Sieb“ (vgl. Abb. 25) ruht der Holzrahmen des Siebes auf zwei fest angezogenen Drahtseilen C, deren Spannung durch starke Federn am oberen Ende so hoch als möglich gehalten wird. Die Zähne D zweier Kammräder, die mit 60 Umdrehungen umlaufen, drücken das Sieb auf die Seile nieder, und beim Auslösen der Zähne schleudert die Seilspannung den Siebrahmen scharf aufwärts bis zum Anstoßen an die verstellbaren Hubbegrenzungen F. Der Stoß ist so kräftig, daß das gesamte Mahlgut augenblicklich von der Sieboberfläche abgehoben wird. Die Sieblöcher sind länglich angeordnet, so daß ihre längere Ausdehnung in der Richtung liegt, in der das Siebgut vorrückt.

Die Leistung des Siebes ist äußerst hoch, und 1 qm Oberfläche bei 40 Maschen Sieböffnung kann 2,0—2,5 t Erz in der Stunde

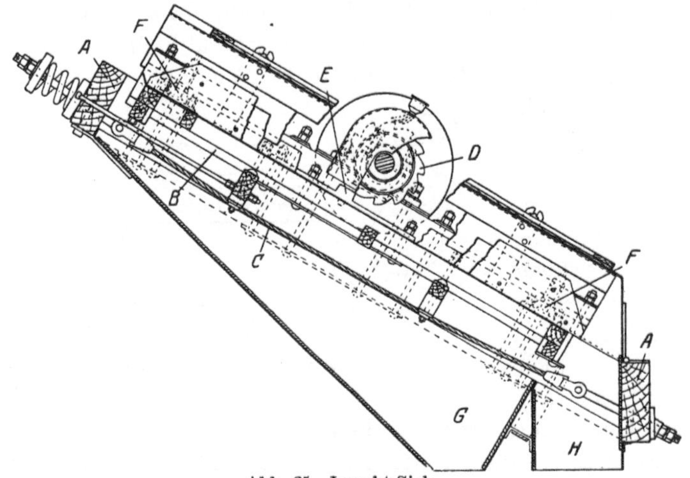

Abb. 25. Impakt-Sieb.
A Holzrahmen. B Siebrahmen. C Drahtseil. D Kammräder. E Druckstück.
F Hubbegrenzung. G, H Austrag.

durchsieben; bei 80 Maschen Öffnung sinkt die Leistung auf 0,75—1,25 t in der Stunde.

Bei dem „Leahy-No-Blind-Siebe“, das durch die Abb. 26 dargestellt ist, erteilt ein mit 200 Umdrehungen laufendes Kammrad einer Knagge 1600 Schwingungen in der Minute, die auf das Sieb übertragen werden mittels einer vertikalen Stange, die mit einem Querbalken verbunden ist, der auf der unteren Seite des Siebes befestigt wird. Eine anziehbare starke Pufferfeder regelt die Stärke des Schlages, dessen gewöhnliche Schwingungsweite 1,6 mm beträgt. Das unter 30° geneigte Sieb ist an den Enden eingespannt, schwingt aber an den Seiten frei, an denen Bänder aus weichem Gummi aufliegen und ein Überschütten des Überkorns in das Siebfeine verhüten. Oberhalb des Vibrators schwingt das Sieb gerade so viel, daß das Material sich schichtet

Abb. 26. Leahy-No-Blind-Vibrationssieb.

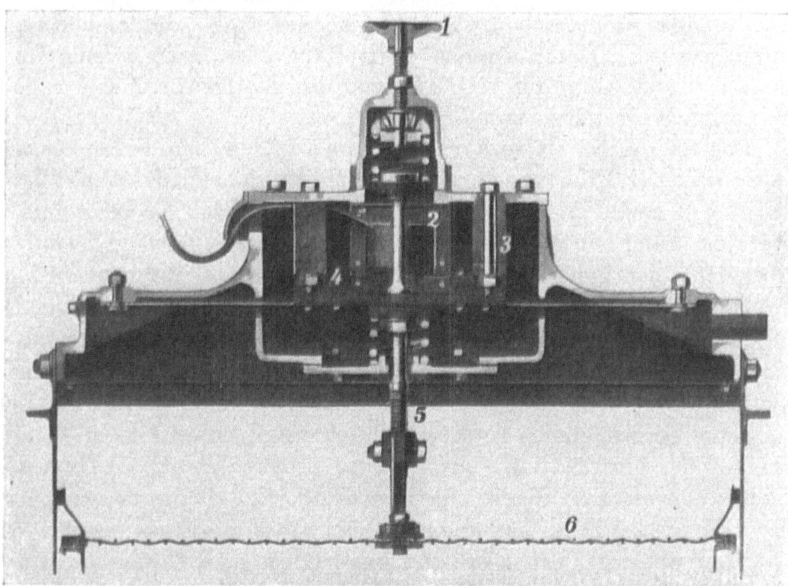

Abb. 27. „Hum-Mer" elektrisches Sieb.
1 Handrad zur Regulierung der Vibrationsstärke. 2 Magnet und Wicklung. 3 Anschlags-
block, Abnutzungsplatte und Stellscheiben. 4 Anker. 5 Ankerstange und -träger.
6 Straffgespanntes Drahtnetz in Kupplung mit der Ankerstange,

und das ganz Feine durch das Sieb hindurchfällt. Unmittelbar unter dem Vibrator werden die Schwingungen intensiver, so daß die Teilchen durchfallen, die gerade die Größe der Sieböffnung besitzen. Der Rest des Drahtsiebes beendet den Arbeitsvorgang, so daß ein hoher Grad der Vollkommenheit im Feinsieben erreicht wird. Alle Teile des Vibrators arbeiten in einem Ölbade.

1 qm Sieboberfläche verarbeitet in der Stunde 4 t Erz, das durch 20 Maschen gesiebt werden soll, bei einem Kraftverbrauch von $^{1}/_{2}$ PS.

Das „Hum-Mer" elektrische Sieb (vgl. Abb. 27) ist die jüngste der vibrierenden Siebbauarten und zeigt derartige Vorteile, daß es sich allgemeiner Beliebtheit erfreut, zumal die Leistungsfähigkeit im Vergleich zu den eben beschriebenen Sieben nahezu bis über das Doppelte ansteigen kann. Die Instandhaltungskosten sind 50 vH geringer und die Lebensdauer eines Siebes für 10 mm Walzkorn beträgt bis 3000 t, bevor es erneuert werden muß. Die Kosten des Siebens werden auf $^{1}/_{3}$ Pf. je Tonne Erz heruntergedrückt. Während bei den im vorhergehenden beschriebenen Sieben die Schwingungen auf mechanischem Wege durch Schlag oder Stoß auf das in einen Rahmen eingespannte Sieb erzeugt werden, ist bei dem Hum-Mer-Sieb abweichend davon ein kräftiger Elektromagnet mit dem Siebe gekuppelt, der durch Wechselstrom von 15 Frequenzen einen starken Anker betätigt. Jede Vibration wird durch Anschlagsplatten zu einem plötzlichen Halt gebracht, wodurch ein scharfes Abschnappen entsteht, das äußerst wirksam ist, um das Material durch die Sieböffnungen durchzustoßen. Durch Drehen eines Handrades, das auf eine Spiralfeder einwirkt, kann das Sieb während des Betriebes auf jede beliebige Vibration eingestellt werden.

Das Sieb selbst ist so straff gespannt, daß ein Einsacken sogar unter höchster Belastung unmöglich ist, und daher jeder Draht kräftig schwingen muß. Es wird dies dadurch erreicht, daß die besonders verstärkten Längskanten des Siebes hakenförmig umgebogen sind und über den einen Schenkel des Winkeleisens, das den Tragrahmen bildet, einhaken. Diese beiden Winkeleisen werden durch vier Zugstangen mit entgegengesetzten Gewinden mittels eines Schlüssels angezogen, so daß während des Betriebes jeder Querdraht so straff als möglich gespannt werden kann. Auf diese Weise werden selbst die entferntesten Ecken in starke Schwingungen versetzt, und es ergibt sich der nicht zu unterschätzende Vorteil, daß durch dieses äußerst straffe Anziehen die Lebensdauer des Siebes ganz wesentlich verlängert wird, indem ein stellenweises Einsacken und eine Zerstörung des Siebes ausgeschlossen ist. Ein weiterer Vorteil ist, daß kein Ölen sich nötig macht und alle Betriebsstörungen durch ausgelaufene Lager usw. infolge des Eindringens feinsten Staubes beseitigt werden. Das Sieb wird in Größen von 0,9 × 1,8 und 1,2 × 2,4 m geliefert. Seine Neigung läßt sich während des Betriebes durch Schrauben leicht einstellen; sie schwankt zwischen 28 und 35⁰. Die durch den Elektromagneten erzeugten Schwingungen sind so stark, daß zwei bis drei Siebe in Stockwerken übereinander aufgestellt werden können, was eine Ersparnis von 50 vH an Raum und Kraft bedeutet.

Trübe-Elevatoren.

Da Stetigkeit des Betriebes für Zerkleinerungsmaschinen von größter Wichtigkeit ist, muß man an die Trübeelevatoren die Anforderung stellen, daß sie mit größter Leistungsfähigkeit nur ein Minimum an Aufsicht und Instandhaltung verbinden, und daß der Zeitverlust, der infolge Ausbesserungen verursacht wird, so gering als möglich ausfällt. Der Schöpftank oder -grube sollte immer mit einem Sicherheitsüberlauf versehen sein, damit im Falle plötzlicher Betriebsstörungen nicht der Fußboden der Anlage überschwemmt wird.

Kaum noch werden in Flotationsanlagen Becherwerke eingebaut, obgleich sie den Vorzug haben, den Erzschaum sehr leicht zu zerstören. Die Becher nutzen sich sehr rasch ab, Ketten oder Riemen müssen beständig nachgezogen werden, aber der Hauptgrund ist, daß sie sich nicht für Schlämme eignen, weil letztere leicht in den Bechern festbacken. Die Heberäder bedingen hohe Anlagekosten, sind aber ungeheuer billig im Betriebe. Ihre Förderhöhe ist beschränkt und geht nur selten über 3—4 m hinaus. Für sandiges Gut treten sie bei geringer Förderhöhe in erfolgreichen Wettbewerb mit den Sandpumpen. Für Schlämme sind sie nur wenig geeignet, da diese in ihnen leicht festbacken.

Elevatoren bis 7,5 m Förderhöhe. Fast ausschließlich im Gebrauch für geringe Förderhöhen sind die Diaphragmapumpe und der Druckluftheber, die beide in der Anlage sehr billig zu stehen kommen, wenig Raum beanspruchen und nur einer nebensächlichen Wartung bedürfen. Ihr Wirkungsgrad ist hingegen gering und schwankt im Betriebe zwischen 35—50 vH.

Die „Diaphragma- oder Membransaugpumpe", die in der Dorrschen Bauart durch Abb. 28 wiedergegeben ist, ist die einzige Pumpe, die als unempfindlich gegen Verstopfungen und Verschleiß durch sandige Trübe angesehen werden kann. Da sie noch den Vorteil hat, keinen besonderen Brunnen für das Tauchrohr nötig zu haben, gewinnt sie gegenüber dem Druckluftheber, der bisher das Feld beherrschte, mehr und mehr an Boden.

Meist wird sie als Saugpumpe mit offenem Ausguß verwendet, deren Antrieb durch Riemenscheiben erfolgt. Die Länge des Kolbenhubs läßt sich durch ein verstellbares Exzenter von Null bis zum Maximum einstellen oder man reguliert mittels eines Nadelventils, das unterhalb des Saugventils angebracht ist und durch das man eine geringe Menge Luft eintreten läßt. Als Membrane wird ein patentiertes Material benutzt, das dem Kordreifen der Automobile ähnelt, und durch das die Lebensdauer bei stetigem Betriebe bis auf 3, sogar 4 Monate verlängert wird.

Die Saughöhe soll wegen der Abnutzung des Diaphragmas unter 4,25 m am Meeresspiegel gehalten werden. Da diese außerdem noch von der Höhe der Grube über dem Meeresspiegel abhängt, darf bei

Abb. 28.. Diaphragma-Saugpumpe.

einer Höhenlage von 2000 m eine Saughöhe von 3 m nicht überschritten werden.

Die Leistungen der einfachen Pumpen für ein spezifisches Gewicht des Erzes von 3,5 werden wie folgt angegeben:

Saugrohr-Durchmesser	Umdrehungen pro Minute	Feuchtigkeitsgehalt der Trübe		
		40 vH	50 vH	66 vH
		Maximalleistung in t Trockensubstanz für 24 Stunden		
2″	50	93	78	55
3″	50	143	129	100
4″	50	218	200	156

Seit einigen Jahren werden Diaphragmapumpen auch als Druckpumpen gebaut (vgl. Abb. 29). Das Diaphragma besteht hier

Abb. 29. Diaphragma-Druckpumpe.

aus zwei Kordmembranen, deren konkave Seiten sich gegenüberliegen. Der dadurch gebildete Zwischenraum bleibt beständig mit Wasser gefüllt. Durch ein besonderes Kontrollventil wird diese Auffüllung selbsttätig mit Wasser unterhalten, das in dem offenen Stutzen über dem Diaphragma aufgefüllt wird. Der Maschinenkörper besteht aus drei Kammern für das Saugventil, das Doppeldiaphragma und für das Druckventil. Letzteres trägt gleichzeitig den Windkessel. Die Gesamtförderhöhe darf aber 14 m am Meeresspiegel nicht überschreiten.

Der „Druckluftheber" (airlift) arbeitet, wie aus der schematischen Abb. 30 zu ersehen ist, nach dem Prinzip, daß eine Trübesäule plus Luft leichter ist als das gleiche Volumen an Trübe allein, und daß daher die Trübesäule auf-

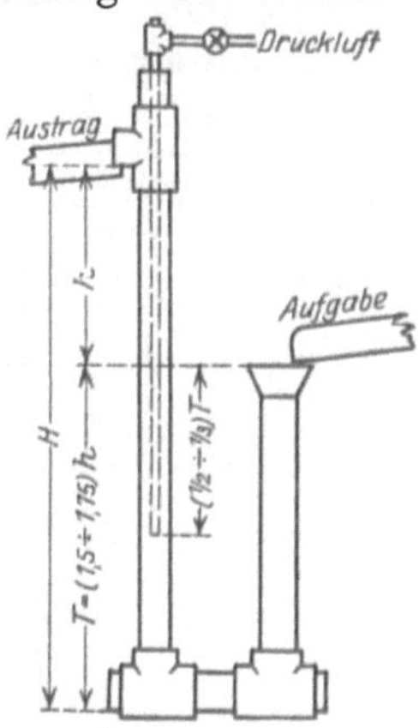

Abb. 30. Druckluftheber.

steigen muß. Das Aufsteigen wird beschleunigt durch die allmähliche
Entspannung der Druckluft vom Höchstdruck bis auf die atmosphärische Spannung, so daß das spezifische Gewicht der Luft-Trübe-
mischung um so mehr abnimmt, je höher sie in der Druckröhre
aufsteigt.

Versager treten auf, wenn die Tiefe T des Brunnens weniger als
das 1,5—1,75fache der Druckhöhe h beträgt, wenn das Luftvolumen
zu groß oder der Überdruck der Preßluft zu hoch ist, und endlich,
wenn die Fördergeschwindigkeit im Druckrohre zu sehr über die
normale Geschwindigkeit von 1,5 m steigt. Große Fördergeschwindig-
keiten bedingen außerdem einen hohen Verschleiß der Röhren und sollen
nur angewandt werden, wenn die Trübe die Neigung hat, sich schnell
abzusetzen.

Die Höhe über dem Meeresspiegel hat keinen Einfluß auf die Leistung
des Apparates, ebenso hat die Dichte der Trübe und die Größe des
Korns einen kaum merklichen Einfluß auf den Verbrauch an Druckluft.

Sollte die Anlage eines Eintauchbrunnens zu kostspielig ausfallen,
so verwendet man zwei kommunizierende Röhren, wie in der
Abbildung angegeben ist, wodurch am Gehänge selbst mit geringen
Kosten immer die nötige Eintauchtiefe T erreicht werden kann. Die
Druckluftröhre soll nicht im tiefsten Punkte der Eintauchröhren
einmünden, sondern von oben bis auf $^1/_2$—$^1/_3$ der Eintauchtiefe T
herabgeführt werden, wodurch dem Verstopfen vorgebeugt wird und
außerdem der Druckluftverbrauch sich vermindert. Als Rohrverbin-
dungen dürfen keine Ellbogen-, sondern nur T-Stücke eingebaut
werden, um im Falle einer Verstopfung die Röhren leicht reinigen zu
können. Sehr oft genügt es schon, die Druckluftröhre in einem solchen
Falle mit Wasser aufzufüllen und dann Preßluft unter vollem Druck
aufzugeben, wodurch fast immer die Verstopfung beseitigt werden kann.

Daten aus dem Betriebe für den Bau von Druckluzthebern sind in
der folgenden Zusammenstellung gegeben:

Förderhöhe	Minimale Eintauch-tiefe	Luftüberdruck in kg/qcm für eine Dichte der Trübe		Maximalluftmenge in cbm/min für Röhrendurchmesser			
m	m	1,200	1,500	2''	3''	4''	5''
4,50	6,75	0,95	1,20	0,45	1,05	1,85	3,00
6,00	9,00	1,25	1,60	0,48	1,10	2,00	3,15
7,50	11,25	1,55	2,00	0,51	1,20	2,15	3,40

Röhren-durchmesser	Leistung in Tonnen/Stunde für spezifisches Gewicht der Trübe		
Zoll	1,200	1,400	1,500
2''	13	16	17
3''	31	37	39
4''	56	65	70
5''	90	105	115

Die „Frenier-Spiralpumpe", die in Abb. 31 dargestellt ist, kann nur für ganz feine Schlämme benutzt werden, die wenig grobkörniges Material führen. Das Schöpfrad ist als Spirale gebaut, die die Trübe am Umfang durch die äußerste Spirale aufnimmt und durch die Windungen hindurch mittels der Umdrehungen allmählich bis zum Mittelpunkt bringt, wo sie durch eine hohle Welle in die Druckröhre ausgetragen wird. Die Umdrehungszahl ist selbstverständlich gering

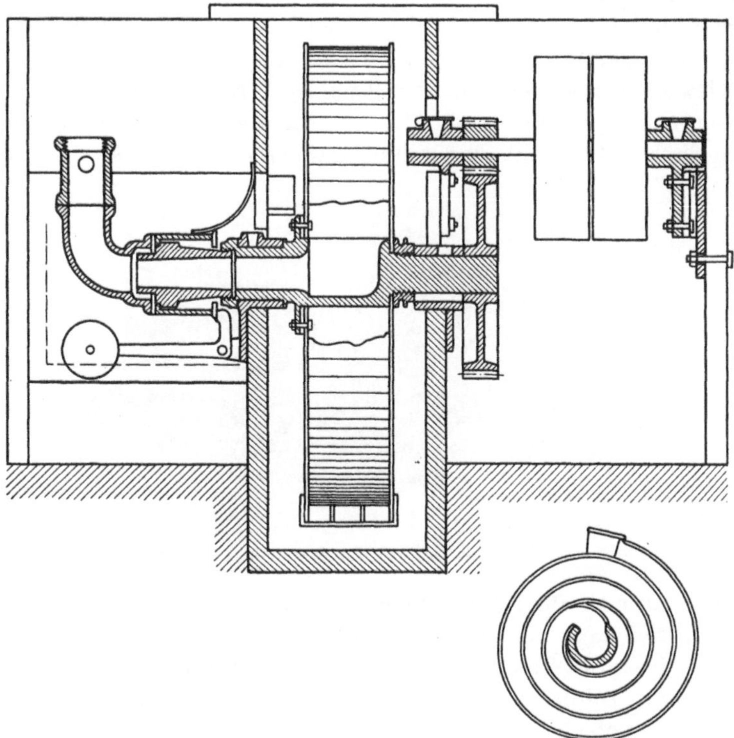

Abb. 31. Frenier-Spiralpumpe.

und geht nie über 20 pro Minute. Die Pumpe arbeitet nur gut bei stetig gehaltenem Zufluß, da sie sich nur wenig einstellen läßt. Die Förderhöhe ist ebenfalls beschränkt und soll 3,5—5 m am Meeresspiegel nicht überschreiten. Als Vorteil gibt man an, daß die Abnutzung sehr gering ist, da alle beweglichen Teile außerhalb der Trübe liegen und nur die Packung an der Hohlwelle öfters zu erneuern ist.

Eine Pumpe von 1,22 m Durchmesser und 0,15 m Breite fördert bei einem spezifischen Gewicht der Trübe von 1,200 ungefähr 22,5 t Erz als Trockensubstanz und 28 t, wenn das spezifische Gewicht auf 1,500 steigt.

Elevatoren bis 15 m Förderhöhe. Mitunter können für Förderhöhen bis zu 15 m die einfachen Druckluftheber mit Erfolg benutzt werden; aber meist muß man sie als Verbundheber ausführen, weil für den einfachen Druckluftheber die Ausführung des Brunnens für das Tauchrohr von der dazu nötigen Tiefe praktische Schwierigkeiten verursacht, und weil auch meist die verfügbare Luftmenge nicht groß genug ist bzw. der Druck zu schwach ausfällt. Der Verbundheber besteht aus zwei bis drei einfachen Drucklufthebern, die in Reihe geschaltet werden, indem das Steigrohr des ersten Apparates in den Brunnen des zweiten Apparates entleert usw.

Gewöhnlich benutzt man aber für obige Förderhöhen die „einstufige Zentrifugalpumpe" (vgl. Abb. 32), die allerdings selbst bei geringen Förderhöhen für hohe Umdrehungszahlen zu bauen ist. Aus diesem

Abb. 32. Zentrifugal-Sandpumpe.

Grunde kann sie für Förderhöhen größer als 15 m nicht mehr gebraucht werden, weil dann die Umdrehungszahlen zu hoch ausfallen. Es müßten dann mehrstufige Zentrifugalpumpen gebaut werden, die sich aber stets verstopfen. Infolge dieser hohen Fördergeschwindigkeit besitzt sie die Fähigkeit, grobe Sandkörner in Suspension zu halten, bis sie ausgetragen werden, so daß sie grundsätzlich vorzuziehen ist, wenn die Trübe die Neigung hat, ihre Sande und Schlämme schnell abzusetzen.

Damit kein Schmand sich im Innern ansetzen kann, wird beständig Klarwasser unter Druck zur Reinigung eingespritzt. Daher können Zentrifugalpumpen nicht benutzt werden in allen Fällen, wo die Verdünnung der Trübe durch Klarwasser vermieden werden muß, was besonders für Flotationsanlagen zu berücksichtigen ist. Um beim Anlassen der Pumpe diese Aufgabe des Druckwassers mit Sicherheit zu gewährleisten, wird dieser Zufluß selbsttätig von der Antriebswelle aus bedient.

Trotz bester Bauart und möglichster Erleichterung der Auswechslung der abnutzbaren Teile werden öfters länger andauernde Betriebsstörungen verursacht durch den hohen Verschleiß der Laufräder und des Innenfutters infolge der großen Umdrehungsgeschwindigkeit. Wo daher stetiger Betrieb sich als Notwendigkeit erweist, wird es immer angebracht sein, eine Reservepumpe aufzustellen, die im Falle einer Betriebsstörung sofort angeschlossen werden kann. Der niedrige Anschaffungspreis dieser Pumpen dürfte dies wohl in allen Fällen rechtfertigen.

Das Ansaugen soll nicht aus einem Brunnen geschehen, weil sich darin die Sande sehr leicht absetzen, sondern die Trübe muß durch ihre eigene Schwere aus einem Behälter zufließen, der oberhalb der Saugöffnung liegt, wodurch aber wieder Gefällhöhe in der Anlage verlorengeht. Es wird dies zur unumgänglichen Notwendigkeit, wenn die Pumpen, wie es oft geschieht, nicht stetig, sondern mit Unterbrechung arbeiten.

Angaben über die Leistung usw. der Zentrifugalpumpen sind aus der folgenden Zusammenstellung zu entnehmen:

Durchmesser der Druckröhre	Kraftverbrauch pro 1 m Förderhöhe	Leistung	Umdrehungszahl für Förderhöhen von			
Zoll	PS/st	cbm/min	6 m	9 m	12 m	15 m
2″	0,3	0,420	715	875	1005	1125
3″	0,7	0,985	570	700	805	910
4″	1,1	1,710	610	745	805	970
5″	1,5	2,650	570	700	805	910

Elevatoren bis 30 m Förderhöhe. Für Förderhöhen von 15—30 m sind Plunger-Pumpen die geeignetsten Maschinen, die für Schlämme als Zwillingspumpen und für Sande sogar als Drillingspumpen ausgeführt werden. Für gröberes Material sind sie nicht geeignet, außer wenn man die Fördergeschwindigkeit gegen alle Regeln der Wirtschaftlichkeit derart steigert, daß die Körner sich nicht festsetzen können und so irgendeinen Teil der Anlage verstopfen. Als Ventile haben sich am besten die Kugelventile bewährt. Um vorzeitige Abnutzung des Plungers und der Zylinderwände zu verhüten, wird beständig unter der Stopfbüchse Druckwasser zur Reinigung zugegeben.

Aufgabevorrichtungen.

Für grob gebrochenes Gut. Die Aufgabe des Erzes aus den Erztaschen auf den Steinbrecher wird bei kleineren und mittleren Anlagen meist durch einen Arbeiter von Hand besorgt, der gleichzeitig die Verpflichtung hat, ausnahmsweise große Wände mit dem Treibfäustel zu zerkleinern und Eisen- oder Stahlstücke, Dynamit usw. zu entfernen, die Beschädigungen des Steinbrechers hervorrufen können, wenn sie im Erze zurückbleiben.

Die Kontrolle des Zuflusses durch die Rutschen der Erztaschen geschieht gewöhnlich durch gußeiserne Türen, die durch Hebel oder Zahnstangengetriebe eingestellt werden. Da diese aber sich oft infolge der scharfen Kanten und Ecken des Erzes festklemmen und nie am Boden dicht schließen, so daß das feine Gut in einem dünnen, steten Strome durchsickert, so werden besser kreisförmig gebogene Türen aus starkem Blech eingebaut, die wie in Abb. 33 so gebaut sind, daß sie beim Öffnen sich gleichzeitig vom Erze wegbewegen, wodurch im Steckenbleiben des Erzes vermieden wird.

Für die Türhöhe „H" schlage man um „C" einen Kreisbogen mit dem Radius $3H$, der die Parallele zur Grundlinie im Abstande „H" im Punkte „A" schneidet. Man mache $CB = 3,5H$, beschreibe durch

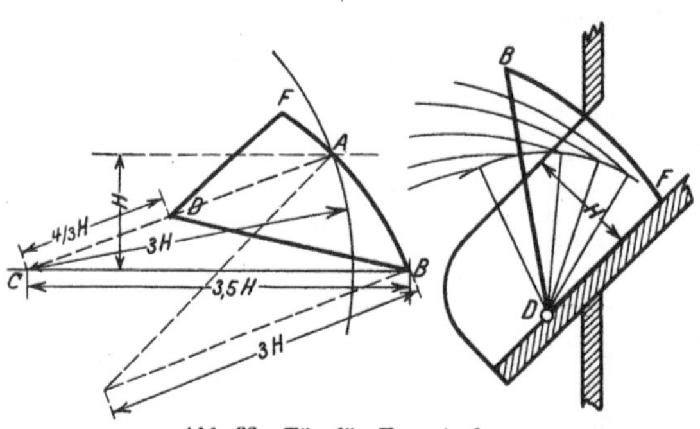

Abb. 33. Tür für Erzrutschen.

A und B einen Kreis mit dem Radius $3H$ und verlängere ihn über A hinaus bis F, so daß $AF = \dfrac{AB}{2}$ ist. Dann ziehe man AC und mache $CD = {}^4/_3\ H$. Dann ist FB der Türbogen, D sein Drehpunkt und DF und DB die Verstrebungen. In der Nebenabbildung sind die verschiedenen Stellungen des Bogens BF beim allmählichen Öffnen der Tür angegeben.

Bei großen Anlagen mit genügender Öffnung des Steinbrechers ersetzt man die Handaufgabe durch selbsttätig arbeitende Aufgabevorrichtungen, die selbst die größten Wände befördern können. Es sind dies meist dicht nebeneinander liegende Ketten oder Querstäbe, die auf zwei oder mehreren Tragketten verschraubt werden, und die über zwei Rollen laufen. Auch hat man umlaufende Scheiben angeordnet, die in den nötigen Abständen voneinander auf einer umlaufenden Welle befestigt sind. Selbstverständlich müssen oberhalb dieser Vorrichtungen Magnete oder magnetische Scheiben (vgl. Abb. 7, S. 70) angeordnet werden, um das Aussuchen von Eisen- und Stahlstücken durch Hand zu vermeiden.

Werden Gurtförderer zum Zwischentransport oder als Lesebänder benutzt, so würden diese ohne eine besondere Aufgabevorrichtung infolge der spitzen Kanten und Ecken des Gutes sich gewöhnlich sehr rasch abnutzen. Man schaltet daher zwischen den Steinbrechern und den Gurtförderern einen festen oder fahrbaren Auswurfwagen, wie er in Abb. 34 dargestellt ist, ein. Dieser gibt dem Gute annähernd dieselbe Richtung und Geschwindigkeit, wie sie der Gurtförderer besitzt. Sie stellen sich ziemlich teuer in der Anschaffung, arbeiten aber aus-gezeichnet und versagen nur in ganz seltenen Fällen.

Für feingebrochenes Gut. Hierher gehören alle Auf-gabevorrichtungen für Wal-zen, Pochstempel usw. Man stellt . an solche Apparate die Anforderungen, daß sie das Gut in gleichmäßigem, dünnem Strom über die ganze Breite der Walzen aufgeben, sich leicht ver-

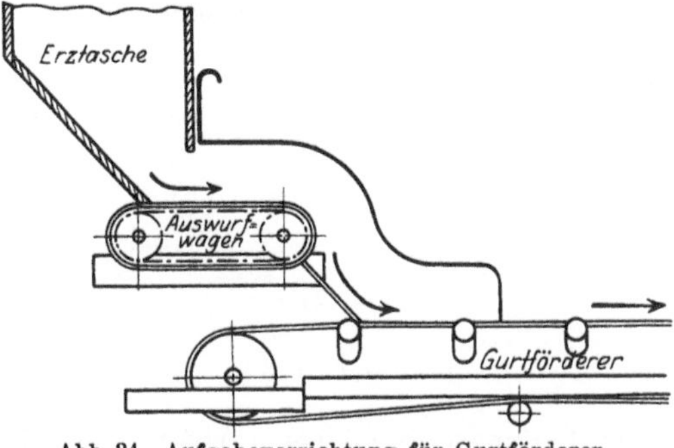

Abb. 34. Aufgabevorrichtung für Gurtförderer.

stellen lassen, möglichst wenig Gefällhöhe wegnehmen, und daß ihre Bau-art äußerst einfach ist, damit sie nicht zu öfteren Betriebsstörungen Ver-anlassung geben infolge Bruches oder Versagens irgendeines Teiles. — Bei den meisten amerikanischen Aufgabevorrichtungen habe ich gefunden, daß sie sehr teuer sind und nur so lange vorzüglich arbeiten, als sie neu

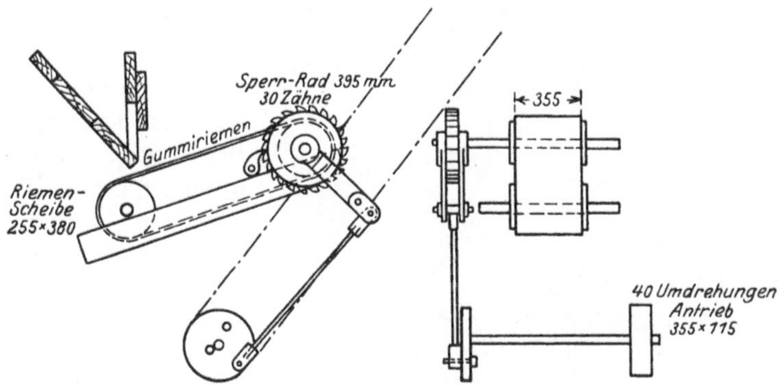

Abb. 35. Selbstgefertigte Aufgabevorrichtung für feines Erz. Maßstab 1 : 45.

sind. Sowie aber Ausbesserungen einsetzen und Ersatzstücke eingebaut werden müssen, tut man gut, sie sofort gegen einfache Aufgabevorrich-tungen, die sich auf der Grube selbst herstellen lassen, auszuwechseln.

Die mit Plunger-Kolben oder verstellbarem Exzenter arbei-tenden Apparate sind zwar dauerhaft, verstopfen sich aber sehr leicht durch beigemengten feinen Sand. Gute Universalaufgabevorrichtungen sind die eben beschriebenen Auswurfwagen (s. Abb. 34), die aber den Nachteil haben, daß sie viel zu teuer sind.

Von den auf der Grube selbst herstellbaren Vorrichtungen erwähne ich die in Abb. 35 gezeichnete Aufgabevorrichtung, die noch den Vorteil hat, absolut keine Fallhöhe wegzunehmen.

Durch Versetzen der Zugstangen in die verschiedenen Löcher des Sperrades oder der Kurbelscheibe kann man sie sehr leicht verstellen. Verschleiß und Ausbesserungen sind auf ein Minimum beschränkt.

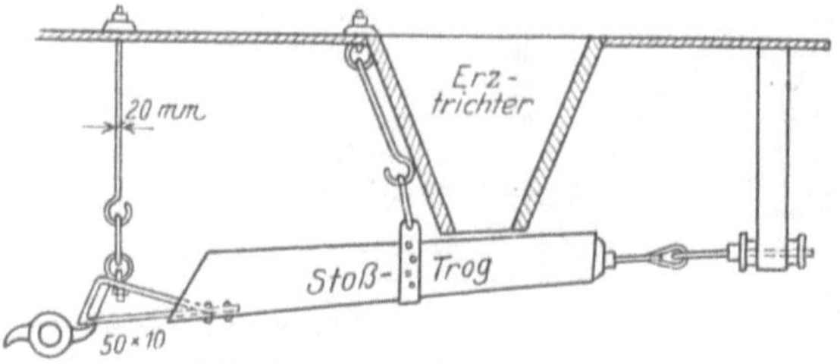

Für gröberes Gut kann man das Gummiband mit Stahlblechstreifen versehen, die mit Kupfernieten darauf befestigt werden.

Abb. 36. Stoßaufgabevorrichtung.

Auch die Schüttelaufgaben mit Antrieb durch Exzenter alter Setzmaschinen usw. arbeiten tadellos und lassen sich mit Hilfe des Exzenters in gewissem Maße verstellen.

Das Einfachste sind die nach Art der alten Stoßrätter gebauten Aufgabevorrichtungen (vgl. Abb. 36), die einen gleichmäßigen Erzstrom geben, sich leicht einstellen lassen und wenig Gefällhöhe wegnehmen. Wegen ihrer einfachen Bauart erfordern sie nur ein Minimum an Ausbesserungen und Bedienung. Die Stoßrinne ist gewöhnlich 2 m lang, am hinteren Ende 0,60 m und am vorderen Ende 0,40 m breit. Der Stoß soll ungefähr 50 mm in Länge haben, und die Zahl der Stöße sei 41 pro Minute.

Für Kugelmühlen. Die Aufgabevorrichtungen sind ausschließlich nach dem Spiraltypus gebaut und werden direkt auf den Hohlzapfen der Mühle aufgeschraubt.

Abb. 37. Spiralaufgabevorrichtung für Kugelmühlen.

Ihre Öffnung muß genügend groß sein, damit man auch Kugeln durch sie aufgeben kann. Die Vorderkante des Schöpflöffels ist auswechselbar einzurichten, da sie sich sehr rasch abnutzt. Die Stirnwand soll als abnehmbarer Deckelverschluß ausgebaut sein, damit man nötigenfalls das Innere der Mühle nachsehen kann. Für kleinere Mühlen wird nur eine Spirale angeordnet (vgl. Abb. 37), während für größere 2—3 Spiralen vorgesehen sind.

Zwischentransport.

Das Erz wird gewöhnlich aus der Grube mittels elektrischer Lokomotiven in Zügen gefördert, deren Wagen einen Fassungsraum bis zu 10 t haben. Das früher übliche System, in Einzelwagen von 50—60 t Fassungsvermögen zu fördern, ist ganz aufgegeben. Das seitliche Ausstürzen durch Rundkippwagen wird jetzt ebenfalls nicht mehr ausgeübt, sondern die Förderwagen werden starr gebaut und zu 2—4 mittels eines Kreiselwippers auf einmal durch Stürzen entleert, wobei die leeren Wagen durch die herankommenden vollen herausgestoßen werden. Das Gestell ist so ausgeglichen, daß es unter Kontrolle durch eine Handbremse sich selbsttätig dreht.

Die Erztaschen werden meist aus Holz mit flachem oder unter 50° geneigtem Boden gebaut. Die letzteren sind teurer in der Anlage und im Betrieb, weil der auswechselbare Bodenbelag öfters erneuert werden muß; dieser hat aber den großen Vorteil, daß die Tasche sich selbst entleert. — Der Entwurf mit flachem Boden wird infolge seiner Billigkeit von denen vorgezogen, die einen Erzvorrat in den Ecken der Taschen, der im Notfalle zur Aushilfe herangezogen werden kann, wünschen. Neuerdings kommen für über 1000 t Fassungsvermögen zylindrische Erztaschen aus Stahlblech mit flachem oder parabolischem Boden in Anwendung.

Meist ordnet man zwei getrennte Erztaschen an: eine vor dem Steinbrecher und die andere vor den Feinmühlen. Man gibt der ersteren hinreichendes Fassungsvermögen, daß sie im Falle eines zeitweisen Stillstandes im Grubenbetrieb genügend Vorrat hält. Ihr Inhalt entspricht gewöhnlich der 1—2fachen Menge des Tagesbedarfs, während die Erztaschen vor den Feinmühlen nur die Hälfte des Inhalts der Steinbrechertaschen fassen.

Oft setzt man den Steinbrecher direkt über die Erztaschen für die Feinmühlen, wodurch eine der Erztaschen gespart wird. Doch ist dies keine empfehlenswerte Anordnung, da die Erschütterungen durch den Steinbrecherantrieb sehr bald das Gefüge des Holzbaues lockern. Die Regel ist, den Steinbrecher unterhalb der ersten Erztasche aufzustellen und das Gut ihm direkt zufallen zu lassen.

Um das gebrochene Gut vom Steinbrecher zur Mühlentasche zu fördern, bedient man sich jetzt ausschließlich der horizontalen oder schwach ansteigenden Gurtförderer, die sich zwar rascher abnutzen, aber in der Anlage billiger als die Stahltransportbänder ausfallen, zumal auch letztere mehr Ausbesserungen erfordern. Wenn ein Auslesen von Bergen oder Erz auf ihnen stattfindet, so nimmt man ihre Geschwindigkeit zu 0,15—0,30 m pro Sekunde an, steigert sie aber auf 2,5—3 m für gewöhnliche Transportbänder. Fast überall werden sie

mit einer selbsttätigen Wägevorrichtung ausgerüstet, die jetzt
so vorzüglich arbeiten, daß eine Genauigkeit von 99 vH von den Fa-
briken gewährleistet wird. Das Auswiegen der einzelnen Förderwagen
auf selbsttätigen Plattformwagen mit seinen Nachteilen im Betriebe
entfällt dann vollständig. Die Berücksichtigung der Feuchtigkeit des
Erzes muß selbstverständlich im Laboratorium ausgeführt werden. Um
eine gleichmäßige Verteilung des Gutes in den Erztaschen zu erzielen,
läßt man den Gurtförderer genügend ansteigen und sieht bei großen
Anlagen fahrbare Abwurfwagen vor, die das Gut an irgendeiner
beliebigen Stelle der Erztasche herunterfallen lassen.

In der folgenden Zusammenstellung sind einige Angaben aus dem
Betriebe für Ballatagurte mit 5—6 Einlagen aus Hanf gegeben:

Gurtbreite	Förderung für 0,5 m/sek Fördergeschwindigkeit		Kraftbedarf für 30 m Gurtlänge	Abstand der Tragrollen
	flach	muldenförmig		
m	cbm/st	cbm/st	PS/st	m
0,50	17,0	35,4	0,8—1,1	1,35
0,60	24,5	51,0	1,2—1,5	1,20
0,75	38,2	79,6	1,5—2,0	1,20

Die „Gerinne" werden größtenteils aus Holz mit rechteckigem
Querschnitt ausgeführt, deren einspringende Kanten mit drei-
kantigen Holzleisten ausgeschlagen werden. Das Verhältnis der Tiefe
zur Breite schwankt zwischen 1 : 1 bis 1 : 0,7. Bei starker Abnutzung
wird der Boden mit Gußeisenplatten belegt. Neuerdings kleidet
man Hauptgerinne mit Beton aus, der mit Eisendraht versehen wird,
oder benutzt Gummibelag, der hohe materielle Ersparnisse zu erzielen erlaubt.

Die Geschwindigkeit des Trübestromes wird bei schwacher
Verdünnung unter 40 vH Feuchtigkeit auf 2—2,5 m/sek gehalten, während bei starker Verdünnung auf 70—80 vH Feuchtigkeit man bis auf
0,5 m/sek heruntergehen kann.

Das Gefälle für Schlämme und feine Sande wählt man zu:

30—35 vH bei einer Trübeverdünnung auf 30 vH Feuchtigkeit
  20 vH ,,   ,,   ,,   ,, 40 vH   ,,
  15 vH ,,   ,,   ,,   ,, 60 vH   ,,
10—6 vH ,,   ,,   ,,   ,, 70 vH   ,,
 3—2 vH ,,   ,,   ,,   ,, 80 vH   ,,

Für größere Anlagen benutzt man gern gußeiserne Röhren von
15—25 mm Wandstärke, denen man bei 70—80 vH Feuchtigkeitsgehalt
ein Gefälle von 1,5—4 vH (im Durchschnitt $2^1/_2$ vH) gibt. Gewöhnlich
laufen sie nur dreiviertel voll. Wenn sie sich dünngescheuert haben,
werden sie um 120^0 gedreht, wodurch ihre Lebensdauer um das Drei-

fache gesteigert wird. Man rechnet dann auf 10—12 Jahre, bevor sie zum alten Eisen zu werfen sind.

Wenn von den Flotationsmaschinen größere Mengen Erzschaum in die Berge-Gerinnen mit übergehen sollten, so kann man diesen Schaum zurückgewinnen und die Ausbeute oft bis zu 1 vH erhöhen, indem man, wie in Abb. 38 angedeutet ist, das Gerinne etwas verbreitert und gleichzeitig tiefer legt.

Durch zwei ziemlich tief eintauchende Staubretter zwingt man den Strom nach unten zu gehen und hinter dem zweiten Staubrett wieder emporzusteigen. Der angesammelte Schaum wird durch Schaumabstreifer (s. S. 186) mechanisch abgehoben. Bei beträchtlichen Schaummengen muß man den Fänger verlängern, und setzt man in der Mitte

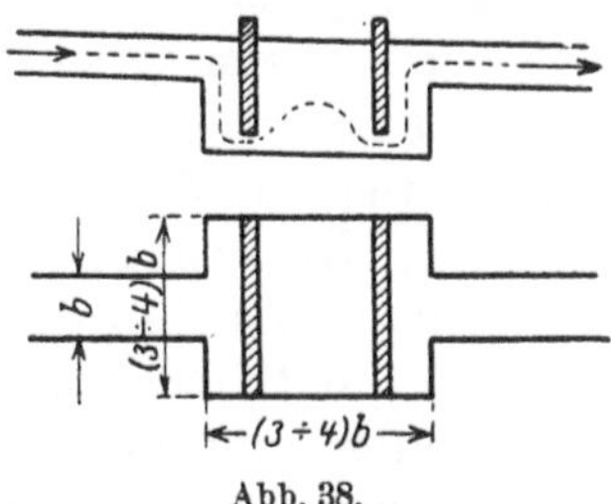
Abb. 38.
Schaumfänger im Berge-Gerinne.

noch ein drittes Staubrett ein, das aber weniger tief eintaucht. Für den Fall, daß in der Mitte zwischen beiden Staubrettern sich Sand ansetzt, kann man dünne Druckluftstrahlen am Boden in den nach oben führenden Stromdurchtritt einblasen, um den Weg freizuhalten.

VI. Beschaffenheit der Trübe.

Dichte der Trübe.

Wie schon in den vergangenen Kapiteln wiederholt bemerkt wurde, hat die Beschaffenheit der Trübe einen wesentlichen Einfluß auf die Ausbeute und auch auf die Betriebskosten der nachfolgenden Flotation und soll hier eine Zusammenstellung dieser Erfahrungssätze gegeben werden.

1. Als Hauptgrundsatz für jede Flotation gilt: Die Trübe soll so dick wie möglich im Vor- oder Grobflotator gehalten werden; denn man erhält damit im allgemeinen eine bessere Ausbeute und verbraucht weniger Antriebskraft, wodurch die Betriebskosten sich billiger stellen. Die Leistung des Flotators ist höher als wie für dünne Trüben, und eine zeitweise Überladung hat keine nachteilige Wirkung auf das Ausbringen (vgl. S. 59 f.). Ferner gebraucht eine dicke Trübe weniger Gesamtöl (s. S. 20 f.), und die Ölmischung selbst ist wohlfeiler, da weniger von dem teuren Schaumbildner, aber mehr von dem billigen Öler zu ihrer Zusammensetzung gemengt wird. Der gebildete Schaum muß selbstverständlich für dicke Trüben etwas zäherer Natur sein als gewöhnlich, wie er z. B. mit Teer und Kreosot erzeugt wird.

2. Der zweite, ebenso wichtige Grundsatz ist: Die Beschaffenheit der Trübe in bezug auf Ölmischung und alkalische Zusätze soll so eingestellt sein, daß die vom ersten Grobflotator abfließenden Abgänge eine Ausbeute von über 90 vH geben. Man begnügt sich dann mit Konzentraten in der Grobmaschine, die im Verhältnis 1:4 bis 1:5 zum ursprünglichen Gehalt des Erzes angereichert sind, weil diese leicht in den anschließenden Reinigungsmaschinen selektiv von den anderen Bestandteilen befreit werden können.

3. Je feiner gemahlen das Erz in der Trübe ist, desto bessere Ergebnisse werden im allgemeinen erhalten (s. S. 57f.), aber auch desto höherer Ölverbrauch wird verursacht (vgl. S. 19). Je gröber das Erz gemahlen wird, desto dicker soll die Trübe sein, um die gröberen Sulfidteilchen, die sonst nicht aufsteigen würden, zum Flotieren zu bringen.

4. Dünne Trüben geben verhältnismäßig reine Konzentrate, da vom Schaum weniger Gangart mit nach oben geschleppt wird. Der Zusatz an Schaumbildner in der Ölmischung muß aber dann größer sein (s. S. 19). Verdünnt man zu sehr, so sinkt die Menge der allerdings reinen Konzentrate in sehr raschem Maße, und die Ausbeute verschlechtert sich zusehends.

5. Schlämme im Überschuß in der Trübe bereiten immer Betriebsschwierigkeiten, man sieht sich dann gezwungen, dünne Trüben zu verwenden, wodurch wieder die Betriebskosten höher ausfallen, da mehr Antriebskraft zum Umrühren verbraucht wird. Außerdem steigt noch erheblich der Ölverbrauch. Diese Schwierigkeiten werden vermindert, wenn man die Schlämme mit einem bedeutend höheren vH-Satz körnigen, nicht schlämmenden Erzes vermengt (vgl. S. 60) oder ihnen die Flockenbildung zerstörende Substanzen zusetzt.

Die in der Praxis am häufigsten beobachtete Verdünnung für eine Mischung aus Sanden mit wenig Schlämmen ist: 4—4,5 Teile Wasser auf 1 Teil fester Bestandteile, was 20—18 vH Gehalt an festen Bestandteilen in der Trübeeinheit entspricht. Bei verhältnismäßig körnigem, sandigem Mahlgut geht man mit der Verdünnung auf 3:1 (25 vH) bis 2,5:1 (28,6 vH) herauf, aber nur in Ausnahmefällen auf eine Verdünnung von 1:1 (50 vH).

Für reine Schlämme, deren größter Teil durch 200 Maschen hindurchgeht, verdünnt man hingegen die Trübe bis auf 5:1 und sogar 7:1, was 16,7 bzw. 12,5 vH fester Bestandteile in der Trübe entspricht.

Geringe Abweichungen von der im Betriebe ermittelten Trübeverdünnung ziehen sofort die empfindlichsten Betriebsstörungen nach sich, daher kann nicht genug betont werden, daß die strenge Einhaltung des Verdünnungsverhältnisses von gebieterischer Notwendigkeit in der Flotation ist. Dies ist sogar bedeutend wichtiger als die strenge Einhaltung des stetigen Zuflusses der Trübe, denn, wie schon S. 59 erwähnt wurde, sind Flotationsmaschinen nur wenig empfindlich für Überladung, wohl aber für die geringste Änderung in der Dichte der Trübe. Jede solche Veränderung erfordert neue Einstellung der Ölzufuhr, ganz unabhängig vom Inhalte der festen Bestandteile in der Trübe. Wird die Trübe dünner, so muß mehr Öl zugegeben werden, und umgekehrt, wird sie dicker, so muß die Ölzufuhr beschränkt werden. Ebenso muß jedesmal das Verhältnis des Schaumbildners zum Öler entsprechend verbessert werden.

Bestimmung der Dichte einer Trübe.

Um beständig das Verdünnungsverhältnis einer Trübe überwachen zu können, nimmt man alle 20—30 Minuten und bei Neuanlagen oder der Vornahme von Versuchen sogar alle 10—15 Minuten eine Trübeprobe im Gerinne vor dem Eintritt in die Flotationsmaschinen, indem man vorübergehend den ganzen Trübestrom seitlich ableitet und auffängt oder ein schmales Blechgefäß, das dieselbe Breite wie der Trübestrom hat, an geeigneter Stelle zum Auffangen unterhält.

Das spezifische Gewicht der Trübe bestimmt man dadurch, daß man unter heftigem Umrühren der Probe eine Literflasche, die vorher leer und dann mit Wasser gefüllt gewogen wurde, bis zur Indexmarke mit Trübe auffüllt und sie dann wiegt. Je sandiger die Trübe ist, desto energischer muß man während des Schöpfens umrühren lassen, damit keine Sande am Boden sich absetzen. Die Dichte der Trübe berechnet sich aus:

$$T = \frac{g_3 - g_1}{g_2 - g_1},$$

worin g_1 das Gewicht der leeren Flasche, g_2 das Gewicht der mit Wasser gefüllten Flasche und g_3 das Gewicht der mit Trübe gefüllten Flasche, alle Gewichte in Gramm, bedeuten. $g_2 - g_1$ ist für Wasser gleich dem Volumengewicht des Wassers zu setzen, also für 1 l praktisch genau gleich 1000 g. Die Ermittlung des spezifischen Gewichtes soll immer auf 2 Dezimalen genau geschehen.

Um die festen Bestandteile, die Trockenmasse, im Mahlgute zu ermitteln, dampft man 1 l Trübe auf dem Sand- oder Wasserbade vorsichtig zur Trockne ein, bis sich auf zwei aufeinander folgende Wägungen keine Differenzen mehr zeigen. Dann ist der vH-Satz an Trockenmasse in der Trübe:

$$p \, \mathrm{vH} = \frac{100\,(g_5 - g_4)}{t},$$

worin g_4 das Gewicht der leeren Trockenschale, g_5 das Gewicht der Trockenschale mit dem zur Trockne eingedampften Erze und t das Gewicht von 1 l Trübe, alle Gewichte in Gramm, bedeuten. Für 1 l ist also $t = 1000\, T$ g.

Aus p kann man nun unter der Annahme, daß das spezifische Gewicht von Wasser gleich 1 gesetzt werden kann, ableiten:

Das Verdünnungsverhältnis der Trübe:

$$n : 1 = \frac{100 - p}{p} : 1.$$

Das Spezifisches Gewicht des Erzes:

$$E = \frac{p\,T}{100 - T\,(100 - p)}.$$

Diese Bestimmungen sind sehr genau, nehmen aber sehr viel Zeit weg, besonders wenn es sich um Eindampfen bis zur Trockne handelt. Sie werden daher nur zu periodischen Kontrollproben angewendet. Für die laufenden täglichen Proben des Betriebes wird man sich mit einfacheren Methoden begnügen müssen, die in der Hand des Arbeiters noch eine genügend genaue Überwachung der Trübedichte zulassen und darin bestehen, daß man nur das spezifische Gewicht der Trübe bestimmt und aus Tabellen oder Kurven den vH-Satz an Trockenmasse in der Trübe abliest. Das spezifische Gewicht des Erzes tritt darin als Veränderliche auf, die innerhalb größerer Zeitabschnitte durch Eindampfen bis zur Trockne berichtigt wird. Die Ausrechnung der Tabellen geschieht mittels der Formel:

$$p\,\text{vH} = \frac{100\,E\,(T-1)}{T\,(E-1)}.$$

Wenn die festen Bestandteile der Trübe sich nur langsam absetzen, benutzt man das „Baumé-Aräometer", indem man das Meßgefäß mehrmals umstürzt, rasch die Skala einsenkt und abliest. Oder man wiegt den Inhalt eines Litergefäßes an Trübe mittels einer Wage, wodurch man ohne weiteres das spezifische Gewicht der Trübe erhält.

Bequemer ist die Benutzung einer Messingfeder von genügender Spannkraft, an der eine Meßflasche von $^1/_2$ l Inhalt befestigt wird (vgl. Abb. 39).

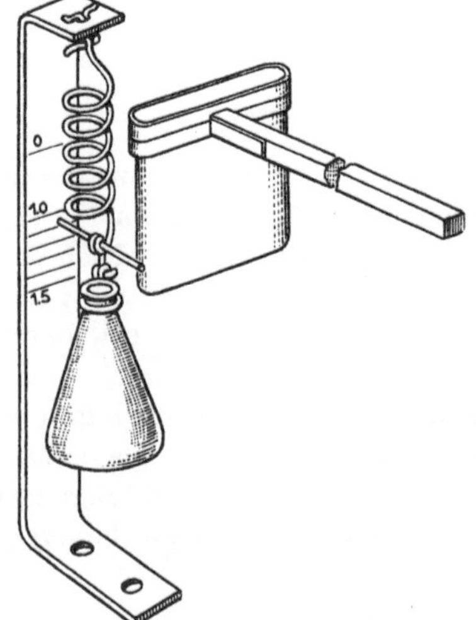

Abb. 39. Federwage zur Bestimmung der Dichte der Trübe.

Das Instrument wird kalibriert, indem man den Nullpunkt markiert
durch Aufhängen der leeren Flasche, die Einheit durch Auffüllen mit
Wasser und andere Teilstriche durch Auffüllen mit verschiedenen
Trüben von bekanntem spezifischen Gewichte. Unterabteilungen ergeben sich durch gleichmäßige Teilung der Zwischenräume. Die Meßflasche wird durch einen Trichter gefüllt aus dem Auffanggefäß, das
an einem Holzgriff befestigt ist. Von Zeit zu Zeit muß die Feder auf
richtige Angabe nachgeprüft werden.

Am besten arbeiten die **kontinuierlichen Dichte-Indikatoren**
wie der in Abb. 40 dargestellte Apparat, den man sich sehr leicht selbst
herstellen kann.

Die ankommende Trübe wird durch ein tief eintauchendes Staubrett gezwungen, als ruhiger, gleichmäßiger Strom in den Indikator-

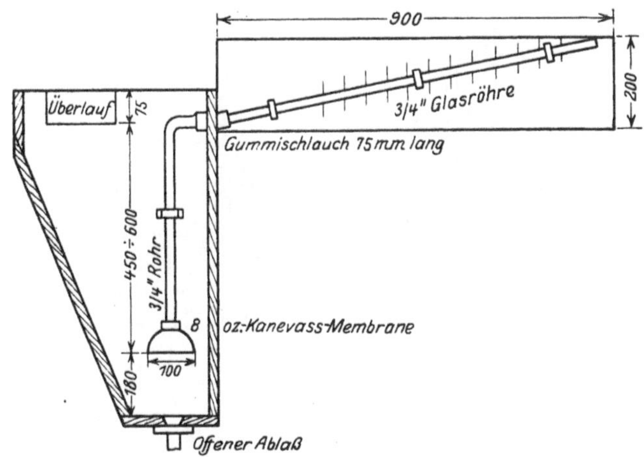

Abb. 40. Kontinuierlicher Trübedichte-Indikator. Maßstab 1 : 17.

kasten einzutreten. Am Boden des letzteren ist ein offener Ablaß angebracht, um etwaige Anhäufungen von Sand zu verhindern. Die Ein-
teilung der Glasröhre, die mit gefärbtem Wasser gefüllt werden kann,
wird dadurch ausgeführt, daß man Trüben von verschiedener Dichte
einlaufen läßt und ihre spezifische Gewichte genau durch Eindampfen
bis zur Trockne bestimmt und an der Glasröhre bezeichnet.

An Stelle der Membrane kann man, wie in Abb. 41, einen unten
geschlossenen Zylinder aus äußerst dünnem Gummi von 12 mm Durchmesser verwenden, der an einem durchbohrten Gummipropfen wasserdicht befestigt wird. Dieser trägt die gläserne Indikatorröhre, hinter
der weiter oben eine einstellbare Skala zum Ablesen der Trübedichte
angebracht ist. Gummizylinder und Glasröhre sind mit gefärbtem
Wasser gefüllt. Beide stecken in Schutzröhren, von denen die untere
mit 10-mm-Bohrungen zum Trübenumlauf versehen ist. Der Apparat

ist äußerst empfindlich und braucht nur gelegentlich durch eine Bestimmung des spezifischen Gewichtes der Trübe überwacht zu werden.

Fließt die Trübe unter Druck in einer Röhre zu, so kann man den Apparat in einem etwas weiteren zylindrischen Gefäße aus Metall anbringen, von dem aus eine $^{1}/_{4}''$-Röhre in die Trübezuflußröhre genügend tief eintaucht. Ein Teil der Trübe steigt dann durch diese Röhre im Gefäße auf und fließt oben über, wodurch ein konstanter Trübespiegel erzielt wird. Doch ist dann immer die Trübe am Überflusse etwas leichter als in der Zuflußröhre, und muß dieser geringe spezifische Gewichtsunterschied bei der Justierung des Apparates berücksichtigt werden.

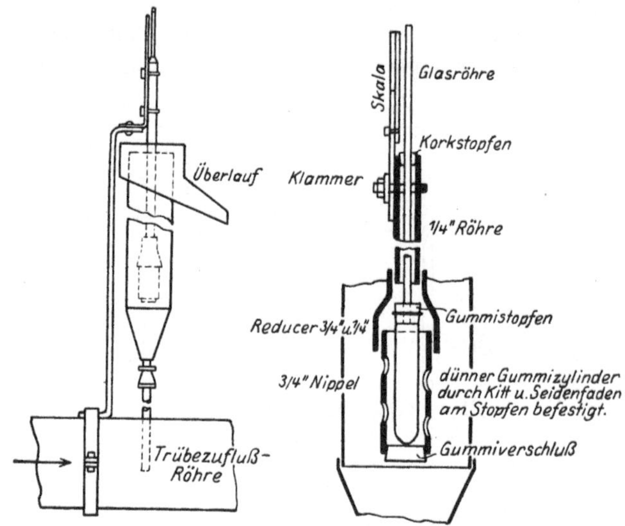

Abb. 41. Kontinuierlicher Trübeindikator aus dünner Gummiröhre.

Auf ganz anderer Grundlage beruht der in der Abb. 42 gezeichnete ununterbrochen arbeitende Trübedichte-Indikator mit selbstregistrierendem Manometer, der sich mit Erfolg auf kanadischen Gruben eingebürgert hat.

Die Trübe tritt durch eine Röhre am Boden des Behälters A (0,15 m Durchmesser bei 0,50 m Höhe) ein und fließt an seinem oberen Rande stetig über. In ihn taucht noch eine enge Röhre bis auf 50 mm über dem Boden ein, die mit einem selbstanzeigenden Manometer D in Verbindung steht und durch die Kapillarröhre B mit Druckluft gefüllt wird, deren Überschuß durch vier Bohrungen von 1,5 mm Öffnung am Ende der Röhre in Gestalt kleiner Bläschen durch die Trübe entweicht. Das Manometer, welches z. B. 500—600 mm WS. anzeigt, gibt den jeweiligen Luftdruck an, der nötig ist, um dem Drucke der Trübesäule, die dem Eintauchen der engen Röhre im Behälter A einschließlich der Reibung in der Luftröhre entspricht, das Gleichgewicht zu halten. Es wird so eingestellt, daß 500 mm die Trübedichte 1000 angeben, und die übrigen Ablesungen werden durch genaue Bestimmungn des spezifischen Gewichtes verschiedener Trüben ermittelt. — *C* ist eine selbsttätige Druckauslösung, die das Manometer gegen Überdruck im Falle einer Verstopfung schützt. Gleichzeitig erlaubt die eingeteilte schräge Skala unmittelbare Ablesungen durch den Arbeiter an der Flotationsmaschine, während das registrierende Manometer an irgendeiner entfernteren Stelle angebracht wird, die für den Gebrauch des die Aufsicht führenden Betriebsbeamten geeigneter liegt.

Von den Mühlenlieferanten werden schwimmende Hydrometer angeboten, die nahe dem Austragsende der Kugelmühlen angebracht werden und gleichzeitig selbsttätig das Austrittsventil des Wassers einstellen. Sie müssen aber beständig überwacht werden, da sie öfter toten Gang im Gestänge zeigen.

Mit der Dichtebestimmung verbindet man auf den meisten Anlagen

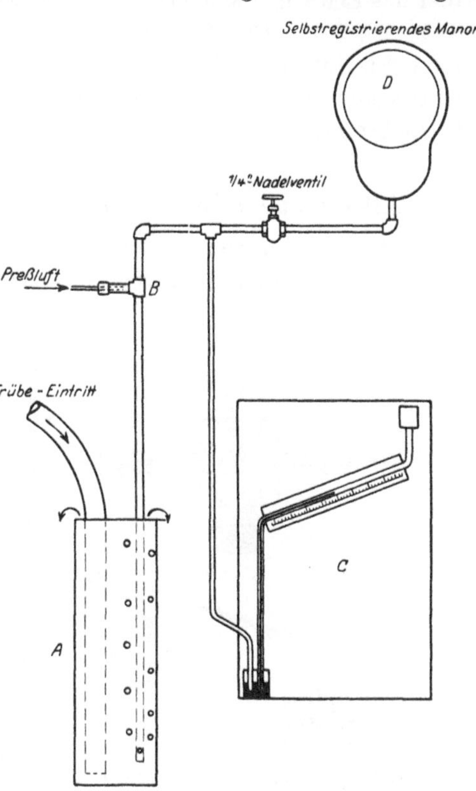

Abb. 42. Selbstregistrierender Trübedichte-Indikator.

gleichzeitig die Ermittlung der täglichen Tonnenzahl, die durch die Flotationsmaschinen gegangen ist. Man leitet für kurze Zeit den gesamten Trübestrom seitlich ab, läßt ihn in ein größeres Gefäß von ungefähr 50 l Inhalt und notiert die Zeit: z. B. 20 Sekunden. Ergab die Dichteablesung $T = 1{,}145$ und ist $p = 20$ vH, so ist das Gewicht der Trockenmasse in 0,050 m³ Trübe: $\dfrac{0.050\,Tp}{100} = 0{,}01145$ t. Die tägliche Tonnenzahl im betreffendem Augenblick wird dann: $\dfrac{0{,}01145}{20} \cdot 3600 \cdot 24 = 49{,}46$ t. Der Durchschnitt sämtlicher Tagesproben gibt die mittlere tägliche Tonnenzahl, die mit den Wägungen

am Steinbrecher oder an den Gurtförderen annähernd übereinstimmen
muß. Auch hier kann man durch Ablesungen an Tabellen oder Kurven
die zeitraubende Berechnung umgehen.

Temperatur der Trübe.

Über das Erwärmen der Trübe auf 20—30° C wurde schon das Nötige
auf S. 29 erwähnt. Das Erwärmen hat in den meisten Fällen einen
günstigen Einfluß; doch kann es während der Sommermonate gewöhnlich unterlassen werden, ohne das Endergebnis in bemerkenswertem
Grade zu beeinträchtigen.

Alkalische oder saure Reaktion der Trübe.

Über die Beziehungen zwischen den chemischen Reaktionen der
Erztrübe und der Ölmischung wurde schon auf S. 22 f. das Nötige an-

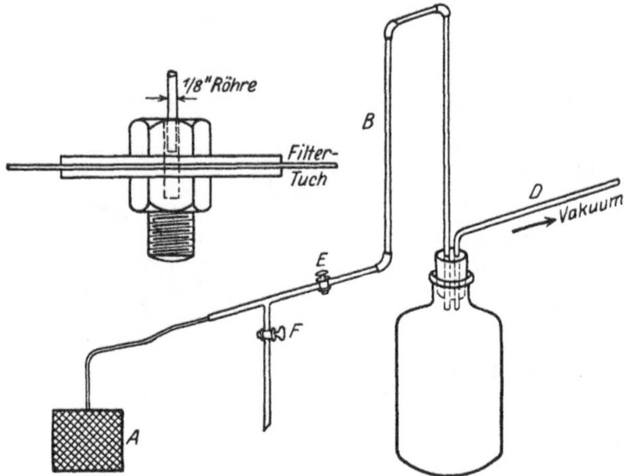

Abb. 43. Stetig arbeitender Indikator für den Alkaligehalt der Trübe.

gegeben. Bei der Verwendung von Ätzkalk kann die Menge des zugesetzten Kalkes zur Neutralisierung des Säuregehaltes der Trübe
zwischen 2—10 kg Ätzkalk schwanken, und ist es dann schwer, die
Kalkaufgabe so einzustellen, daß der Überschuß von $^1/_4$—$^1/_2$ kg freiem
CaO je Tonne Erz genau eingehalten wird (vgl. S. 38). Um hierfür eine
genaue Überwachung zu schaffen, empfiehlt sich der in der folgenden
Abb. 43 gezeichnete stetig arbeitende Indikator für den Alkaligehalt der Trübe.

A ist das Filter, das in die Trübe vor den Flotationsmaschinen
eingehängt wird. Es besteht aus einem 150 × 150 mm Drahtsieb von
der Maschenöffnung 6 (3,3 mm), über das eine Lage Filtertuch genäht

wird. Eine $^1/_2''$ Stiftschraube wird durchbohrt und eine $^1/_8''$ Kupfer-
röhre darin eingelötet. Die Stiftschraube wird durch ein Loch in der
Mitte des Siebes und Filtertuches durchgesteckt und zwischen 2 Unter-
lagscheiben mit Schraubenmuttern angezogen. Dann wird das Filtertuch an den Kanten zusammengenäht. Wird nun die Vakuumleitung D
geöffnet, so wird das Wasser der Trübe durch das Filtertuch gesaugt
und gelangt in die Indikatorröhre B, die aus einer $^1/_4''$ Glasröhre von
500 mm Länge besteht. In diese werden 0,5 g Phenolphthalein hinein-
geschüttet und die Röhre bis nahe auf den Schmelzpunkt des Salzes
erhitzt (253⁰ C), so daß es zu laufen beginnt. Durch Neigen und
Drehen der erhitzten Röhre erhält man einen dünnen, strohgelben
Überzug des Salzes im Innern der Röhre. Hatte man aber zu stark
erhitzt, so entsteht eine schwarze, teigige Masse, die wirkungslos ist. Die
Röhre muß alle 1—3 Tage erneuert werden. 30 g Salz reichen ungefähr für
2—3 Monate. Das alkalische Wasser, das infolge des Vakuums eindringt, färbt
sich rot und gibt dadurch seinen Alkaligehalt zu erkennen. Vergleicht man
die erhaltene Farbe mit der Farbe, die durch Titrieren erzielt wird, so
lernt der die Aufsicht führende Beamte sehr rasch die Farbe kennen, die
$^1/_4$—$^1/_2$ kg CaO im Überschuß anzeigt.

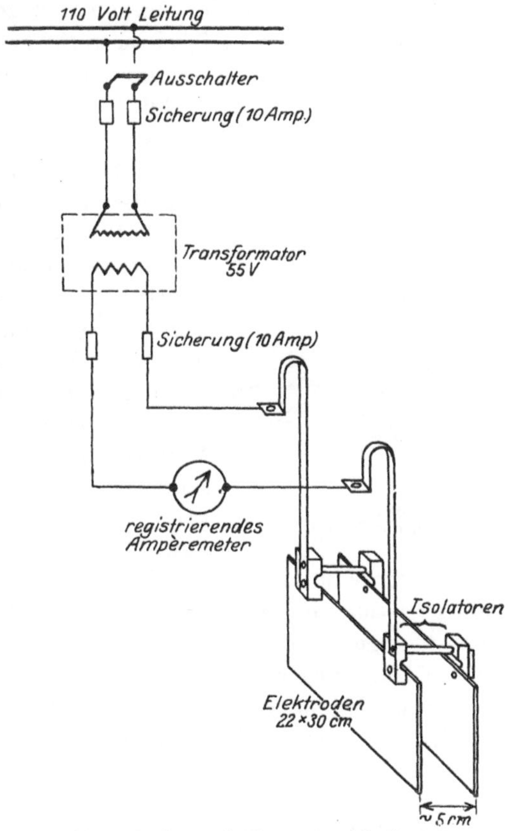

Alle 2—3 Stunden schließt man den Hahn E und öffnet F, um Wasser
oder Preßluft von geringem Druck durchzuschicken, wodurch das Filter von dem
sich bildenden Schleimkuchen gereinigt wird.

Abb. 44. Elektrischer Indikator des Alkaligehaltes
der Trübe mit Registriervorrichtung.

Der Apparat ist einfach
zu bauen und zeitigt sofort Ergebnisse, die sonst nur durch Filtrieren
und Titrieren der Trübe erhalten werden können. Will man ihn zur

Angabe des Säuregehalts benutzen, so verwendet man Methylorange statt des Phenolphthaleins.

Wünscht man fortlaufende Aufzeichnungen zur regelmäßigen Beobachtung des Betriebes während einer vollen Schicht, so empfiehlt sich der in Abb. 44 gezeichnete und leicht selbst herzustellende elektrische Indikator, der den Alkaligehalt der Trübe durch die jeweilige Leitungsfähigkeit der kalkhaltigen Lösung angibt.

Die aus verzinktem Eisenblech hergestellten Elektroden von 22×30 cm Oberfläche werden genügend tief in die Trübe eingetaucht und ihr Abstand voneinander (mehr oder weniger 5 cm) durch Versuche so eingestellt, daß für den normalen Alkaligehalt der Trübe eine Ablesung von 3 Amp. an einem kleinen Ampèremeter sich ergibt. War zuviel Kalk zugegeben worden, so schwingt die Nadel über 3 Amp. hinaus und bei zu geringem Kalkgehalte unter 3 Amp. zurück. Das Ampèremeter kann mit einer elektrischen Alarmklingel verbunden werden oder mit einer Registrierscheibe, die den Alkaligehalt der Trübe während 24 Stunden mechanisch anzeigt, so daß der Betriebsleiter ohne weiteres sieht, ob und welche Fehler zu irgendeiner Zeit vorgekommen sind.

Da die üblichen Hähne und Ventile sich leicht verstopfen und eine genaue Überwachung des Zuflusses der Ätzkalklösung nicht gestatten, hat man auf der „Inspiration“-Grube folgendes in Abb. 45 dargestelltes Ventil mit Erfolg an die Zuflußröhre angeschlossen, wodurch es möglich wird, einen gleichmäßigen Alkaligehalt der Trübe aufrechtzuerhalten.

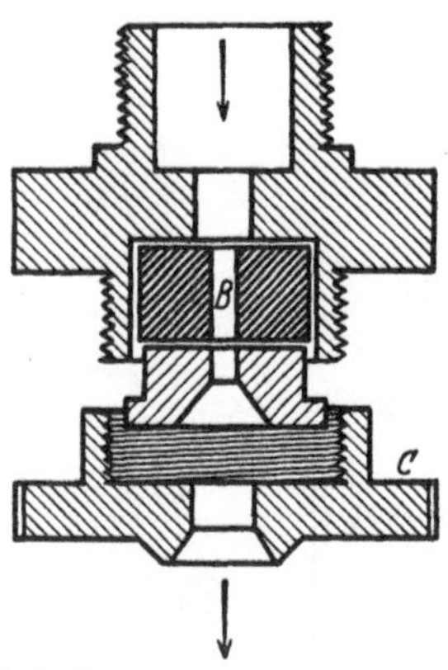

Abb. 45. Kontrollventil für den Zufluß der Kalklösung.

Das eingeschlossene zylindrische Stück B aus weichem Gummi ist zentrisch durchbohrt, und wenn es durch den geriffelten Schraubenkopf C angezogen wird, kann seine Durchbohrung genau auf irgendeine Dicke eingestellt werden. Es ist offenbar, daß alle toten Räume in diesem Ventil vermieden sind und die Abnutzung sich nur auf das Gummistück beschränkt.

VII. Grobflotatoren und Reiniger.

Schon in den ersten Stadien der Flotation ergab sich die Notwendigkeit, die in den Vor- oder Grobflotatoren erzeugten Konzentrate in einer zweiten kleineren Maschine, dem Reiniger, einer weiteren Anreicherung zu unterziehen, denn es ist ohne weiteres einleuchtend, daß in einem einzigen Arbeitsvorgang nicht gleichzeitig reine Abgänge und reine Konzentrate erzeugt werden können. Daher benutzt man den Grobflotator einzig und allein, um reine Berge zu erhalten, und nimmt mit einem relativ niedrigen Konzentrate vorlieb. Die Berge müssen aber so rein sein, daß ihr Metallgehalt in der ersten Behandlung sofort so weit vermindert wird, daß eine Weiterbehandlung sich unnötig macht, und sie daher als wertlos auf die Halde gefahren werden können. Im Reinigungsprozeß der Konzentrate lenkt man dann die gesamte Aufmerksamkeit darauf, ein möglichst hochgradiges Konzentrat sich zu sichern, während die dabei mitfallenden Zwischenprodukte an das Aufgabeende des Grobflotators wieder zurückgegeben werden, so daß man zum Schluß nur zwei Endprodukte erhält: wertlose Abgänge und reine Konzentrate, ohne irgendwelches andere Zwischenprodukt.

Nur bei Erzen, die reich an Sulfiden sind und wo ein relativ niedriges Konzentrat direkt dem Schmelzofen zur Weiterverarbeitung übergeben werden kann, wird unter Umständen die Anordnung einer Reinigungsmaschine sich unnötig machen, aber für alle anderen Erze, die eine hohe Konzentrationsrate haben oder wie die Konzentrate von äußerster Reinheit und höchstem Metallgehalt sein müssen, um an Frachtkosten zu sparen, werden immer anschließende Reiniger nötig sein.

Parallel- oder Reihenschaltung der Grobflotatoren.

Im weiteren Verlauf der Entwicklung des Flotationsverfahrens fand man, daß zwei der damals üblichen ganz kurzen Flotatoren in Reihe oder parallel geschaltet werden konnten. Erfahrung zeigte, daß die Reihenschaltung im allgemeinen um eine Kleinigkeit reinere Abgänge erzeugte, und daher findet man noch auf vielen kleineren Anlagen das folgende allgemeine Schema der Stammtafel angewendet:

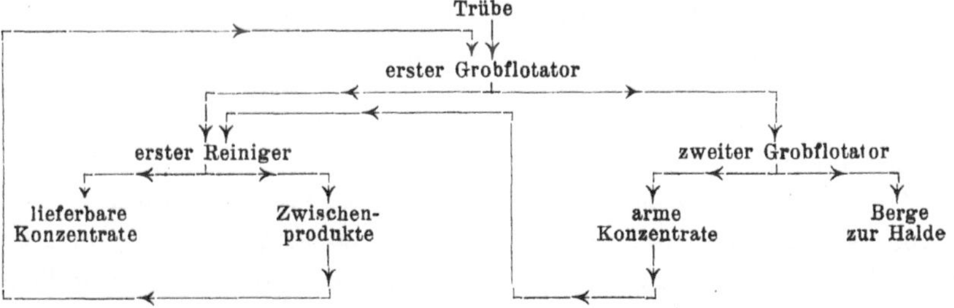

Auch die folgende Stammtafel ist noch sehr gebräuchlich:

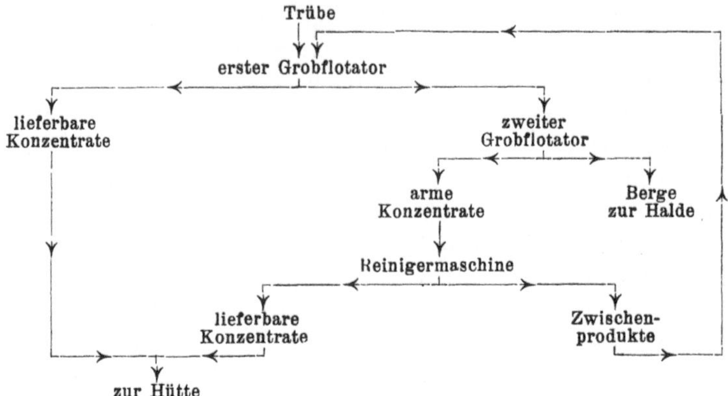

Die Verarbeitung der Abgänge des ersten Grobflotators auf einem
zweiten Flotator, ohne vorher feiner aufzuschließen, ist ein Übelstand,
den man in Kauf nimmt, obgleich er mitunter vermieden werden kann
durch peinliche Überwachung der Arbeiten des ersten Grobflotators,
so daß dieses Anhängsel eines zweiten Flotationssystems ganz wegfallen kann.

Der Theorie gemäß müßten nämlich die Zwischenprodukte weiter
aufgeschlossen werden, um eine vollständige Trennung ihrer Bestandteile zu erzielen. Daher wurde in vielen Fällen das Zwischenprodukt
des ersten Reinigers in einer Kugelmühle feiner gemahlen und
an den ersten Grobflotator zurückgegeben. Das Ergebnis war
aber nur selten zufriedenstellend, besonders wenn man die hohen Anlagekosten in Berücksichtigung zieht.

Wo es sich um hochzutreibende Anreicherung handelt, reichert man
die Konzentrate des ersten Reinigers auf einem zweiten Reiniger
an, der endgültige, verschiffbare Produkte liefert und Zwischenprodukte,
die bei einem relativ hohen Erzgehalt an den ersten Reiniger zurückgehen oder an einen der beiden Grobflotatoren, wenn sie nur einen
wenig höheren Gehalt als die Aufgabe aufweisen.

Als Beispiel für die Reihenschaltung von Grobflotatoren sei die
Stammtafel der Kupferflotation zu Morenci, Arizona, wiedergegeben, die 4500 t Kupfererze am Tage verarbeitet. Die Anlage
war ursprünglich eine 900 t Aufbereitung mit Setzmaschinen und
Herden, die seit 1916 allmählich in eine Flotation umgebaut wurde,
deren jetzige Einrichtung im Jahre 1924 dem Betriebe übergeben
werden konnte.

Das Grobzerkleinern geschieht in drei Stufen in Kegelmühlen, Symons Tellermühlen und dann in Walzen, die in Verbindung mit Vor-
und Feinsieben (Hum-Mer) auf 7 mm aufschließen. Von der üblichen

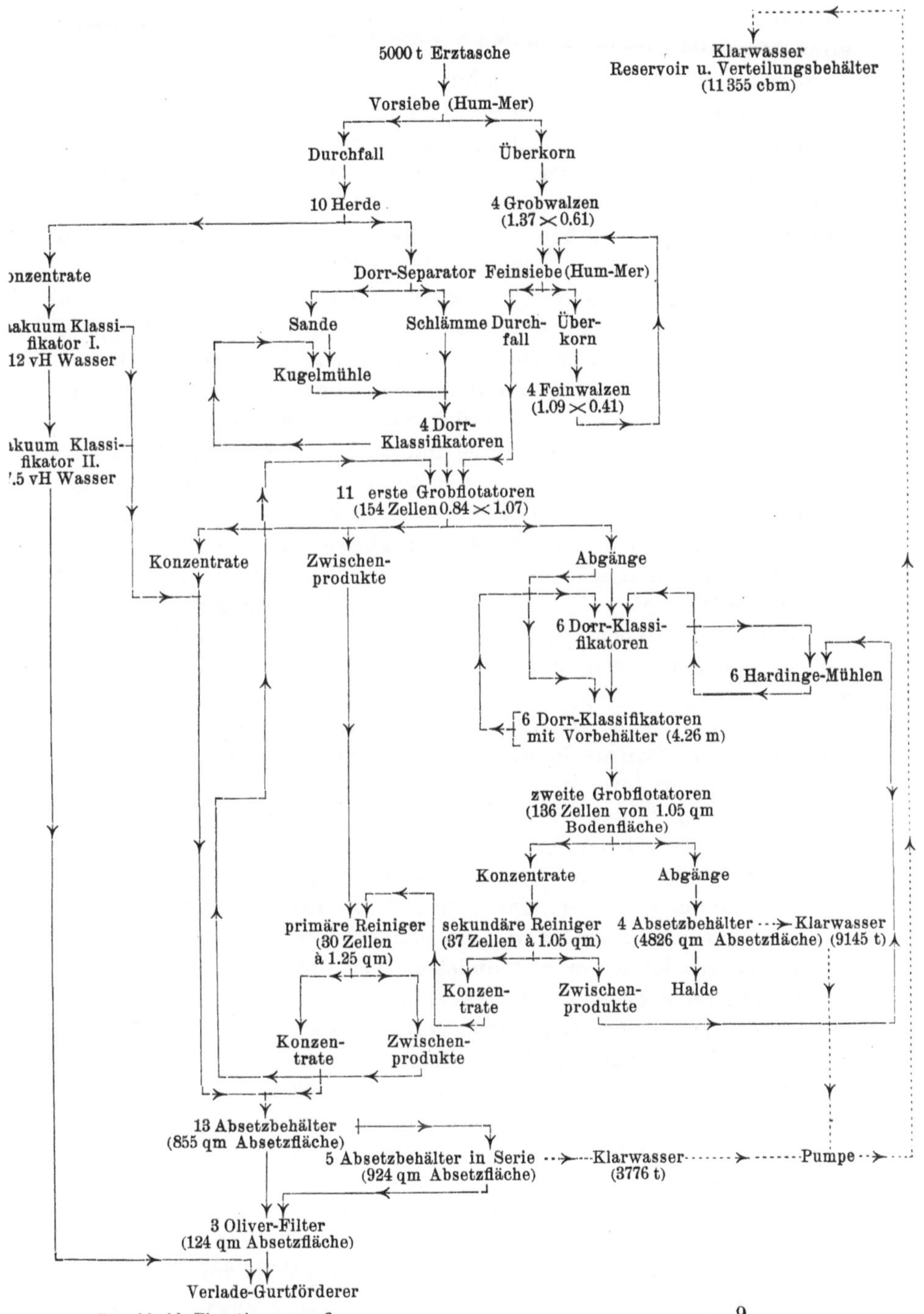
5000 t Erztasche
Vorsiebe (Hum-Mer)
Durchfall
Überkorn
10 Herde
4 Grobwalzen
(1.37 × 0.61)
Dorr-Separator
Feinsiebe (Hum-Mer)
Konzentrate
Sande
Schlämme
Durchfall
Überkorn
Vakuum Klassifikator I.
12 vH Wasser
Kugelmühle
4 Feinwalzen
(1.09 × 0.41)
Vakuum Klassifikator II.
7.5 vH Wasser
4 Dorr-Klassifikatoren
11 erste Grobflotatoren
(154 Zellen 0.84 × 1.07)
Konzentrate
Zwischenprodukte
Abgänge
6 Dorr-Klassifikatoren
6 Hardinge-Mühlen
6 Dorr-Klassifikatoren
mit Vorbehälter (4.26 m)
zweite Grobflotatoren
(136 Zellen von 1.05 qm
Bodenfläche)
Konzentrate
Abgänge
primäre Reiniger
(30 Zellen
à 1.25 qm)
sekundäre Reiniger
(37 Zellen à 1.05 qm)
4 Absetzbehälter
(4826 qm Absetzfläche)
Klarwasser
(9145 t)
Konzentrate
Zwischenprodukte
Halde
Konzentrate
Zwischenprodukte
13 Absetzbehälter
(855 qm Absetzfläche)
5 Absetzbehälter in Serie
(924 qm Absetzfläche)
Klarwasser
(3776 t)
Pumpe
3 Oliver-Filter
(124 qm Absetzfläche)
Verlade-Gurtförderer
Klarwasser
Reservoir u. Verteilungsbehälter
(11 355 cbm)

Anordnung abweichend sind die Siebe den betreffenden Walzenpaaren vorangestellt, wodurch die letzteren, und zwar besonders die Feinwalzen, bedeutend entlastet werden.

Als Haupteigentümlichkeiten der Anlage treten aber hervor, 1. daß der Durchfall der Vorsiebe auf Herden verarbeitet wird, weil ein ziemlich hoher vH-Satz dieser Aufgabe aus in Säure leicht löslichen Oxyden und Karbonaten des Kupfers besteht, die nur auf diese Weise wiedergewonnen werden können, da sie bekanntlich der Flotation allein nicht besonders zugänglich sind; und 2. daß die Abgänge der ersten Grobflotatoren in Kugelmühlen feiner aufgeschlossen und dann den zweiten Grobflotatoren übergeben werden, deren Konzentrate $16^1/_2$ vH der gesamten Flotationskonzentrate ausmachen. Sie werden in besonderen Reinigern angereichert und dann den Reinigern des ersten Systems zur endgültigen Anreicherung zurückzugeben. Die Zwischenprodukte der ersten Reiniger gehen zu den ersten Grobflotatoren zurück und die der zweiten Reiniger werden in die zweiten Kugelmühlen zurückgepumpt. —Die neuesten Versuche haben aber ergeben, daß das Feinaufschließen zwischen den ersten und zweiten Flotatoren ohne besonderen Nachteil umgangen werden kann, indem man das gesamte Gut vor der Flotation direkt bis zur nötigen Feinheit aufschließt, die augenblicklich so hoch getrieben wird, daß 6 vH auf $+$ 65 Maschen zurückbleiben und vom gesamten Mahlgut 68 vH durch 200 Maschen gehen.

Als Reagens benutzt man 0,041 kg Kaliumxanthat mit 0,025 kg Kiefernöl je Tonne Roherz. Die Trübeverdünnung wird auf 3 : 1 im ersten Flotator und auf 4 : 1 im zweiten Flotator gehalten.

Wenn in den Flotationskonzentraten das körnige Material mitunter überwiegt, so haftet der Kuchen auf den Oliver-Filtern nur schlecht. Für solche Fälle ist eine besondere Herdanlage vorgesehen, die das körnige Material anreichert, das dann mit den Konzentraten der ersten Herde weiter entwässert wird, während der seitliche Austrag dieser besonderen Herde in der gewöhnlichen Weise in den Absetzbehältern mit Filtern ohne Schwierigkeit entwässert werden kann.

Da nicht genügend Frischwasser vorhanden ist, müssen die Abgänge in großen Absetzbehältern, die in Reihe aufgestellt sind, so weit entwässert werden, daß sie nur mit 40 vH Feuchtigkeit zur Halde gehen. Durch das Zurückgewinnen dieses Wassers wird der Frischwasserverbrauch auf ein Drittel des Gesamtwasserverbrauches vermindert.

Während mit der alten Aufbereitung im Gesamtdurchschnitt nur 15,5 vH Cu bei einem Bergegehalt mit 0,83 vH Cu erzielt werden konnten, geben die Flotationskonzentrate 22 vH Cu, und die Abgänge halten nur noch 0,3 vH Cu, so daß bei einem Aufgabegehalt von 2,23 vH Cu die Gesamtausbeute 88 vH beträgt. Die Konzentrationsrate stieg von

7,83 : 1 für die Aufbereitung auf 11,3 : 1 für die Flotation. Auf die reinen Kupfersulfide bezogen, berechnet sich die Ausbeute zu 93 vH, da ungefähr die Hälfte des Kupfergehaltes der Abgänge in der in Säure löslichen Form von Oxyden und Karbonaten vorhanden ist.

Diese Anlage ist ein ausgezeichnetes Beispiel dafür, was für Erfolge mit der Flotation im Vergleich zur alten Setz- und Herdarbeit erzielt werden können; es wurde möglich, die täglich zu verarbeitende Tonnenzahl ganz beträchtlich zu steigern und gleichzeitig die Ausbeute wie auch die Konzentrationsrate zu erhöhen, wodurch wieder die Verschiffungskosten stark vermindert wurden.

Allmählich überzeugte man sich, daß diese Hintereinanderschaltung keinen größeren positiven Gewinn mit sich brachte; denn der größere Teil der reichen Konzentrate kann schon im ersten Grobflotator abgesondert werden, während im zweiten Grobflotator meist nur ein hellgefärbter Schaum von armen Konzentraten sich ergibt, dessen Metallgehalt nur einen Bruchteil der gesamten Ausbeute ausmacht, so daß er ebensogut vernachlässigt werden kann. Denn durch sein Mischen mit den reicheren Konzentraten des ersten Grobflotators wird der Durchschnittswert des Gesamtkonzentrates derart heruntergesetzt, daß die Vorteile dieser Anordnung, den Bergegehalt um eine Kleinigkeit zu erniedrigen, durch diesen niedrigeren Metallgehalt des gesamten Konzentrates ausgeglichen werden.

Bei Erzen, die nur einen Erzkörper von der Gangart zu trennen haben, baute man daher zwischen dem ersten und zweiten Grobflotator einen konischen oder mechanischen Klassifikator ein, der die Trübe in Sande und Schlämme trennte. Die Schlämme gingen zum zweiten Grobflotator, die Sande wurden auf Herden angereichert. Da aber die Trübe der Schlämme infolge der Arbeit des Klassifikators fast alles Wasser mit sich führte, wurde sie zu dünn, und man sah sich gezwungen, Verdicker aufzustellen, deren Nachteile schon auf S. 65 angegeben sind. Es entstand somit die folgende Stammtafel:

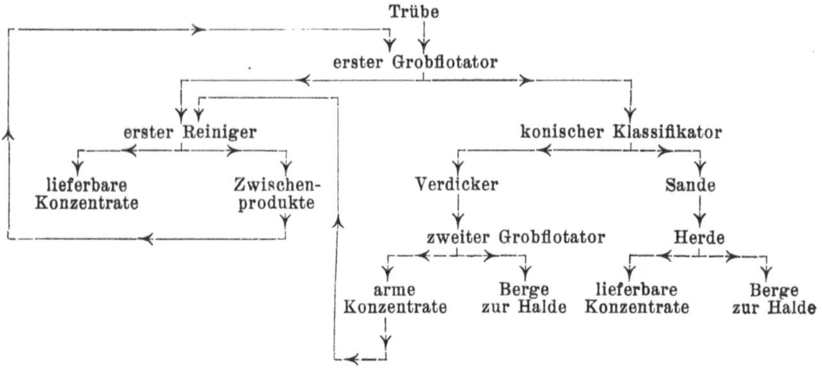

Obgleich diese Anordnung theoretische Berechtigung hat und daher noch vielfach angewendet wird, zeigt sie den Nachteil, die Stammtafel verwickelt zu machen. Dazu kommt noch die Schwierigkeit, daß sowohl im konischen Klassifikator als auch im Verdicker sich ein tiefer Schaum auf deren Oberfläche bildet, der durch mechanische Vorrichtungen oder Wasserstrahlen beständig zerstört werden muß, damit er untersinkt, wodurch die Trübe im letzteren Falle noch weiter verdünnt wird. — Auf „Inspiration" weicht man von diesem System insofern ab, daß man die Schlämme nicht zurückgibt, sondern direkt auf die Halde schickt, weil sie durch den ersten Grobflotator schon genügend arm gemacht worden sind, so daß eine weitere Behandlung sich nicht mehr lohnt.

Seit Anfang des letzten Jahrzehntes ging man immer mehr zu Parallelschaltung über, indem man zwei oder mehr Grobflotatoren nebeneinander schaltete und die Ausbeute in jedem auf das Maximum trieb, dafür aber sich mit niedrigen Konzentraten begnügte, die man einem gemeinsamen Reiniger übergab. Ausschlaggebend dafür war die Erfahrung, daß die unmittelbare Rückgabe der Reinigerzwischenprodukte an den Grobflotator keine nachteiligen Wirkungen zeigte, indem die abfließenden Berge keine oder eine nur ganz unbedeutende Erhöhung ihres Metallgehaltes erkennen ließen. Die Stammtafel einer solchen Anlage gestaltet sich wie folgt:

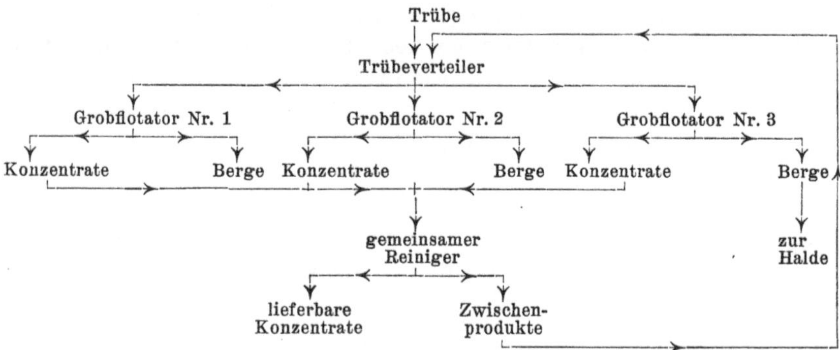

Mehrzellige Grobflotatoren.

Große Anlagen fanden aber sehr bald den Übelstand der Parallelschaltung heraus, daß die ankommende Trübe in eine größere Anzahl nebeneinander geschalteter Grobflotatoren verteilt werden mußte, wodurch die Überwachung ungemein erschwert wurde. Man ging daher insofern zur Reihenschaltung wieder zurück, daß man eine Reihe von 8—10 und mehr Abteilungen oder Zellen hintereinander zu einem einzigen Grobflotator zusammenbaute, durch den die Trübe gezwungen wurde hindurchzuwandern. Man setzte so viele Zellen aneinander, bis in der letzten Zelle die Abgänge so rein als möglich abflossen, bzw. bis die Betriebskosten der letzten Zellen höher ausfielen als der Gewinn, der erzielt wurde, wenn man den Metallwert der Abgänge um Bruchteile weiter herunterdrücken konnte. Ein einziger Mehrzellenflotator ersetzt also die vielen parallelgeschalteten Einzelflotatoren von kurzer Längenausdehnung. Dadurch wird natürlich bedeutend an Raum gespart. Sein größter Vorteil liegt aber in der Überwachung, indem mit einem einzigen Blick übersehen werden kann, ob der Gesamtflotator gut oder schlecht arbeitet. Diese Anordnung kann nur streng durchgeführt werden für pneumatische Zellen und für Agitationsmaschinen mit vertikaler Welle, während bei Agitationsmaschinen mit horizontaler Welle sofort Konstruktionsschwierigkeiten der Ausdehnung im horizontalen Sinne eine Grenze setzen.

Alle modernen Anlagen haben endgültig die Mehrzellengrobflotatoren eingebaut, und man gibt ihnen eine solche Leistung, daß sie bis 500 t in 24 Stunden verarbeiten können. Bei sehr großen Anlagen baut man sie sogar aus Doppelzellen, so daß ein Flotator bis 1000 t in 24 Stunden zu fassen vermag. Über diese Tonnenzahl geht man aber nicht hinaus, sondern zieht bei größerer Förderung vor, die Anlage zu teilen und zwei oder mehr vollständige, in sich geschlossene Systeme von je 1000 t nebeneinander aufzustellen.

Bezüglich der Zusammensetzung der Ölmischung und des Minimalölverbrauches verweise ich auf das S. 18f. Mitgeteilte. Wie schon S. 117f. bemerkt wurde, arbeitet man in möglichst dicker Trübe und legt das Hauptgewicht darauf, daß der Grobflotator ohne Rücksicht auf den Grad der Konzentrate einen möglichst hohen vH-Satz an Ausbeute (über 90—93 vH) aufweist, so daß die Abgänge nahezu reine Berge sind und als endgültig wertloses Produkt zur Halde gehen, während die relativ armen Konzentrate höchstens eine Anreicherung auf das 4—5fache des im ursprünglichen Erz vorhandenen Metallwertes zeigen, um dann in besonderen Reinigern angereichert zu werden. Nur wenn das Erz sehr arm ist, wird man aus Gründen der Betriebswirtschaft dieses Konzentrationsverhältnis höher annehmen müssen und sich unter Umständen mit etwas geringerer Ausbeute begnügen.

Die Zellenzahl der Grobflotatoren ermittelt man ungefähr wie folgt: Für Kupferkiesflotation rechnet man beispielsweise 0,045 bis 0,057 m² poröse Bodenfläche je Tonne Erz in 24 Stunden. Eine 500-t-Anlage braucht dann 25 m² poröser Bodenfläche. Die jetzt üblichen Abmessungen einer Zelle sind 0,90 × 1,30 m = 1,17 m². Unter diesen

Voraussetzungen brauchen wir $\frac{25{,}00}{1{,}17} = 20$ Zellen. Wegen der großen Länge von $20 \cdot 0{,}9 \doteq 18$ m wird man einen Flotator von 10 Doppelzellen vorziehen von 0,90 m Länge und 2,60 m Breite je Zelle. — Für die „Minerals Separation"-Agitationsmaschine rechnet man 0,055—0,063 m² Agitationsoberfläche je Tonne Erz in 24 Stunden. Man braucht also im ganzen 30 m². Die Abmessungen der Agitationsabteilung moderner M.S.-Maschinen sind $0{,}90 \times 0{,}90 = 0{,}81$ m². Daher sind $\frac{30{,}00}{0{,}81}$ = 36 Zellen nötig. Auch hier wird man wahrscheinlich eine Teilung in zwei Reihen von 18 Zellen vorziehen. Da aber die eben gemachten Angaben sehr reichlich sind und Flotatoren unbesorgt dauernd überladen werden können, so wird man im Betriebe wahrscheinlich mit einem Viertel bis einem Drittel weniger an Zellen auskommen.

Gewöhnlich gibt man nur die Konzentrate der oberen Zellen direkt zum Reiniger und den Rest der unteren Zellen bringt man als Zwischenprodukt mittels eines Drucklufthebers oder einer Diaphragmapumpe zum Auftragsende des Grobflotators wieder zurück, wodurch man erreicht, daß die zum Reiniger abgehenden Konzentrate bei verminderter Menge einen bedeutend höheren Metallwert aufweisen, so daß der Reiniger besser arbeitet. Diese Zurückgabe des Zwischenproduktes hat außerdem noch den Vorteil, daß es schon äußerst fein verteiltes Öl mit sich führt, so daß dies nicht nur dazu beiträgt, bessere Ergebnisse im Grobflotator zu erzielen, sondern auch den Verbrauch an frischem Öl merklich vermindert. Die Stammtafel für eine solche moderne Anlage mit Mehrzellengrobflotatoren ist wie folgt:

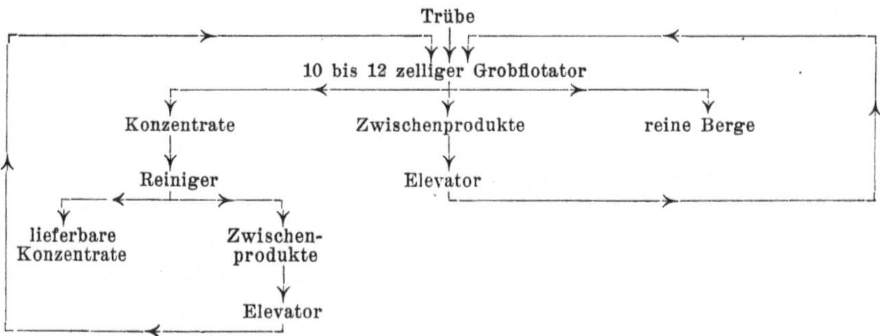

Ergeben sich die Konzentrate eines Grobflotators in den ersten Zellen schon als direkt lieferbar, so gibt man nur seine Zwischenprodukte in den unteren Zellen an den Reiniger, der ärmere Konzentrate liefert, die man wieder zum Grobflotator zurückschickt, während die Reinigerabgänge zusammen mit den Abgängen des Grobflotators auf Herden angereichert werden. Es geschieht dies hauptsächlich zu dem Zweck, die gröberen Erzteilchen, die im Grobflotator nicht in die Höhe gebracht werden, mit den Herden aufzufangen (vgl. S. 207). Als Beispiel gebe ich die folgenden zwei typischen Stammtafeln:

Stammtafel der „California Rand"-Aufbreitung für 40 t Kupfererze in 24 Stunden.

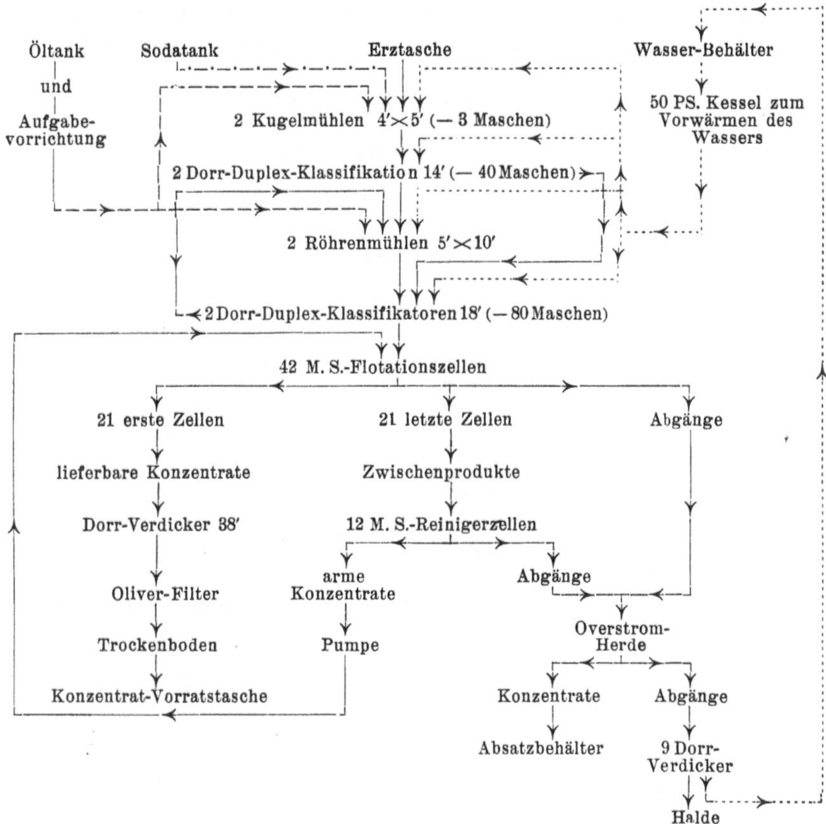

Die erste obere Hälfte der M.-S.-Grobflotatoren gibt Konzentrate, die Fertigprodukte sind, so daß sie direkt zur Hütte verschifft werden können, nachdem sie in der Filteranlage entwässert worden sind. Die zweite untere Hälfte der Flotatoren gibt ärmere Zwischenprodukte, die in Reinigungsmaschinen etwas angereichert werden. Das dadurch erhaltene ziemlich arme Konzentratprodukt wird an den Grobflotator wieder zurückgegeben, während die im Reiniger fallenden Abgänge mit den Bergen des Grobflotators zusammen über Herde gehen, um die gröberen Erzteilchen zu gewinnen.

Stammtafel der „New Cornelia" Aufbereitung für 5000 t Kupfererze in 24 Stunden.

Die durch Tagebau gewonnenen Kupfererze werden trocken aufgeschlossen, indem durch mehrere Steinbrecher das Erz auf 38 mm vorgebrochen wird. In der anschließenden Tellermühle wird es auf 30 mm zerkleinert und dann auf Walzen auf 15 mm. Das Feinmahlen geschieht in Stabmühlen. Die Verbindung von Stabmühlen mit mechanischen Klassifikatoren ist etwas abweichend, indem der Überlauf des ersten Klassifikators direkt zu den Flotationsmaschinen geschickt wird.

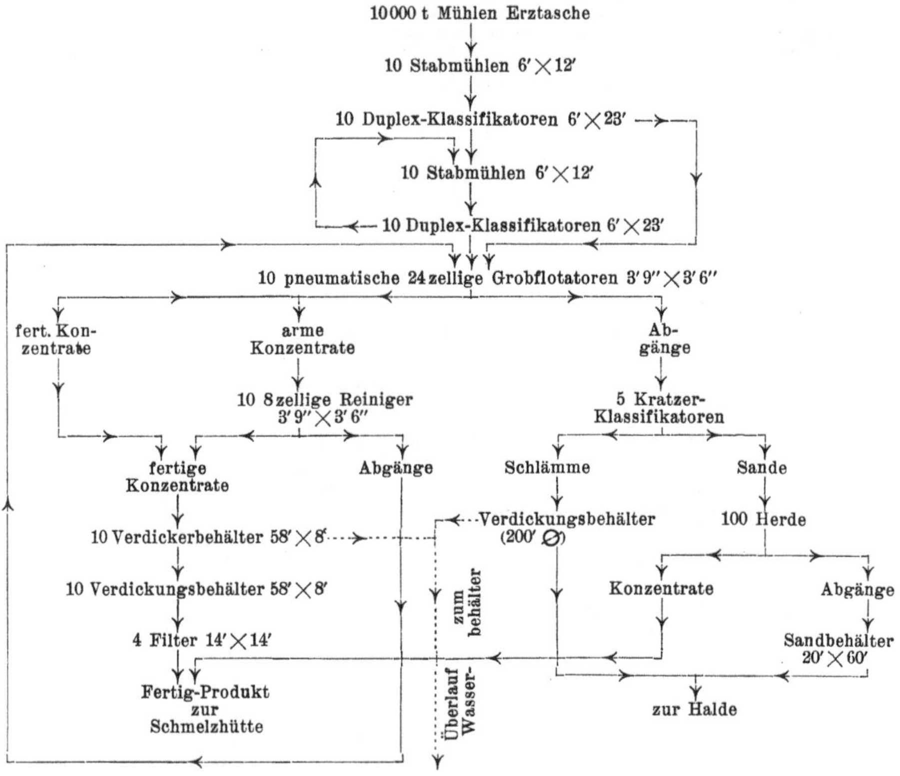

Im ursprünglichen Plan war eine Weiterverarbeitung der Herdkonzentrate im einzelnen vorgesehen, die durch Klassifikatoren in Sande und Schlämme getrennt werden sollten. Die Sande sollten nach der Entwässerung zur Halde gebracht werden, die Schlämme aber in Stabmühlen feiner gemahlen werden, um dann durch Reiniger und Wiederreiniger genügend hoch angereichert zu werden. Im Betriebe stellte sich aber heraus, daß diese Abgängeanlage nicht nötig war. Die Aufbereitung ist in 5 Einheiten zu je 1000 t angelegt.

Schaumzurückgabe im Grobflotator nach dem Gegenstromprinzip.

In den letzten Jahren hat man die im vorausgehenden geschilderte Methode, fertige Konzentrate und Zwischenprodukte im Grobflotator zu bilden, aufgegeben und benutzt jetzt die Gegenstromzurückgabe des Schaumes der unteren Zellen, was den großen Vorteil hat, daß die Zurückgabe der Zwischenprodukte durch besondere Trübeelevatoren (Druckluftheber) vollständig wegfällt und der Betrieb sich bedeutend einfacher und billiger gestaltet.

Wenn man nämlich den Schaum der verschiedenen Zellen für sich untersucht, wird man finden, daß der Metallgehalt von den obersten Zellen allmählich nach unten hin abnimmt, so daß die Konzentrate der letzten Zellen nur eine ganz geringe (unter Umständen keine) Anreicherung zeigen, die an und für sich nicht lohnend sein würde. Erfahrungsgemäß wird man nun gewöhnlich einen Minimalwert der Konzentrate ermitteln können, unter den kein Schaum der letzten Zellen des Grobflotators sinken darf, damit der Betrieb dieser Zellen noch lohnend ausfällt. Beträgt z. B. für eine Aufgabe von 3,25 vH Cu-Erzen dieser Minimalgehalt 5 vH Cu, so wären alle Zellen, die unter 5 vH Cu geben, auf Gegenstromzurückgabe einzustellen. Gewöhnlich sind dies die letzten 3—4 Zellen eines 10- bis 12-Zellen-Grobflotators.

Man erhöht zu diesem Zweck die Überlaufkante der letzten Zellen durch aufgesetzte Bretter auf ungefähr 150 mm, wodurch der Schaum

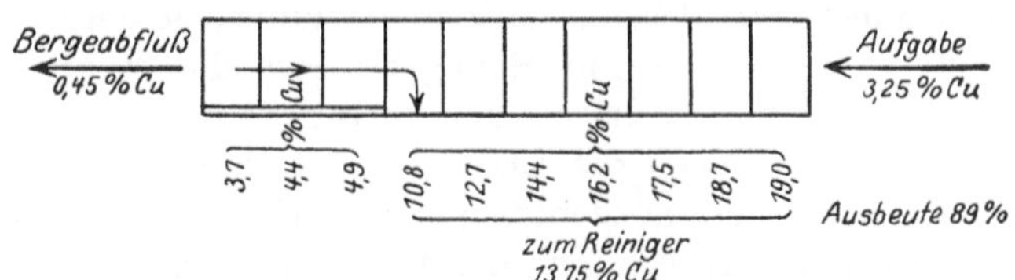

Abb. 46. Zurückgabe des Schaumes nach dem Gegenstromprinzip.

dieser drei Zellen nicht mehr in das Gerinne überfließen kann, sondern gezwungen wird, rückwärts bis zu der vierten Zelle zu fließen, die ihn austrägt. Eingesetzte Querbretter, die in ihrer Höhe stufenförmig abgesetzt sind und auf 20—30 mm unter den Wasserspiegel der Trübe eintauchen, regeln die Schaumbildung in jeder Zelle, ohne die Rückwärtswanderung des gesamten Schaumes zu beeinflussen. Bei dieser Rückwärtsbewegung durch die letzten drei Zellen findet der Schaum Zeit, die mitgehobenen Berge abzustoßen, so daß der Metallgehalt dieses Schaumes gewöhnlich bis auf das 2—2½fache des ursprünglichen gesteigert werden kann. Selbstverständlich findet gleichzeitig eine Verminderung seines Volumens statt. Von praktischer Bedeutung ist aber, daß die Endabgänge keine oder nur eine ganz unmerkliche Erhöhung ihres Metallgehaltes zeigen. Es empfiehlt sich, in den Zellen des Gegenstroms die Luftzufuhr etwas zu verstärken, um dadurch auch etwaige gröbere Sulfidteilchen, die sonst nicht zum Flotieren gebracht würden, doch noch zum Aufsteigen zu bringen (vgl. S. 21). Doch darf diese Vergrößerung der Luftzufuhr nicht so stark sein, daß die Bergetrübe mit dem Schaum zusammen in das Gerinne übergeht.

Fassungsvermögen des Reinigers.

Im Reiniger wird man selbstverständlich dieselbe Trübeverdickung beibehalten, die im Grobflotator günstigste Ergebnisse geliefert hat, um auf diese Weise ähnliche Ergebnisse zu erhalten. Eine Verdünnung der Trübe, wie es mitunter fälschlicherweise gehandhabt wird, wird zwar reine Konzentrate ergeben, dafür aber viele und ziemlich hohe Mittelprodukte, weil die gröberen Sulfidteilchen nicht in dünner Trübe in gleichem Maße gehoben werden. Es würde dann durch die Zurückgabe der Mittelprodukte an den Grobflotator dessen Durchschnittsaufgabe erhöht werden, folglich auch seine Abgänge einen höheren Wert enthalten, und so die allgemeine Ausbeute sinken.

Bei Erzen mit hoher Konzentrationsrate, die im Vergleich zur Gangmasse wenig Erz führen, werden die vom Grobflotator abgegebenen Konzentrate immer noch Berge enthalten, die durch eine weitere Wiederholung des Flotationsprozesses im Reiniger abgesondert werden müssen. Hingegen bei Erzen mit niedriger Konzentrationsrate, die hoch mineralisiert sind und bei denen die Erze über die Gangmasse vorwiegen, werden die abgesonderten Konzentrate nur relativ wenige Berge halten, dafür aber noch einen großen Teil der begleitenden wertlosen Sulfide, wie Eisenkies und Zinkblende. Um letztere im Reiniger zu trennen, muß dieser nach dem Prinzip der selektiven Flotation arbeiten, d. h. man muß das der Flotation am leichtesten zugängliche Hauptsulfid in kürzester Zeit zur Flotation bringen, damit im Verlauf des Aufenthaltes im Reiniger die begleitenden Sulfide nicht ebenfalls Gelegenheit finden, wieder mit aufzusteigen, sondern als Zwischenprodukte abfließen, was man bis zu einem gewissen Grade durch Tieferstellen des Wasserspiegels der Trübe erzielen kann (vgl. S. 184). Aber zum größeren Teile wird man es durch Überladen des Reinigers bewerkstelligen, d. h. man muß ihn mit viel geringeren Abmessungen herstellen, so daß in der Zeiteinheit eine größere Gewichtsmenge Trübe durchfließen kann als im Grobflotator.

Diesen theoretischen Überlegungen ist im Betriebe noch nicht die genügende Beachtung geschenkt worden. Man nahm im allgemeinen den Reiniger ein Halbes bis ein Drittel kleiner als den Grobflotator an und begnügte sich mit der dadurch erhaltenen Anreicherung, die dann oft nicht den gemachten Anforderungen entsprach und mitunter sogar fast gar keine Anreicherung ergab. Durch vergleichende Gegenüberstellung der Veröffentlichungen in den technischen Zeitschriften fand ich, daß nur die Anlagen ein vorzügliches Ergebnis in der Anreicherung durch den Reiniger erzielen, wo folgende von mir aufgestellte Beziehung eingehalten wird: Ist die im Grobflotator erzielte Konzentration $1:m$, so muß das Fassungsvermögen des Reinigers gleich oder besser etwas kleiner als $\frac{1}{m}$ gehalten werden.

Besaß z. B. die Aufgabe einen Wert $A = 3{,}25$ vH Cu, die vom Grobflotator abfließenden Abgänge den Wert $T = 0{,}45$ vH Cu und betrug der Wert der Konzentrate des Grobflotators im Durchschnitt $K = 13{,}75$ Cu, so erzielte man eine Konzentration von:

$$m = \frac{K - T}{A - T} = 4{,}75\,.$$

Folglich muß das Fassungsvermögen des Reinigers sein:

$$\frac{1}{m} = \text{angenähert } \frac{1}{5}$$

in bezug auf das Fassungsvermögen des Grobflotators. Waren nun für eine tägliche Leistung von 1000 t der Anlage 2 Doppelgrobflotatoren von je 10 Doppelzellen aufgestellt, d. h. im ganzen 40 einfachen Zellen, so darf der Reiniger nur aus $40 : 5 = 8$ Zellen bestehen oder aus einem Reiniger mit 4 Doppelzellen.

Dasselbe Verhältnis ergibt sich auch aus der Gewichtsberechnung unter der Voraussetzung gleicher Trübeverdickung im Reiniger und im Grobflotator. Das Gewicht der erzeugten Konzentrate berechnet sich aus:

$$\frac{A - T}{K - T} \cdot 100 = 21{,}05 \text{ vH}\,,$$

d. h. 1000 t Erz ergeben 210,5 t Konzentrate. Brauchte man zur Verarbeitung dieser 1000 t Erz 40 Zellen, so sind zur Reinigung von den erhaltenen 210,5 t Konzentraten

$$\frac{210{,}5 \cdot 40}{1000} = 8$$

Zellen erforderlich.

Eine Flotationsanlage, die der Leistung ihrer Reiniger die eben genannte Beziehung zugrunde legt, wird immer die besten Ergebnisse erzielen.

In bezug auf den Ölverbrauch kann man in den meisten Fällen annehmen, daß wahrscheinlich kein frisches Öl im Reiniger zuzusetzen ist. Denn da man beim Reiniger meist selektiv zu arbeiten hat, ist es nach S. 21 unerläßlich, den Minimalölverbrauch anzustreben. Außerdem wird durch die Zurückgabe der Zwischenprodukte des zweiten Reinigers an den ersten Öl eingeführt, das schon äußerst fein verteilt darin vorhanden ist, also auf die Flotation einen ausgezeichneten Einfluß ausüben wird. Höchstens wird man, um reinere Konzentrate zu erzielen, den Zusatz an Kiefernöl etwas vermehren (vgl. S. 18). Sollten die zu reinigenden Konzentrate viel Schlämme führen, so wird man guttun, die Flockenbildung zerstörende Zuschläge zu geben, worüber das Nähere auf S. 51 gesagt ist.

Das zum Brechen des Schaumes durch Brausen verwendete Wasser darf natürlich nur in solchen Mengen zugegeben werden, daß die Konzentrattrübe dieselbe Verdickung zeigt wie die Trübe im Grobflotator. Der auf S. 121 beschriebene stetig arbeitende Dichteindikator wird dann sehr gute Dienste leisten.

Im Reiniger wird man ferner die Ausbeute grundsätzlich so hoch wie möglich zu steigern versuchen, damit die an den Grobflotator zurückgegebenen Zwischenprodukte relativ niedrig sind. Es wird dadurch vermieden, daß die Abgänge des Grobflotators sich unnötigerweise im Wert erhöhen und die Ausbeute zu sehr sinkt.

In einem nach obigen Angaben gebauten Reiniger wird man in den meisten Fällen im Betriebe eine Anreicherung auf das $1\frac{1}{2}$ —2fache des ursprünglichen Metallgehalts der Aufgabe annehmen können. Im obigen der Praxis entnommenen Beispiel erhält der Reiniger eine Aufgabe $A' = 13{,}75$ vH Cu, die Abgänge enthielten $T' = 1{,}25$ vH Cu, und die angereicherten Konzentrate $K' = 23{,}50$ vH Cu. Es wird also das Konzentrationsverhältnis

$$m' = \frac{K' - T'}{A' - T'} = 1{,}78 \,.$$

Die Ausbeute berechnet sich zu:

$$e' = \frac{100\, K'\, (A' - T')}{A'\, (K' - T')} = 96{,}0 \text{ vH.}$$

Wiederholte Reinigung.

Handelt es sich um möglichst große Herabsetzung der Frachtkosten, wie z. B. auf Gruben, die abseits jeder Bahnverbindung im Gebirge liegen, so muß der Wert der zu verschickenden Konzentrate auf das höchste heraufgeschraubt werden. In einem solchen Falle schaltet man 2—3 Reiniger hintereinander und gibt die in jedem

Reiniger erzielten Zwischenprodukte wieder an den unmittelbar vorausgegangenen Reiniger zurück, so daß die folgende Stammtafel entsteht:

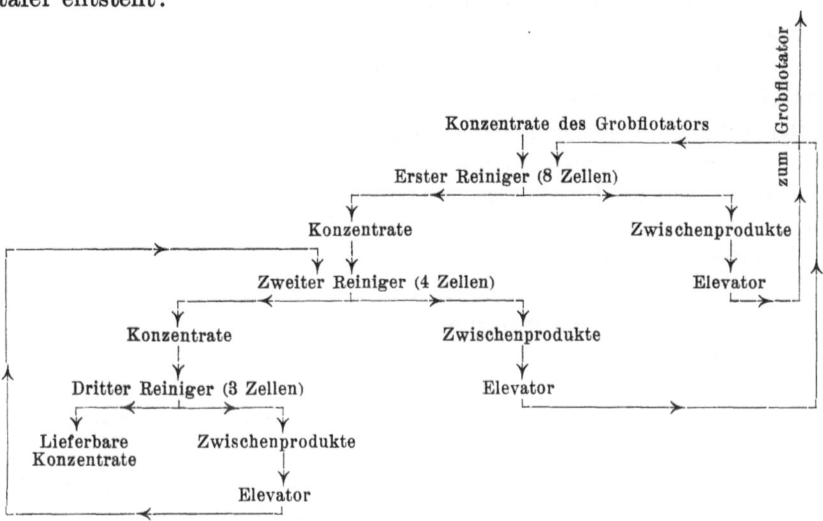

Bei dieser Zurückgabe der Zwischenprodukte des Reinigers an den Grobflotator oder den vorausgehenden Reiniger handelt man offenbar dem Grundprinzip zuwider, Zwischenprodukte erst feiner aufzuschließen, bevor man sie weiter behandelt. Dazu kommt noch, daß, wenn z. B. der Grobflotator plötzlich zu hohe Abgänge gibt, man im Zweifel ist, ob dies von der schlechten Arbeit des Grobflotators selbst herrührt oder von der schlechten Arbeit des Reinigers. Jedenfalls wäre es richtiger, diese Zwischenprodukte in einer Röhrenmühle feiner aufzuschließen und dann einem neuen Satz von Flotationsmaschinen zu übergeben. Das würde aber die Anlage unnötigerweise komplizieren und gleichzeitig die Anschaffungs- und Betriebskosten bedeutend erhöhen. Aus diesen wirtschaftlichen Rücksichten zieht man es hauptsächlich vor, die Reinigerzwischenprodukte wieder in die Vormaschine zurückzugeben, so lange sie keinen nachteiligen Einfluß auf die Abgänge ausüben. Man hofft dadurch, daß in diesem stetigen Kreislauf doch zum Schlusse die richtige Trennung eintritt. Außerdem ist zu bedenken, daß das Feinmahlen für die Flotation schon bis zur äußersten Grenze getrieben ist, und weiteres Feinaufschließen praktisch nur Schlämme erzeugt, die der Flotation hinderlich sind. Endlich ist die Flotation nicht nur von der Feinheit des Aufschließens abhängig, sondern sie ist auch gleichzeitig eine Funktion der zeitlichen Gelegenheit, die ein leicht flotierbares Sulfid sofort in die Höhe trägt, während die anderen, schwerer flotierbaren wertlosen Sulfide des Eisenkieses und der Blende infolge ihrer Trägheit nicht die nötige Zeit finden, mit in die Höhe zu steigen.

Die Trübe wird man natürlich bei wiederholter Reinigung ebenso dick halten wie im ersten Reiniger. Ferner wird man bestrebt sein, eine möglichst hohe Ausbeute in den einzelnen Reinigern zu erzielen, damit die zurückzugebenden Zwischenprodukte keine unnötige Anreicherung im vorausgegangenen Reiniger verursachen.

Das Anreicherungsverhältnis wird aber in jedem folgenden Reiniger rasch abnehmen, so daß es sich nur in Ausnahmefällen lohnt, mehr als zwei Reiniger aufzustellen. Die im ersten Reiniger erhaltene Anreicherung des obigen Beispiels ist 1,78, daher wird die Leistung des zweiten Reinigers 1 : 1,78 der Leistung des ersten Reinigers sein. Der zweite Reiniger darf also nur aus 8 : 1,78 = 4 Zellen bestehen. Bei einer Aufgabe von 23,5 vH Cu erhöht sich das Konzentrat auf 27,5 vH Cu, und das Zwischenprodukt gibt 3,5 vH Cu. Folglich berechnet sich die Ausbeute zu 97,5 vH und das Konzentrationsverhältnis zu 1 : 1,20.

Das Fassungsvermögen des dritten Reinigers macht man entsprechend $\frac{1}{1,20} \cdot 4 = 3$ Zellen. Man erhält bei einer Aufgabe von 27,5 vH Cu Konzentrate von 30 vH Cu. Dafür steigen aber die Zwischenprodukte schon auf 10 vH Cu. Die Ausbeute berechnet sich auf 95,5 vH, und das Konzentrationsverhältnis ist nur noch 1 : 1,14. Einen vierten Reiniger anzuschließen, dürfte wahrscheinlich nur eine so geringe Erhöhung geben, daß kaum ein praktischer Gewinn sich daraus erzielen läßt, wenn man die Kosten des Betriebes und der Rückgabe der Zwischenprodukte in Berücksichtigung zieht.

Das Endergebnis dieser mehrfachen Reinigung ist, daß die ursprünglichen 1000 t Erz von 3,25 vH Cu auf 86,2 t Konzentrate von 30 vH Cu vermindert wurden, während der erste Reiniger noch 118,3 t von 23,5 vH Cu ergab. Es wurde also die tägliche Fracht von 32,1 t Konzentrate erspart, was bei einem Frachtsatz von 26,80 M. erster Klasse je Tonne einen täglichen Gewinn von 860 M. ausmachte. — Man ersieht hieraus, daß durch richtige Anordnung der Reinigungsmaschinen, die nur wenig Betriebskraft und Bedienung beanspruchen, große Ersparnisse erzielt werden können.

Wegfall der Reinigermaschinen.

Offenbar gibt es Erze, die schon im ersten $^1/_4$ bis $^1/_3$ der oberen Zellen des Grobflotators 60—75 vH des Gesamtbetrages versandfähiger Konzentrate liefern, so daß nach Zurückgabe der Erzeugnisse der übrigen Zellen an die Aufgabezelle ein Gesamtkonzentrat erhalten wird, das im Metallgehalt etwas niedriger ausfällt und etwas kleineres Konzentrationsverhältnis gibt als das Erzeugnis der Reiniger. In einem solchen Falle ist es angebracht, von der Aufstellung der Reiniger und Wiederreiniger abzusehen, besonders wenn die Anlage- und Betriebskosten der Reinigerabteilung größer sind als die Verluste, die sich aus der etwas niedrigeren Ausbeute und den Mehrkosten ergeben, die aus der erhöhten Fracht einer größeren Menge Konzentrate folgen.

Als Beispiel für eine neuere selektive Flotationsanlage ohne Reiniger sei die „Midvale-Mill" in Bingham in Utah genannt, die täglich 600 t Blei-Zink-Eisenerze in 3 Einheiten von je 200 t verarbeitet. Die Stammtafel einer solchen Einheit ist im folgenden wiedergegeben. Bemerkenswert ist, daß nach Absonderung der Bleiglanz- und Blendekonzentrate sogar Pyritkonzentrate aus den Abgängen durch Flotation gewonnen werden.

Die ersten 4 Zellen des Grobflotators geben fertige Bleikonzentrate und die letzten 8 Zellen Zwischenprodukte, die an die Aufgabezelle wieder zurückgepumpt werden. Seine Abgänge fließen zum ersten Zinkflotator, der in den ersten 2 Zellen ein mit Kiesen verunreinigtes Konzentrat gibt, das auf einem Herd gereinigt wird, in den nächsten 4 Zellen fertige Zinkkonzentrate und in den letzten 4 Zellen Zwischenprodukte, die an seine Aufgabezelle zurückkehren, während die Abgänge in einen Verdickungsbehälter eintreten, der im Überlauf reine Berge absondert und gleichzeitig die Trübe auf die richtige Dichte für die weitere Flotation verdickt. Sein Austrag fließt zu einem konditionierenden Zwischenbehälter (vgl. S. 191) und von dort auf den zweiten Zinkflotator, der in den ersten 2 Zellen ein Zwischenprodukt liefert, das zu der Aufgabezelle des ersten Zinkflotators zurückgepumpt wird, während die letzten 6 Zellen ebenfalls Zwischenprodukte geben, die aber in die sechste Zelle des ersten Zinkflotators zurückgehen. Die Abgänge endlich fließen zum achtzelligen Pyritflotator, der in den ersten 6 Zellen ein reines Pyritkonzentrat bildet und in den letzten 2 Zellen ein Zwischenprodukt, das auf 3 Plat-O-Herden zu lieferungsfähigen Pyritkonzentraten angereichert wird, während seine Abgänge endgültig zur Halde ausgetragen werden.

Verwendung von Herden an Stelle der Reinigermaschinen.

Verschiedene neuere Anlagen sehen ebenfalls von der Aufstellung von Reinigermaschinen ab, benutzen aber als Ersatz dafür Herde; dies kann besonders beim Umbau einer schon vorhandenen Herdanlage in eine Flotation aus wirtschaftlichen Gründen geschehen.

Stammtafel der „Midvale-Mill", Utah,
für 200 t Blei-Zink-Eisenerze.

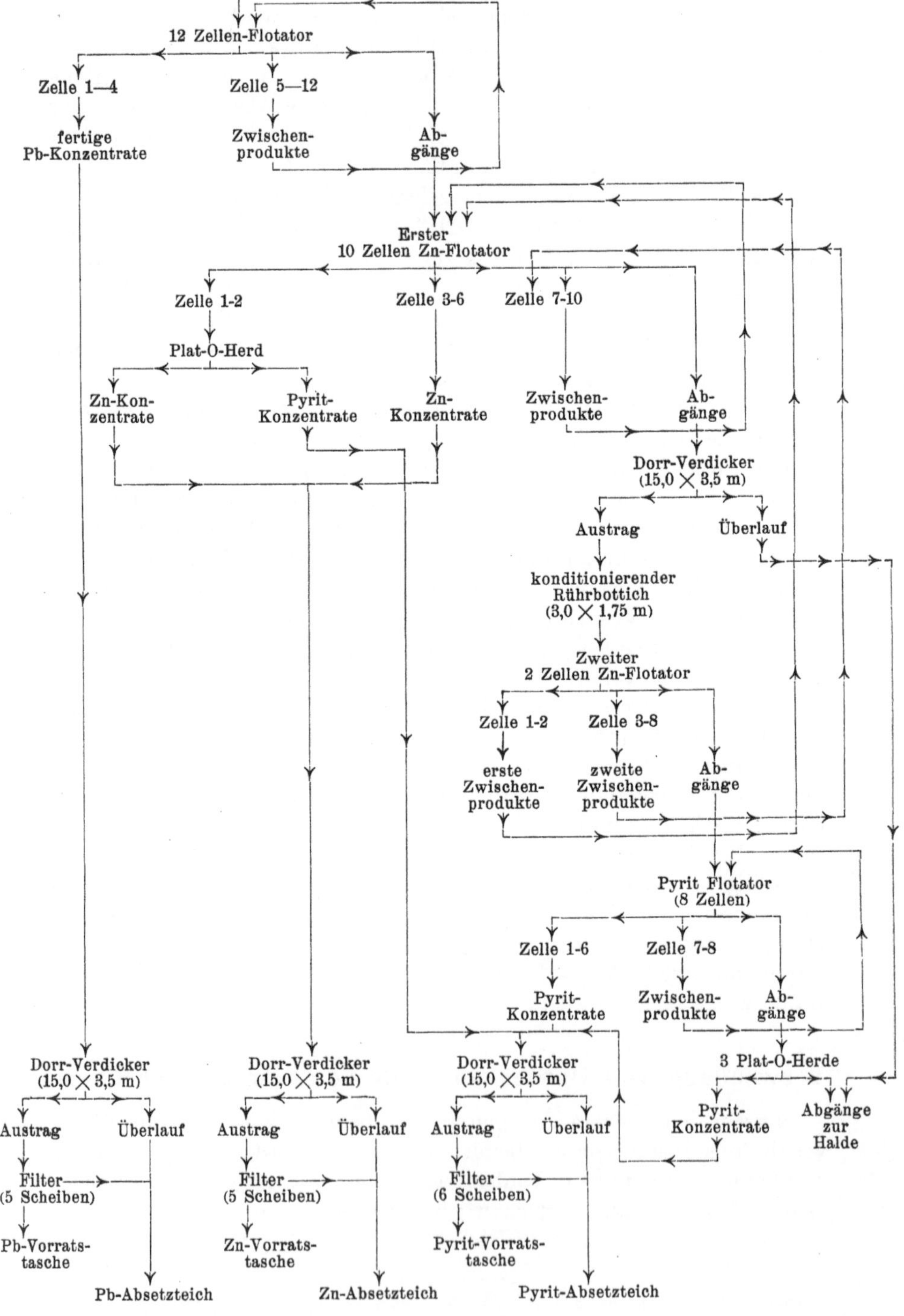

Die Vorteile, Herde als Reiniger einzuführen, liegen darin, daß gemäß S. 208 Herde eine vorzügliche Überwachung des Flotations- betriebes gestatten, und ferner, daß Herdkonzentrate sich mit Leichtigkeit durch Vakuum hoch entwässern lassen (6—8 vH Feuchtigkeit), wodurch die Versandkosten bedeutend heruntergesetzt und die Verdicker- sowie die Filteranlage zum Entwässern der Kon- zentrate in viel kleinerem Maßstabe ausgeführt werden können. — Die Nachteile aber sind, daß die Stammtafel der Herdabteilung äußerst verwickelt ausfällt und daß die Bildung eines niedrigen Mittelgutes, worin die Blende vorwiegt, nicht zu umgehen ist, weil, wie schon früher gesagt wurde, Herde für auf 65 Maschen feingemahlenes Gut keine guten Klassierapparate abgeben, so daß die Anreicherung der Konzentrate und die Ausbeute nicht be- sonders hoch getrieben werden können. Das Mittelgut, das für sich verschickt wird, ist ein Übel, das eben mit in Kauf genommen werden muß.

Die im Jahre 1922 in Betrieb gesetzte Anlage der „Sunnyside-Mill" in Colorado hat diese Verwendung der Herde an Stelle der Reiniger im großen durchgeführt. Sie verarbeitet täglich 750 t Zink-Bleierze, welche im Durchschnitt 4,8 vH Pb, 7,3 vH Zn und 4 vH Fe mit 0,5 vH Cu halten. Es werden 60 t Bleikonzentrate (47 vH Pb und 13 vH Zn), 65 t Zinkkonzentrate (6 vH Pb und 54 vH Zn) und 15 t Mittelgut (15 vH Pb und 27 vH Zn) gebildet. Da die Abgänge mit 0,6 vH Pb, 1,1 vH Zn und 0,13 vH Cu ab- fließen, ergibt sich eine Gesamtausbeute von 89 vH Pb, 88 vH Zn und 78 vH Cu.

Die Erze werden auf 65 Maschen feingemahlen, wobei 60 vH durch 200 Maschen hindurchgehen. Die Trübe wird durch Zusatz von 0,45 kg Rohsoda je 1 t Erz alkalisch gemacht und für die Blei- flotation eine Mischung aus 0,068 kg Kohlenteer, 0,023 kg Buchen- holzkreosot und 0,014 kg Rohnaphthalin je 1 t Erz benutzt; dieser Mischung wird eine Kleinigkeit Kiefernöl, 0,023 kg Kaliumxanthat und 0,34 kg Natronwasserglas beigefügt, letzteres um den Schaum lockerer zu machen. Um die Flotation der Blende zu unterdrücken, wird 0,12 kg Schwefelnatrium in Kristallen in der ersten Agitations- zelle des Grobflotators aufgegeben. — Für die anschließende Zink- flotation gebraucht man eine Ölmischung aus 0,036 kg Kohlenteer, 0,018 kg Kreosot mit 0,023 kg Kiefernöl und 0,082 kg Xanthat je 1 t des ursprünglichen Erzes; diese Mischung wird in der ersten Agitationszelle des Zinkgrobflotators eingetragen, während man gleich- zeitig als betätigendes Reagens zum Aufsteigen der Zinkblende bis 0,68 kg Kupfersulfat benutzt.

Stammtafel der „Sunnyside-Mill" für 750 t Zink-Bleierze.

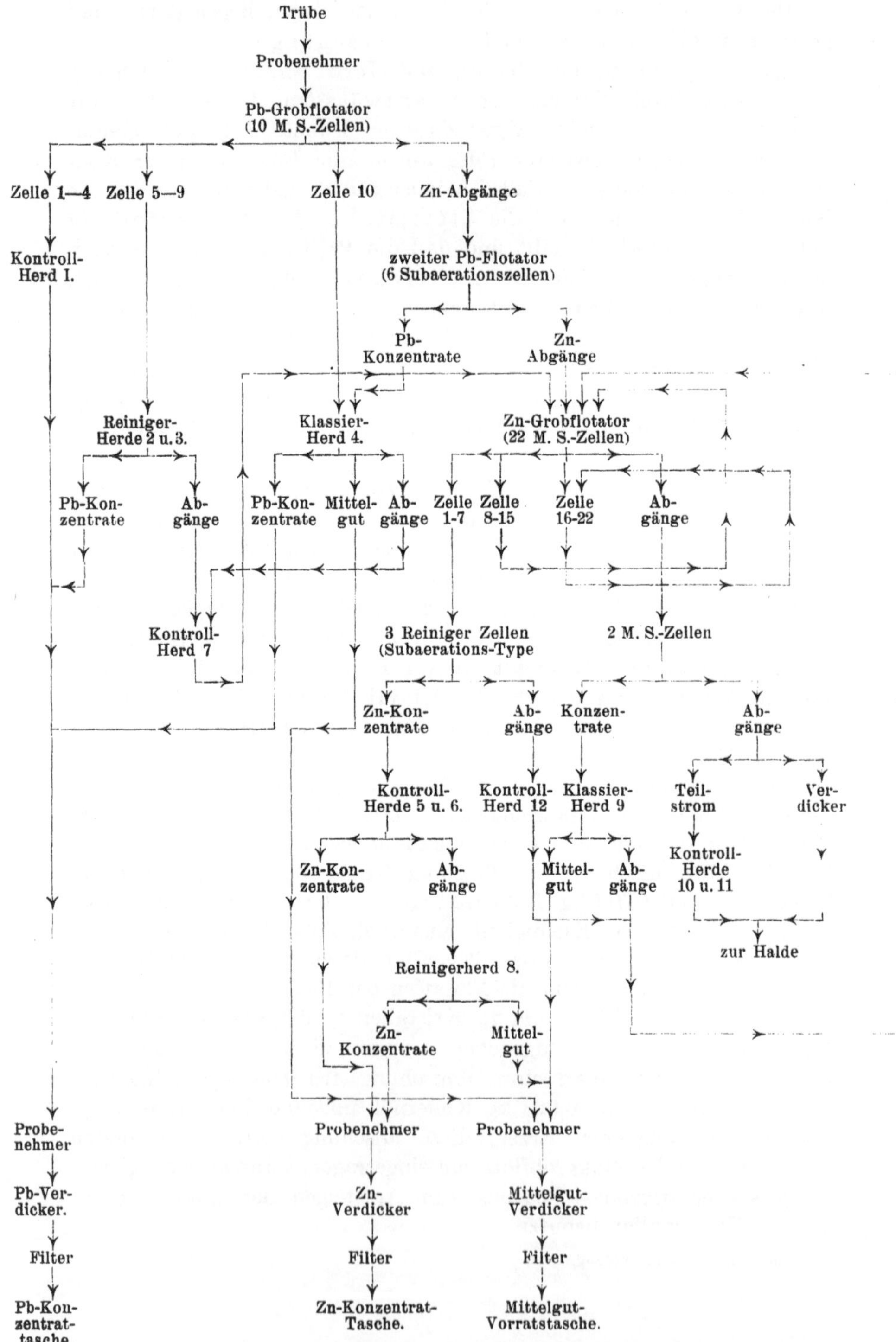

Sämtliche durch Flotation gebildeten Konzentrate gehen auf Herde zur Anreicherung mit Ausnahme der Konzentrate der ersten 4 Zellen des Bleigrobflotators, die als Fertigprodukte nur über einen Kontrollherd fließen. Die Arbeit der Herde, die teils als reine Kontroll-, teils als Kontroll- und Klassierapparate auftreten, und die äußerst verwickelte Zurückgabe ihrer Zwischenprodukte und Abgänge an den Zinkflotator ist aus der Stammtafel zu ersehen. Die Abgänge der Kontrollherde 5 und 6 gehen nochmals über einen Reinigerherd und geben neben fertigen Zinkkonzentraten hauptsächlich das arme Mittelgut. Die Konzentrate der ersten 7 Zellen des Zinkgrobflotators sind die einzigen Erzeugnisse, die über einen Reiniger gehen, während die Produkte seiner übrigen Zellen wieder in der Aufgabezelle bzw. der sechzehnten Zelle an ihn zurückgegeben werden. Von der Bergetrübe wird ein Teilstrom abgezweigt, der ebenfalls über 2 Kontrollherde geht.

Gibt der Kontrollherd I zuviel Blende und Eisenkies, so wird die Ölmischung oder der Zusatz an Natronwasserglas abgeändert. Wiegt aber die Blende über den Eisenkies vor, so erhöht man den unterdrückenden Zusatz an Schwefelnatrium. — Die Konzentrate und Abgänge des Zinkreinigers werden auf den Kontrollherden 5, 6 und 12 überwacht. Zeigt sich auf den Herden 5 und 6 in den Zinkkonzentraten zuviel Bleiglanz, so wird mehr Öl im Bleigrobflotator aufgegeben und gleichzeitig seine Einstellung derart geändert, daß eine erhöhte Flotation an Bleiglanzkonzentraten entsteht. Zeigt er aber zuviel Eisenkies, so vermindert man den Zusatz an Kupfervitriol bzw. von Kaliumxanthat und der Ölmischung im Zinkgrobflotator. Der Kontrollherd 12 der Abgänge hingegen darf nur ein breites Eisenkiesband aufweisen; erscheint daher zu wenig Eisenkies, so ist der Kupfersulfatzusatz im Zinkgrobflotator zu erhöhen, und wird zuviel Blende sichtbar, so setzt man den Sulfatzusatz herunter. — Den Teilstrom der zur Halde fließenden Bergetrübe läßt man über die beiden Kontrollherde 10 und 11 sich abzweigen. Sollte hier Bleiglanz oder Blende auftreten, so ist dies ein Zeichen, daß die Gesamtanlage schlecht arbeitet und grobe Unaufmerksamkeit in der Handhabung der Grobflotatoren vorliegt.

Die nur 7,5 bzw. 8,75 m im Durchmesser haltenden Verdickungsbehälter, denen Kalk zum raschen Absetzen der Konzentratschlämme zugesetzt wird, tragen mit 60—75 vH fester Bestandteile in der Trübe aus, so daß die anschließenden Filter (Oliver und Portland) wesentlich geringere Abmessungen zeigen: 3,5 m Durchmesser bei 1,25 bzw. 2,75 m Breite (die größeren Zahlen gelten für die Zinkabteilung). Die Feuchtigkeit des Konzentratkuchens schwankt zwischen 5,5—8 vH.

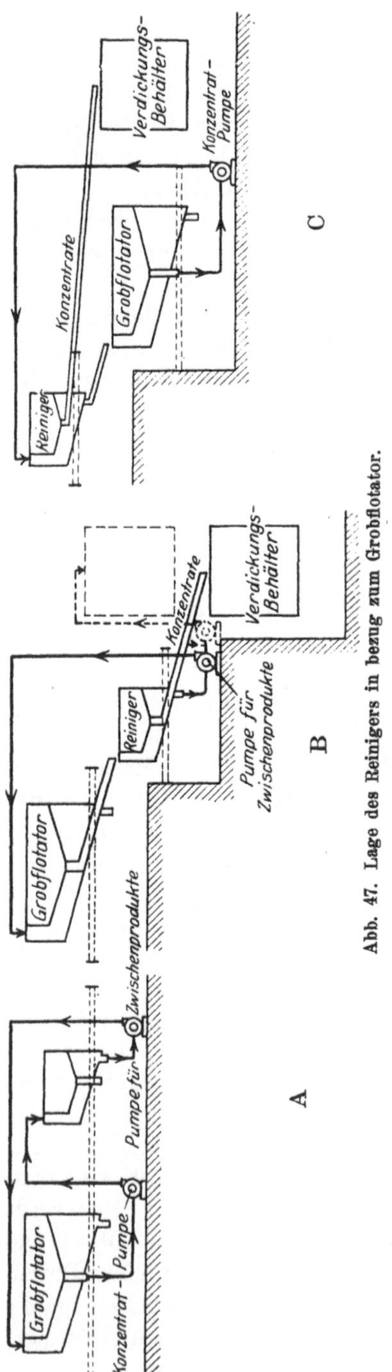

Abb. 47. Lage des Reinigers in bezug zum Grobflotator.

Lage des Reinigers in bezug auf den Grobflotator.

Ist durch die Geländeverhältnisse die Anordnung der Reiniger und Grobflotatoren auf gleicher Höhe geboten, so muß man zwei verschiedene Trübeelevatoren aufstellen; den einen zur Hebung der armen Konzentrate vom Grobflotator zum Reiniger und den anderen zur Zurückgabe der Zwischenprodukte des Reinigers an den Grobflotator (vgl. Anordnung A der Abb. 47).

Bei Großanlagen, wo die Kraftfrage von einschneidender Bedeutung ist, wird man, wenn es irgend angängig ist, beide Maschinen in verschiedenen Höhen aufstellen, wodurch ein Elevator erspart wird. Dies kann auf folgenden zwei Wegen erreicht werden.

1. Der Reiniger liegt tiefer als der Grobflotator (s. Anordnung B der Abbildung), wobei die armen Konzentrate des Grobflotators durch ein Gerinne dem Reiniger zufließen, dessen Zwischenprodukte durch einen Elevator an den Grobflotator zurückgegeben werden. Es ist dies die gebräuchlichere Anordnung.

2. Der Reiniger liegt höher als der Grobflotator (s. Anordnung C der Abbildung). Die armen Konzentrate des Grobflotators werden durch einen Elevator zum Reiniger gehoben, dessen Zwischenprodukte durch ein Gerinne in den Grobflotator zurückfließen. Der Kraftbedarf des Elevators wird hierbei im Vergleich zur vorhergehenden

Anordnung höher ausfallen, da die Menge der Konzentrate des Grobflotators die der Zwischenprodukte des Reinigers überwiegt. Doch
besitzt diese Anordnung den Vorteil, daß die anschließende Verdickungs-
und Filtrieranlage mehr oder weniger auf der gleichen Höhe wie die
Grobflotatoren aufgestellt werden kann, indem die Konzentrate durch
Gerinne von den höher liegenden Reinigern in die Verdickungsbehälter und
von da zum Filter selbsttätig laufen, wodurch man bedeutend an Gelände-
höhe in der Anlage spart. Um den gleichen Vorteil für die Aufstellung B
zu erreichen, müßte man einen weiteren Elevator einbauen zum Heben
der gereinigten Konzentrate auf die Eintraghöhe der Verdickungsbehälter.
Für wiederholte Reinigung dürfte die Stellung des letzten Reinigers
als des am höchsten liegenden unbedingt wegen der besseren Ausnutzung
des Gefälles vorzuziehen sein.

Zwischenschalten von Herden.

Wenn die in einem System von Reinigermaschinen erhaltenen Konzentrate noch viel Berge von niedrigem spezifischen Gewicht führen
oder andere Sulfide als Begleiter haben, die eine merkbare Diffe-
renz im spezifischen Gewicht aufweisen, wie z. B. Zinkblende oder
Eisenkies mit Bleiglanz, so kann man an irgendeiner Stelle des
Systems einen Deister- oder einen anderen Herd zwischenschalten,
der zwar höchstens eine Anreicherung von 1—2 vH im Metallwerte geben
wird, dafür aber 35—40 vH der Aufgabe als Konzentrate absondert,
die fast nur aus grobkörnigem Material bestehen. Dies ist ein nicht
zu unterschätzender Vorteil, denn solche körnige Konzentrate brauchen
nicht durch Verdickungsbehälter und Filter hindurchzugehen, sondern
lassen sich direkt in einem Absetzbehälter unter Umständen unter Zuhilfenahme eines schwachen Vakuums zum Absetzen bringen, so daß durch
nachfolgendes Abziehen durch Heber ihr Feuchtigkeitsgehalt auf 7 vH heruntergebracht wird. Auf diese Weise wird nicht bloß an Entwässerungs-
kosten, sondern auch an Anlagekosten gespart, indem die Verdicker- und
Filteranlage um 40 vH in ihrer Leistung kleiner angelegt werden
kann. Ferner ist ein solcher Herd ein vorzüglicher Schaumzerstörer
(s. S. 188) und dient gleichzeitig als Kontrollherd, der eine dem Auge
direkt wahrnehmbare Überwachung der Vorgänge in den Reinigermaschinen bietet.

Die restlichen 60 vH des Herdproduktes, die an seinem Bergeende ablaufen, werden meist etwas niedriger im Metallgehalte ausfallen.
Man läßt sie daher durch einen letzten Reiniger gehen, um sie
wieder anzureichern. Obgleich diese Zwischenschaltung an jeder Stelle
des Systems vorgenommen werden kann, stellt man den Herd mit Vorliebe zwischen dem vorletzten und letzten Reiniger auf.

VIII. Flotationsmaschinen.

Nach Art ihres Antriebes kann man die Flotationsmaschinen einteilen in:

1. **Maschinen ohne äußeren Antrieb**, sog. **pneumatische Flotatoren**, bei denen die Schaumbildung durch Einblasen von Preßluft von 2,8—3,5 m W.S. durch einen porösen Kanevasboden in Form äußerst fein verteilter Luftbläschen erzeugt wird. Abweichend hiervon bildet die Elmore-Maschine die Luftblasen im Apparat selbst mittels Vakuum.

2. **Maschinen mit umlaufendem Antrieb**, sog. **Agitationsflotatoren**, bei denen durch Umdrehung von Propellern, Trommeln oder Scheiben die Trübe heftig umgerührt und die zur Schaumbildung nötige Luft von außen angesaugt wird.

In bezug auf die Lage der Welle kann man die Unterabteilungen machen:

a) **mit vertikaler Welle**, an deren Ende Propeller oder Schraubenwindungen angebracht sind,

b) **mit horizontaler Welle**, an der Scheiben oder Trommeln mit Leisten befestigt werden.

3. **Maschinen ohne jeden motorischen Kraftantrieb**, sog. **hydraulische Flotatoren**, die während des vertikalen Falles der Trübe Luft ansaugen.

Die **Reinigermaschinen** werden genau wie die Grobflotatoren ausgeführt, nur daß ihre **Abmessungen kleiner sind**.

Kontrollapparate vor den Flotationsmaschinen.

Damit Flotationsmaschinen zufriedenstellend arbeiten, müssen zwei Bedingungen streng erfüllt werden: sie müssen die Aufgabe regelmäßig empfangen und die Trübe muß immer dieselbe Dichte besitzen. Die genaue Einhaltung der letzteren Bedingung ist von gebieterischer Notwendigkeit, während ein Überladen, selbst wenn es längere Zeit andauert, zwar vermieden werden soll, aber lange nicht den schwerwiegenden Einfluß hat wie eine Veränderung in der Verdünnung der Trübe, wofür die Flotationsmaschinen sehr empfindlich sind.

Um sich eine regelmäßige Aufgabe zu sichern, besonders bei mehreren nebeneinander geschalteten Flotatoren, stellt man Sammel- oder Verteilungsbehälter vor ihnen auf, in denen ein langsam umlaufendes, mechanisches Rührwerk ein Absetzen der angesammelten Trübe verhindert und von denen aus eine gleichmäßige Verteilung in genau abgemessenen Mengen auf die verschiedenen Maschinen erfolgen kann. Die Umdrehungsgeschwindigkeit am äußersten Ende der Rührarme hält man auf ungefähr 2,5—3 m/sek, so daß die Umdrehungszahl zwischen 5 und 6 schwankt. Das Spurlager der vertikalen Antriebsachse wird mit Luftpufferverschluß versehen, damit nicht Sand oder Schlämme eindringen. Der Kraftbedarf ist gering: man rechnet 5—7 PS/st für 100 t Fassungsraum; beim Anlaufen aber und während der ersten Viertelstunde ist er um 100—150 vH höher.

Eine ganz gleichmäßige Verteilung der Trübe auf die einzelnen Flotationsmaschinen wird durch den in Abb. 48 dargestellten Verteilungsapparat erzielt, in dem die Trübe gezwungen wird, durch eine zentrale Röhre in die Höhe zu steigen. Durch je 4 in einer Vertikalen übereinanderliegende Löcher in der zentralen Röhre tritt die Trübe in die einzelnen Abteilungen ein, deren jede am Boden eine Abflußröhre besitzt, die nach der betreffenden Maschine führt. Die gleichmäßige

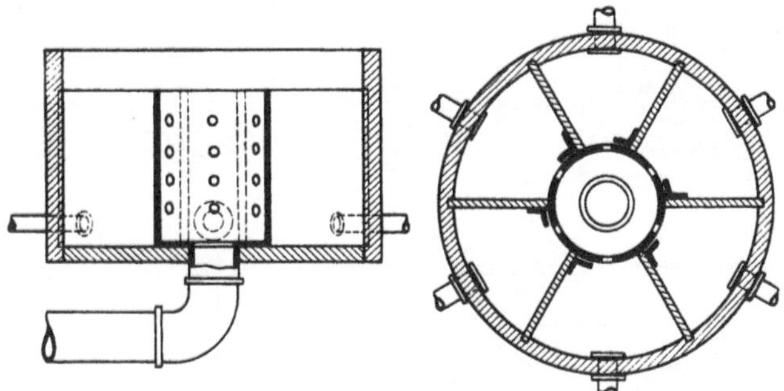

Abb. 48, Trübeverteilungsapparat.

Verteilung bleibt auch dann selbsttätig erhalten, wenn bei irgendeiner vorübergehenden Betriebsstörung die Menge des Trübezuflusses sich ändert.

Für die Überwachung der Trübedichte empfiehlt sich die Aufstellung eines der auf S. 121 f. angegebenen stetig arbeitenden Dichte indikatoren. Je aufmerksamer deren Angaben in bezug auf die Einstellung des Wasserzuflusses befolgt werden, desto bessere Ergebnisse erhält man unweigerlich in der nachfolgenden Flotation.

Da aber alle diese Kontrollapparate Zufällen unterworfen sind und infolgedessen kein genaues Arbeiten gewähren, hat man sich in der letzten Zeit entschlossen, trotz der früher schon geschilderten Übelstände einen Dorrschen Verdicker vor den Flotationsmaschinen aufzustellen, der durch Verwendung einer Diaphragmapumpe oder Kontrollventiles (s. S. 215) den Abfluß so reguliert, daß eine ganz gleichmäßige, stetige Trübedichte erzielt wird und die ständige Überwachung des Wasserzuflusses nicht mehr so peinlich durchzuführen ist. Gleichzeitig erhält man dadurch den Vorteil, daß während des mehrstündigen Aufenthaltes der Trübe im Verdicker ihr Überschuß an Ölen und anderen chemischen Reagenzien mittels des Überlaufes entfernt wird. Besonders bedient man sich eines solchen Verdickers für die selektive Flotation, um die Reagen-

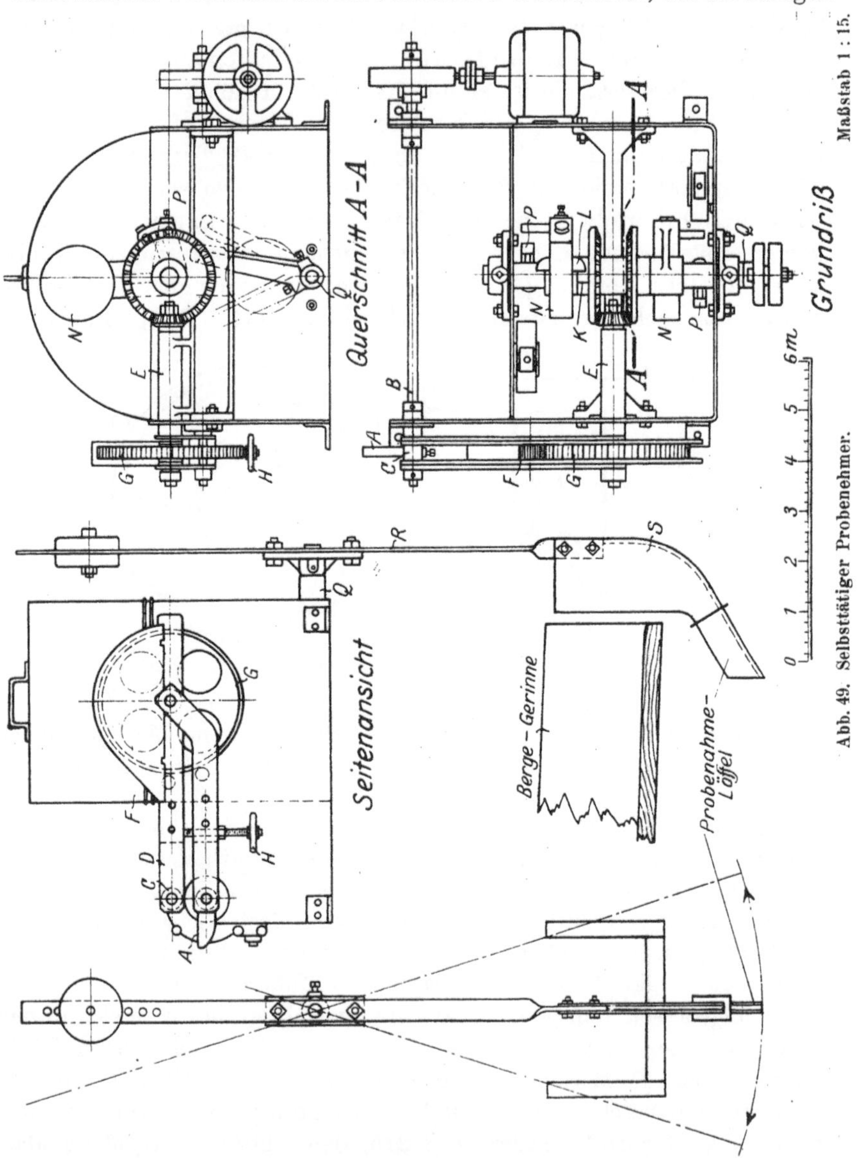

Abb. 49. Selbsttätiger Probenehmer.

zien der ersten Flotation des Bleiglanzes und die ursprüngliche alkalische Lösung soweit als möglich im Überlauf auszuscheiden, so daß am Zusatz von Schwefelsäure für das Sauermachen der Trübe in der zweiten Flotation der Blende wesentliche Ersparnisse erzielt werden.

Meist werden auch von jeder Flotationsmaschine automatische Probenehmer eingebaut, die in regelmäßigen Zwischenräumen unterhalb des Trübestromes über seine ganze Breite weg eine Probe nehmen, indem ein schmaler Löffel mechanisch vor und zurück bewegt wird, der am Ende des Hubes die Probe in ein besonderes Vorratsgefäß entleert. Der Apparat wird so eingestellt, daß während 24 Stunden ungefähr 0,05—0,10 t Probe genommen werden bei einer täglichen Verarbeitung von 1000 t. Um diese großen Mengen an Ort und Stelle weiter zu vermindern, leitet man die genommene Probe über eine Art Stabrost, dessen dreikantige Stäbe als Schneiden ausgebildet sind, welche die Hälfte der Probe durch Trennungswände in die darunter befindliche Tasche fallen lassen, während die andere Hälfte wieder zum Haupttrübestrome zurückgegeben wird. Durch Anordnung von mehreren untereinander stehenden Stabrostsystemen kann man die Probe auf eine handliche Größe mechanisch vermindern.

Ein solcher Apparat ist der in Abb. 49 dargestellte „selbsttätige Probenehmer". Der Kamm A der Antriebswelle B hebt bei jeder Umdrehung den Hebel D und dreht dadurch mittels der Friktionsrolle F die Scheibe G und damit die Welle E ein Stück weiter. Durch Kegelräderübertragung wird mittels des Zapfens K eins der einander entgegengesetzten Gewichte N gehoben. Erreicht dieses seine größte Höhe, so fällt es von selbst zurück und dreht den Daumen P und damit die Welle Q, an deren Ende der Arm P befestigt ist, der den Probelöffel S trägt. Letzterer geht infolgedessen unter dem Trübegerinne quer vorbei und nimmt die Probe. Durch Heben und Fallen des zweiten Gewichtes N_1 wird der Löffel S zurückbewegt. Mit der Schraube H kann die Häufigkeit der Probenahmen zwischen 10—60 Minuten eingestellt werden. Der Apparat hat sich im Betriebe ausgezeichnet bewährt und kann durch einen elektrischen Motor von $^1/_6$ PS an jeder beliebigen Stelle der Anlage angetrieben werden. Sein Preis beträgt einschließlich Motor 200 Dollar.

Pneumatische Flotatoren.

Als Vorteile der pneumatischen Flotatoren werden gewöhnlich die folgenden aufgeführt:

1. Sie liefern im allgemeinen reinere Konzentrate, da sie selbst die feinsten Erzschlämme zum Flotieren bringen, während die Agitationsmaschinen in der Regel reinere Berge abgeben. Denn infolge des kräftigeren Umrührens bringen letztere auch die gröberen Erzteilchen im Schaum zum Aufsteigen, die bei den pneumatischen Maschinen gewöhnlich mit den Abgängen weggehen und infolgedessen deren Metallgehalt etwas erhöhen. Doch kann diese arme Arbeit der pneumatischen

Flotatoren durch Anordnung von Herden nach der Flotation ausgeglichen werden. Allgemein ausgedrückt kann man sagen, daß pneumatische Maschinen sich mehr für Erz eignen, das sehr fein gemahlen werden muß.

2. Wie die Agitationsmaschinen mit vertikaler Welle können sie in solcher Zahl in Reihe hintereinander geschaltet werden, daß die abfließenden Berge nahezu rein sind. Durch Anwendung der Schaumzurückgabe nach dem Gegenstromprinzip (vgl. S. 137f.) liefern auch die letzten Zellen brauchbare Konzentrate, so daß eine Zurückgabe der Zwischenprodukte an die Aufgabezelle durch Elevatoren, wie bei den Agitationsmaschinen, vollständig ausgeschaltet wird.

3. Sie geben für feine Schlämme von allen Maschinen die höchste Ausbeute. Agitationsmaschinen können allerdings dieselbe Ausbeute geben, aber nur wenn man eine bedeutend geringere Tonnenzahl durchgehen läßt und die Trübe sehr verdünnt. Dadurch fällt die Kraftbeanspruchung höher als bei pneumatischen Maschinen aus, so daß man letztere grundsätzlich vorziehen wird, wenn es sich, wie bei Großanlagen, ausschließlich um die Kraftfrage handelt.

4. Der Kraftbedarf ist im Vergleich zu den Agitationsmaschinen wesentlich geringer, und die Instandhaltungskosten werden auf ein Minimum beschränkt.

Als Nachteile der pneumatischen Maschinen sind zu bezeichnen:

1. Sie sind bedeutend empfindlicher als die Agitationsmaschinen und bedürfen einer beständigen Aufsicht, damit sie in allen Abteilungen gleich gut arbeiten.

2. Bei schwer mineralisierten Erzen von niedriger Konzentrationsrate backen die feinen Erzschlämme auf dem porösen Boden fest, und die Luft kann nur mit Schwierigkeit durchdringen. Durch Einblasen von stark komprimierter Luft in dünnen Strahlen am Boden sucht man diesem Festbacken vorzubeugen, sonst muß mit Druckwasser der Boden zeitweilig rein gewaschen werden.

3. Es ist immer eine besondere Hochdruck-Ventilatoranlage einzubauen, die besondere Wartung und Aufsicht verlangt.

4. Bei Verwendung von Ätzkalk als alkalisches Trübereagens verstopft sich der poröse Boden und ist eine Quelle unendlicher Betriebsstörungen.

Callow-Flotationsmaschine (s. Abb. 20). Das 1914 von Callow zuerst in die Praxis eingeführte Prinzip der pneumatischen Flotation ist vorbildlich für alle späteren Veränderungen oder Verbesserungen geworden. Die ursprüngliche Maschine bestand aus einem 2,75 m langen Holzkasten von 0,60 m Breite, dessen Boden eine Neigung von 1 : 3 bis 1 : 4 hatte, damit die Schlämme beim Trübedurchgang sich so wenig wie möglich festsetzen. Die Kastentiefe am flachen Einlaufende beträgt 0,50 m. Der poröse Boden ist aus 4 Lagen leicht gewobenen Kanevas gebildet, die alle 10—15 mm zusammen-genäht und durch ein fest angezogenes, durchlochtes Eisenblech oder einen guß-eisernen Rost gegen Zerstö-rung durch den Luftdruck geschützt werden. Der Raum unterhalb ist durch Tröge aus Stahlblech in 8 luft-dichte Abteilungen getrennt, deren jede eigene Luftzufüh-rung mit Hahnregulierung besitzt. Die Benutzung poröser Ziegel, Karborun-dumsteine usw. ist wieder aufgegeben worden, da sie sich zu leicht verstopfen und öfters zum Reinigen heraus-genommen werden müssen. Entlang beider Längsseiten laufen Holzgerinne, in denen der überfließende Erzschaum durch Wasserstrahlen zer-stört und dann zum Reiniger weitergeführt wird. Die Durchflußgeschwindigkeit der Trübe wird durch einen Schwimmer geregelt, der einen Stopfen am Austrags-ende einstellt und so den Abfluß der Abgänge über-wacht.

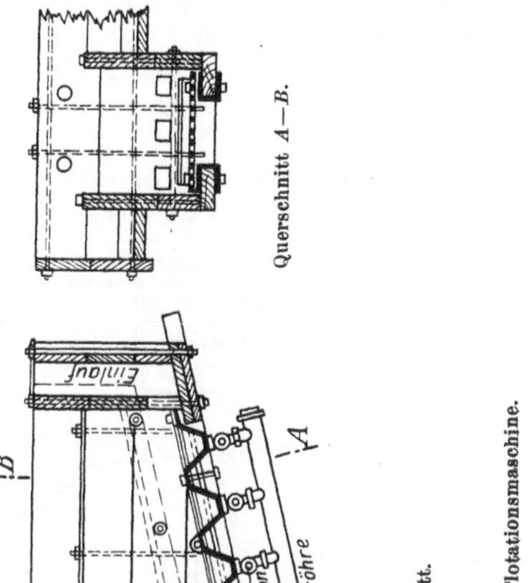

Die Maschine verarbeitet 15—20 t Schlämme bzw. 75 t Sande in 24 Stunden. Der Kraftverbrauch ist 5—7 PS je Tonne Erz in 1 Stunde. Man rechnet, bezogen auf 1 m² poröser Bodenfläche, einen Luftverbrauch von 2,4—3,5 m³/min unter 0,28—0,35 kg/cm² Druck.

Wenn Verstopfungen am Boden eintreten, versucht man sie zuerst durch zeitweilige Erhöhung der durchzublasenden Luftmenge zu be-

Abb. 50. Callow-Flotationsmaschine.

seitigen, und wenn dies nicht mehr ausreicht, muß der Boden rein gespült werden, indem man ein eisernes Rohr eintaucht, das durch einen Schlauch mit der Druckwasserleitung verbunden ist. Dadurch wird aber die Schaumbildung für längere Zeit gestört, und viele ziehen es daher vor, eine gründliche Reinigung alle 12 oder 24 Stunden vorzunehmen, indem sie die Maschine völlig leer laufen lassen und den Boden gut mit Druckwasser abwaschen. Das Reinigen mit stumpfen Holzstäben ist zu verwerfen, da es die Lebensdauer des porösen Bodens in starkem Maße verkürzt.

Die schematische Abb. 51 erläutert eine Anordnung, wie sie auf kleinen Anlagen bis zu 100 t täglich in Gebrauch ist. Im Pachuca-

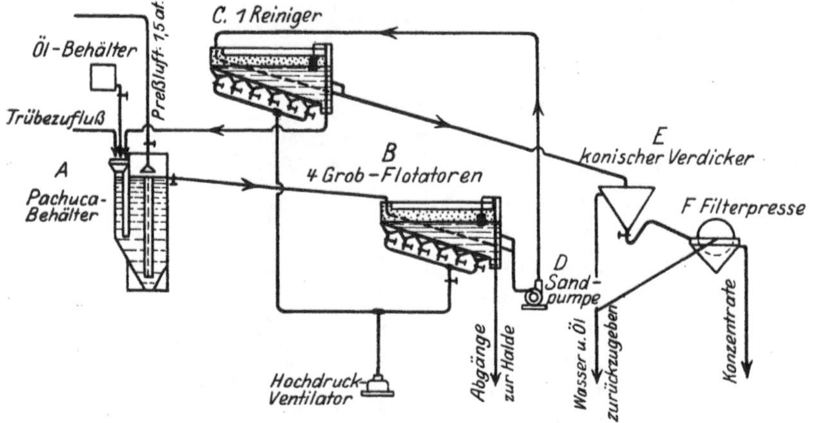

Abb. 51. Schematische Darstellung des Callow-Prozesses.

behälter *A* (vgl. S. 26) wird durch Preßluft eine innige Mischung der Trübe mit dem Öl bewerkstelligt. Doch kann man davon absehen, wenn die Ölmischung schon in der Kugelmühle aufgegeben wird. Von hier fließt die Trübe durch einen Verteiler in die 4 Grobflotatoren *B*. Ihre Abgänge gehen auf die Halde, während die Konzentrate durch die Sandpumpe *D* zum Reiniger *C* gehoben werden. Die angereicherten Konzentrate fließen zu einem konischen Verdickungsbehälter *E* und von dort zur Filterpresse *F*, die sie auf 12—14 vH Feuchtigkeit entwässert und dann in die Vorratstasche austrägt. Das mit dem Öl gemengte Wasser des Überflusses des Verdickungsbehälters und der Filterpresse wird durch eine Pumpe zum Pachucabehälter zurückgepumpt. Der Reiniger steht höher als die Grobflotatoren, so daß seine Zwischenprodukte sofort in den Pachucabehälter zur Wiederverarbeitung zurückfließen, wodurch die Aufstellung einer zweiten Sandpumpe vermieden wird. Der Preis einer einzelnen Maschine stellt sich ungefähr auf 1000 Dollar fob Fabrik.

Inspiration-Flotationsmaschine (s. Abb. 52). Während der Versuche der Inspiration Consolidated Copper Co. zu Miami, Arizona entstand der Gedanke, die ursprüngliche Callow-Maschine für größere Leistung und gleichzeitig als Mehrzellenflotator (vgl. S. 132 f.) umzubauen.

Die eingreifendste Veränderung aber war, daß man den stark geneigten Boden wegließ. Daß die Trübe, ohne sich festzusetzen, durch die ganze Länge hindurchfloß, erreichte man dadurch, daß 5 Querstaubretter eingesetzt wurden, die bis nahe auf den Boden reichten, wodurch die Trübe gezwungen wurde, den in der Abb. 53 angedeuteten Weg einzuschlagen (vgl. S. 117).

Es entstanden so 6 Zellen von 0,865 m Länge und 0,650 m Breite, und das Fassungsvermögen stieg auf 100 t Erz in

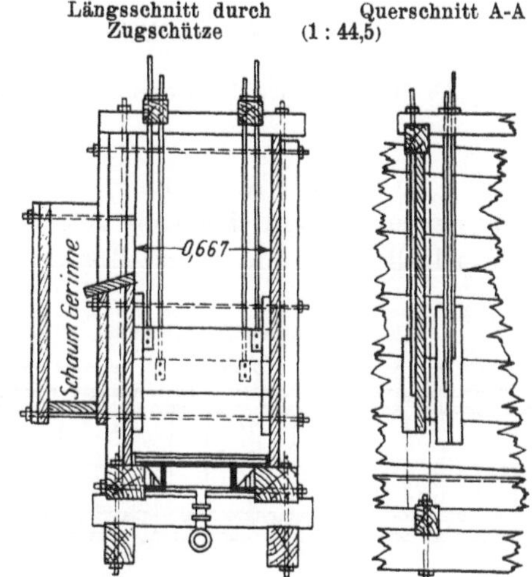

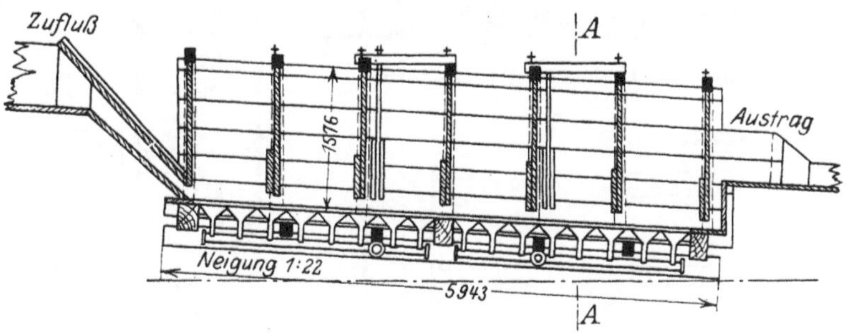

Abb. 52. Experimentelle Inspiration-Flotationsmaschine.

24 Stunden. Die Staubretter tragen am unteren Ende verstellbare Zugschützen, die eine genaue Einstellung der Trübe-Durchflußgeschwindigkeit für jede einzelne Zelle ermöglichen.

Für die praktische Verarbeitung von 800—1000 t täglich entwickelte sich daraus der „Standard-16-Doppelzellengrobflotator" (siehe Abb. 54), der, ganz aus Stahlblech gebaut, vorbildlich für alle Großanlagen geblieben ist. Jede einzelne Zelle ist

0,915 m lang und 1,295 m breit. Die Wände bestehen aus 2,4 mm und der Boden aus 9,5 mm starkem Stahlblech. Zur Einstellung

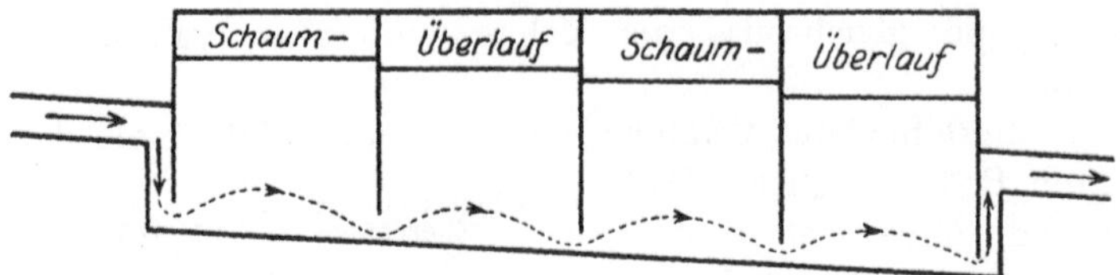

Abb. 53. Darstellung des Weges der Trübe in der Inspiration-Flotationsmaschine.

des Trübezuflusses auf eine Maschinenlänge von ungefähr 16 m sind folgende Einrichtungen getroffen worden: Am Ende der achten Doppelzelle ist ein verstellbares Überfallwehr zwischengeschaltet,

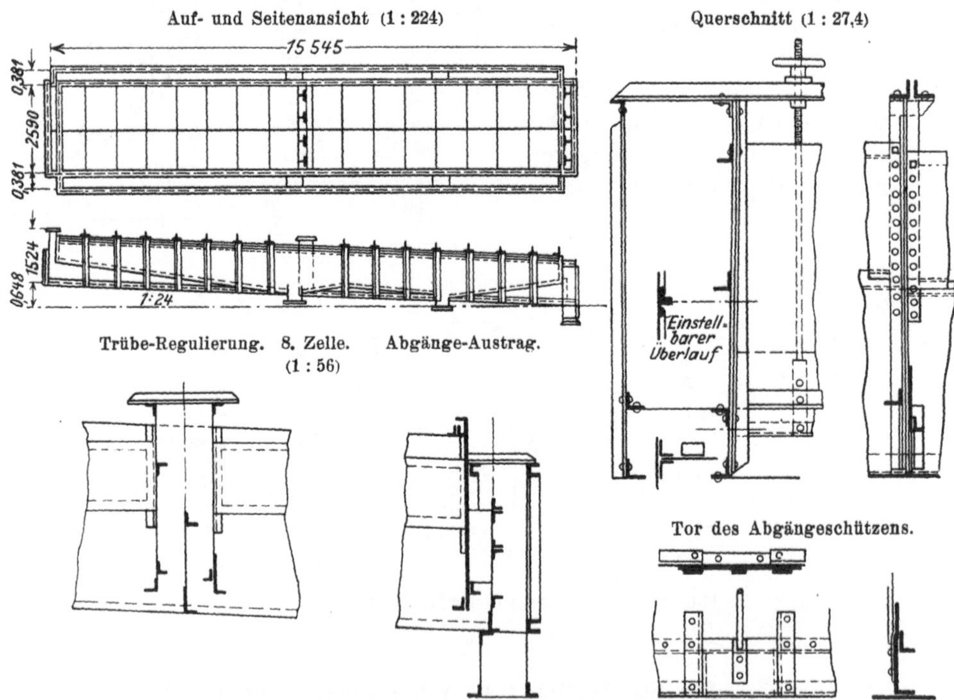

Abb. 54. Inspiration-Standard-Grobflotator mit 16 Doppelzellen.

das den Trübespiegel der vorangehenden 8 Zellen einstellt, und am Ende der ganzen Maschine ist der allgemeine Bergeaustrag angebracht, der 4 durch Handräder zu bedienende Zugschützen von 0,25 m Länge und 0,18 m Höhe hat. Endlich ist in jeder Quer-

wand eine über die ganze Breite der Doppelzelle sich erstreckende
Zugschütze von 0,25 m Höhe vorhanden, die durch zwei Handräder gehoben oder gesenkt werden kann. Durch die ganze Länge

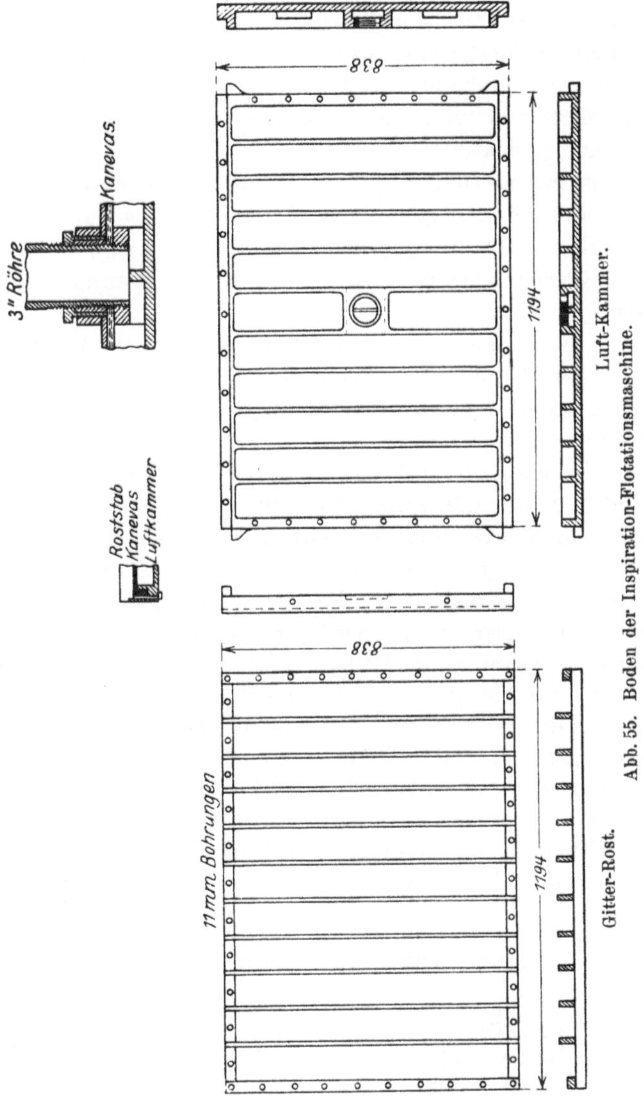

der Maschine zieht sich eine Mittelwand, so daß bei Instandsetzungsarbeiten, Auswechseln der Böden usw. die eine Hälfte abgestellt werden
kann und die gesamte Trübe auf die andere Hälfte geleitet wird, ohne
daß diese Überladung den Flotator ungünstig beeinflußt.

Der poröse Boden (s. Abb. 55 auf S. 159) besteht aus einer gußeisernen Luftkammer von 0,84 m Länge und 1,19 m Breite. Durch angegossene Rippen wird diese in 11 kleinere Kammern geteilt, die durch Aussparungen am Boden der Rippen untereinander in Verbindung stehen, so daß die Druckluft frei darin umlaufen kann. Auf diese Luftkammer wird der Kanevas aufgelegt und darüber ein Gitterrost aus Stahlblech aufgeschraubt. Die einzelnen Gitterstäbe liegen der Längsrichtung der Maschine parallel und bilden daher kein Hindernis für den Durchfluß der Trübe. Die Druckluft tritt von oben durch eine 3″-Röhre ein, die in der unteren gußeisernen Kammer eingeschraubt wird. Alle Druckluftröhren und -hähne liegen oberhalb der Maschine und sind daher leicht zugänglich. Der Boden muß von Zeit zu Zeit durch Druckwasser ausgewaschen werden, um etwa sich absetzende Schlämme wegzuspülen.

Statt des Kanevasbodens benutzt man jetzt 2—4 Lagen einer direkt mit der Maschine geflochtenen Matte, die ebenso luftdurchlässig ist und eine bedeutend längere Lebensdauer (2—3 Monate) aufweist.

Die Reinigerzellen sind entsprechend denen der Grobflotatoren gebaut, sind aber nur $0,915 \times 0,915$ m groß.

Der gezeichnete Grobflotator hat unter normalen Verhältnissen ein Fassungsvermögen von 800—1000 t in 24 Stunden, so daß 1 m² Bodenfläche vorgesehen ist für die Verarbeitung von 17,5—22 t Erz in 24 Stunden. Der Praxis wird man aber um 20—30 vH höhere Zahlen zugrunde legen; ja in Ausnahmefällen überlastet man für kurze Zeit die Maschine um 100 vH ohne besonders nachteilige Folgen für die Ausbeute. Je 1 m² werden 3,34—3,65 m³/min Luft von 0,32 kg/cm² Druck verbraucht. Für Reinigermaschinen können diese Angaben um ungefähr ein Drittel niedriger eingesetzt werden. Der Kraftverbrauch stellt sich auf 3,3 PS je Tonne Erz in 1 Stunde. Für reine Schlämme sinkt aber die Leistung auf 4—5 t Schlämme je Quadratmeter, und der Kraftverbrauch steigt auf 14 PS je Tonne Erz in 1 Stunde.

Die Flotationskosten betrugen im Jahre 1916:

Arbeitslohn	\$ 0,0162 je t Roherz
Flotations-Öle	\$ 0,0165 „ t „
Betriebsmaterialien	\$ 0,0035 „ t „
Motorische Kraft	\$ 0,0214 „ t „
Zusammen	\$ 0,0576 je t Roherz.

Wenn die Kosten des Zerkleinerns und Feinmahlens eingerechnet werden, betragen die Gesamtkosten 0,40 Dollar je Tonne Roherz.

Sundt-Diaz-Flotationsmaschine (s. Abb. 56). Diese ist ebenfalls ein Mehrzellengrobflotator nach dem Callow-Prinzip, der aber die starke Neigung von 1 : 4 des Bodens der ursprünglichen Maschine beibehält,

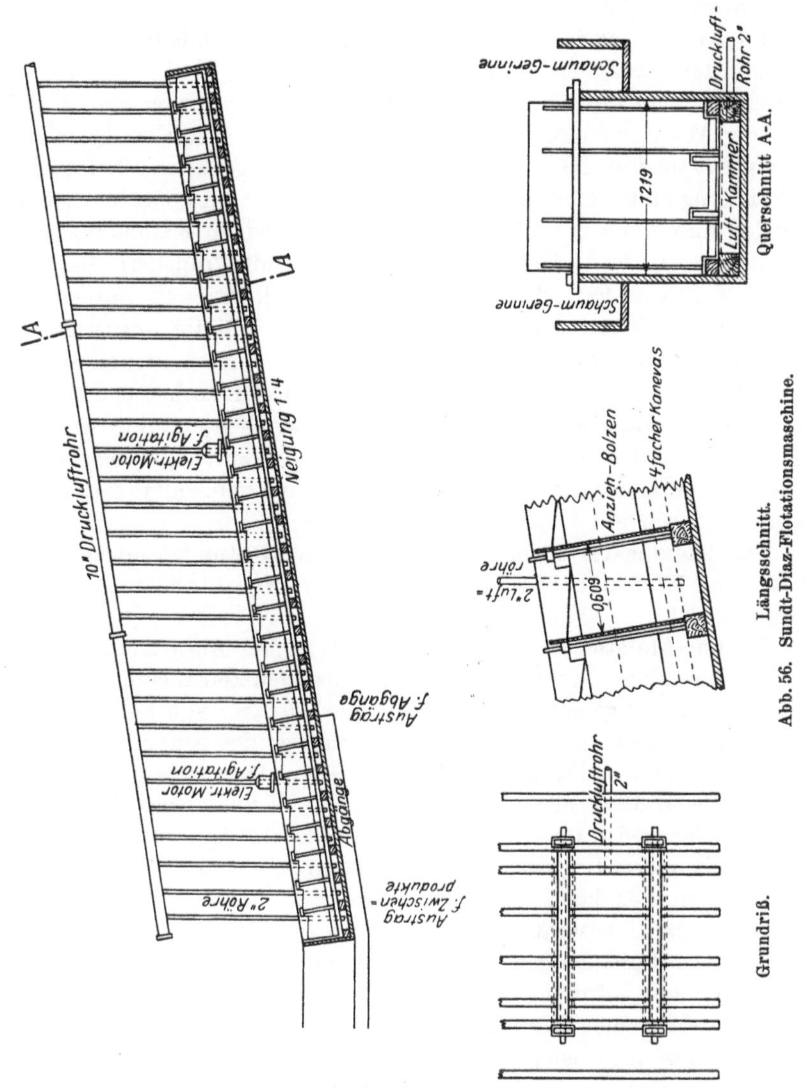

weil dadurch ein öfteres Reinigen des Kanevasbodens von festgesetzten Sandmassen durch Druckwasser vermieden wird. Bei einer solchen Neigung würde aber infolge des hydrostatischen Druckes leicht ein Überfließen der Zellen stattfinden, und wird daher der Wasserspiegel jeder einzelnen Zelle durch Staubretter eingestellt, die bis nahe auf

Bruchhold, Flotationsprozeß.

11

den Kanevasboden reichen, so daß nur eine ganz schmale Öffnung für den Trübedurchfluß frei bleibt.

Die gesamte Maschine wird aus Holz gebaut, sogar zur Luftkammer wird dasselbe Material verwendet, wodurch die Anschaffungskosten bedeutend billiger ausfallen und eine solche Maschine mit den einfachsten Hilfsmitteln auf der Grube selbst hergestellt werden kann. Der Kanevas bleibt ohne jede aufliegende Schutzvorrichtung und wird nur in jeder Abteilung durch 4 Bolzen auf die 15 × 15 cm starken Querbalken angepreßt sowie durch weitere 2 Längsleisten festgehalten. Jede Zelle ist 0,61 m lang und 1,22 m breit. Die Luft tritt nicht am Boden ein, sondern seitlich durch eine 2″-Röhre sofort in die einzelnen Kammern. In der Mitte und am Ende ist eine vertikale Welle mit Propellern eingebaut, die den Zweck hat, die Schaumerzeugung kräftig zu unterstützen. Beide werden durch einen kleinen elektrischen Motor angetrieben.

Der Apparat setzt sich aus 25 Zellen zusammen, denen sich unmittelbar 5 Reinigerzellen anschließen, die den Erzschaum der letzten 5—6 Zellen anreichern sollen und deren Zwischenprodukte wieder an die Aufgabezellen mittels eines Trübeelevators zurückgegeben werden. Alle anderen Konzentrate der oberen Zellen sind versandfähig und gehen sogleich durch ein Gerinne zum Verdicker.

Das Fassungsvermögen wird zu 500 t in 24 Stunden angegeben, so daß 1 m² Bodenfläche 27,0 t Erz in 24 Stunden zu verarbeiten imstande ist.

Gerinne-Flotationsmaschine (s. Abb. 57). Die Abweichung von der Callow-Maschine besteht darin, daß die einzelnen Zellen lang und schmal wie ein Gerinne gebaut sind, was für gewisse Erze von hoher Konzentrationsrate vorteilhaft ist, da der Maximalweg der Schaumblasen nach einem der beiden Überlaufsgerinne hin nur 0,18 m beträgt. Für hoch mineralisierte Erze oder solche Erze, die selektiv behandelt werden müssen, eignet sich diese Bauart weniger, da auf dem kurzen Wege ein Zurückfallen der Begleiter oder der Gangmasse nur in beschränktem Maße stattfinden kann.

Der Apparat besteht aus 6 Zellen von 0,355 m Breite und 1,830 m Länge. Die Luftkammer wird aus einem halbkreisförmig gebogenen Stahlblech mit luftdicht angenieteten Endblechen hergestellt. Durch Bolzen werden die Kammern mit dem Kanevas an die Wände des Zellenkastens angezogen.

Das Fassungsvermögen ist 60 t Erz in 24 Stunden, was ungefähr 16 t in 24 Stunden je Quadratmeter Bodenfläche entspricht. Die Kosten der Selbstherstellung sind mehr oder weniger 460 Dollar für 1 Maschine.

Simpson-Flotationsmaschine (s. Abb. 58). Dieser Apparat wurde im Jahre 1924 auf den Markt gebracht. Der von der Agitationsmaschine

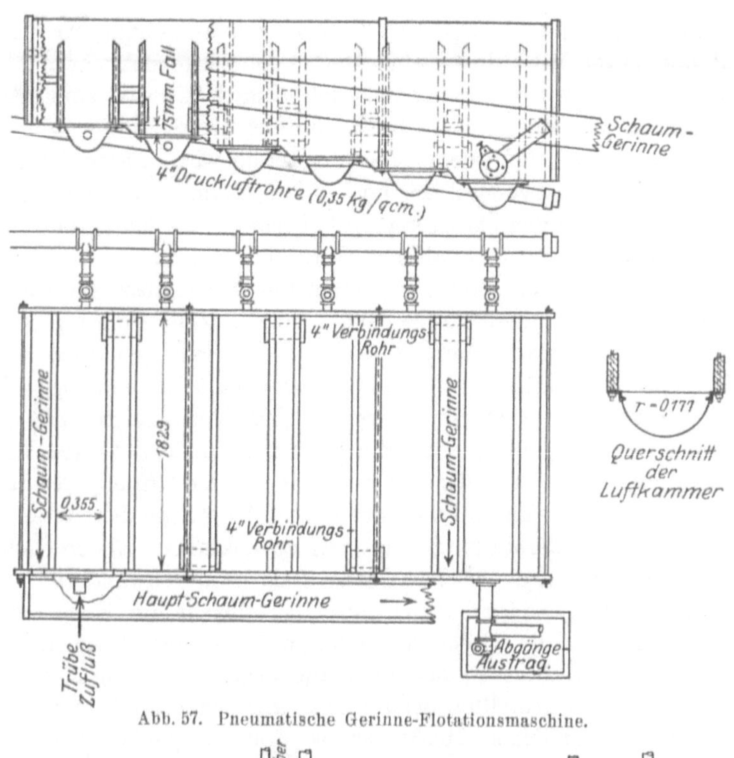

Abb. 57. Pneumatische Gerinne-Flotationsmaschine.

Abb. 58. Simpsons pneumatische Flotationsmaschine.

11*

übernommene Spitzkasten ist als Callow-Zelle ausgebaut, aber der Umlauf der Trübe wird durch eine Reihe von Luftdruckhebern im ungefähren Abstand von 0,60 m voneinander vermittelt, so daß ein Festbacken der Schlämme ganz unmöglich ist, und gleichzeitig eine ausgezeichnete Mischung der Trübe mit dem Öl bewerkstelligt wird. Ferner ist die Höhe des Schaumbettes verstellbar, und der Schaum wird gezwungen, auf den tiefer liegenden Wasserspiegel herunterzufallen, wodurch eine weitere Trennung des unhaltigen Gutes hervorgerufen wird.

Die Trübe tritt am Boden des ersten Luftdruckhebers ein, wird durch ihn gehoben und fließt durch eine größere Zahl Bohrungen in die eigentliche Flotationsabteilung ein, wo die Schaumbildung vor sich geht. Letztere kann für jede Zelle durch eine unabhängige Einstellung der Luftzufuhr in eine getrennte Luftdruckkammer mit poröser Decke genau geregelt werden. Ein Drittel des nicht flotierten Materials fällt auf stark geneigten Querbrettern zur unteren Öffnung des nächsten Luftdruckhebers, während die andern zwei Drittel an den ersten Druckluftheber zur wiederholten Bearbeitung zurückfallen. Theoretisch sollte daher die Trübe dreimal durch jede Zelle hindurchwandern.

Da der Wasserspiegel durch ein Überfallwehr am Ende stetig gehalten wird, ist die Höhe des Schaumbettes verstellbar angeordnet mittels eines Staubrettes, das von 1 auf 30 cm Höhe eingestellt werden kann. Ein hoch gestelltes Schaumbett läß bekanntlich nur die leicht flotierbaren Erzteilchen überlaufen, so daß das gebildete Konzentrat sehr rein ist und man sehr gut selektiv arbeiten kann. Der über die Kante des Staubrettes überfließende Schaum fällt kaskadenartig auf den tieferliegenden Wasserspiegel, wodurch eine Art Waschung, d. h. weitere Reinigung von Gangmasse angestrebt wird. Die Berge fließen am hinteren Ende des Apparates durch einen verstellbaren Hahn ab.

Die Maschine wird in Größen von 10—240 t pro 24 Stunden gebaut und verbraucht 0,11—0,08 cm³/min Druckluft je Tonne Erz. Der **Kraftverbrauch** ist angegeben zu 2,0—2,75 PS je Tonne Erz in **1 Stunde.**

Die unabhängige Einstellung des Schaumbettes für jede einzelne Zelle und die genaue Überwachung der Schaumbildung in jeder Zelle sind Vorzüge, die die Maschine im Betrieb rasch einführen sollten.

Elmore-Flotationsmaschine (s. Abb. 59). Die schon im Jahre 1904 dem Erfinder patentierte Maschine unterscheidet sich von allen anderen pneumatischen Maschinen dadurch, daß in einem geschlossenen Gefäß die etwas vorgewärmte Trübe einem Vakuum ausgesetzt wird, wodurch die im Wasser stets befindlichen Luftmengen frei gemacht werden und in kleinen Bläschen durch die Trübe hindurch nach oben steigen. Jedes Wasser enthält bekanntlich ungefähr 2,2 Vol.vH an eingeschlossener Luft. Sollte diese Luftmenge nicht ausreichen, so muß durch

Gaserzeugung in einer außerhalb gelegenen Quelle dieser Mangel ausgeglichen werden.

Im Mischtrog B wird durch ein mit 30—40 Umdrehungen laufendes Rührwerk die Trübe mit Wasser und Öl gut gemengt. Da man die Trübe für gewöhnlich sauer hält, wird hier auch die nötige Menge Schwefelsäure hinzugefügt.

Von B steigt die Trübe ununterbrochen durch die Aufgaberöhre A zu der konischen Trennungskammer I auf, von der die Austragsröhre E für die Konzentrate und F für die Abgänge sich abzweigen, die mit ihrem unteren Ende unter Wasserverschluß in besondere Behälter münden. Die Durchflußgeschwindigkeit in der Röhre F hält man etwas niedriger als in der Aufgaberöhre A, so daß nur ein geringer Teil der Flüssigkeit über den Rand des ringförmigen Raumes K überfließen kann, der aber genügt, die gebildeten Konzentrate durch die Röhre E in den unteren Konzentratbehälter zu befördern. Der Rechen N wird durch ein Schneckengetriebe M mit 1—2 Umdrehungen pro Minute gedreht und schaufelt die Gangmasse allmählich

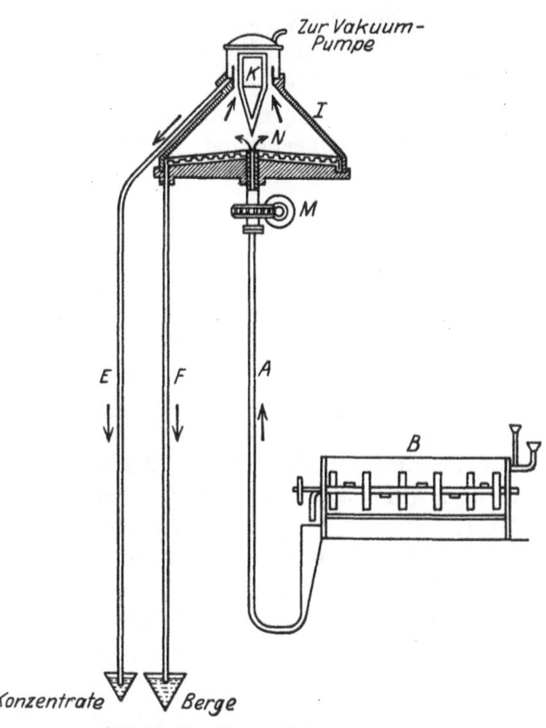

Abb. 59. Der Elmore-Vakuumapparat.

nach dem Rande, von wo sie durch die Röhre F in den Bergebehälter gelangt. Der ringförmige Raum K ist mit einem dicken Glaszylinder umgeben, der zur Beobachtung des Konzentrataustrags dient.

Die Aufgaberöhre A ist gewöhnlich 7,5—10,0 m lang und die Röhren E und F ungefähr 1 m länger, so daß A und F einen Heber bilden. Die Kraft, die nötig ist, die Trübe durch A in die Kammer I zu heben, wird durch das Abwärtsfallen der Bergetrübe in der Röhre F erzeugt. Solange daher der Zulauf aus dem Mischer B stetig ist, bleibt ein vollständig selbständiger Austrag der Abgänge und Konzentrate gesichert.

Ein Apparat von 1,5 m Durchmesser der konischen Trennungskammer verarbeitet 35—40 t in 24 Stunden bei einem Kraftverbrauch von 1,25—1,50 PS je Tonne Erz in 1 Stunde. 1 m² Kammerbodenoberfläche entspricht also einem Fassungsvermögen von ungefähr 20—25 t in 24 Stunden. Der Ölverbrauch ist aber relativ hoch und schwankt zwischen 1,5—4,5 kg je Tonne Erz.

Die Elmore-Maschine fand besonders in Norwegen, Australien und Kanada vielfach Anwendung, wird aber heutzutage kaum noch in einer Neuanlage aufgestellt, weil der Apparat mehr Nebenanlagen erfordert als die einfachen pneumatischen Flotatoren. Für große Anlagen beanspruchen sie bedeutend mehr Raum, und vor allen Dingen verlangen sie infolge ihrer bis 10 m tiefen Abflußröhren unnötig hohe Hausbauten. Der hohe Ölverbrauch ist ein weiterer Nachteil, während andererseits der niedrige Kraftverbrauch ein nicht zu unterschätzender Vorteil ist.

Agitationsflotatoren mit vertikaler Welle.

Diese Klasse von Agitationsmaschinen besteht aus einem quadratischen Mischkasten, in dem Propeller umlaufen, die die Trübe gut durcheinander rühren und eine ausgezeichnete Mischung mit dem Öl und den anderen chemischen Zusätzen bewirken. Gleichzeitig saugt der durch das Umrühren sich bildende Wasserstrudel atmosphärische Luft ein, die sich in feinen Bläschen in der Trübe verteilt. Durch Öffnungen oder Überfallwehre gelangt die Trübe mit den eingeschlossenen Luftbläschen in das ruhige Wasser des vorliegenden Spitzkastens, wo sich ein schwerer, dichter Erzschaum bildet und über die Kante des Spitzkastens überläuft. Die Gangmasse und die nichtflotierten Sulfide fallen im Spitzkasten nieder, und ein Teil von ihnen gelangt durch eine Röhre mit besonderer Einstellvorrichtung in den nächsten Mischkasten, dessen Propeller wie eine Zentrifugalpumpe wirkt, diese Trübe ansaugt, sie durchmischt und mit Luft durchmengt. Dieser Vorgang wiederholt sich in einer Reihe von 6 und mehr hintereinander geschalteten Zellen, bis in der letzten nur reine Berge abfließen. Die Zellenzahl kann man je nach Bedarf vermehren, doch geht man nicht gern über 16 Zellen hinaus. Gewöhnlich wird die erste Zelle als reine Mischzelle benutzt, und nur die folgenden sind mit Spitzkästen versehen. Bei größeren Maschinen von 12 und mehr Zellen werden sogar die ersten 2 Zellen ausschließlich als Mischzellen benutzt.

Wie in der Abb. 60 gezeigt ist, zieht man gewöhnlich in den obersten 3—5 Zellen reine Konzentrate ab und von den folgenden Zellen ein ärmeres Zwischenprodukt, das zur weiteren Anreicherung an die erste reine Agitationszelle zurückgegeben wird.

Doch ist auch die folgende Anordnung gebräuchlich, bei der die ersten 3 Zellen lieferbare Konzentrate geben, die folgenden 6 Spitzkästen ein Zwischenprodukt, das zur obersten Agitationszelle zurückgegeben wird, während das Zwischenprodukt der letzten 5 Zellen zur sechsten Agitationszelle zurückkehrt. Die Konzentrate der ersten Zellen sind, wie schon gesagt wurde, meist lieferbares Produkt, so daß sie keiner weiteren Reinigung bedürfen. Handelt es sich aber um eine hochzutreibende Anreicherung, um die Versandkosten herunterzusetzen, so müssen auch diese ersten Konzentrate in kleineren Reinigerzellen noch besonders angereichert werden.

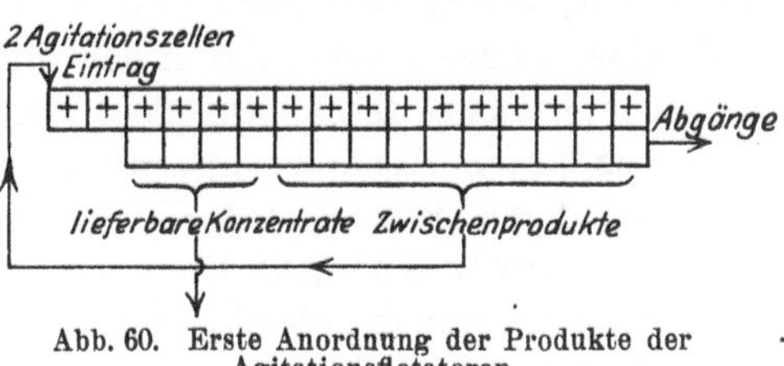

Abb. 60. Erste Anordnung der Produkte der Agitationsflotatoren.

Als Vorteile aller Agitationsmaschinen, sei es mit vertikaler oder mit horizontaler Welle, werden die folgenden aufgezählt:

1. Sie geben im Gegensatz zu den pneumatischen Maschinen reinere Berge, da infolge des kräftigeren Umrührens der Schaum zäher wird und daher auch die gröberen Erzteilchen zum Aufsteigen gebracht werden, so daß nur die ganz feinen Erzschlämme mit der Trübe als unvermeidliche Verluste weggehen. Agitationsmaschinen sind daher im allgemeinen mehr für gröber gemahlenes Gut geeignet.

2. Der Betrieb gestaltet sich äußerst einfach, da die Maschinen nicht so empfindlich sind wie pneumatische Maschinen. Außerdem fällt die Wartung der Kompressoranlage weg.

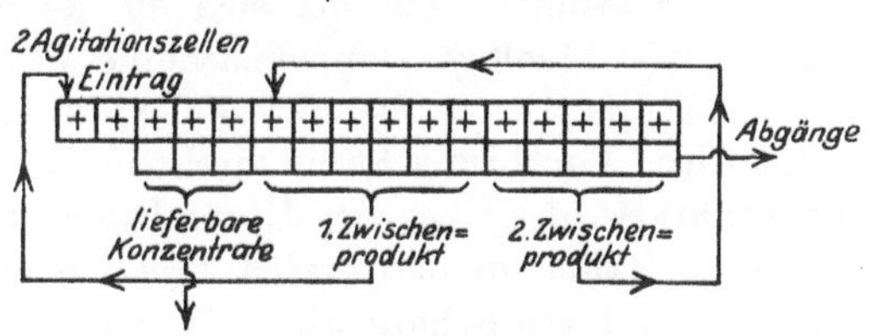

Abb. 61. Zweite Anordnung der Produkte der Agitationsflotatoren.

3. Ein Festsetzen der Schlämme ist infolge des kräftigen Umrührens nahezu unmöglich.

Als Nachteile werden die folgenden angeführt:

1. Der Kraftbedarf ist um 60—80 vH höher als bei den pneumatischen Maschinen, besonders wenn man reine Konzentrate anstrebt, da dann ihr Fassungsvermögen nicht voll ausgenutzt werden kann, sondern eine geringere Tonnenzahl mit einer hoch verdünnten Trübe durch die Maschine gehen muß, wodurch der Kraftverbrauch sehr erhöht wird.

2. Die Instandhaltungskosten für Wellen und Propeller sind außerordentlich hoch.

3. Die Ausbeute bei reinen Schlämmen ist niedriger als bei den pneumatischen Maschinen, so daß man für Erze, die äußerst fein zu mahlen sind, die pneumatischen Maschinen unbedingt vorzieht. Wie schon S. 154 hervorgehoben wurde, kann man zwar auch mit Agitationsmaschinen eine gute Ausbeute bei Schlämmen erzielen, aber immer auf Kosten der Kraft und Leistung.

4. Das Gegenstromprinzip zur Zurückgabe des Schaumes läßt sich für Agitationsmaschinen mit stehender Welle nicht anwenden, und infolgedessen müssen die in den unteren Zellen gebildeten ärmeren Zwischenprodukte durch besondere Elevatoren zurückgegeben werden. Hingegen lassen Agitationsmaschinen mit horizontaler Welle die Anwendung dieses Prinzips mit Erfolg zu.

Für kleinere Anlagen werden die Agitationsmaschinen fast immer vorgezogen, weil die eben angegebenen Vorteile, daß sie nicht so empfindlich sind und keine Nebenanlagen nötig haben, ausschlaggebend sind; hinzu kommt noch, daß sie sehr leicht auf der Grube selbst hergestellt werden können. Besonders die Minerals Separation oder, wie sie gewöhnlich bezeichnet wird, M.S.-Maschine mit ihren ungezählten Abarten ist allgemein beliebt und wird auch jetzt noch auf größeren Anlagen aufgestellt. Sie war die erste moderne Flotationsmaschine, die 1910 auf der Central Mine erfolgreich eingeführt wurde und seit jener Zeit dazu beigetragen hat, die Entwicklung des Flotationsprozesses auf die jetzige hohe Stufe zu bringen.

Minerals-Separation-Flotationsmaschine. Ihr Vorläufer war die „Hoover-Maschine", aus der sich die jetzige M.S.-Maschine, wie sie in Abb. 62 als 15zellige Doppelmaschine dargestellt ist, entwickelt hat.

Die Trübe tritt in die erste Zelle ein, die nur als Mischkammer benutzt wird. Von hier geht sie direkt in die zweite Zelle, wo sie nochmals umgerührt wird. Über ein Überfallwehr tritt die mit Luft genügend gemengte Trübe in den ersten Spitzkasten ein. Hier wird das erste Konzentrat durch Schaumabstreifer entfernt, und die zurückbleibenden, nicht flotierten Erzteilchen und die Gangmasse gelangen durch eine Röhre, deren Einlaß durch ein Klappenventil reguliert wird, zur dritten Agitationszelle, in der die saugende Wirkung des Propellers das Zu-fließen unterstützt. Von hier geht die Trübe in den zweiten Spitzkasten usw., bis aus dem vierzehnten Spitzkasten die reinen Berge zur Halde ausgetragen werden.

Die Abmessungen der Agitationskammer schwanken von $0,3 \times 0,3$ m für kleinere Maschinen bis $0,915 \times 0,915$ m für die größten 18zelligen Flotatoren. Das Verhältnis der Agitationsoberfläche zur Spitzkastenoberfläche ist $1 : 1,65 - 1 : 1,85$. Das kleinere Verhältnis scheint günstigere Ergebnisse zu liefern. Bei der doppelzelligen Maschine ist jedes Propellerpaar so angeordnet, daß das eine sich in der einen Richtung

dreht und das andere in der entgegengesetzten Richtung, wodurch der
seitliche Zug auf die Antriebswelle ausgeglichen wird. Der Durchmesser
der Propeller ist 0,15—0,30 m kleiner als die Zellenabmessungen. Seine
Umdrehungszahl schwankt zwischen 225—265 pro Minute, so
daß die Umfangsgeschwindigkeit am äußersten Rande der Schaufeln
5—7 m, im Durchschnitt 6 m/sek beträgt. Der Antrieb erfolgt durch
Kegelräder, die gewöhnlich oberhalb der Agitationszellen angeordnet
sind; die Welle wird vertikal als auch horizontal in Kugellagern geführt,
damit sie sich nicht durchbiegt, und die Schaufeln an den Wänden an-

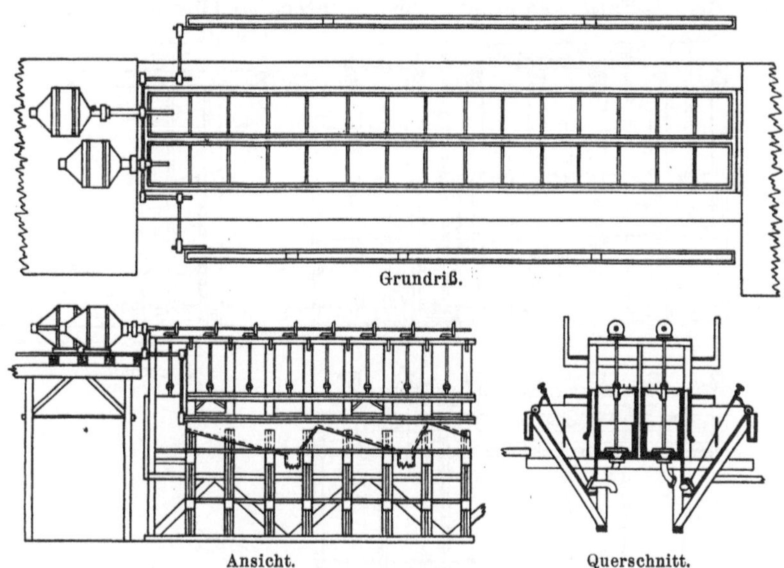

Abb. 62. Minerals-Separation-Agitationsflotator zu Anaconda.

schlagen und zerbrechen. Doch gelangt neuerdings auch der Antrieb von unten zur Einführung, was offenbar von großer Annehm-
lichkeit ist.

Die gezeichnete Doppelmaschine hat ein Fassungsvermögen von
375—425 t Erz in 24 Stunden und verbraucht unter voller Belastung
ungefähr 100 PS/st. 1 m² Oberfläche der Agitationskammern kann
16—18 t Erz in 24 Stunden verarbeiten und der Kraftverbrauch
ist 5,6—6,5 PS pro Tonne in 1 Stunde. Für reine Schlämme
sinkt die Leistung bedeutend: 1 m² verarbeitet dann nur 7—8 t
Erz bei einem Kraftverbrauch von 13—15 PS je Tonne in 1 Stunde.

An der ursprünglichen Maschine sind ungezählte Verbesserungen
vorgenommen und patentiert worden. Am bekanntesten ist die Ruthsche
Bauart der Propellerschrauben, die nach dem Reaktionsprinzip
arbeiten, während die Einführung von Spiralen, die an Stelle der

Schaufeln auf der vertikalen Welle befestigt sind, nicht viel Anklang
gefunden hat.

Subaerations-Flotationsmaschine. Um den großen Nachteil der M.S.-
Maschinen, daß die Ausbeute der feinen Erzschlämme nur mangelhaft ausfällt, zu verbessern, schuf He bbard eine Verbindung der pneumatischen mit der Agitationsmaschine (vgl. Abb. 63), indem unterhalb
der Propeller genügend Druckluft eingeblasen wird, die durch die Trübe
in feinsten Bläschen emporsteigt. Damit die Bläschen aber nicht wieder
in die Atmosphäre entweichen können, bringt man schon in der halben
Höhe der Agitationskammer große rechteckige Öffnungen an, durch

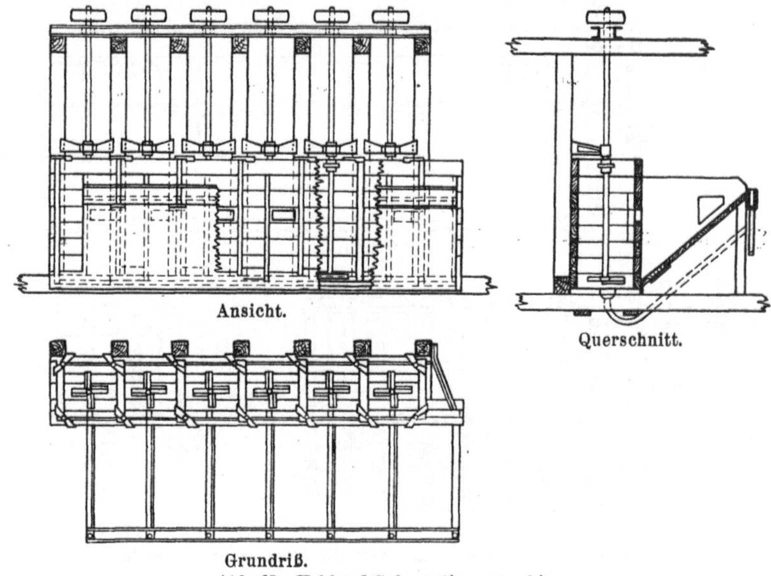

Abb. 63. Hebbard-Subaerationsmaschine.

welche die Trübe mit der darin befindlichen Druckluft in den Spitzkasten eintritt, wo dann die eigentliche Flotation nach dem Callowschen
Prinzip vor sich geht.

Der empfindliche Nachteil dieser Bauart bleibt aber, daß neben dem
mechanischen Antrieb der Propeller noch eine besondere Hochdruck-
ventilatoranlage erforderlich ist.

Später wurde die Agitationszelle noch durch einen schräg ansteigenden Deckel abgeschlossen, unter dessen oberer Kante die Trübe in den
Spitzkasten eintrat, während der Antrieb von unten stattfand. Doch
war dies nur eine Zwischenstufe zur Einführung der verbesserten
Hebbard-Maschine, bei welcher der Spitzkasten ganz weggelassen
wurde. Sie besteht aus einem langen rechteckigen Kasten ohne jede
Zwischenwand, in dem sich am Boden 6—10 Propeller mit Antrieb von

unten drehen, während gleichzeitig unterhalb eines jeden Luft von 0,35 kg/cm² Druck eingeblasen wird. Damit nun aber das Umrühren nur auf den unteren Teil der Maschine beschränkt bleibt, und der obere Teil in verhältnismäßiger Ruhe sich befindet, so daß dem Schaume die Möglichkeit geboten wird, sich dort zu bilden und Konzentrate emporzutragen, ist ein System von Ablenkbrettern eingebaut, die etwas oberhalb der Propeller angeordnet sind. Ebenso sind seitliche, vertikal gestellte Stoßbretter angebracht, um die Wirbelbildung zu brechen. Die vertikale Welle läuft in Kugellagern am Boden und wird durch weitere Kugellager im Deckel geführt. Gerinne für die Konzentrate laufen an beiden Seiten des Apparates entlang.

Diese Bauart ist offenbar äußerst gedrungen und von größter Einfachheit. Ebenso fällt die Ausbeute an feinsten Erzteilchen auf alle Fälle viel höher aus als bei der alten M.S.-Maschine. Der Luftverbrauch ist aber ziemlich hoch und beträgt 10 m³/min je Quadratmeter Oberfläche der Agitationszellen. Ebenso kommt wieder der Nachteil der pneumatischen Maschinen zum Vorschein, daß der Apparat eine besondere Hochdruckventilatoranlage nötig hat. Dies ist der Hauptgrund, warum diese Bauart gegen die reinen pneumatischen Maschinen nicht besonders aufkommen kann.

Janney-Flotationsmaschine. Diese in Abb. 64 wiedergegebene Maschine ist als Doppelspitzkasten ausgebildet und ebenfalls eine Ver-

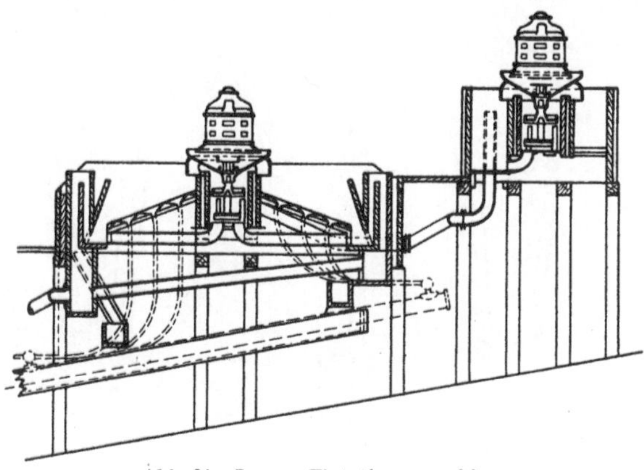

Abb. 64. Janney-Flotationsmaschine.

bindung des Callowschen Prinzips mit der Agitationsmaschine. In der Agitationszelle drehen sich zwei Propeller mit 570 Umdrehungen pro Minute. Der untere kleinere läuft innerhalb vorgesetzter vertikaler Stoßbretter um und bezweckt hauptsächlich das Umrühren der Trübe, während der obere größere die gut gemischte Trübe in die beiden Spitzkästen herausschleudert.

Jeder Spitzkasten ist nun auf seiner geneigten Fläche mit einem
porösen Boden wie in der Callow-Maschine versehen, durch den fein
verteilte Druckluft in die Trübe eindringt. Der tiefste Punkt des Spitzkastens ist als rechteckiger Trog ausgebildet, von dem eine Röhre den
nicht flotierten Rückstand in die Agitationszelle zurückleitet, während
die leichteren Teilchen emporsteigen und über ein Überfallwehr in einen
Sammelkasten fallen, von dem sie durch eine weitere Röhre von selbst
zur zweiten, etwas tiefer liegenden Agitationszelle fließen. Dieses Überfallwehr ist in der Höhe verstellbar und dient gleichzeitig zur Einstellung des Wasserspiegels.

Die Maschine ist sehr verwickelt in ihrer Bauart und hat wie die
Hebbard-Maschine den Nachteil, eine besondere Kompressoranlage zu
benötigen, gibt aber eine sehr gute Ausbeute der Erzschlämme, da sie
die Vereinigung des mechanischen Umrührens und des pneumatischen
Vorganges in sehr sinnreicher Weise löst.

Kraut-Flotationsmaschine (s. Abb. 65). Abweichend von den vorausgehenden Maschinen wird die Durchmischung hier durch einen um-

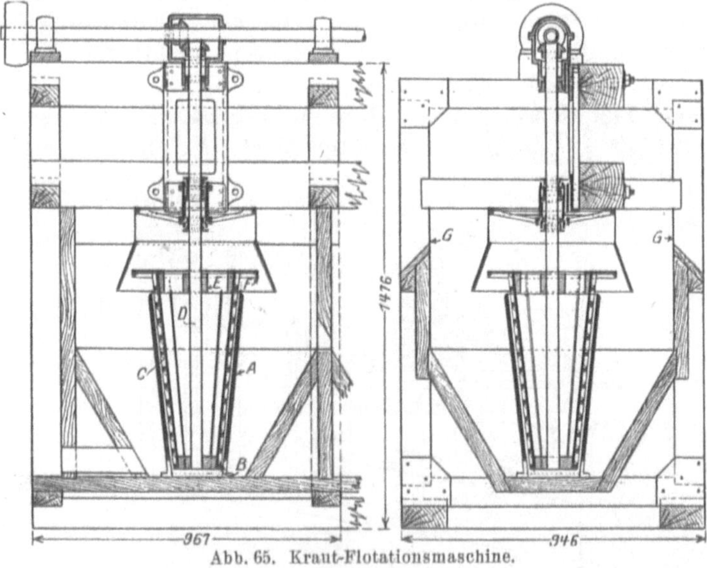

Abb. 65. Kraut-Flotationsmaschine.

A fester Konus aus Gußeisen. *B* Ansaugeöffnung für die Trübe. *C* umlaufender Konus.
D stehende Welle. *E* Flügel. *F* Prallfläche. *G* Schaumüberlauf.

gekehrten, mit 800 Umdrehungen umlaufenden Konus, auf dem
Schraubenwindungen angebracht sind, erzeugt, wodurch die Leistung pro Flächeneinheit bedeutend erhöht wird und der Kraftverbrauch
in beträchtlichem Maße sinkt.

Der nach oben sich erweiternde gußeiserne Hohlkonus mit seinen
Schraubenwindungen, die aus Hartgummi mit metallischem Futter an-

gegossen sind, dreht sich innerhalb eines enganschließenden festen Konus aus Gußeisen. Infolge der hohen Umdrehungszahl wird die Trübe durch 4 Öffnungen am Boden des festen Konus angesaugt und nach oben gehoben, wo sie herausgeschleudert wird und als dünner Film auf dem Wasserspiegel sich ausbreitet. Durch 8 vertikale Längsschlitze im Hohlkonus wird eine hinreichende Luftmenge angesaugt und letztere infolge der Flügel E an der Basis des festen Konus schwach komprimiert, so daß sie sich als feine Bläschen in der Trübe verteilt. Der vom Schaum zurückzulegende Weg ist kurz und beträgt weniger als 15 cm (vgl. S. 162). Die einzelnen Abteilungen können in beliebiger Weise hintereinander geschaltet werden, die dann durch einen rechteckigen Abgängeüberlauf miteinander in Verbindung stehen; dieser ist etwas über der Mitte des umlaufenden Konus in den Seitenwänden angebracht und durch eine Zugschütze verstellbar eingerichtet.

Die Maschine wurde 1924 auf den Markt gebracht und hat vor allen anderen Flotationsmaschinen den großen Vorteil, daß sie nur geringen Raum beansprucht und ihr Kraftverbrauch auf ein Minimum heruntergeht. Jede Zelle kann 20 t Erz in 24 Stunden bei einem Kraftverbrauch von 1 PS/st verarbeiten. Es besitzt also 1 m² Schaum bildende Oberfläche ein Fassungsvermögen von 42,5 t in 24 Stunden, d. h. das doppelte der pneumatischen Maschinen. Der Kraftverbrauch ist 1,25 PS je Tonne Erz in 1 Stunde, also nur ein Fünftel des Verbrauches der üblichen Agitationsmaschinen. Die gesamte Bodenflächenbeanspruchung ist 0,84 m² je Zelle. Der Preis wird zu 350 Dollar pro 1 Zelle f. o. b. Fabrik angegeben. Praktische Ergebnisse sind bis jetzt noch nicht veröffentlicht worden.

Agitationsmaschinen mit horizontaler Welle.

Aus mechanischen Konstruktionsgründen kann man bei den mit horizontaler Welle arbeitenden Flotationsmaschinen nicht über 2,5—3 m Länge hinausgehen. Es besteht daher jede Maschine aus 4—5 Zellen, von denen die erste oder die ersten zwei Konzentrate geben, während der Rest der Zellen nur Zwischenprodukte abgibt, die an die Aufgabezelle zurückgegeben werden müssen. Da das seitliche Ansaugen der Luft vom Umrühren abhängt und infolgedessen nur schwer zu überwachen ist, ist die Ausbeute unregelmäßig und im allgemeinen niedriger als bei Agitationsmaschinen mit stehender Welle. Die abfließenden Berge werden daher einen relativ höheren Metallgehalt aufweisen. Schließt man mehrere Maschinen in Reihe hintereinander, so bekommt man zwar reine Berge im letzten Abfluß, aber die Konzentrate in den folgenden Maschinen sind um so ärmer, so daß sie für sich gereinigt werden müssen, bevor sie dem wirklichen Hauptreiniger übergeben werden können. Man zieht daher vor, 3—4 Maschinen parallel zu schalten, deren jede so eingestellt wird, daß sie die bestmögliche Ausbeute erzielt, und reichert die erhaltenen niedrigen Konzentrate auf einer gemeinschaftlichen Reinigungsmaschine mit kleineren Abmessungen an. Mit Vorliebe wendet man dann die Schaumrückgabe der letzten zwei Zellen nach dem Gegenstromprinzip an, um so den armen Erzschaum der letzten Zellen anzureichern. Auch regelt man, wie S. 185 angegeben ist, durch vorgesetzte Staubretter die Luftzufuhr in den oberen Zellen.

Infolge ihrer bequemen Handhabung, aber auch wegen des niedrigen Fassungsvermögens ist ihre Anwendung auf kleinere Anlagen unter 100 t täglich beschränkt. Was ihre Einführung sehr beliebt macht, ist, daß sie von irgendeinem Zimmermann auf der Grube selbst hergestellt werden können. Fast jedes Jahr werden neue Abänderungen in den technischen Zeitschriften veröffentlicht. Vorteile und Nachteile sind dieselben wie für Agitationsmaschinen mit stehender Welle, nur daß der hohe Kraftverbrauch sowie die ungeheuren Instandhaltungskosten mehr in den Vordergrund treten.

Mit der Beschreibung beschränke ich mich auf die Maschinen, die größere Verbreitung im Betriebe erlangt haben.

K. u. K.-Flotationsmaschine (vgl. Abb. 66). Die von Kohlberg und Kraut gebaute Maschine ist eine Verbesserung der Rork-Sundberg-Maschine und besteht aus 4 Zellen von 0,61 m Breite.

Eine horizontal gelagerte Welle, mit 180—200 Umdrehungen pro Minute, trägt eine Trommel, die aus horizontalen Leisten von 5×10 cm besten Holzes gebildet wird. An den Kanten sind darauf 2×2 cm Gummistreifen aufgenagelt. Damit keine toten Räume sich bilden, ist die Verkleidung der Außenwände nach dem Trommelradius so gekrümmt, daß ein freier Zwischenraum von ungefähr 25 mm bleibt. Durch ringförmige Öffnungen um die Welle in den Seitenwänden wird die nötige Luft angesaugt. Die umgerührte Trübe wird durch zwei Reihen von 25 mm Bohrungen in den Vorderwänden in den Spitzkasten herausgeschleudert, in dem die Schaumbildung vor sich geht. An der tiefsten Stelle des Spitzkastens sind verstellbare Klappen angebracht, welche die Zurückgabe des nicht flotierten Rückstandes regeln sollen, so daß ein Teil dieser Rückstände wieder von der Trommel herumgeschleudert wird, während der andere Teil längs des Bodens allmählich zum Austrag gefördert wird. Wasserspiegel und Trübeabfluß werden durch die auf S. 185 beschriebene Vorrichtung überwacht.

Die Maschine verarbeitet 35—40 t Erz in 24 Stunden bei einem Kraftverbrauch von 9—12 PS/st, so daß der Kraftverbrauch 6—7 PS je Tonne Erz in 1 Stunde ausmacht.

Infolge der hohen Umdrehungszahl ist natürlich der Kraftverbrauch sehr hoch, ebenso die Instandsetzungskosten der Trommelleisten, die oft abbrechen. Die Konzentratbildung ist besonders in der Mitte der Maschine sehr unregelmäßig, da die durch die seitlichen Öffnungen

Abb. 66. K. u. K.-Flotationsmaschine.

angesaugte Luft nicht genügend bis zur Mitte reicht und eine Überwachung des Ansaugens ganz ausgeschlossen ist. Trotz alledem findet man die Maschine noch häufig auf kleinen Anlagen in Mexiko.

Parker-Flotationsmaschine (vgl. Abb. 67). Um eine bessere Einstellung der Luftzuführung zu ermöglichen, wurde die K. u. K.-Maschine von Parker dahin abgeändert, daß er den Deckel des umschließenden Kastens wegließ. Auf diese Weise kann die Luft über die ganze Länge der Trommel von oben her angesaugt werden. Durch Höher- oder Tieferstellen der verschieden geneigten Führungsbretter wird die

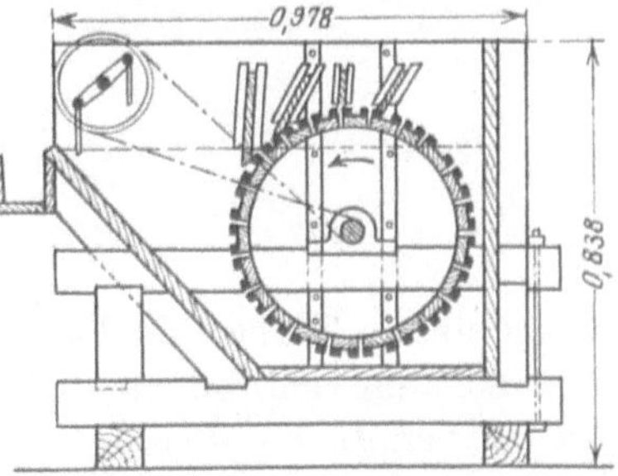

Abb. 67. Parker-Flotationsmaschine.

Luftzufuhr geregelt; durch den ersten und zweiten Kanal wird die Luft angesaugt und durch den dritten kann überschüssige Luft ins Freie entweichen. Infolge dieser Anordnung kann die Umdrehungszahl auf 78 Umdrehungen pro Minute heruntergesetzt werden, und der Kraftverbrauch sinkt auf 5—7 PS/st bei einem Fassungsvermögen von 40—50 t Erz in 24 Stunden, d. h. 3—3,5 PS/st genügen zur Durchmischung von 1 t Erz in 1 Stunde.

Hynes Flotationsmaschine (vgl. Abb. 68). Diese vielfach im nördlichen Mexiko mit Erfolg benutzte Maschine zeigt eine ganz abweichende Bauart des Rotors. Auf einer mit 90 Umdrehungen laufenden Welle sitzen je nach der Größe der Maschine 35, 50 bzw. 100 Scheiben aus Schwarzblech, die alle 22 mm mit 12,5 mm Löchern durchbohrt sind und durch Holzpackungen in 32 mm Abstand gehalten werden. Das ganze System wird durch kräftige Zugstangen fest zusammengepreßt und durch einen der ganzen Länge nach durchgehenden Keil unverändert festgehalten. Durch den sehr groß gehaltenen offenen Eintritt des Trübezufuhrgerinnes (40 × 25 cm) wird die Luft angesaugt und durch die durchlochten Scheiben in eine Unmasse feinster Bläschen zerteilt, so daß eine Durchmischung mit Luft ähnlich wie bei der pneumatischen Maschine erzeugt wird. Durch die 20 mm Bohrungen in den Vorderwänden wird die gut

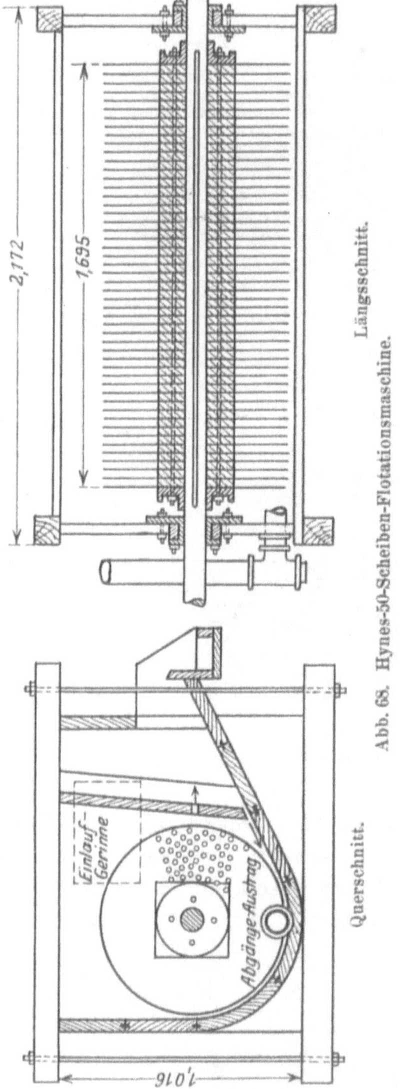

Abb. 68. Hynes-50-Scheiben-Flotationsmaschine.

umgerührte Trübe in den Spitzkasten herausgeschleudert, in dem der Schaum sich bildet und aufsteigt, während durch einen 25 mm tiefen Schlitz am Boden die nicht flotierten Bestandteile wieder in die Agitationsabteilung zurückfallen.

Akins Flotationsmaschine (vgl. Abb. 69). Auf dem Deckel jeder Agitationszelle ist ein Röhrenventil angebracht, durch dessen Einstellung die Luftzufuhr jeder Zelle genau geregelt werden kann.

Der eigentliche Rotor jeder Zelle besteht aus zwei vertikalen Scheiben, zwischen denen spiralförmig gekrümmte Bleche angeordnet sind, die bei jeder Umdrehung oberhalb des Wasserspiegels Luft schöpfen und unterhalb diese Luft schon etwas komprimiert in die Trübe einpressen. Je nach der Einstellung des Ventils kann eine größere oder kleinere Luftmenge bei jeder Umdrehung mitgenommen werden. An den Rotor schließt sich unmittelbar die Diffusionskammer an, die aus drei konzentrischen Hohlzylindern gebildet wird, die mit quadratischen Löchern durchbohrt sind und durch eine zentrale Öffnung in der zweiten Scheibe des Rotors mit der Rotorabteilung in Verbindung stehen. Die Umdrehungen bewirken, daß durch die Öffnungen der Diffusionsbleche die vom Rotor mitgenommene Luft in kleine Bläschen zerteilt wird, die in die Trübe eindringen. Der gebildete Schaum steigt an der Vorderwand der Zelle in die Höhe und fließt über ein in seiner Neigung verstellbares Brett in den Spitzkasten ein. In letzterem ist noch ein schwach geneigtes Sieb angebracht, das eine ruhige Wasseroberfläche für die Trennung des Erzschaumes von den Bergen vermitteln soll.

Der Apparat gibt in sehr verdünnter Trübe (1 : 5 bis 1 : 10) vorzügliche Ergebnisse. Die Fabrik gibt an, daß bei 50—60 Umdrehungen in der Minute nur $^1/_2$ PS pro Stunde und 1 Zelle verbraucht wird, deren Fassungsvermögen mit ungefähr 10 t angeführt wird. Dies würde dem ungeheuer niedrigen Kraftverbrauch von $1^1/_4$ PS/st je Tonne Erz in 1 Stunde entsprechen.

Zeigler Flotationsmaschine (vgl. Abb. 70). Diese Maschine, die aus 5 Zellen besteht, ist vollständig luftdicht geschlossen und ihre Luft-

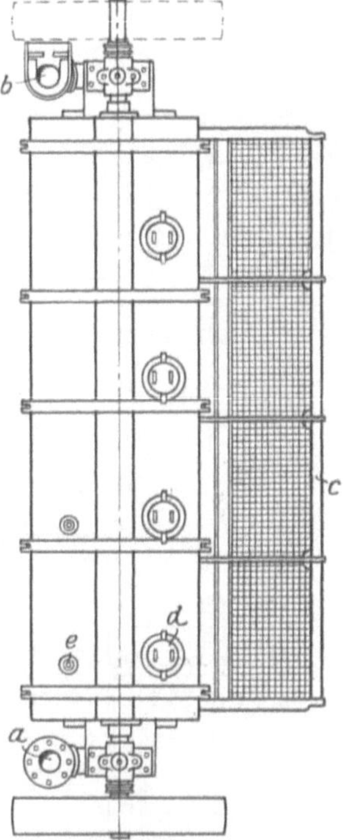

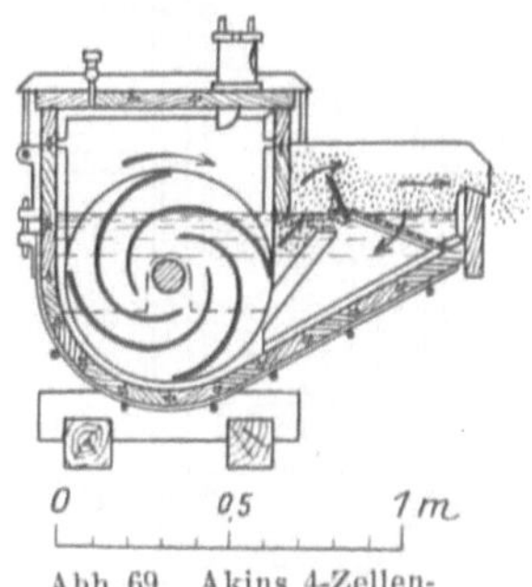

Abb. 69. Akins 4-Zellen-Flotationsmaschine.

a = Trübe-Eintrag.
b = Berge-Austrag.
c = Schaum-Überlauf.
d = Luft-Röhrenventil.
e = Ölaufgabe.

zufuhr wird durch außerhalb angebaute Druckluftheber bewirkt. Es findet also kein Ansaugen atmosphärischer Luft statt, und daher muß die Welle an den Enden durch Wasserverschluß abgedichtet werden.

Die Rotortrommel besteht aus 8 kräftigen Winkeleisen, die auf zwei Speichenscheiben mit Schrauben so fest als möglich angezogen werden. Die nicht flotierten Rückstände fallen zum tiefsten Punkt des Spitzkastens, wo sie durch eine Öffnung zum Druckluftheber gelangen, der aus einem quadratischen Kasten von 90 mm Seitenlänge besteht und an dessen unterem Ende eine $^3/_8''$ Luftröhre eintaucht. Die gehobene Trübe wird von der mit 75 Umdrehungen in der Minute umlaufenden Trommel herumgeschleudert und dadurch eine innige Mischung der Luft mit der Trübe erzielt. Durch einen 150 mm hohen Schlitz am oberen Ende der Vorderwand tritt die Trübe aus und wird mittels eines vorgesetzten Staubrettes gezwungen, bis zur Mitte des Spitzkastens herunterzufallen, von wo sie als Schaum zum Wasserspiegel aufsteigt und gleichzeitig während des Falls über die Tiefe des Staubrettes sich von den mitgenommenen Bergen reinigt. Der Spitzkasten ist durch Zwischenwände in einzelne Zellen eingeteilt, die durch Öffnungen nahe am Boden miteinander in Verbindung stehen.

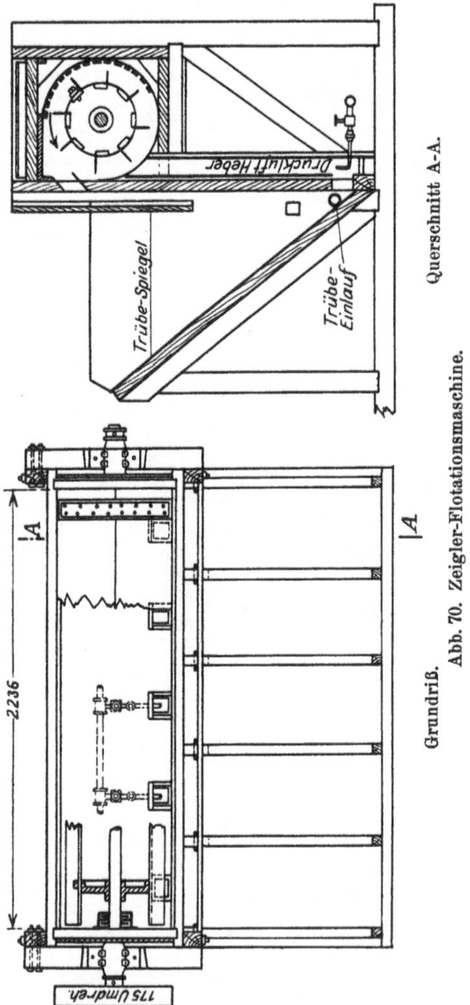

Abb. 70. Zeigler-Flotationsmaschine.

Der Apparat verarbeitet 75—100 t in 24 Stunden bei einem Kraftverbrauch von 5—6 PS/st einschließlich 1 PS/st zur Erzeugung von 8—14 m³/min Preßluft von 0,35 kg/cm² Druck. Es würden also 1,5—1,75 PS/st genügen, um 1 t Erz in 1 Stunde zu durchmischen.

Die Notwendigkeit einer besonderen Hochdruckventilatoranlage ist ein Übelstand, der viele abhalten wird, sich dieser Maschine zu bedienen.

Hydraulische Flotatoren.

Die hydraulischen Flotatoren beruhen darauf, daß wie bei den Wassertrommelgebläsen beim Fallen durch eine enge Röhre an ihrem oberen Ende infolge der Strudelbildung genügend Luft angesaugt wird, um beim Austritt aus dem unteren Ende der Röhre in einem tiefer gelegenen Kasten einen Schaum zu bilden, der leichte Erzteilchen trägt.

Wie aus Abb. 71 zu erkennen ist, fließt die Trübe in einem horizontalen Gerinne von $0{,}45 \times 0{,}45$ m zu und fällt durch 10 Röhren von

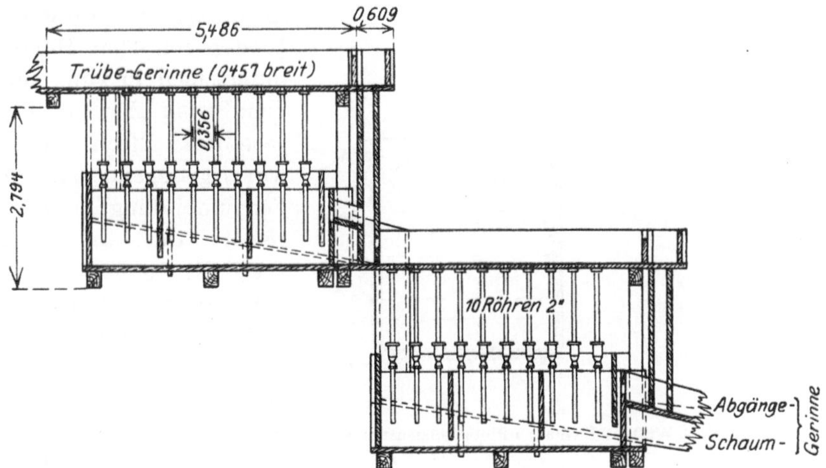

Abb. 71. Hydraulische Flotationsmaschine.

2″ Durchmesser in einen 1,25—1,50 m tiefer liegenden Behälter. Je höher das Gefälle ist, desto besser wird die Schaumbildung. Durch Zwischenbretter, die bis nahe auf den Boden reichen, entstehen 3 Zellen, deren Schaum in die seitlichen Gerinne überfließt. Durch ein Überfallwehr am Ende wird die Durchflußgeschwindigkeit geregelt. Man stellt gewöhnlich zwei bis drei solcher Apparate in Reihe übereinander auf.

Dem Vorteile dieser Maschinen, daß sie nur ein Minimum an Betriebskraft verlangen, steht der große Nachteil gegenüber, daß sie sehr viel Gefällhöhe wegnehmen, nur schwer in bezug auf die anzusaugende Luftmenge einzustellen sind und daher nur niedrige Konzentrate liefern. Auf einigen wenigen Gruben benutzt man sie

für die Behandlung der Abgänge der mechanischen Flotationsmaschinen, wenn sie sich an einem Abhange leicht aufstellen lassen
und das gebildete niedrige Konzentrat bei der Mischung mit dem
Konzentrate der Haupt-
maschine den Gesamt-
metallgehalt nur un-
wesentlich herunter-
drückt.

Hierher gehören auch
die Kaskadenmaschi-
nen, deren einfachste
Bauart schematisch in
Abb. 72 wiedergegeben ist.

Man läßt die Trübe
in untereinandergestellte
Kästen von 0,9 m Höhen-
unterschied in ganz dün-
nem Strom über ein steil
gestelltes Blech fallen,
wobei genügend Luft zur
Schaumbildung mitge-
rissen wird. Der Übel-
stand der hohen Gefäll-
höhe tritt hier noch in
viel stärkerem Maße her-
vor, so daß man sich oft
gezwungen sieht, durch
zwischengeschaltete Be-
cherwerke eine Teilung

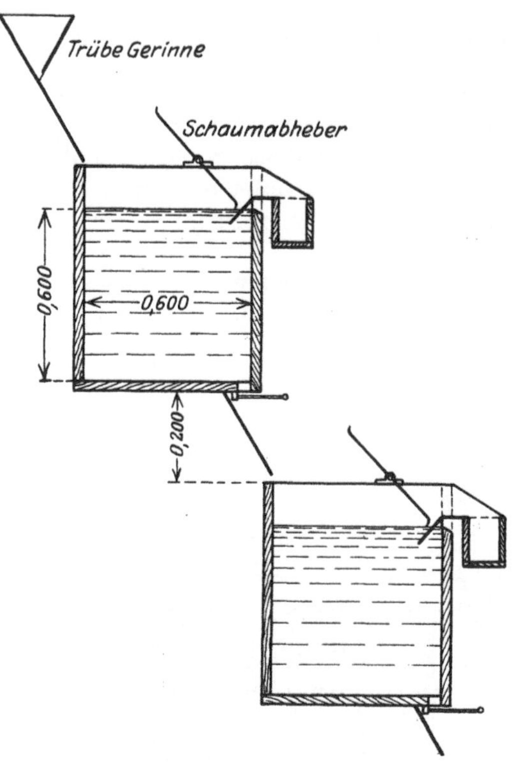

Abb. 72. C. R. Wilfleys Kaskaden-Flotationsmaschine.

in mehrere Abteilungen vorzunehmen. Für leicht flotierende Erze
arbeitet die Maschine leidlich gut, hat sich aber sonst nicht bewährt.

IX. Beschaffenheit des Erzschaumes.

Die Schaumerzeugung ist wesentlich die Folge des Einblasens fein
verteilter Druckluft durch einen porösen Boden in die schon gut durcheinander gemengte Trübe oder der Durchmischung der Trübe durch
Rührwerke irgendwelcher Art. Einmal entstanden, bildet sich der
Schaum fortlaufend weiter und fließt über die Kante der Flotationsmaschine in ein Gerinne ab, so lange als im Flotator Trübe von der
geeigneten Dichte vorhanden ist, und gleichzeitig die Trübe hinreichend

gemengt ist mit der unentbehrlichen Menge und Art des Öles und des Schaumbildners.

Die Beschaffenheit der Trübe kann demgemäß innerhalb der Flotationsmaschine geändert werden durch Abänderungen in der Zusammensetzung der Ölmischung, durch Abänderungen in der Menge des zugeführten Öles und durch Abänderungen in der Menge der eingeblasenen Luft bzw. in der Umdrehungszahl der mechanischen Rührwerke. Außerdem wird noch die richtige Beschaffenheit des Erzschaumes beeinflußt von den Zuständen in der Flotationsmaschine selbst durch Abänderung in der Höhe des Schaumbettes und des Wasserspiegels der Trübe. Letztere sind beide voneinander abhängig; je tiefer der Wasserspiegel liegt, desto höher wird das Schaumbett und desto langsamer fließt der Schaum über.

Die äußeren, dem Auge direkt wahrnehmbaren Kennzeichen eines richtig arbeitenden Schaumes sind folgende: Die Luftblasen haben eine mittlere Größe von 20—30 mm Durchmesser, sie steigen in regelmäßiger Folge auf und fließen stetig über ohne zu platzen, und der Schaum ist eher etwas zu zähe als zu brüchig. Der Erzschaum ist im allgemeinen dunkel, und seine Farbe hängt von der Art des erzeugten Konzentrats ab, z. B. geben Bleiglanze dunkelgraue Farbe mit einem Stich ins Rötliche, Kupferkiese grünlichschwarze und Zinkblende braune Farbe. Helle Farbe zeigt immer das Aufsteigen von zu viel Bergen an.

Ein träger und zäher Schaum zeigt große Beharrlichkeit und liegt wie eine leblose, schwere Masse auf, die gar nicht oder nur langsam über die Kante der Flotationsmaschine abfließt. Seine Blasen schwellen langsam auf und fallen dann in sich zusammen. Wenn der Schaum sehr zähe ist, so können die Blasen unter Umständen kleine aufgelegte Gegenstände tragen. Die Erzeugung an Konzentraten nimmt selbstverständlich merkbar ab. Außerdem kann ein solcher Schaum noch zuviel Berge in die Höhe bringen, die infolge der Zähigkeit des Schaumes mitgenommen werden und nicht mehr zurückfallen, so daß die wenigen Konzentrate außerdem noch einen niedrigen Metallgehalt aufweisen. Um solche unerwünschte Zustände baldigst beheben zu können, wird man methodisch nach den Ursachen forschen, die in den folgenden bestehen können:

1. Die Ölzufuhr ist zu gering.

2. Die Ölmischung selbst ist falsch, indem zuviel Teer und Kreosot im Verhältnis zum Schaumbildner ausgegeben wurde. Merkwürdigerweise haben die Produkte der Holzdestillation ein bedeutend ausgeprägteres Streben, den Schaum zähe zu machen, als die Produkte der Steinkohlendestillation. Wird aber Teer in solchem Maße zugesetzt,

daß er im Überschuß sich nicht mehr mit der Trübe mengen kann, so wird die Schaumbildung getötet (s. S. 22).

3. Die Höhe des Wasserspiegels ist zu tief gesunken; der Schaum muß daher zu hoch steigen, bevor er überfließen kann, und folglich wird er träger und zäher.

4. Die Zuführung an Druckluft bzw. die Durchmischung mittels Rührwerk ist unzureichend, so daß nur eine ungenügende Menge Luftblasen in der Trübe aufzusteigen vermag.

Die Gegenwart eines etwas zähen Schaumes wird für dicke Trüben gern gesehen, da ein solcher Schaum eine größere Fähigkeit besitzt, auch die schwereren, gröberen Erzteilchen mit in die Höhe zu heben. Für selektive Flotation ist aber ein zäher Schaum als ein stets zu vermeidendes Hindernis anzusehen, da es dann nur schwer gelingt, den zweiten, selektiv abzusondernden Sulfidkörper, wie z. B. die Zinkblende, untenzuhalten; dieser steigt vielmehr in diesem Falle immer mit dem Hauptsulfid in die Höhe.

Ein brüchiger und lockerer Schaum ist das gerade Gegenteil. Die Blasen sind sehr klein, bilden sich in ungeheurer Menge und sind bestrebt, wie bei einem Wettrennen so schnell als möglich über die Kante der Flotationsmaschine wegzufließen. Außerdem sind sie wenig haltbar und platzen rasch. Das Schaumbett fängt an, sich von selber tiefer einzustellen. An Konzentraten bilden sich zwar große Mengen, aber gleichzeitig steigen zuviel Berge auf, die den Konzentraten einen niedrigen Wert verleihen. Die helle Farbe des Schaumes zeigt schon von ferne an, daß die Konzentrate arm sind. Die Ursachen für einen solchen Schaum bestehen im folgenden:

1. Die Ölzufuhr ist zu groß. Beim Prüfen fühlt sich ein solcher Schaum zwischen den Fingern ölig an.

2. In der Ölmischung ist zuviel Schaumbildner vorhanden, wie z. B. Kiefernöl, wodurch die Berge besonders leicht zum Aufsteigen gebracht werden. Bei dem Prüfen des Schaumes fühlt man deutlich zwischen den Fingerspitzen Ecken und Kanten der gröberen mitgeschleppten Berge.

3. Der Wasserspiegel ist zu hoch gestiegen. Folglich ist das Schaumbett nur noch flach und die Blasen haben keine Zeit mehr, sich auszubilden, sondern bleiben klein und fließen sofort über. Das kann so weit gehen, daß an irgendeiner Stelle das Schaumbett plötzlich durchbricht und die Trübe durchscheinen läßt, so daß die schon emporgetragenen Konzentrate wieder zurückfallen.

4. Die Menge der eingeblasenen Druckluft ist zu groß bzw. die Umdrehungszahl des mechanischen Rührwerkes zu hoch. Es sind zuviel Luftblasen in der Trübe vorhanden, die

einander zu verdrängen suchen und, an der Oberfläche angekommen, sofort platzen.

Eine zu heftige Durchmischung mittels Rührwerk ist für selektive Flotation besonders nachteilig, weil dann beide Bestandteile des Erzes, die man eigentlich voneinander trennen will, in die Höhe kommen. Man findet dann, daß die gröberen Teilchen der Zinkblende mit den feineren Schlämmen des Bleiglanzes zusammen aufsteigen und so den Wert der Konzentrate heruntersetzen.

Eine dunkle Farbe des Schaumes zeigt immer gute Anreicherung an. Doch soll man den Schaum in den ersten Zellen nicht zu dunkel halten, da dann deren Konzentrate zu reich und die der untersten Zellen zu arm werden, so daß der Durchschnittsgehalt des Gesamtkonzentrats im allgemeinen zu niedrig ausfällt. Aus diesem Grunde ist es vorzuziehen, auf die Bildung eines mehr gleichmäßig verteilten, nicht zu dunklen Schaumes das Hauptaugenmerk zu richten.

Eine helle Farbe zeigt hingegen an, daß zuviel Berge zusammen mit den Konzentraten aufsteigen. Man erhält gewöhnlich große Mengen Konzentrate, aber von niedrigem Gehalte. Da der hellen Farbe dieselben Ursachen zugrunde liegen, die einen lockeren Schaum bedingen, so ist sie immer eine Begleiterscheinung des letzteren.

Vorrichtungen zur Einstellung der Beschaffenheit des Erzschaumes.

Um eine Trübe zu verbessern und die eben aufgeführten Unregelmäßigkeiten zu beseitigen, kann man sich der im folgenden angegebenen Methoden bedienen, wobei aber zu berücksichtigen ist, daß man nicht sofort eine Verbesserung erwarten darf, sondern daß die Änderung allmählich eintritt und man ziemlich lange Zeit warten muß, bis die alte noch mit Übelständen behaftete Trübe durch die ganze Länge der Flotationsmaschine hindurch ist. Ausdrücklich warne ich davor, zwei oder mehrere Veränderungen zu gleicher Zeit vorzunehmen. Erzielt man nämlich damit gute Erfolge, so bleibt man im unklaren, welcher der Verbesserungen dies zuzuschreiben ist. Hat man keinen Erfolg, so verwirft man beide, weiß aber nicht bestimmt, ob nicht die eine geholfen hätte. Man gehe daher ganz methodisch vor, bringe nur eine Verbesserung an und warte erst deren Erfolg ab, bevor man eine neue Veränderung vornimmt.

Neueinstellung der Ölaufgabevorrichtung: Bei zu trägem Schaum vermehrt man den Ölzufluß und bei zu hellem und lockerem Schaum vermindert man ihn. Doch hüte man sich unbedingt vor einem Überschuß an Öl, weil dann das Entgegengesetzte eintritt von dem, was man beabsichtigt; der Schaum wird noch zäher als vorher, und eine weitere Neubildung macht sich unmöglich. Der Schaum fängt an, in sich zusammenzufallen, wird äußerst zerbrechlich und verschwindet zum Schlusse ganz.

Änderung des Verhältnisses des Schaumbildners zum Öler in der Ölmischung: Lockerer und heller Schaum verlangt eine Verminderung des Kiefernöls, während zäher Schaum eine Verminderung des Ölers nötig hat. Die Berichtigung darf aber nur in ganz geringen Graden vorgenommen werden, da ein Überschuß an Kiefernöl rasch Berge in die Höhe bringt und den Schaum zu locker macht.

Einstellung des Wasserspiegels der Trübe innerhalb der Flotationsmaschine: Durch Heben oder Senken des Wasserspiegels regelt man die Höhe des Schaumbettes. Bei hellem Schaume von lockerer Beschaffenheit wird man den Wasserspiegel senken und bei zähem Schaume wird man ihn höher halten, damit im letzteren Falle das Schaumbett niedriger wird und der Schaum eher überfließen kann. Besonders bei dicken Trüben wird man sich dieser Einstellung öfters bedienen. Wenn der Schaum nicht zähe genug ist, um die zahlreichen schweren Erzteilchen emporzutragen, sondern nur mit Vorliebe die leichteren Berge zum Aufsteigen bringt und so eine helle Farbe des Schaumes verursacht wird, wird man den Wasserspiegel senken, um das Schaumbett tiefer zu machen. Auch wenn in dicker Trübe zuviel primäre Schlämme vorhanden sind, die sich zu Flocken zusammenballen und daher leicht von den Luftblasen mitgehoben werden, wird man den Wasserspiegel etwas tiefer halten als gewöhnlich. Für die selektive Flotation ist die Höhe des Wasserspiegels von einschneidender Bedeutung. Um den der Flotation am leichtesten zugänglichen Sulfidkörper (Bleiglanz) absondern zu können, muß die Trübe so rasch wie möglich durchfließen, damit der zweite der Flotation schwerer zugängliche Körper (Zinkblende) keine Zeit findet, mit dem ersteren zusammen in die Höhe zu steigen. Dies erzielt man in der Hauptsache dadurch, daß man den Wasserspiegel tiefer als gewöhnlich hält, weil dann die Geschwindigkeit der durchfließenden Trübe erhöht wird und ihr Volumen in kürzerer Zeit hindurchfließt, als wenn das Wasser höher steht.

Einstellung der Luftzufuhr: Besonders bei pneumatischen Flotationsmaschinen hat man es leicht in der Hand, durch Verstellen der Hähne die Luftmenge für trägen, zähen Schaum zu vermehren oder bei lockerem Schaum von heller Farbe zu vermindern. Bei den Flotationsmaschinen mit Rührwerk ist eine solche Änderung nur in beschränktem Maße möglich.

Um bei letzteren die Bildung der Luftblasen etwas regeln zu können, gibt man ihnen oft von vornherein eine etwas höhere Umdrehungszahl und lenkt den Luftüberschuß durch Vorsetzen eines Staubrettes ab (vgl. Abb. 73), das in kurzem Abstande vor den Bohrungen angebracht wird, durch welche die Trübe aus der Vorderwand herausgeschleudert wird. Durch den Zwischenraum des Staubrettes mit der Kastenvorderwand kann die überschüssige Luft ins Freie entweichen und kann man in geringem Maße durch Höher- oder Tieferstellen dieses Brettes die Luftzufuhr regeln. Meist wird dieses Staubrett nur in den ersten Abteilungen eingebaut und die letzten Zellen freigelassen, da gewöhnlich hier mehr Luft, also stärkeres Durchrühren erforderlich ist.

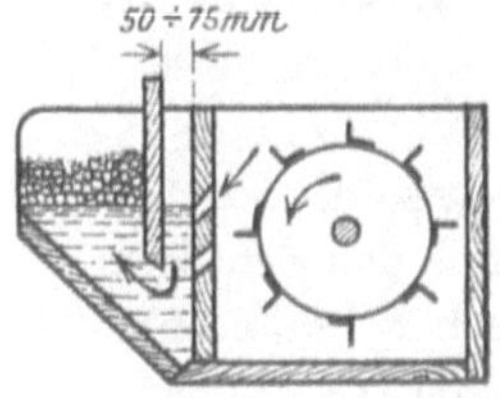

Abb. 73. Staubrett zur Einstellung der Luftzufuhr in Flotationsmaschinen mit Rührwerk.

Einstellung des Trübeausflusses.

Zur Einstellung des Wasserspiegels der Trübe und ihrer Durchflußgeschwindigkeit während ihres Aufenthaltes in der Flotationsmaschine dienten früher Schwimmer aus Kupferblech oder alte Säureflaschen, die durch Hebelübersetzung das Ausflußventil betätigten. Bei der selektiven Flotation von Zinkblendeerzen darf man keine Schwimmer aus Kupferblech benutzen, da sich in saurer Trübe Kupfersulfat bilden kann, das die Blende sofort zum Aufsteigen bringt.

Da sich aber die Ausflußventile leicht verstopfen und undicht schließen, wird jetzt allgemein der in Abb. 74 gezeichnete verstellbare Röhrentrübeausfluß eingebaut, der durch Heben oder Senken des Schwanenhalses mittels eines drehbar angeordneten T-Stückes den Trübespiegel genau einzustellen gestattet. Das untere Ende des T-Stücke verschließt man mit einem durchbohrten Holzpfropfen, dessen Boh-rung so weit gehalten wird, daß ein steter

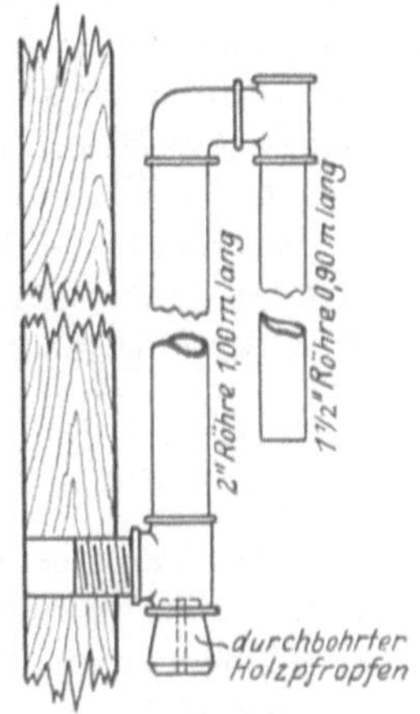

Abb. 74.
Verstellbarer Bergeabfluß.

Abfluß der Berge stattfindet. Von Zeit zu Zeit wird er herausgezogen, um etwa abgesetztes gröberes Material ausfließen zu lassen. Da durch den Schwanenhals die Höhe des Wasserspiegels eingestellt wird, kann durch ihn nur der Teil abfließen, der den jeweiligen Unregelmäßig-

keiten des Trübezuflusses entspricht. Das obere T-Stück des Schwanenhalses muß selbstverständlich offen gehalten werden, damit die Vor
richtung nicht als Heber wirkt.

Gewöhnlich stellt man den Wasserspiegel so ein, daß das Aus -
tragsende etwas höher steht als der Eintritt, da an jenem die
Schaumbildung weniger lebhaft vor sich geht und das Schaumbett
von selbst sich niedriger einstellt. Auf keinen Fall darf am Austragsende das Schaumbett so niedrig gehalten werden, daß etwa Trübe mit
dem Schaume übergeht. Andere ziehen vor, den Wasserspiegel am
Abflußende stetig auf 50—75 mm unterhalb der Kante des Schaum-
überflusses zu halten und regeln den Eintrittswasserspiegel so, daß er
hier eine Kleinigkeit tiefer liegt. Doch ist die erstere Methode die gebräuchlichere.

Wie schon gesagt wurde, bewirkt ein hoher Wasserspiegel ein niedriges Schaumbett, d. h. die Blasen bleiben klein und fließen rasch ab,
mit den Konzentraten steigen viele Berge auf und bei selektiver Flotation außerdem noch die Zinkblende. Bei tiefem Wasserspiegel hingegen
bildet sich ein hohes Schaumbett, die Luftblasen werden größer und
fließen nicht so rasch über. Berge und Zinkblende haben daher
Zeit, nach unten wieder zurückzufallen, und die Konzentrate werden
reiner, aber ihre Menge nimmt ab.

Im allgemeinen stellt man das Schaumbett bei pneumatischen
Flotatoren auf 400 mm Höhe über dem Trübewasserspiegel ein, wobei
der Wasserspiegel ungefähr 300 mm unter der Überflußkante steht. Bei
Agitationsflotatoren gibt man aber nur 150 mm Höhe über dem
Waserspiegel der Trübe, so daß der Wasserspiegel selbst 75—100 mm
unterhalb der Überflußkante zu liegen kommt. Wenn aber die Aufgabe unverhältnismäßig grob gemahlen ist, also aus körnigem Gut
besteht, so kann man mit der Höhe des Schaumbettes bis auf die
Hälfte der angegebenen Zahlen heruntergehen.

Schaumabheber.

Mitunter kann es vorkommen, daß trotz aller Abänderungen am
Ölzufluß, in der Menge der Druckluft usw. es nicht gelingt, den zähen
Schaum locker zu machen, so daß er normal überfließt. Das gewöhnliche
Aushilfsmittel ist dann, sog. Schaumabstreicher anzuordnen (vgl.
Abb. 75), die einzeln oder paarweise durch eine Welle mit Riemen-
scheibe angetrieben werden. Ihre Umdrehungszahl schwankt zwischen
5—10 pro Minute für einen Doppelabstreicher, so daß zwischen 2 Abzügen so viel Zeit gelassen wird, daß für den folgenden Abhub genügend
neuer Schaum erzeugt ist. Die Abstreichbleche dürfen nicht zu tief
in den Schaum eintauchen, da sonst Saugwirkungen auftreten, welche

die Schlämme im Schaume aufrühren, so daß sie mit den Konzentraten abgehoben werden und deren Wert herabsetzen.

Ebenfalls gut arbeitet der in Abb. 76 dargestellte Schaumabstreifer, der aus 2 Hanfseilen von ½″ Durchmesser besteht, die endlos über 2 Seilscheiben von 100 mm Durchmesser mit einer Geschwindigkeit von 0,02—0,04 m pro Sekunde laufen. Die Seile müssen so straff angezogen werden, daß sie nicht durchhängen. Infolge ihrer haarigen Beschaffenheit setzen sie den Schaum einer Abteilung nach vorn in Bewegung, wo kleine Radschaufeln an der Überflußkante ihn dann in das Gerinne abstreifen. Die Seile müssen öfters erneuert werden.

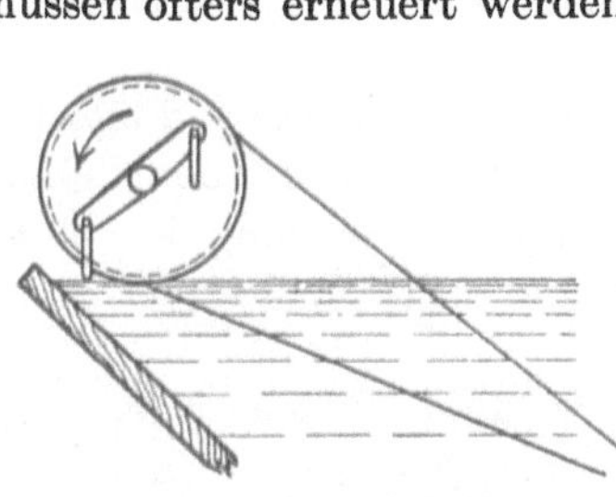

Abb. 75. Schaumabstreifer.

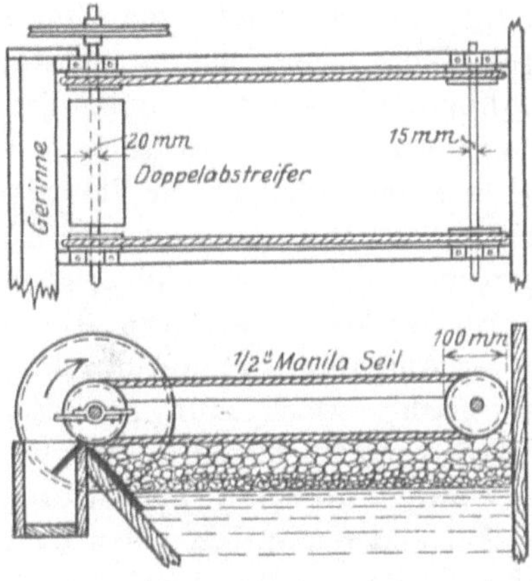

Abb. 76. Schaumabstreifer.

Aufbrechen des Schaumes.

Der Schaumüberfluß nimmt gewöhnlich ein so großes Volumen ein, daß sein Transport in den üblichen Gerinnen sich unmöglich macht und er rasch überlaufen und den Boden überschwemmen würde. Er muß daher aufgebrochen werden, d. h. sein Volumen ist möglichst auf 75 vH und mehr des ursprünglichen zu vermindern. Besonders gilt dies für den Schaum von Agitationsmaschinen, der im allgemeinen zäh ist und mehr oder weniger in seiner Blasenform ständig verharrt, während der Schaum der pneumatischen Maschinen nur von kurzer Dauer ist und in sich selbst zusammenfällt, sowie der Einfluß der Preßluft aufhört, weswegen er bedeutend leichter zu behandeln ist.

Die im Wasser mehr oder weniger löslichen Öle, wie die Schaumbildner, verursachen keine besonderen Schwierigkeiten, sondern es sind die im Wasser nahezu unlöslichen Öle, wie Teer, Kreosot und Heizöl, die sich hartnäckig dem Aufbrechen widersetzen.

Die gewöhnliche Methode, den Schaum aufzubrechen, und die fast immer wirksam ist, besteht darin, einen kräftigen Wasserstrahl unter Druck durch eine Brause auf das Gerinne, in dem der Schaum abfließen soll, aufzuspritzen. Diese Brause soll unter geringer Neigung zum Gerinneboden entgegengesetzt der Abflußrichtung arbeiten, so daß beim Auftreffen des Strahles seine Breite die gesamte Gerinnebreite deckt. Auch bringt man sie genügend hoch an, damit man eine möglichst große Zahl von Zellen damit bestreichen kann. Statt der gewöhnlichen Brause empfiehlt es sich, die Körting-Brause einzubauen, weil sie sehr wirtschaftlich im Wasserverbrauch und in ihrer Wirkung bedeutend energischer ist.

Trotz der Brause bleibt aber der Abfluß immer noch etwas schaumhaltig, und daher leitet man ihn auf einen Deister- oder Wilfley-, Herd, die den Schaum vollständig aufbrechen und gleichzeitig als Kontrollherde dienen, indem jeder Zeit die Breite des gebildeten Konzentratstreifens eine wirksame, dem Auge sichtbare Überwachung über die Leistungsfähigkeit der Flotationsanlage gestattet. Ebenso läßt sich aus der Helligkeit der Farbe des Konzentratstreifens auf das Vorhandensein von Schlämmen schließen.

Ebenso kräftig wirkt ein Becherwerk, das durch sein Plätschern in der Aufgabegrube und durch den Stoß beim Auswurf den Schaum gut bricht. Doch muß sein Einbau schon von Anfang an in der Anlage vorgesehen sein. Vorzügliche Schaumbrecher sind ferner Sandpumpen und Drucklufttheber.

Auf anderen Anlagen, bei denen der Schaum äußerst widerstandsfähig bleibt, stellte man mit Erfolg einen Saugventilator von 1200 mm Durchmesser und 150 mm Breite auf, der bei 250 Umdrehungen pro Minute den Schaum so kräftig ansaugte, daß er als Flüssigkeit an der Peripherie abfloß. Seine Leistung beträgt ungefähr 50 t Schaum in 24 Stunden. Die Schaufeln sind allerdings alle 4—6 Monate zu erneuern.

Weniger gebräuchlich ist das Brechen des Schaumes mittels chemischer Reagenzien, indem man Säuren oder Kalkmilch zugibt und sogar mehr Öl. Gibt man letzteres in genügender Menge auf, so kann der Schaum vollständig niedergeschlagen werden.

X. Selektive Flotation.

In den vorausgegangenen Abschnitten wurde fast ausschließlich von der Anwendung des Flotationsprozesses auf Erze gesprochen, die nur ein Sulfid abzusondern haben. Die meisten vom Bergbau ausgebeuteten Lagerstätten weisen aber Erze auf, die neben der Gangmasse noch zwei oder mehr Sulfide führen, von denen jedes für sich abgeschieden und gleichzeitig möglichst rein von seinen Begleitern erhalten werden soll. Solche Erze stellen ein ganz verschiedenes Problem dar, das auf andere Art und Weise anzugreifen ist, um praktische Erfolge aufzuweisen. Obgleich seit dem Bekanntwerden der Flotation Versuche in dieser Beziehung gemacht wurden, führten diese nur in vereinzelten Fällen zu günstigen Ergebnissen. Erst in den letzten Jahren hat man sich damit eingehend beschäftigt und Fortschritte gemacht, die zu den besten Hoffnungen auf eine allgemeine Einführung der selektiven Flotation berechtigen.

Setzen wir beispielsweise ein Bleiglanz-Zinkblende-Erz voraus, in dem außerdem noch die Mischung beider Mineralien eine sehr innige ist, so muß ihre Trennung auf ganz verschiedenen Wegen vorgenommen werden. Zunächst wird man versuchen, ein Bleiglanzkonzentrat herzustellen, das möglichst wenig Blende enthält und vor allen Dingen Abgänge gibt, die soweit als möglich bleifrei sind. Erst dann wird man aus diesen Abgängen das Zinkblendekonzentrat absondern, von dem man wieder verlangt, daß es so hoch als möglich in Zink geht und endgültige Berge liefert, die frei von Zinkblende sind, also nur aus Gangmasse und Eisenkies bestehen. Doch wird dies nur ganz selten gelingen; gewöhnlich wird man noch Zwischenprodukte erhalten, die sowohl Bleiglanz als auch Blende enthalten. Auch bei der Reinigung der Konzentrate wird man neben den reinen Endprodukten weitere Zwischenprodukte bekommen, die je nach dem Vorwiegen des Zinkes oder des Bleies an den einen oder den anderen Zweig der Stammtafel zur Weiterverarbeitung zurückgegeben werden müssen. In bestimmten Fällen wird man auch umgekehrt verfahren können, wenn man nämlich findet, daß die Zinkblende der leichter flotierbare Körper ist und Bleiglanz in dieser Beziehung reaktionsträger auftritt. Selbstverständlich muß diese Trennung in zwei getrennten Systemen vor sich gehen und ist es einleuchtend, daß diese Vorgänge äußerst heikler Natur sind und daher eine viel stärkere Überwachung erfordern als die einfache Flotation nur eines Mineralkörpers. — Über die erfolgreich durchgeführte selektive Trennung in den Reinigermaschinen wurde schon auf S. 138f. das Nähere erwähnt.

Um mit Erfolg selektiv zu flotieren, beachte man stets die folgenden Grundsätze:

1. Man ermittle durch Versuche eine solche Ölmischung, die sich am besten eignet für die Absonderung des Hauptsulfides in alkalischer Trübe, aber gleichzeitig keine oder nur eine geringe Wirkung auf die begleitenden Sulfide ausübt. Darauf mache man die Trübe sauer und benutze eine Ölmischung in größerer Menge, die das zweite Sulfid zum Flotieren bringt. Unter Umständen wird man auch umgekehrt verfahren müssen, indem man die Trübe erst sauer und dann alkalisch macht.

2. Man strebe mit allen verfügbaren Mitteln an, einen Minimalölverbrauch in dicker Trübe durchzuführen.

3. Man überlade grundsätzlich den Grobflotator für die Flotation des ersten Körpers; bei dem Grobflotator, der den zweiten Körper flotieren soll, verfahre man dagegen umgekehrt, da letzterer infolge seiner Trägheit mehr Zeit zum Flotieren braucht.

Ölmischungen für selektive Flotation.

Auf S. 22f. wurden schon die Grundsätze entwickelt, die für die Beziehungen zwischen der chemischen Reaktion der Erztrübe und der Ölmischung bestehen. Zuerst wird man untersuchen, welcher von den Mineralkörpern in verschiedenen Ölmischungen der Flotation am leichtesten zugänglich ist und welcher sich am schwersten flotiert. Erst dann wird man Versuche anstellen, um über das Verhalten zwischen den chemischen Reaktionen der Erztrübe und den benutzten Ölmischungen näheren Aufschluß zu erhalten, wobei man zunächst den Mineralkörper berücksichtigt, der sich am leichtesten flotieren läßt. Man wird sich dann schlüssig werden, wie man diesen ersten Körper absondert, ob in alkalischer oder saurer Trübe. Gewöhnlich, aber nicht immer, wird man finden, daß der Bleiglanz in alkalischer Trübe mit alkalisch reagierenden Ölen sich am leichtesten flotieren läßt, während Kupferkies besonders gern in saurer Trübe mit sauer reagierenden Ölen aufsteigt. Man unterlasse nicht, bei diesen Versuchen darauf zu achten, daß der von der Ölmischung gebildete Schaum nicht zu zähe sein darf, weil dann mit dem Hauptsulfid zugleich die anderen Begleiter mit in die Höhe kommen (vgl. S. 181).

Von den anderen Mineralien, die sich durch größere Reaktionsträgheit gegenüber der gewählten Ölmischung kennzeichnen, kommen besonders die Zinkblende und der Eisenkies in Betracht. Auf S. 41 wurde schon darauf hingewiesen, daß nach dem Abscheiden des Bleiglanzes in alkalischer Trübe die Zinkblende mit Erfolg in der zweiten Flotationsmaschine zum Aufsteigen gebracht werden kann, wenn man die Lösung durch Kupfersulfat sauer macht und gleichzeitig die Ölmischung auf höheren Kreosotgehalt einstellt. Wenn man es vorzieht, kann man auch mit Schwefelnatrium oder Zyankalium mit Zinksulfat im ersten Flotator arbeiten, wodurch das Aufsteigen der Blende vorübergehend unterdrückt wird. Durch Neutralisieren seiner Wirkung bringt man in der zweiten Flotationsmaschine die Blende in saurer Lösung mit sauer reagierenden Ölen auf dem Schaume in die Höhe. Der auf S. 44 in kurzen Umrissen geschilderte Bradfordsche Prozeß, der mit Schwefeldioxydgas die Trennung bewirkt, wird wegen seiner Empfindlichkeit und hohen Kosten wohl kaum noch angewendet. Die bei diesen Versuchen sich ergebenden Bleizinkzwischenprodukte müssen unter Umständen feiner gemahlen werden, um auf Herden in Verbindung mit Reinigungsmaschinen getrennt und angereichert zu werden, wie auf der weiter unten folgenden Stammtafel für Bleizinkflotation gezeigt wird.

Am schwersten gelingt die Trennung von Kupferkies und Zinkblende. Sehr oft kann man im ersten Flotator in saurer Trübe mit Kresylsäure ein niedriges Kupferkies-Blende-Konzentrat bilden bei Abgängen, die ebenfalls noch ziemlich viel Kupferkies mit sich führen. Im zweiten Flotator wird man versuchen müssen, in alkalischer Trübe mit einer alkalischen Ölmischung, in der Teeröle vorherrschen, ein Konzentrat zu bilden, das in den ersten Abteilungen zinkkupferhaltig ist und in den folgenden Abteilungen nahezu reine Zinkblende gibt. In den letzten Abteilungen wird man blendehaltige Zwischenprodukte vorfinden, die unbedingt feiner aufzuschließen sind. Durch Verwendung von verschiedenen Reinigern und Vereinigung in der Zurückgabe der Zwischenprodukte an die entsprechenden Flotatoren reichert man die Endprodukte auf reine Kupfer- bzw. Zinkkonzentrate an. Die Benutzung von Herden ist ganz ausgeschlossen, da sowohl Kupferkies wie Blende nahezu gleiches spezifisches Gewicht haben.

Die Trennung des Eisenkieses wird nur selten Schwierigkeiten bereiten, da er gewöhnlich der flotationsträgste Körper ist und infolgedessen schon im Grobflotator und teilweise noch in den Reinigungsmaschinen verhältnismäßig leicht sich abscheiden läßt.

Konditionierende Zwischenbehälter.

Zwischen der Aufgabe der Öle bzw. der chemischen Zusätze und dem Eintritt ihrer Reaktion macht sich gewöhnlich eine konditionierende Zwischenperiode nötig, um die gewünschten Veränderungen in der Reaktion der Trübe und die Beschaffung eines neuen Oberflächenfilms auf dem zu flotierenden Mineralkörper herzustellen, die meist zwischen 1—5 Minuten schwankt. Die Xanthate des Natriums oder Kaliums wirken augenblicklich und bedürfen keiner solchen Periode. Bei der selektiven Flotation hingegen kann sich diese Periode oft auf ½ Stunde und mehr erstrecken, besonders wenn die Flotation des zweiten Mineralkörpers im ersten Flotator unterdrückt wurde und zur Flotation dieses Körpers in der zweiten Maschine Neutralisierung oder Änderungen in den chemischen Zusätzen sich unbedingt nötig machten. In einem solchen Falle schaltet man zwischen den beiden Grobflotatoren sog. konditionierende Tanks[1] ein, die

---

[1] Das Wort „Konditionierender Tank" (seltener gebräuchlich „Kontakt-Tank") ist erst im letzten Jahre in der technischen Literatur aufgetaucht und will besagen, daß es sich nicht bloß um eine Mischung der Trübe mit den chemischen Zusätzen handelt, sondern daß die Trübe längere Zeit

mit einem mechanischen Rührwerk versehen sind, um das Absetzen
des zu behandelnden Gutes zu verhindern und gleichzeitig eine gute
Mischung mit den zugesetzten Chemikalien zu erzielen. Man gibt
ihnen solche Abmessungen, daß die Trübe so lange darin verbleiben
kann, bis die gewünschte Einwirkung erfolgt ist und die Trübe eine
solche Beschaffenheit angenommen hat, daß die zweite Flotation vor
sich gehen kann. Die auf S. 150 erwähnten Sammel- oder Verteilungsbehälter können zu diesem Zwecke verwendet werden; sonst schneidet
man wohl hierzu die erste oder die ersten zwei Zellen von Agitationsflotatoren mit vertikaler Welle ab. Für Großanlagen, bei denen
Ersparnis am Zusatz von Reagenzien eine wirtschaftliche Notwendigkeit ist, stellt man sogar noch Dorrsche Verdickungsbehälter
vor den konditionierenden Tanks auf, damit durch sie die ursprüngliche Trübe soweit als möglich abgesondert wird und der Zusatz von
neutralisierenden bzw. neuen Chemikalien für die zweite Flotation
sich ganz wesentlich vermindert.

Dicke Trübe und Minimalölverbrauch.

Grundsätzlich ist für die selektive Flotation die Verwendung einer
dicken Erztrübe anzustreben, um in Verbindung damit ein Minimum
des Ölverbrauches zu erzielen, worüber das Nähere schon auf S. 20f.
zu ersehen ist. Ebendort wurde auch noch erwähnt, daß in dicker Trübe
für hinreichende Durchmischung mit Luft bei gleichzeitig
stärkerem Kiefernölgehalt in der Ölmischung Sorge zu tragen
ist. Andererseits soll besonders bei Agitationsmaschinen das Umrühren nicht zu stark sein; denn gemäß S. 183 wird hierdurch eine
selektive Trennung des Hauptsulfides von seinen Begleitern sehr erschwert.

Ferner halte man für selektive Flotation das Schaumbett hoch,
was den Vorteil hat, dem zweiten Mineralkörper Zeit zum Zurückfallen
zu geben. Ein früher häufig benutztes Gewaltmittel war, Bretter auf-
zulegen, die bei pneumatischen Maschinen der Länge nach bis nahe
an das Austragsende gelegt wurden, so daß der Schaum gezwungen war,
sich unter ihnen nach dem freien Ende hin zu bewegen, um auf diesem
längeren Wege sich allmählich von der mitgehobenen Zinkblende zu
reinigen. Infolgedessen stiegen nur reine Bleiglanzkonzentrate am
offenen Ende auf. Dies hatte aber den Nachteil, daß die gröberen Bleiglanzteilchen infolge ihres hohen Eigengewichtes vom Schaum nicht
mehr so lange getragen wurden, sondern durchfielen, wodurch die

---

(bis zu $^1/_2$ Stunde) darin verbleiben muß, bis sie in einen solchen Zustand
oder Beschaffenheit gebracht wurde, wie es für die nachfolgende Flotation
des zweiten Mineralkörpers erforderlich ist.

abgehenden Berge wieder einen unnötig hohen Metallgehalt aufwiesen. Bei Agitationsmaschinen überdeckte man mit den Brettern
den gesamten vorderen Spitzkasten und ließ nur eine kleine Austragsöffnung an der Überlaufskante frei. Das auf S. 137 beschriebene Verfahren der Schaumzurückgabe nach dem Gegenstromprinzip erreicht
diesen Zweck auf bedeutend wirtschaftlichere Art und Weise.

Fassungsvermögen der beiden Grobflotatoren.

Wie schon öfters erwähnt wurde, ist die selektive Flotation eine
Funktion der Zeit und Gelegenheit, d. h. alle Sulfidteilchen lassen
sich in einer gegebenen Ölmischung zur Flotation bringen, wenn man
ihnen Gelegenheit gibt, genügend lange Zeit im Flotator zu verharren.
Der Unterschied ist dabei, daß das der Flotation am leichtesten zugängliche Sulfid sofort und in größeren Mengen hoch gebracht wird, und
erst später und in geringeren Mengen die begleitenden Sulfide, je nach
ihrer Reaktionsträgheit in bezug auf Flotation. Läßt man daher die
Trübe eines solchen Erzes mit verschiedenen Sulfiden so rasch als
möglich durch den ersten Grobflotator hindurchgehen, so wird
es auf diese Weise gelingen, nur das Sulfid abzuflotieren, das der Flotation am leichtesten zugänglich ist, während alle anderen, flotations-
trägeren Sulfide mit den Bergen unten bleiben werden oder nur in relativ geringen Mengen aufsteigen. Dieses Prinzip läßt sich dadurch
ausführen, daß man den ersten Grobflotator in bezug auf seine
Leistungsfähigkeit überladet. Man wird daher bei einem Mehrzellenflotator mehrere der untersten Zellen abschneiden und dieselbe Trübe-
menge pro Zeiteinheit durch die verkürzte Flotatorlänge mit größerer
Durchflußgeschwindigkeit hindurchschicken. Gleichzeitig wird man
noch gemäß S. 184 den Wasserspiegel so tief als möglich senken, damit
die Durchflußgeschwindigkeit der Trübe noch weiter erhöht wird. Praktische Angaben darüber lassen sich nicht machen, man wird zuerst die
letzte Abteilung außer Betrieb setzen, dann die nächstfolgende und so
weiter fortfahren, bis das gewünschte Ergebnis erzielt wird oder wenigstens man sich ihm möglichst nähert. Auf einer Grube in Durango konnte
ich erst durch Verkürzung auf zwei Drittel der ursprünglichen Länge
der Agitationsmaschine leidlich gute Ergebnisse in der Trennung eines
Kupferkieses von der Zinkblende erzielen.

Im anschließenden zweiten Grobflotator liegen aber die Verhältnisse entgegengesetzt. Hier muß das schwieriger zu flotierende
zweite Sulfid abgeschieden werden, das infolge seiner Reaktionsträgheit
mehr Zeit zum Aufsteigen braucht. Der Flotator darf also nicht überladen werden. Man wird daher nicht nur seine ursprüngliche Länge voll
ausnutzen müssen, sondern unter Umständen noch eine oder mehrere

Zellen ansetzen, um auf diese Weise die Durchflußgeschwindigkeit zu vermindern. Der Wasserspiegel wird möglichst hoch eingestellt werden, und gleichzeitig darf man nicht mehr mit der Minimalölmenge arbeiten, sondern wird die schon vorhandene Ölmenge noch etwas erhöhen.

Wenn die vom ersten Grobflotator abfließende Trübe noch beträchtliche Mengen des Hauptsulfides aufweist, so ist das oft ein Zeichen, daß zuviel Zwischenprodukte darin vorhanden sind, die feiner aufgeschlossen werden müssen. In einem solchen Falle wird man eine Röhrenmühle aufstellen, um das Produkt noch feiner zu mahlen. Allerdings werden dadurch die Anschaffungs- und Betriebskosten erhöht, und die Einfachheit der Stammtafel geht verloren. Man wird sich daher nur dann dazu entschließen, wenn ein erheblicher Gewinn durch diese Anordnung erreicht werden kann.

Im Betriebe hat sich herausgestellt, daß man gut tut, das erste Hauptsulfid, den Bleiglanz oder Kupferkies, mittels pneumatischer Flotationsmaschinen abzusondern, da diese im allgemeinen eine bessere Ausbeute und reinere Konzentrate geben, obgleich sie den Nachteil haben, daß die feinen Erzschlämme auf dem Boden festbacken. Zum Flotieren der Blende zieht man Agitationsmaschinen vor, die nicht so reine Konzentrate, dafür aber reinere Berge geben. Dies gilt besonders für Erze, bei denen der Bleiglanz in geringer Menge, die Blende aber im Überschuß vorhanden ist. Je weniger Bleiglanz im Erze vorkommt, desto schwieriger kann er durch Umrühren als Reinprodukt zur Flotation gebracht werden, weil dann Blende mit aufsteigt.

Reinigung der Konzentrate.

Das schon auf S. 138f. über Reiniger und Wiederreiniger Gesagte hat auch für das Anreichern der selektiv gewonnenen Konzentrate seine Geltung, nur müssen für jedes Konzentrat besondere Reiniger aufgestellt werden. Die im ersten Grobflotator abgetrennten Konzentrate von Bleiglanz oder Kupferkies werden grundsätzlich nach diesem System zu behandeln sein.

Die im zweiten Grobflotator abgeschiedenen Konzentrate werden gewöhnlich aus Zink-Blei-Konzentraten, reinen Zinkkonzentraten und Zinkzwischenprodukten bestehen. Um eine gute Endausbeute des ganzen Systems zu erhalten, ist es unerläßlich, ihre Weiterbehandlung auf Herden in Verbindung mit Reinigern vorzunehmen, wie aus den weiter unten angegebenen Stammtafeln zu ersehen ist. Für Kupferkies-Blende-Erze ist aber die Benutzung von Herden ausgeschlossen, und müssen die Reiniger allein die Scheidung besorgen.

Für kleinere Anlagen, die ein nicht zu feinkörniges Blei-Zinkerz zu verarbeiten haben, wird mitunter von Vorteil sein, sich auf selektive Flotation gar nicht einzulassen, sondern relativ grob zu mahlen und im Grobflotator ein allgemeines Zink-Blei-Konzentrat zu bilden, so daß die Abgänge eine Ausbeute von 90 vH Blei und 80 vH Zink ergeben. Diese allgemeinen Konzentrate werden dann auf Herden in reine Bleiglanze und reine Zinkblenden getrennt, während die mitfallenden Zwischenprodukte, die meist sehr feinkörnig sind, wieder zum Grobflotator zurückgegeben werden. Diese Behandlungsweise ist aber nur empfehlenswert, wenn man infolge der Natur des Erzes nicht zu fein aufzuschließen hat, da Herde bekanntlich für Schlämme keine gute Trennung bewirken. Außerdem soll das Erz eine hohe Konzentrationsrate aufweisen, so daß auf den Herden reiche, verschiffungsfähige Konzentrate gebildet werden können.

Wenn nach dem Vorausgehenden es nicht besonders schwierig erscheint, selektiv zu flotieren, so wird man im Betriebe um so mehr enttäuscht sein. Nur in den seltensten Fällen gelingt es auf den ersten Versuch hin, praktische Erfolge aufzuweisen. Meist wird es monatelanger, mühevoller Arbeit bedürfen, um unter Berücksichtigung aller Einzelheiten zu einem annehmbaren Ergebnis zu gelangen. Doch lasse man sich nicht durch die ersten Rückschläge entmutigen: ein systematisches Suchen nach den Ursachen des Mißlingens, das die selektive Flotation zu vereiteln droht, hat mir immer Erfolg gebracht. Wichtig ist es auch, immer nur eine Veränderung vorzunehmen und nicht mehrere gleichzeitig durchzuführen, da man dann öfters im Zweifel bleibt, welche Abänderung tatsächlich gewirkt hat. Welche wirtschaftliche Bedeutung aber die selektive Flotation für eine Gesellschaft haben kann, ist aus den jüngst veröffentlichten Angaben der „Cananea-Kupfergrube" im nördlichen Mexiko zu ersehen. Bei einem Durchschnittswerte der Erze von 2 vH Cu ergab die frühere einfache Flotation Konzentrate von nur 4—5 vH Cu, während die selektive Flotation mit Xanthat Konzentrate von 18 vH Cu bei einer Konzentration von 1 : 10 gab. Außerdem stieg die Ausbeute von 87,4 auf 91,2 vH. Vor der Einführung der selektiven Flotation mußten täglich 600 t Konzentrate in Schachtöfen verschmolzen werden. Mit der auf ein Viertel verkleinerten Tonnenzahl an selektiven Flotationskonzentraten wurde es möglich, die Röstanlage und die Schachtöfen außer Betrieb zu setzen und das Flotationsprodukt in 2 Flammöfen nebst 2 Konvertern zu verarbeiten. Die Hüttenausbeute stieg von 90 auf 97 vH und in den Arbeitslöhnen nicht nur der Hütte, sondern auch der Werkstätten, Eisengießerei usw. war eine so beträchtliche Verminderung zu verzeichnen, daß innerhalb weniger Monate eine völlige metallurgische Umwälzung hervorgerufen wurde.

Stammtafeln für selektive Flotation.

Im folgenden gebe ich drei Stammtafeln ganz moderner Anlagen: eine Kupfer-Eisenkies-Flotation im nördlichen Mexiko als klassisches Beispiel für größte Einfachheit in der Anordnung einer Stammtafel und die anderen beiden für Blei-Zink-Erze in den Vereinigten Staaten, um zu zeigen, auf welche Weise man praktisch das Problem der selektiven Flotation mit Erfolg gelöst hat. Die erste und ältere Blei-Zink-Flotation zeigt noch ein äußerst verwickeltes System der Rückgabe der Zwischenprodukte und ihrer Weiterverarbeitung auf Herden, während die letzte schon nach ganz modernen Prinzipien mit Verdickungsbehältern und unter Ausschluß der Handarbeit flotiert.

Charakteristisch für die ersten beiden Anlagen ist, daß das Feinmahlen in zwei hintereinander folgenden Kugelmühlen im geschlossenen Kreislauf mit zwei mechanisch arbeitenden Klassifikatoren erfolgt, wie schon auf S. 96 angegeben wurde. Die Höhendifferenz zwischen Grobflotatoren und Reinigern wurde auf der zweiten Anlage so ausgenutzt, daß die Zwischenprodukte des Reinigers von selbst in den Grobflotator zurückfließen, so daß nur die bedeutend kleineren Mengen der Konzentrate durch Trübeelevatoren zu heben sind, wodurch bedeutend an Kraft gespart wird. Infolgedessen liegen die das Endprodukt abgebenden Maschinen am höchsten und die die Trübe empfangenden Grobflotatoren am tiefsten.

Die Erze enthalten 3,25 vH Cu als Kupferkies in Begleitung von vorwiegend Eisenkies, aber wenig Zinkblende, während Kalkspat und Quarz als Gangart auftreten. Durch verschiedene Reiniger wird der Cu-Gehalt auf 30 vH angereichert.

Die Trübe wird durch Ätzkalk alkalisch gemacht, und die Ölmischung besteht aus 0,14 kg „T.-T."-Mischung je Tonne Roherz. „T.-T."-Mischung setzt sich zusammen aus 20 vH Thiokarbamid und 80 vH Orthotoluidin; dieser Mischung wird noch 0,07 kg Kiefernöl zugesetzt.

Das Roherz enthält 10,5 vH Pb, 12,5 vH Zn, 31 vH S, 32,5 vH Fe und 5 vH Silikate. Das spezifische Gewicht ist 4,4. Da das Erz äußerst fein verwachsen ist, muß so fein gemahlen werden, daß 95 vH durch 200 Maschen hindurchgehen. Die Trübe wird alkalisch gehalten und so dick wie möglich verwendet.

Durch öfteres Zurückgeben und Wiederfeinmahlen sowie durch anschließende Herdbehandlung gelingt es, reine Blei- und reine Zinkkonzentrate zu erhalten, obgleich dadurch die Stammtafel sehr verwickelt wird. Fehlerhaft erscheint das Verhältnis der Reinigerzellen zu den Grobflotatorzellen in der Abteilung für Bleianreicherung.

Stammtafel der „Nacozari-Aufbereitung" (Sonora, Mex.) für 1000 Tonnen täglich.

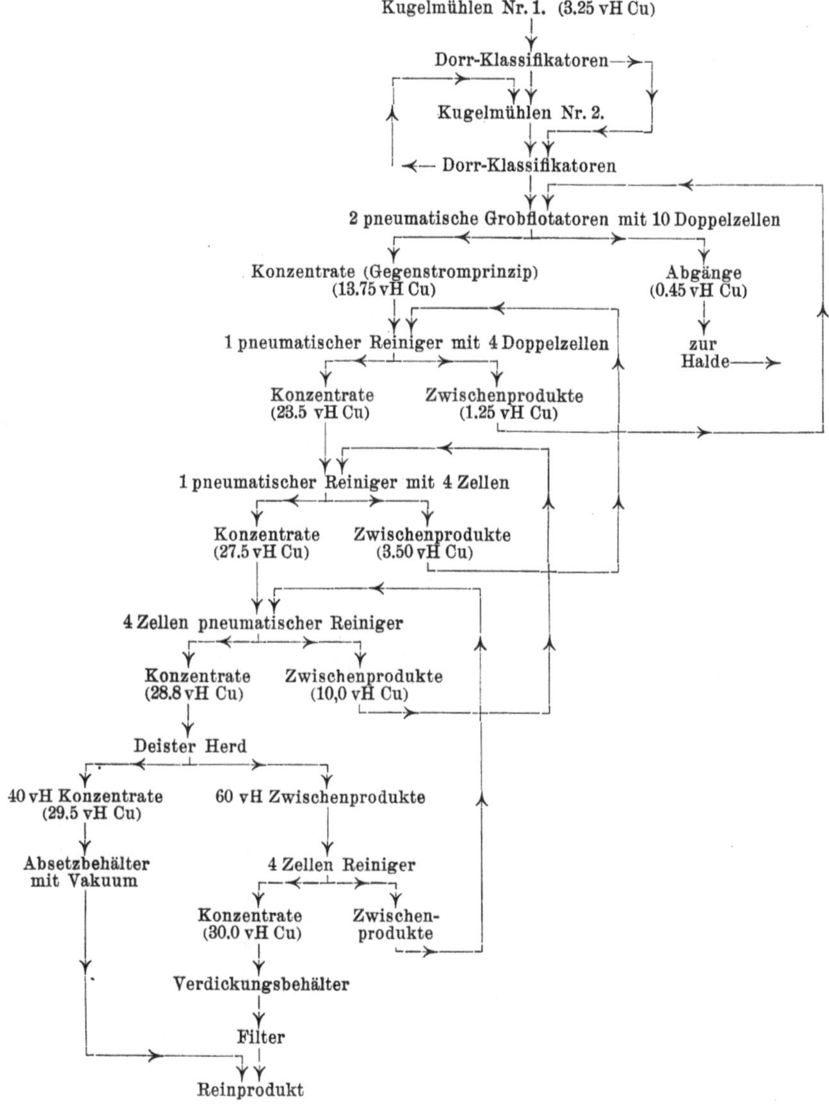

Wesentlich ist ferner, daß vor den Grobflotatoren ein Sammelbehälter mit langsam umlaufendem Rührwerk von 5 Umdrehungen pro Minute angelegt ist, um eine gleichmäßige Verteilung der Trübe auf die drei Sätze der Grobflotatoren zu bewerkstelligen, was bedeutend erschwert würde, wenn die letzteren direkt von den Kugelmühlen gespeist würden.

Stammtafel einer Zink-Blei-Flotation für 3000 t täglich.

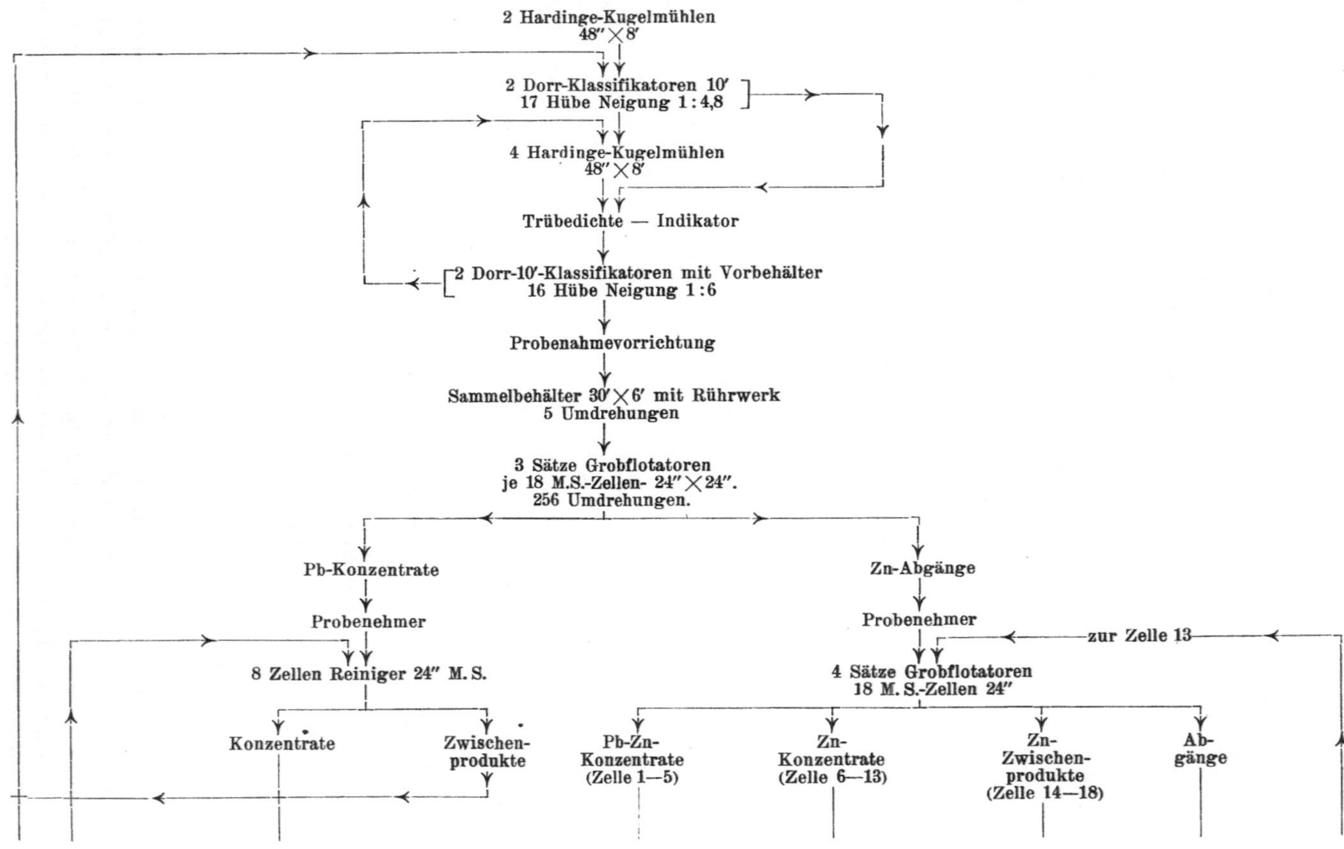

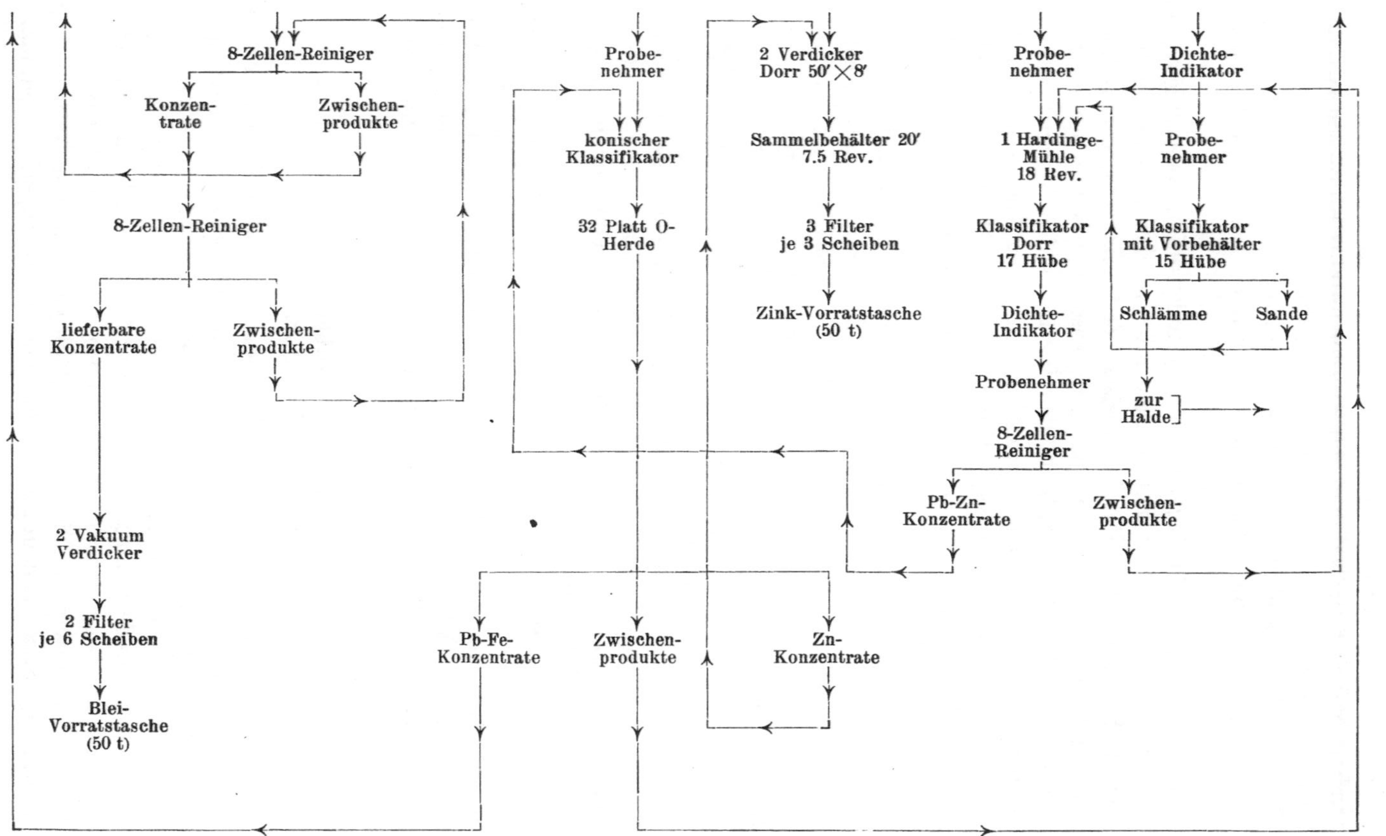

8-Zellen-Reiniger
Konzen-trate
Zwischen-produkte
8-Zellen-Reiniger
lieferbare Konzentrate
Zwischen-produkte
2 Vakuum Verdicker
2 Filter je 6 Scheiben
Blei-Vorratstasche (50 t)
Probe-nehmer
konischer Klassifikator
32 Platt O-Herde
2 Verdicker Dorr 50'×8'
Sammelbehälter 20' 7.5 Rev.
3 Filter je 3 Scheiben
Zink-Vorratstasche (50 t)
Probe-nehmer
1 Hardinge-Mühle 18 Rev.
Klassifikator Dorr 17 Hübe
Dichte-Indikator
Probenehmer
8-Zellen-Reiniger
Pb-Zn-Konzentrate
Zwischen-produkte
Dichte-Indikator
Probe-nehmer
Klassifikator mit Vorbehälter 15 Hübe
Schlämme
Sande
zur Halde
Pb-Fe-Konzentrate
Zwischen-produkte
Zn-Konzentrate

Die Bleikonzentrate gehen zum ersten Reiniger und darauf zum zweiten und dritten, während die Zwischenprodukte des ersten Reinigers zum Dorr-Klassifikator der Kugelmühle zurückgegeben werden. Die Zwischenprodukte des zweiten Reinigers fließen zum ersten Reiniger zurück und die Zwischenprodukte des dritten Reinigers zum zweiten.

Die zinkhaltigen Abgänge gehen zum Zinkgrobflotator und geben in den ersten 5 Zellen Blei-Zink-Konzentrate, in den nächsten 8 Zellen reine Zinkkonzentrate und in den letzten 5 Zellen Zinkzwischenprodukte. Die Sande der Abgänge und der Zinkzwischenprodukte des Grobflotators sowie die Mittelprodukte der Herde werden in einer zweiten Hardinge-Kugelmühle feiner gemahlen und gehen über einen Wiederreiniger, der Blei-Zink-Konzentrate gibt, die zu den Herden zurückgehen, und Zwischenprodukte, die an die dreizehnte Zelle des Zinkgrobflotators zurückgegeben werden.

Die Blei-Zink-Konzentrate des Zinkgrobflotators und des Wiederreinigers gehen auf Herde, die Bleiglanz-Eisenkies-Konzentrate geben. Diese werden zum ersten Dorr-Klassifikator zurückgeschickt, während die Zwischenprodukte, wie eben gesagt wurde, zu der zweiten Hardinge-Kugelmühle gehen, um feiner gemahlen zu werden. Die fertigen Zinkkonzentrate vereinigen sich mit den Zinkkonzentraten des Zinkgrobflotators und werden verschifft.

Die Abgänge des Zinkgrobflotators gehen durch einen Klassifikator mit Vorbehälter, dessen Sande zur zweiten Hardinge-Mühle gehen, um feiner gemahlen zu werden, während der Schlämmeüberfluß zu den Absetzanlagen der Halde fließt.

Aus allem ersieht man, daß die Abgänge nur entweichen können, wenn sie genügend fein aufgeschlossen worden sind, so daß sie endgültig im Überflusse des Klassifikators mit Vorbehälter zur Halde abgeführt werden. Alle Zwischenprodukte, die sich im Verlaufe der Flotation bilden, werden ebenfalls feiner aufgeschlossen und dann erst in das System zurückgegeben.

Stammtafel der „Timber Butte"-Aufbereitung für Blei-Zinkerze.

Die „Timber Butte Milling Co." war seit 1919 Bahnbrecherin für die selektive Trennung ihrer Bleiglanz-Zinkblende-Erze nach dem auf S. 42f. beschriebenen Verfahren, die Zinkblende vorübergehend durch Schwefelnatriumzusatz im ersten Grobflotator am Aufsteigen zu verhindern, ging aber 1924 dazu über, an Stelle des Schwefelnatriums das besser wirkende Zyannatrium in Verbindung mit Zinksulfat zusetzen. Die 1200 t täglich verarbeitende Aufbereitung hat während dieser Zeit in ihrer vollen Einheit als Experimentieranlage

gedient, und die jetzt für bleiarme Zinkerze endgültig gewählte Stammtafel werde im folgenden wiedergegeben:

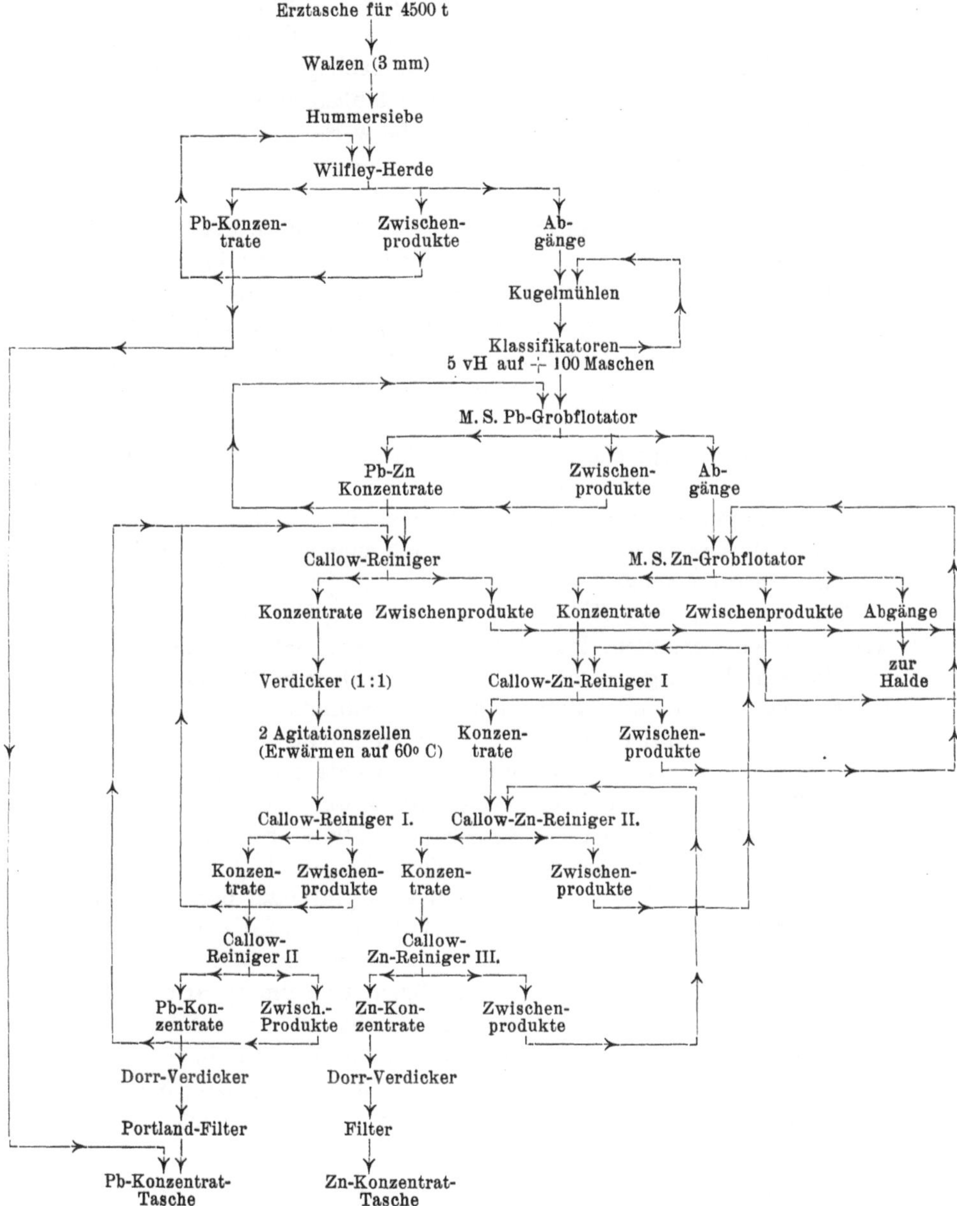

Man ist bestrebt auf den Wilfley-Herden, die das Unterkorn der
Hummersiebe verarbeiten, für einen lebhaften Umlauf der Aufgabe zu

sorgen, indem man die Zwischenprodukte der Herde in weitgehendem
Umfange zurückgibt, damit die taube Gangmasse möglichst nach dem
Ende der Herde gedrängt wird, um so ein reines Konzentrat zu erzielen.
Trotzdem geben die Herde nur eine Ausbeute, die 0,4 Gewichts-vH der
Gesamtaufgabe, d. h. 8,3 vH Pb des Gesamtbleigehaltes entspricht, so
daß es wohl angebracht wäre, diese Herdanlage zu unterdrücken und
alles Mahlgut direkt der Flotation zu überweisen. Die anschließende
Flotation wird auf zwei verschiedenen Wegen gehandhabt, je nachdem
das Erz hoch in Blei geht oder bleiarm ist.

Erze, die hoch in Blei mit über 5 vH Pb gehen, werden in alkalischer Trübe (1,4 kg Rohsoda) behandelt und ihnen in der Kugelmühle 0,23 kg Zinksulfat mit 0,14 kg Zyannatrium, sowie 0,09 kg Barrettoil Nr. 4 zugesetzt. Am Eintritt in den Grobflotator wird außerdem
noch 0,023 kg Kiefernöl aufgegeben. Die gebildeten Konzentrate unterzieht man einer einmaligen Reinigung in einer Callow-Maschine, wodurch sich ein direkt lieferbares Produkt ergibt. Zu den Zinkabgängen
des Grobflotators fügt man im Abflußgerinne 0,45 kg Ätznatron, 0,45 kg
Kupfersulfat, 0,5 kg Barrettoil Nr. 4 und 0,05 kg Kiefernöl zu, und die
dadurch erhaltenen Zinkkonzentrate werden einer dreifachen Reinigung
in Callow-Maschinen unterworfen, wodurch man ein 55 vH Zn haltendes Konzentrat erzeugt.

Die eigentlichen Zinkerze mit 1,2 vH Pb und 11,5 vH Zn
werden so fein gemahlen, daß 5 vH auf + 100 Maschen zurückbleiben,
und dann in der Kugelmühle mit 1,4 kg Ätzkalk und 0,09 kg Barrettoil
Nr. 4 gemengt. Vor dem Eintritt in den Grobflotator setzt man noch
0,05 kg Natriumxanthat zu. Die Trübeverdünnung wird konstant auf
1 : 4 gehalten. Man erhält dadurch ein Konzentrat von 25 vH Pb und
36 vH Zn, das in einer Callow-Maschine weiter gereinigt wird. Die
Zwischenprodukte davon gehen zum Zinkgrobflotator zurück, während
die erhaltenen Konzentrate in einem Verdicker auf 1 : 1 verdickt werden. Erst im Abflußgerinne des Verdickers gibt man der verdickten
Trübe 0,18 kg Zyannatrium und 0,27 kg Zinksulfat zu. In den anschließenden zwei Agitationszellen wird die Trübe auf 60⁰ C erwärmt und ver-
bleibt ungefähr 1 Stunde unter beständigem Umrühren darin, bis der
für die Flotation erwünschte Zustand erreicht ist. Darauf folgt eine
doppelte Reinigung in Callow-Maschinen, wodurch man ein lieferbares
Bleikonzentrat von 50 vH Pb und 18 vH Zn erhält, das 1,5 vH des
Gesamtgewichtes der Aufgabe ausmacht. Die Zwischenprodukte kehren
zum ursprünglichen Callow-Reiniger zurück.

Im Gerinne, das die Zinkabgänge des ersten Grobflotators zum Zinkgrobflotator leitet, setzt man der Trübe 0,6 kg Kupfersulfat, 0,45 kg
Ätznatron, 0,02 kg Kiefernöl und 0,68 kg Barrettoil Nr. 4 zu und unterzieht das Konzentrat einer dreifachen Reinigung in Callow-Zellen, wo-

durch ein endgültiges Zinkkonzentrat von 56,7 vH Zn und 1,5 vH Pb gewonnen wird, das 18,3 vH des Gesamtgewichtes der Aufgabe ausmacht. Die erhaltenen Zwischenprodukte gehen an die vorher befindlichen Callow-Reiniger bzw. den Grobflotator zurück.

Die zur Halde abgegebenen Abgänge des Zinkgrobflotators halten 0,1 vH Pb und 1,0 vH Zn. Demnach beträgt die Bleiausbeute in den Konzentraten der Herde 8,5 vH und 62,5 vH in der Flotation, also im ganzen 71 vH Pb, während in den Zinkkonzentraten 22,5 vH des Bleigehaltes der Aufgabe zurückgehalten werden. Die Zinkausbeute ist 90,3 vH Zn in den Zinkkonzentraten. Das erzielte Bleiprodukt könnte bedeutend niedriger im Zinkgehalt gebracht werden, aber dann fällt die Ausbeute an Blei ab, so daß der metallurgische Gewinn in Wirklichkeit einen finanziellen Ausfall für die Gesellschaft bedeuten würde.

Der im Erz vorhandene Kupferkies (0,3 vH Cu) geht fast ausschließlich in die Bleikonzentrate, aus denen 80 vH Cu zurückgewonnen werden. Vom Silbergehalt, der 120 g Ag je Tonne beträgt, werden 1,3 vH aus den Herdkonzentraten, 25,8 vH aus den Flotations-Bleikonzentraten und 58,2 vH aus den Zinkkonzentraten wiedergewonnen, so daß 14,7 vH Ag mit den Abgängen verlorengehen.

Letzte Fortschritte in der modernen selektiven Flotation.

Die eben beschriebene Anlage der „Timber-Butte-Mill" ist schon ein Vertreter der jüngsten Entwicklung, die von neuzeitlichen Werken in selektiver Flotation angestrebt wird, um das umständliche Zurückgeben und die Herdbehandlung der Konzentrate zu vermeiden und so die Stammtafel möglichst einfach zu gestalten.

In den Grobflotatoren werden nur die Berge und der taube Eisenkies in alkalischer Trübe (vgl. S. 24) abgesondert und selbstverständlich eine möglichst hohe Gesamtausbeute (90—95 vH) zu erreichen gesucht, wobei man als alkalisches Reagens gewöhnlich Ätzkalk für Kupfer- und Eisenerze und Rohsoda mehr für Blei- und Zinkerze benutzt. Auf diese Weise wird natürlich eine große Menge relativ armer Doppelkonzentrate der industriell verwertbaren Elemente (Blei-Kupfer, Blei-Zink oder Kupfer-Zink) gebildet. Diese werden in einem kleineren Verdickungsbehälter (s. S. 152) so hoch (mitunter bis auf 1:1) verdickt, daß die alkalische Beschaffenheit der Trübe und ein etwaiger Ölüberschuß der vorausgegangenen Flotation nahezu beseitigt sind. In dem folgenden konditionierenden Tank wird dann wieder saure oder alkalische Reaktion hergestellt und außerdem unterdrückende Reagentien (s. S. 43) zugegeben, die den einen der beiden Bestandteile des Doppelkonzentrates (Kupferkies oder Zinkblende) vorüberggehend am Aufsteigen verhindern, während der andere (meistens Bleiglanz) mit dem Schaume zum Flotieren gebracht wird und nötigenfalls in anschließenden Reinigern zu einem Fertigprodukte angereichert wird. Der in den Abgängen zurückgebliebene zweite Bestandteil wird in sekundären Flotatoren mit anschließenden Reinigern unter Zusatz von Chemikalien, die das vorübergehend unterdrückte Mineral wieder beleben und aufsteigen lassen, zu einem marktfähigen Erzeugnis ausflotiert.

Die „Utah-Apex-Mill" scheidet z. B. im Grobflotator in alkalischer Trübe den Eisenkies mit den Bergen durch Xanthat ab und bildet ein niedriges Blei-Kupfer-Konzentrat. Im konditionierenden Tank wird die Trübe durch weiteren Zusatz von 0,45 kg Ätzkalk erneut alkalisch gemacht und 0,23 kg Zyannatrium je 1 t Roherz als unterdrückendes Reagens aufgegeben, wodurch man das Aufsteigen des Kupferkieses verhindert. Letzterer fließt also gewissermaßen als „Abgänge-Konzentrat" ab, während der Bleiglanz infolge der gleichzeitig aufgegebenen „T.-T."-Mischung als „Schaumkonzentrat" flotiert wird. Beide Konzentrate werden dann in besonderen Reinigern jedes für sich angereichert.

Auf den „Anaconda"-Zink-Blei-Gruben verfährt man ähnlich: In alkalischer Lösung wird in den Grobflotatoren mittels einer „T.-T."-Mischung ein armes Zink-Blei-Konzentrat erzeugt, während Eisenkies und Berge als Abgänge auf die Halde gehen. Im Verdicker werden die Reagenzien der ersten Konzentrattrübe möglichst beseitigt und im konditionierenden Tank Zyannatrium nebst Zinksulfat zugegeben, die das Aufsteigen der Zinkblende unterdrücken, so daß nur der Bleiglanz flotiert. Den abfließenden Blendeabgängen fügt man dann Kupfersulfat als aktivierenden Zusatz bei und gleichzeitig mehr „T.-T."-Mischung, wodurch die Zinkblende ebenfalls zum Flotieren gebracht wird. Die hierbei fallenden Zwischenprodukte gehen zu den ursprünglichen Grobflotatoren zurück. Das zuerst gebildete Doppelkonzentrat wird in Agitationsmaschinen gewonnen, aber für die folgende selektive Flotation werden pneumatische Maschinen vorgezogen.

Besteht nun auch für den tauben Eisenkies ein gutes Absatzgebiet, so kann man diesen ebenfalls in saurer Trübe mittels Kreosot und Xanthatabflotieren und erreicht somit das Ideal einer jeden Aufbereitung, jedes der im Roherz vorhandenen, technisch ausbeutbaren Mineralien als Konzentrat für sich zu liefern und als Reinprodukt auf den Markt zu bringen. Die „Midvale-Mill" in Utah erzeugt z. B. ohne Zuhilfenahme von Reinigern gleich in den ersten Zellen der betreffenden Flotatoren lieferbare Konzentrate von Bleiglanz, Zinkblende und Eisenkies. Die Zwischenprodukte der Mittel- und Endzellen gehen wieder zu den Flotatoren zurück.

XI. Herdarbeit in Verbindung mit Flotation.

Die Flotation erzeugt wie jeder mechanische Prozeß Verluste, und zwar finden diese gewöhnlich in den gröbsten und in den feinsten Siebgrößen statt, wie leicht durch einen Siebversuch der abfließenden Berge festgestellt werden kann. Der Verlust in den feinsten Siebnummern ist bei dem heutigen Stand der Flotation unvermeidlich und soll daher nicht weiter in Betracht gezogen werden. Hingegen kann der Verlust in den gröbsten Siebnummern unter Umständen durch Herdarbeit vermindert werden, vorausgesetzt, daß die Verwendung dicker Trübe und ein hochgetriebenes Feinmahlen diesem Übelstande nicht von vornherein genügend abhelfen.

Schon auf S. 64f. wurde darauf hingewiesen, daß Setz-Herdarbeit vor der Flotation als Vorbehandlung der Erze berechtigt ist, wenn die Erze grob verwachsen sind und eine hohe Konzentrationsrate besitzen. Die erhaltenen Konzentrate sind dann infolge ihres hohen Metallwertes den Endprodukten der Flotation gleichwertig, und auf Grund des stufenweisen Zerkleinerns werden solche Ersparnisse in den Kosten des Feinmahlens erzielt, daß die Amortisationsbeträge der vergrößerten Anlage mehr als gedeckt sind. Ebenso, wenn die Erze außer Sulfiden noch einen gewissen Teil an oxydierten Erzen (Karbonaten usw.) enthalten, wird man gut tun, durch stufenweises Zerkleinern mit nachfolgender Setz- und Herdarbeit neben den Sulfidkonzentraten noch die oxydierten Verbindungen abzusondern, die auf alle Fälle in der Flotation verlorengehen würden, außer man sulfidiert diese Oxyde besonders durch Bearbeitung mit H_2S oder Na_2S, wie auf S. 46f. angegeben wurde.

Alle anderen Erze aber, die wegen äußerst inniger Verwachsung der Mineralien von Anfang an fein aufgeschlossen werden müssen, werden sofort der Flotation zu übergeben sein und kommt dann unter Umständen in Frage, ob durch Herdarbeit die Verluste in den gröberen Siebnummern vermindert werden können. Herde, die nur zu diesem Zweck aufgestellt werden, können nun vor oder nach der Flotation angeordnet werden. Doch kommt im allgemeinen meist nur die letztere Anordnung in Betracht, wie wir im folgenden sehen werden.

Herde vor der Flotation.

Als Vorteile zugunsten einer Behandlung durch Herde vor der Flotation wurden von den Anhängern dieses Verfahrens gewöhnlich folgende Gründe angeführt:

1. Infolge der auf den Herden abgeschiedenen Konzentrate wird die zur Flotation gehende Trübe bedeutend ärmer sein, und daher

sollten die Flotationsmaschinen imstande sein, Abgänge zu liefern, die äußerst niedrig sind, jedenfalls niedriger, als wenn man die gesamte Trübe direkt der Flotation übergeben hätte. — Dagegen spricht aber, daß zur Vermeidung von Schwierigkeiten die Vorbehandlung durch Herde nur einen verhältnismäßig oberflächlichen Charakter zeigen kann. Die Verfeinerung durch Klassieren der Trübe mittels hydraulischer Apparate muß aufgegeben werden, da sonst unverhältnismäßig viel Klarwasser in die Trübe eintritt, so daß sie zu dünn wird und die nachfolgende Flotationsbehandlung große Verluste in den Abgängen aufweist. Der einzige Ausweg aus dieser Schwierigkeit wäre, Verdickungsbehälter aufzustellen, zu deren Anlage man aber, wie schon auf S. 65 gesagt wurde, sich nur im äußersten Notfalle entschließen wird. Aber selbst, wenn man dies tun würde, müßte infolge ihres geringen Fassungsvermögens eine so große Zahl Herde eingebaut werden, daß die Anlagekosten stark erhöht würden. Stellt man hingegen nur wenige Herde auf und beschränkt das Klarwasser auf ein Minimum, so werden die Herde so arme Konzentrate liefern, daß die Versandkosten kaum gedeckt werden. Auch der andere Grund, daß die Flotationsmaschinen infolge der ärmeren Trübe niedrigere Abgänge liefern, ist nicht besonders stichhaltig. Im Gegenteil, wenn man einmal einen Schaum von der nötigen Tragkraft bilden muß, um schwere Sulfide zu heben, ist es einleuchtend, soviel als möglich Sulfide in der an die Flotatoren abgehenden Trübe zu belassen.

2. Herde vor der Flotation werden immer ihren Zweck erfüllen, die gröberen Sulfidteilchen, die in der Flotation gewöhnlich verlorengehen, bis zu einem gewissen Grade aufzufangen, und daher sind sie unbedingt nötig. — Dagegen muß man aber einwenden, daß Herde nach der Flotation diesen Fehler der Flotationsmaschinen besser ausgleichen, als der Flotation vorausgehende Herde, da jene nicht unter dem großen Nachteil zu arbeiten haben, öfters eine zu reiche Aufgabe zu erhalten, in welchem Falle sie einfach versagen. Bekanntlich läßt sich eine Trübe, die nur einen geringen vH-Satz an Cu oder Pb enthält, auf Herden weit besser anreichern als eine Trübe, die plötzlich reich an Cu oder Pb auf die Herde kommt. Ferner ist bei Herden nach der Flotation ein Klassieren der Trübe unnötig und können solche Herde mit armer Trübe bedeutend überlastet werden und erfüllen doch ihren Zweck. Die Verdickungsbehälter fallen ebenfalls weg.

3. Führt man die Herdarbeit mit größter Sorgfalt aus, so können Konzentrate erzeugt werden, die höher im Werte sind als die Flotationskonzentrate, wodurch der Durchschnittsgrad der gesamten Konzentrate bei der Vermischung erhöht wird. Das ist unzweifelhaft richtig, aber dann muß man unbedingt Verdickungsbehälter aufstellen und deren Nachteile mit in Kauf nehmen. „Anaconda" fand

sogar bei ihren Versuchen, daß die Ausbeute durch Flotation gerade
so groß ist, als wenn man erst mit Rundherden arbeitet und dann die
Abgänge der letzteren der Flotation übergibt. Es wurden bei der
Verwendung von Herden nur die Betriebs- und Amortisationskosten
unnötig verteuert.

4. **Flotationskonzentrate** bieten mehr oder weniger **Schwierigkeiten in der mechanischen Weiterbehandlung** und können
nur durch **Verdicker und Vakuumfilter** genügend weit entwässert
werden, während Herdkonzentrate durch ein einfaches Sichabsetzen-
lassen bedeutend höher entwässert werden. Dies ist aber nur teilweise
wahr; denn durch die Herdkonzentrate wird gerade das gröbere, sandige
Gut entfernt, und infolgedessen gestaltet sich die Verarbeitung der
Flotationskonzentrate auf Filtern bedeutend schwieriger, als wenn
diese sandigen Teilchen darin geblieben wären. Reine Schlämme bilden
bekanntlich sehr schwer einen fest anhaftenden Kuchen auf dem Filter,
da ihr Kuchen meist abbröckelt und herunterfällt.

Wenn man diese Gründe und Widerlegungen objektiv betrachtet,
so wird man leicht zur Einsicht kommen, daß **Vorbehandlung einer
Erztrübe auf Herden vor der Flotation nicht stattfinden
darf.** Wenn es nötig sein sollte, durch Herdarbeit die gröberen Erzteilchen aufzufangen, die sonst in der Flotation verlorengehen, so wird
man grundsätzlich **Herde nach der Flotation vorziehen**; denn
für sie besteht keine Beschränkung in bezug auf Klassierung und reichliche Zugabe an Klarwasser. So oberflächlich und grob man auch
arbeitet, die gröberen Erzteilchen werden immer und unbedingt von
den Herden aufgefangen. Viele Fachleute sind vielmehr der Ansicht,
daß zu weit getriebene Klassierung und Sortierung vor der Flotation
überhaupt keine guten Ergebnisse geben **kann,** sondern daß es unbedingt
nötig ist, die Aufgabe der Flotation so gut durcheinander gemengt zu
überweisen, daß alle Größen und Sorten in der Trübe vorkommen.

Überall, wo man noch Setz- und Herdarbeit vor der Flotation findet,
kann man überzeugt sein, daß es alte Anlagen sind, die in einer Zeit
gebaut wurden, in der noch der Streit heftig schwankte, ob Flotation
als Hauptprozeß oder nur als Hilfsprozeß zu betrachten sei. Viele dieser
alten Anlagen werden jetzt allmählich umgebaut und die vorhandene
Herdabteilung vollständig ausgeschaltet.

Herde nach der Flotation.

Wie im vorausgegangenen gesagt wurde, haben Herde nach der
Flotation den Vorteil, daß ein vorausgehendes Klassieren und Verdicken
der Trübe sich unnötig macht, so daß man eine sehr große Tonnenzahl
über den einzelnen Herd gehen lassen kann. Ihren eigentlichen Zweck,

die bei der Flotation verlorengegangenen gröberen Siebgrößen aufzufangen, erfüllen sie auf alle Fälle. Aber im allgemeinen sind die auf Herden nach der Flotation gewonnenen Konzentrate so niedrig, daß durch ihre Mischung mit den Flotationskonzentraten der allgemeine Durchschnittswert bedeutend heruntergedrückt wird und sie daher an und für sich die Frachtkosten kaum decken, besonders, wenn die Grube im Gebirge liegt und ein langer Landtransport bis zur nächsten Eisenbahnstation sich nötig macht.

Das niedrige Konzentrationsergebnis kann man allerdings verbessern, indem man die Abgänge der Grobflotatoren über einen konischen oder mechanischen Klassifikator schickt, der sie in feine Sande und Schlämme trennt. Die Sande werden der Herdbearbeitung unterworfen, während die Schlämme verdickt werden und wieder an die Flotation zurückgehen. — Andere benutzen den Herd selbst als Klassifikator, scheiden am vorderen Ende die Konzentrate ab und lassen die am Bergeende abgehende Trübe, die nur feinste Schlämme führt, an den Grobflotator zurückgehen. Wenn eine solche Trübe einen relativ hohen Metallgehalt aufweist, wird man nicht umhin können, von dieser Rückgabe an die Flotation Gebrauch zu machen.

Da Herde im allgemeinen gute Schaumbrecher sind (vgl. S. 188), wird man keine besonderen Schwierigkeiten mit der ölhaltigen Trübe haben. Sollte aber besonders bei zähem Schaum es doch noch vorkommen, daß der Herd den Schaum nicht völlig aufbricht, sondern sich zusammenhängende Flocken auf dem Herde bilden, die eine weitere Konzentration stören, so wird es gut sein, der Trübe ein die Flockenbildung zerstörendes Mittel zuzusetzen (vgl. S. 51), das in wässeriger Lösung tropfenweise der Trübe zugegeben wird. Wenn man mehrere Herde zu bedienen hat, so wird man es vorziehen, die Trübe vorher durch einen Kratzenklassifikator (vgl. S. 99) gehen zu lassen, der in diesem Falle weiter nichts zu tun hat, als den Schaum endgültig zu zerstören.

Im allgemeinen ist aber das Bestreben der modernen Flotation, auch von den Herden nach der Flotation grundsätzlich abzusehen und das Arbeiten der Flotatoren so zu vervollkommnen, daß man Abgänge erzielt, die möglichst niedrigen Gehalt besitzen, so daß die Ausbeute auf über 90 vH ausfällt. Wenn aber doch noch Herde aufgestellt werden, so sind es Kontrollherde, die dem die Aufsicht führenden Beamten gestatten, mit dem Auge den Fortgang der Flotation zu überwachen, ohne daß er stundenlang auf das Ergebnis der eingeschickten Proben zu warten hat. Mit Rücksicht auf das Fassungsvermögen werden diese Kontrollherde grundsätzlich nur für die Konzentrattrübe aufgestellt, wie sie aus dem Gerinne der Flotationsmaschine herauskommt. Jede

Änderung im Konzentratstreifen wird ein Zeichen sein, daß die Flotatoren nicht richtig arbeiten, und müssen die nötigen Neueinstellungen der Ölmenge oder der Zusammensetzung der Ölmischung vorgenommen werden.

Flotation als Haupt- oder Nebenprozeß.

Zu behaupten, daß Flotation der einzige Prozeß für nachfolgende Verhüttung für ein gegebenes Erz sei, heißt eine Behauptung aufstellen, die etwas zu weitgehend für allgemeine Verwendung ist. Sicherlich gibt es, wie schon oft bemerkt wurde, eine Menge Erze, die grob-kristallinisch auftreten und durch allmähliches Aufschließen mit Setz- und Herdarbeit vorteilhaft bearbeitet werden können, wodurch das sofortige kostspielige Feinaufschließen beträchtlich vermindert wird. Man mahlt dann eben nur bis zu dem Grade, der eben genügt, um die Mineralien voneinander zu befreien und gleichzeitig von der Gangart zu trennen und behandelt die anfallenden Endschlämme selbstverständlich durch Flotation weiter. Hier wäre die Flotation nur ein Hilfsprozeß, während für sehr fein eingesprengte Erze eine Gravitationsaufbereitung keine oder nur sehr mangelhafte Ergebnisse liefern würde, so daß die Flotation unmittelbar als Hauptprozeß einzuführen ist, weil sie besser und wahrscheinlich mit geringerem Kostenaufwand arbeiten wird.

Schon jetzt kann man als Erfahrungssatz aufstellen: Alle Erze, die von vornherein äußerst fein aufgeschlossen werden müssen, um die Mineralarten voneinander zu trennen, sind direkt der Flotation als Hauptprozeß zu übergeben. Selbst wenn hierbei die Flotation an sich keine hochwertige Ausbeute gewähren würde, wird die verblüffende Einfachheit ihrer Stammtafel der entscheidende Umstand sein, ganz abgesehen davon, daß die Setzmaschinen, Herde, Siebe, Elevatoren und andere Betriebsunannehmlichkeiten der Gravitationsaufbereitung wegfallen und die Anschaffungs- und Betriebskosten auf ein Minimum sich beschränken. Außerdem werden solche Erze mit der Gravitationsaufbereitung nur in seltenen Fällen ein hochwertiges Konzentrat für den Versand liefern. In allen Fällen aber wird man guttun, die Möglichkeit in Erwägung zu ziehen, ob nicht Flotation zu wählen ist, gerade weil die Einfachheit der Stammtafel und die Billigkeit des Betriebes Vorteile in sich einschließen, die nicht hoch genug bewertet werden können. Ein eingehendes Studium der Verhältnisse und ausgedehnte, sorgfältig angeordnete Voruntersuchungen werden sich vor jeder endgültigen Entscheidung unbedingt nötig machen.

XII. Entwässern und Trocknen der Konzentrate.

Nachdem der Schaum beim Verlassen der Flotatoren aufgebrochen worden ist, bilden die Konzentratprodukte eine nasse, kotige und schlammige Masse, die nur schwer zu handhaben oder gar zu versenden ist, bevor sie nicht getrocknet wird. Gleich zu Beginn der praktischen Ausübung der Flotation ' stellte es sich als eine der wichtigsten Aufgaben heraus, wie diese den Versand vorbereitende Behandlung technisch und wirtschaftlich erfolgreich durchzuführen sei. Im Laufe der Zeit hat sich für größere Anlagen eine Art Standardpraxis herausgebildet, die durch Verdicken und darauffolgende Vakuumbehandlung die Konzentrate auf 12—15 vH Feuchtigkeit zu entwässern sucht, woran sich in besonderen Fällen noch ein letztes Trocknen in Öfen anschließt. Im allgemeinen kann man folgende Wege zur Entwässerung der Konzentrate einschlagen:

1. durch flache Absetzbecken,
2. durch mechanisch arbeitende Klassifikatoren,
3. durch stetig arbeitende Verdicker und Filter,
4. durch zeitweises Absetzen mit nachfolgendem Filtrieren.

Waschen der Konzentrate. Mitunter geht dem Entwässern ein Waschen der Konzentrate voraus, um mitgeführten Quarz und andere Gangmasse zu entfernen. Man setzt in einem besonderen Absetzbecken oder in dem besonders vertieften Zufuhrgerinne eine größere Anzahl von unter 45⁰ geneigter Ablenkungsbretter ein, die sich in ihrer Höhe verstellen lassen, und gibt nach dem ersten Brett einen starken und breiten Wasserstrahl auf. Dadurch wird die schlammige Masse aufgelöst und die schwereren Sulfide sinken zu Boden, während der größere Teil der spezifisch leichteren Gangmasse als Schlämme an der Oberfläche schwimmend bleiben und mit dem sich langsam vorwärts bewegenden Wasserstrom über die Überlaufskante ausgetragen werden. Man erhielt so auf einer Grube von einem Konzentrat, das 15 vH SiO_2 hielt, im Überlauf einen Schlamm, der 70 vH SiO_2 führte, allerdings auch 10 vH Pb. Im allgemeinen werden die gewaschenen Konzentrate eine Anreicherung zeigen, aber ebenso wird der Überfluß Sulfide mit sich führen, die verlorengehen. Es ist also mehr eine Sache der Kostenberechnung, herauszufinden, ob der Verlust an Metallwert den verminderten Transportkosten und den Abzügen der Schmelzhütte auf SiO_2-Gehalt das Gleichgewicht hält oder nicht.

Flache Absetzbecken. Diese aus Holz oder Beton hergestellten rechtwinkligen Becken, die in Reihe hintereinander geschaltet werden, haben selten mehr als 10 m² Oberfläche bei einer Tiefe von 0,45 bis 0,60 m.

Ist zufällig das Konzentrat sehr schwer, wie z. B. Bleiglanz, und entwässert es nebenbei leicht, so kann man vorteilhaft einen falschen Filterboden einbauen, der mit Kokosmatte und Filtertuch bedeckt wird. Es gelingt dann zuweilen, durch einfaches Absetzen die Konzentrate bis auf 12—14 vH Feuchtigkeit zu entwässern. Gewöhnlich zieht man aber vor, ohne Filter zu arbeiten. Man läßt die Konzentrate sich absetzen und zieht das klare Wasser durch senkbare Entwässerungsröhren vorsichtig ab, um dann das Becken auszuschaufeln.

Doch sind dies seltene Ausnahmen; meist setzt sich das ölhaltige Konzentrat nur äußerst schwer ab und es müssen dann Dampfröhren am Boden des Beckens eingebaut werden, in denen Frischdampf von ungefähr 5 at Druck umläuft, wodurch zwar eine sehr gute Entwässerung erzielt wird, aber auch die Kosten sich beträchtlich erhöhen. Diese Absetzbecken mit Dampfumlauf waren die ersten Entwässerungsanlagen, die aber jetzt wegen der hohen Betriebskosten fast überall aufgegeben worden sind. Trotz aller Vorsicht führt der im letzten Becken ins Freie gehende Überfluß immer noch feinste Konzentrate mit sich. Selbstverständlich sind alle Absetzbecken in zwei Systemen auszuführen, damit das eine ausgeschaufelt werden kann, während das andere voll läuft.

Für kleinere Anlagen empfiehlt es sich, unterhalb der Flotationsmaschinen ein langes, flaches Horizontalgerinne aus Holz von mehr als 10 m Länge, 0,60 m Breite und 0,30 m Tiefe aufzustellen. In dem der Einlaufstelle gegenüberliegenden Ende, in ungefähr 0,30 m Abstand, wird ein vertikaler, herausnehmbarer Rahmen eingesetzt, der mit grober Leinwand überspannt ist. Direkt hinter ihm bringt man am Boden des Gerinnes eine eiserne Abflußröhre an, durch die das ölige Wasser abfließt, das mittels eines Schöpfrades oder eines anderen Trübeelevators an die Flotationsmaschinen zurückgegeben wird. Die Abflußröhre muß am Boden des Gerinnes angebracht sein, da sonst die Konzentrate sich nicht gleichmäßig über das Gerinne absetzen, sondern direkt an der Einlaufstelle, wo sie sich aufstauen und überlaufen. Alle Stunden werden die abgesetzten Konzentrate mit einem hölzernen Rammbrett 2—3 Minuten lang fest niedergestampft. Selbstverständlich ist das Gerinne doppelt anzulegen, um stetigen Betrieb aufrechtzuerhalten. Im günstigsten Falle gelingt es, die Konzentrate bis auf 15 vH Feuchtigkeit zu entwässern.

Mechanisch arbeitende Klassifikatoren.

Die auf S. 98 u. 99 beschriebenen „Akins"- und „Ovoca"-Klassifikatoren können ebenfalls zum Entwässern benutzt werden und liefern leidlich gute Ergebnisse, wenn die Konzentrate ein hohes spezifisches Gewicht haben und leicht entwässern. Selten wird man aber unter 20—25 vH Feuchtigkeit entwässern können, wenn man die Bedingung erfüllen will, daß der Überlauf vollkommen klar abläuft. Infolge der

Arbeitsweise der mechanischen Klassifikatoren können höchstens zwei Drittel des gesamten Konzentrates entwässert werden und muß der Überlauf mit dem restlichen Drittel durch zwei oder mehr in Reihe geschaltete flache Absetzbecken gesandt werden, die, wenn irgend möglich, mit dem Klassifikator in geschlossenen Kreislauf gebracht werden, so daß der Überlauf des letzten Beckens an den Klassifikator durch einen Elevator zurückgegeben wird, damit nichts verlorengeht.

Stetig arbeitende Verdicker mit anschließendem Vakuumfilter.

Die sog. Druckfilter (z. B. von Kelly oder Burt) haben zwar den Vorteil, daß sie die Konzentrattrübe ohne vorausgegangene Verdikkung aufnehmen und direkt auf 6—10 vH Feuchtigkeit entwässern, sind aber fast gar nicht im Gebrauch, weil sie nur mit Unterbrechung arbeiten und daher ihnen unbedingt ein Sammelbecken mit mechanischem Rührwerk vorangestellt werden muß. Außerdem verlangen sie beständige Aufsicht im Betriebe und haben nur ein geringes Fassungsvermögen. Endlich verursacht das Abstreichen der Filterrahmen durch Handarbeit hohe Betriebskosten. Sie bestehen aus einer großen Anzahl Filterrahmen, die in einem verschließbaren Längskessel aufgestellt werden. Nach dem Auffüllen des Kessels mit Trübe wird in seinem Innern Preßluft bis zu 6 at Druck aufgegeben, wodurch sich die Schlämme als Kuchen auf dem Filtertuch niederschlagen, während die Flüssigkeit in das Innere der Filter gepreßt wird, um durch eine besondere gemeinschaftliche Röhre abzufließen. Innerhalb 10 Minuten ist der Kuchen gebildet und der Luftdruck wird dann allmählich so weit vermindert, daß der Kuchen gerade noch am Filtertuch hängen bleibt. Die überschüssige Flüssigkeit wird herausgepumpt und die Filterrahmen auf einem Schlitten mit Rollen herausgefahren.

Filterpressen, die ebenfalls nur mit Unterbrechung arbeiten, haben nur ausnahmsweise Eingang gefunden, da bei sehr hohen Anschaffungskosten gleichzeitig hohe Betriebs- und Instandhaltungskosten damit verbunden sind.

Wegen der eben aufgezählten Nachteile und vor allem wegen des Arbeitens mit Unterbrechung hat sich als Standardpraxis auf allen modernen Anlagen das Verdicken mit stetig arbeitendem Vakuumfilter eingeführt, wobei aber unbedingt die Bedingung erfüllt sein muß, daß im Verdicker die Konzentrattrübe auf 30—50 vH Feuchtigkeit entwässert wird, damit im folgenden Vakuumfilter diese auf 10—14 vH heruntergebracht werden kann. Kann man dies bei gegebenem Erz und Ölmischung nicht erreichen, so hat man mit unzähligen Schwierigkeiten zu kämpfen, und gelingt es kaum, die letzte Entwässerung unter 20 vH Feuchtigkeit herabzusetzen.

Verdickungsapparate. Die im Zyanidverfahren benutzten Spitzkästen sind wegen ihrer großen Raumbeanspruchung, geringen Leistung und unregelmäßigen Arbeitens überhaupt nie für Flotationsanlagen in Frage gekommen.

Mitunter werden noch die stetig arbeitenden konischen Verdickungstrichter verwendet. Da ihr Fassungsvermögen gering ist, werden gewöhnlich mehrere Behälter parallel geschaltet. Der Eintrag geschieht, wie in Abb. 77, in der Mitte des Konus, und die Verdickung regelt man durch das Höher- oder Tieferstellen des Austrags mittels eines als Schwanenhals ausgebildeten Gummischlauches. Zur Überwachung des Ausflusses dürfen keine Ventile verwendet werden, da diese sich leicht verstopfen, sondern man bedient sich der Quetschhähne, die aus 15-mm-Rundeisen hergestellt werden.

Alle konischen Verdickungsapparate kranken an dem Übel, daß sich auf der Wasseroberfläche eine Schaumdecke bildet, die allmählich zunimmt und im Überlaufsgerinne wegfließt, wodurch Konzentrate verlorengehen. Um dem vorzubeugen, setzt man einen eisernen Blechring von 250 mm Höhe

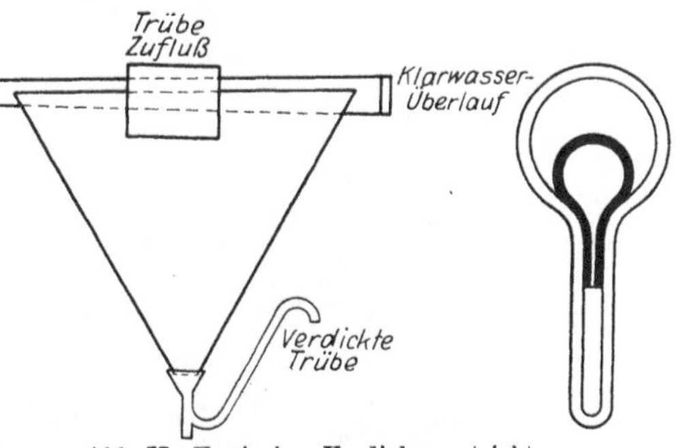

Abb. 77. Konischer Verdickungstrichter.

ein, der an der unteren Kante mit 2—3 Reihen von 20-mm-Bohrungen versehen ist, so daß nur Wasser durch sie abfließen kann, während der Schaum zurückgehalten wird. Ein weiterer Nachteil ist, daß die Konusse im Betrieb äußerst empfindlich sind: Holz muß sorgfältig ferngehalten werden, und Änderungen über 15 vH in der Zuflußmenge ergeben sofort Betriebsstörungen. Bei plötzlicher Verringerung des Zuflusses sinkt der Wasserspiegel, es bildet sich ein Trichter, und die Trübe bricht durch, ohne sich zu verdicken, während bei plötzlicher Zunahme der Wasserspiegel steigt und Konzentrate im Überlauf erscheinen.

Ein Konus mit 200 mm Durchmesser des Ausflußansatzes kann ungefähr 17,5—20 t Konzentrate innerhalb 24 Stunden auf 50 vH Feuchtigkeit verdicken.

Allgemein im Gebrauche stehen die Dorr-Verdickungsbehälter (vgl. Abb. 78), welche die größte Leistung für eine gegebene Absetzfläche haben, eine Verdickung auf 35—50 vH Feuchtigkeit gestatten, keiner besonderen Wartung bedürfen und eine geringe Abnutzung zeigen.

An einer sich langsam drehenden zentralen Welle sind vier radiale Arme unter einer Neigung von 1 : 20 befestigt, die eine größere Zahl von Pflugscharen tragen, die unter bestimmten Winkeln zur Drehrichtung eingestellt werden und die abgesetzten festen Bestandteile allmählich nach der zentralen Austragsöffnung schaufeln, von wo sie als dicker Schlamm abgehen. Der Mechanismus kann gehoben oder gesenkt werden, so daß selbst nach längerem Stillstande ein allmäh-

Abb. 78. Dorr-Muldenverdicker.

1 Gesamtaufgabe. 2 Austrag der verdickten Trübe. 3 Klarwasserüberlauf der oberen Abteilung. 4 Klarwasserüberlauf der unteren Abteilung. 5 Gesamtklarwasserablauf. 6 Zentrale Austragsöffnung von der oberen in die untere Abteilung.

liches Inbetriebsetzen immer möglich ist. Die Umdrehungsgeschwindigkeit wird so gehalten, daß sie am äußersten Ende der Arme im Mittel 0,050 m/sek für Behälter mittlerer Größe beträgt. Am inneren, oberen Rande ist ein Überlaufsgerinne angebracht, durch welches das klare Wasser des Überflusses ausgetragen wird. Es führt im ungünstigsten Falle 5 vH feste Substanz. Grundsätzlich wird dieser Überfluß an die Zerkleinerungsmaschinen zurückgegeben, um den darin enthaltenen Ölgehalt auszunutzen und etwaige doch übergelaufene Konzentrate zurückzugewinnen.

Bei beschränkter Grundfläche baut man sog. Muldenverdicker (traythickeners), wie es speziell die Abb. 78 darstellt, ein, bei denen ein gemeinschaftlicher Behälter in zwei oder mehrere horizontale Abteilungen getrennt wird, von denen die obere einen konischen Boden hat, der in seiner Neigung den radialen Armen parallel läuft, während die unterste einen flachen Boden hat. Jede Abteilung hat ihr eigenes Rührwerk, und der Schlamm der oberen Abteilung geht durch eine große zentrale Öffnung im Boden zum tieferen Behälter. Die Ausstellungskosten fallen hierbei etwas niedriger aus.

Der Austrag wird durch besonders gebaute Abschlußschieber geregelt, die durch eingespritztes Druckwasser oder Druckluft nach Bedarf gereinigt werden können. Die sicherste und beste Einstellung

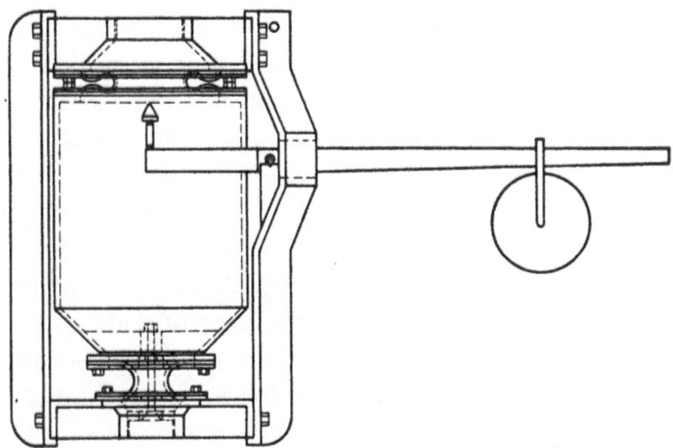

Abb. 79. Selbsttätiges Kontrollventil für Verdickeraustrag.

geschieht aber durch Anschluß einer Diaphragma-Saugpumpe (s. S. 105), die mit jedem Hube ein bestimmtes Volumen ansaugt. Wird der Schlamm dünner, so entfernt sie mit diesem Volumen nur einen geringeren Betrag an festen Bestandteilen und besteht infolgedessen das Bestreben im Behälter, die Verdickung von selbst auf den normalen Stand zu bringen.

Neuerdings hat man zur Umgehung der Pumpe selbsttätige Kontrollventile (vgl. Abb. 79) gebaut, bei denen ein 10 l haltendes zylindrisches Gefäß durch eine biegsame Muffe aus Gummi oben und unten an Flanschen so angeschlossen wird, daß es sich um einen geringen senkrechten Abstand frei bewegen kann. Durch einen Hebelarm mit Gewicht ist es vollkommen auszugleichen. In seinem Boden ist zum Verschluß der Austragsöffnung ein umgekehrtes Kegelventil in Führung angebracht. Das Gewicht der Trübe drückt das Gefäß nach unten, und da letzteres gut ausgeglichen ist, muß sich das Kegelventil öffnen. Vermindert sich aber die Dichte der Trübe, so hebt das Gegengewicht das zylindrische Gefäß und schließt das Ventil teilweise oder ganz ab. Das Ventil arbeitet also selbsttätig, wenn einmal das Gegengewicht in seiner Lage berichtigt worden ist.

Der Einlauf der Trübe in den Dorrschen Verdickungsbehälter erfolgt in der Mitte durch eine weite Röhre, die aber nicht tiefer als 30—45 cm unter den Wasserspiegel eintauchen soll, damit keine Wirbel oder aufwärts gerichtete Strömungen sich bilden, die dem Absetzen entgegenarbeiten. Aus dem gleichen Grunde ist ein Deflektorbrett in der Eintragröhre angebracht, das auf der Wasseroberfläche schwimmt und einen ringförmigen Ausschnitt zwischen Röhrenwandung und Brettkante freiläßt, wodurch die Eintrittsgeschwindigkeit der Trübe erheblich gedrosselt wird. Auch erweitert man das Zuflußgerinne zu einem breiten, langen Kasten von 45 cm Tiefe, in dem drei Ablenkungsbretter abwechselnd und unter verschiedener Neigung eingesetzt sind, so daß der Strom zweimal auf- und niedersteigen muß, bevor er durch die letzte Bodenöffnung in dünner Fläche mit geringster Geschwindigkeit eintritt. Damit keine Holzsplitter von den Flotationsmaschinen mit eindringen, die Schwierigkeiten im Ausflusse des Behälters verursachen können, stellt man Siebe von 20—40 Maschenöffnungen im Zuflußgerinne auf, die alle Holzteile und -fasern auffangen.

Der Kraftbedarf beträgt $^1/_8$—$^1/_4$ PS/st für kleinere Behälter, $1^1/_2$ PS für Behälter bis zu 15 m Durchmesser und steigt bis auf $2^1/_2$ PS für 30 m Behälter. Die Absetzfläche schwankt zwischen 3,5—4,5 m² je Tonne Flotationskonzentrate in 24 Stunden, während für gewöhnliche Erztrübe nur 0,4—0,8 m² gerechnet wird.

Berechnung der Absetzfläche der Dorrschen Verdickungsbehälter.

Für die Berechnung der Absetzfläche von Verdickungsbehältern sind von der Dorr Co. ausführliche Vorschriften herausgegeben worden, die im folgenden im Auszug wiedergegeben seien. Hauptbedingung für die Ausführung ist eine gute Durchschnittsprobe, die ungefähr 20 l hält (Inhalt einer Petroleumkanne) und gegen Verdunstung sorgfältig geschützt werden muß. Unbekannte Erze müssen nicht nur auf die im Betriebe nötige Siebnummer feingemahlen werden, sondern ihre Konzentrate auch denselben Bedingungen der Durchmischung, Ölung, Verdünnung, Zeitdauer usw. unterworfen werden, als es für den wirklichen Betrieb vorzusehen ist.

Man geht von der Voraussetzung aus, daß ein sich absetzender Schlamm zwei Hauptphasen durchzumachen hat: die des freien Absetzens, innerhalb der die sich absetzenden Schlämme eine lose, flockige Struktur zeigen, so daß jedes Teilchen für sich mit der gleichen

Geschwindigkeit ungehemmt zum Absetzen gelangt, und die Kompressionszone, in der die zusammengeflockten Schlämme so dicht aufeinanderliegen, daß ein weiteres Absetzen nur durch Zusammendrücken der Flocken selbst geschehen kann, wodurch das zwischen ihnen befindliche Wasser aus dieser Zone herausgetrieben wird und sich Kanäle öffnen, die in die obere Zone des freien Absetzens münden. Der kritische Punkt ist der Übergang zwischen beiden Zonen, und seine genaue Bestimmung in einem Meßzylinder ist oft sehr erschwert. Als Anzeichen gelten: eine bemerkenswerte Verzögerung in der Abnahme der Absetzgeschwindigkeit, die Bildung vertikaler Kanäle über die ganze Höhe der abgesetzten Schlämme, durch die man mitunter das Wasser emporsteigen sehen kann. Zuweilen formen sich an der Schlammoberfläche Erhebungen, die einem Krater ähneln.

Zur Berechnung des Fassungsvermögens eines Behälters für einen gegebenen Schlamm müssen beide Phasen in Berücksichtigung gezogen und für sich getrennt bestimmt werden. In bezug auf das freie Absetzen schließt man, daß die Zone, in der die langsamste Absetzgeschwindigkeit stattfindet, am tiefsten direkt über der Kompressionszone liegt und offenbar den größeren Teil der Gesamtbehälterhöhe einnimmt, während in der verbleibenden Höhe Zonen mit verschiedenen Verdickungsverhältnissen, von verschiedener Höhe und von verschiedener Größe der Absetzfläche je Tonne Schlamm in 24 Stunden vorhanden sind. Das Fassungsvermögen eines Absetzbehälters muß also gleich der Leistung je Flächeneinheit dieser einen Zone sein, welche die größte Absetzfläche besitzt. Um sie zu finden, wird man sich verschiedene Verdickungen herstellen, ihre Absetzgeschwindigkeiten in einem Meßzylinder ermitteln und daraus die Absetzfläche für 1 t Schlämme innerhalb 24 Stunden berechnen. Die größte so gefundene Absetzfläche wird dann der Ausführung zugrunde gelegt. Den kritischen Punkt und die größte zu erreichende Verdickung in der Kompressionszone wird man durch einen besonderen Versuch bestimmen, der zumeist bei einer Verdickung von 3 : 1 auf 48 Stunden ausgedehnt wird und bei dem nach Erreichung des kritischen Punktes die Ermittlung des Verdickungsverhältnisses nur nach Stunden oder einem Mehrfachen davon ausgeführt wird.

a) Ermittlung der Absetzgeschwindigkeiten für verschiedene Verdickungen. Man läßt die Durchschnittsprobe bis auf ungefähr 3 Teile Wasser zu 1 Teil fester Bestandteile absetzen und gießt dann das klare Wasser ab oder zieht es mit einem Heber ab. Dieses klare Wasser wird zur Wiederverwendung aufgehoben, wie weiter unten beschrieben ist. Der zurückgebliebenen verdickten Trübe entnimmt man unter heftigem Umrühren genau 1 l und wiegt es, wodurch das spezifische Gewicht der Trübe, z. B. $T = 1{,}192$ erhalten wird. War das spezifische Gewicht des Erzes zu $E = 2,600$ bestimmt worden, so sind in 1 l dieser verdickten Trübe enthalten:

$$\left.\begin{aligned} \frac{E \cdot (T - 1)}{E - 1} &= 312 \text{ g} \\ \text{bzw.} \quad \frac{312}{E} &= 120 \text{ cm}^3 \end{aligned}\right\} \text{ fester Bestandteile.}$$

Diese Angaben prüft man am besten, indem man 1 l der verdickten Trübe zur Trockne eindampft und abwiegt.

Dann stelle man sich eine Trübe mit einem Verdünnungsverhältnis 10 : 1 her, deren spezifisches Gewicht sich berechnet zu

$$T_3 = \frac{E \cdot (n + 1)}{n \cdot E + 1} = 1,059 \,.$$

Sie enthält also in 1 l: $\dfrac{1000 \cdot T_3}{n + 1} = 96,3$ g oder $\dfrac{96,3}{E} = 37$ cm³ fester Bestandteile. Man muß also von der verdickten Trübe $\dfrac{37 \cdot 1000}{120} = 308$ cm³ unter beständigem Umrühren abschöpfen und in einen 1-l-Meßzylinder füllen. Dann verdünne man bis zum 1000-cm³-Teilstrich mit dem Wasser, das von der ursprünglichen Durchschnittsprobe abgegossen und aufgehoben worden war.

Nachdem man so 1 l einer Trübe mit der Verdünnung 10 : 1 erhalten hat, kann man die Absetzgeschwindigkeit wie folgt ermitteln. Man schüttelt gut um durch mehrmaliges Stürzen des Meßzylinders und läßt für 1—2 Minuten ruhig stehen, bevor man die erste Ablesung macht, da man sonst zu kleine Geschwindigkeiten erhält. Der Ablesungsabstand ist für normale Erze 2 Minuten und für langsam sich absetzende Erze 3—5 Minuten, kann aber auf 8—10 Minuten gesteigert werden, wenn die Schlämme sich nur ganz schwer absetzen. Beispielsweise habe man folgende Ablesereihe erhalten:

Zeit	Ablesung an der abgesetzten Schlammoberfläche	Differenz
0,0 Minuten	980 cm³	—
4,0 ,,	943 cm³	37 cm³
8,0 ,,	905 cm³	38 cm³
12,0 ,,	868 cm³	37 cm³
		Summe: 112 cm³

Die Trübe hat sich also in 12 Minuten um 112 cm³ abgesetzt, d. h. bei gleichbleibender Absetzgeschwindigkeit würde dies für 1 Stunde $112 \cdot 5 = 560$ cm³ betragen. Ist nun der Abstand der 1000-cm³-Marke vom Boden des Zylinders 366 mm (für jeden Meßzylinder besonders zu bestimmen), so bedeutet jeder Kubikzentimeter 0,366 mm, und die Absetzgeschwindigkeit ist $560 \cdot 0,366 = 205$ mm pro Stunde für die Verdünnung von 10 : 1.

Nun stelle man sich eine Trübeverdünnung 9 : 1 her, indem man mit dem Heber 96,3 cm³ Wasser abzieht; denn bekanntlich enthielt die 10 : 1 Trübe 96,3 g = 37 cm³ Trockenmasse, folglich ist das neue Verdünnungsverhältnis (1000 − 37 − 96,3) : 96,3 = 9 : 1. Mit der so erhaltenen Trübeverdünnung 9 : 1 wiederholt man die eben angegebene Bestimmung der Absetzgeschwindigkeit. Derselbe Vorgang wird für eine Trübeverdünnung 8 : 1 vorgenommen.

Für die Trübeverdünnung 7 : 1 dürfte aber die Höhe der Schlämmesäule im Meßzylinder zu niedrig werden, und da aus Rücksicht auf den Genauigkeitsgrad die Höhe dieser Schlämmesäule nicht tiefer als 250 mm zu Beginn eines Versuches sein soll, so stellt man sich lieber eine neue 1-1-Trübe für die Verdünnung 7 : 1 in der oben angegebenen Weise her.

Diese Versuche werden so lange fortgesetzt, bis die Berechnung der Absetzfläche (s. unter c) auf ein Maximum gestiegen ist und dann in eine Abnahme wieder übergeht. Man beachte, daß bei Verdünnungen unterhalb 5 : 1 die Höhe der Schlämmesäule zu Beginn des Versuches auf 300−375 mm zu halten ist.

b) Ermittlung des wirtschaftlich größten Verdickungsgrades R, der im Austrage erhalten werden kann. Um das Maximalfassungsvermögen je Quadratmeter in 24 Stunden zu finden, bereitet man sich eine Trübe mit der Verdickung 3 : 1 nach der unter a angegebenen Methode, schüttelt durch mehrmaliges Umstürzen des Meßzylinders alles gut durcheinander und läßt absetzen. Das Ablesen geschieht ungefähr alle $^1/_2$ Stunde, bis der kritische Punkt erreicht ist. Dann liest man in größeren Abständen ab, bis keine weitere Verdickung mehr eintritt und das Lösungsverhältnis beständig bleibt. Nach jeder Ablesung gießt man so weit als möglich die klare Lösung ab und rührt den Rückstand mit einem Glasstäbchen leicht um. Man habe dann die folgende Ablesereihe erhalten:

Zeit	Ablesung	Differenz	Wasser : feste Bestandteile	
0ʰ 30ᵐ	843 mm	137 mm	2,47 : 1 ⎫	Phase des
1ʰ 00ᵐ	720 mm	122 mm	2,05 : 1 ⎬	freien Absetzens.
1ʰ 35ᵐ	626 mm	94 mm	1,73 : 1	kritischer Punkt.
2ʰ 00ᵐ	611 mm	15 mm	1,68 : 1 ⎫	
4ʰ 00ᵐ	579 mm		1,58 : 1	
8ʰ 00ᵐ	565 mm		1,53 : 1	
12ʰ 00ᵐ	482 mm		1,25 : 1	
16ʰ 00ᵐ	447 mm		1,13 : 1 ⎬	Kompressionsphase.
20ʰ 00ᵐ	444 mm		1,12 : 1	
24ʰ 00ᵐ	444 mm		1,12 : 1	
36ʰ 00ᵐ	444 mm		1,12 : 1	
48ʰ 00ᵐ	444 mm		1,12 : 1 ⎭	

Der kritische Punkt liegt offenbar bei 1,73 : 1 und wurde durch die plötzliche Verzögerung in der Abnahme der Absetzgeschwindigkeiten (626 auf 611 mm) angezeigt sowie durch die oben erwähnten anderen

Kennzeichen. Nun berechnet sich die Trockenmasse in 1 l Trübe von der Verdickung 3 : 1 zu

$$\frac{E \cdot 1000}{E n + 1} = 295 \text{ g}, \quad \text{bzw.} \quad \frac{295}{E} = 114 \text{ cm}^3 .$$

Hieraus folgt für die erste Ablesung das Verhältnis

Wasser : feste Bestandteile $= (843 - 114) : 295 = 2{,}47 : 1$ usw.

Aus der Tabelle geht hervor, daß die Trübe sich nach 16 Stunden auf 1,13 Wasser : 1 Trockenmasse und nach 24 Stunden auf 1,12 : 1 abgesetzt hat. Infolge der nur unbedeutenden Abnahme des Feuchtigkeitsgehaltes während der letzten 8 Stunden wird das Minimalverhältnis, bis zu dem man in der Praxis verdicken kann,

$$R = 1{,}13 : 1 .$$

c) Berechnung der Absetzfläche und des Durchmessers des Behälters. Die Absetzgeschwindigkeit des ersten Versuches in a war $v_1 = 0{,}205$ m/st, d. h. man kann während 1 Stunde 0,205 t Wasser je Quadratmeter Bodenfläche abgießen. Da ferner das Lösungsverhältnis der Aufgabe $V_1 = 10 : 1$ war und man andererseits bis auf 1,13 : 1 im Austrage verdicken kann, so wird das Lösungsverhältnis für die verbleibende Trübesäule sein:

$$V_1 - R = 10 - 1{,}13 = 8{,}87 \text{ Wasser : 1 feste Bestandteile.}$$

Man kann also in 1 Stunde je Quadratmeter Bodenfläche absetzen

$$8{,}87 : 1 = 205 : x$$

$$x = \frac{205}{8{,}87} = 23{,}11 \text{ kg Trockenmasse.}$$

In 24 Stunden werden also abgesetzt $23{,}11 \cdot 24 = 555$ kg Trockenmasse. Um 1 t Trockenmasse abzusetzen, werden folglich gebraucht werden:

$$\frac{1000}{555} = 1{,}80 \text{ m}^2 \text{ in 24 Stunden.}$$

In einer Formel ausgedrückt, würde man schreiben:

$$F_1 = \frac{V_1 - R}{24 \cdot v_1} = 1{,}80 \text{ m}^2 ,$$

worin bedeutet:

$F_1 =$ Absetzfläche in Quadratmeter je Tonne Konzentrate in 24 Stunden,

$V_1 =$ Verdünnungsverhältnis der aufgegebenen Trübe $= 10 : 1$,

$R =$ wirtschaftlich günstigster Grad, bis zu dem der Austrag verdickt werden kann $= 1{,}13 : 1$,

$v_1 =$ Absetzgeschwindigkeit für das Verdünnungsverhältnis

$$v_1 = 0{,}205 \text{ m/st.}$$

Im folgenden sei das Endergebnis einer Versuchsreihe mit Flotations-konzentraten gegeben, nachdem $R = 1,22 : 1$ ermittelt worden war.

V_1	v_1	F_1					
10 : 1	0,202 m/st	1,82 m²	je Tonne	in	24	Stunden	
9 : 1	0,156 m/st	2,08 m²	,,	,,	,,	24	,,
8 : 1	0,108 m/st	2,62 m²	,,	,,	,,	24	,,
7 : 1	0,083 m/st	2,80 m²	,,	,,	,,	24	,,
6 : 1	0,061 m/st	3,25 m²	,,	,,	,,	24	,,
5 : 1	0,049 m/st	3,22 m²	,,	,,	,,	24	,,
4 : 1	0,041 m/st	2,83 m²	,,	,,	,,	24	,,
3 : 1	0,033 m/st	2,24 m²	,,	,,	,,	24	,,

Man kann also nach den in der Einleitung ausgeführten Grund-sätzen als Absetzfläche annehmen 3,25 m² je Tonne fester Bestandteile innerhalb 24 Stunden, was für alle anderen Verdickungszonen genügt.

Soll der Behälter zum Absetzen von ungefähr 25 t Konzentraten in 24 Stunden bestimmt sein, so wird die gesamte Bodenabsetzfläche

$$F = 25 \cdot 3{,}25 = 81{,}3 \text{ m}^2$$

und der Durchmesser des Behälters

$$d = 10{,}0 \text{ m.}$$

d) **Berechnung der Höhe des Behälters.** Das Verdickungs-verhältnis für den kritischen Punkt dieser Versuchsreihe war $1,73 : 1$ und für den Austrag $1,22 : 1$. Nach 16 Stunden Verdicken wird die Durchschnittstrübe in der Verdickungszone ungefähr

$$\frac{1{,}73 + 1{,}12}{2} = 1{,}48 \text{ Wasser zu 1 feste Bestandteile}$$

enthalten. Der Sicherheit wegen wurde $1,45 : 1$ angenommen. Das spezifische Gewicht einer solchen Trübe ist

$$T = \frac{E \cdot (n + 1)}{E \cdot n + 1} = \frac{2{,}6\,(1{,}45 + 1)}{2{,}6 \cdot 1{,}45 + 1} = 1{,}335.$$

Also enthält 1 m³ Trübe $\dfrac{T}{n+1} = \dfrac{1{,}335}{2{,}45} = 0{,}545$ t feste Bestandteile.

Da nun 3,25 m² zum Absetzen von 1 t fester Bestandteile in 24 Stun-den nötig sind, so setzt 1 m² ab $\dfrac{1}{3{,}25} = 0{,}308$ t in 24 Stunden.

Zum Verdicken von 1,73 Wasser zu 1 Trockenmasse im kritischen Punkte auf 1,22 Wasser : 1 Trockenmasse im Austrage waren 16 Stunden nötig; folglich wird nach 16 Stunden über 1 m² in der Kompressions-zone eine Schlämmesäule stehen, die

$$\frac{16}{24} \cdot 308 = 205 \text{ kg feste Bestandteile}$$

enthält.

Da nun 1 m³ komprimierter Trübe 545 kg Trockenmasse enthält, so wird die Höhe dieser Schlammsäule sein:

$$\frac{205}{545} = 0{,}376 \text{ m}.$$

Bei einer Neigung der Arme von 20 : 1 erreichen diese in einem 10-m-Behälter an den Wandungen ungefähr $\frac{5}{20} = 0{,}25$ m. Rechnet man noch für die Tiefe der Aufgabe 0,474 m, was genügt, um ein Aufrühren an der Oberfläche zu verhindern, so wird die Gesamthöhe des Behälters

$$0{,}376 + 0{,}250 + 0{,}474 = 1{,}100 \text{ m}.$$

Es ist unnötig, dem Behälter eine größere Höhe zu geben als die berechnete; denn wenn ein Behälter mit unnötig großer Höhe bis zur Maximalfassung beaufschlagt wird, so findet man, daß die über der Kompressionszone verbleibende Höhe fast ausschließlich von einer Trübeverdickung eingenommen wird, die der langsamsten Absetzzone entspricht. Also ist eine größere Höhe, obgleich nicht nachteilig, vollkommen unnötig. Außerdem bewirkt das leichte Aufrühren durch die Arme fast immer eine Beschleunigung des Verdickens und oft sogar noch ein erhöhteres Verdicken, als aus der Berechnung folgt, so daß man den Behälter mit 5—10 vH überladen kann.

Gegen größere Überladungen über die normale Aufgabemenge aber ist der Dorrsche Behälter ziemlich empfindlich, während eine Verdünnung der Trübe bis auf das Doppelte der normalen keine nachteilige Wirkung auf die Leistungsfähigkeit hat.

Trotz des Aufbrechens des Schaumes im Zuflußgerinne durch einen Wasserstrahl bildet sich immer ein fußhoher Schaumabsatz auf der Oberfläche des Behälters, der zum Schluß in das Überlaufsgerinne eintritt. Um dies zu verhindern, streut man Ätzkalk auf und wartet, bis der Schaum von selber durchbricht und untersinkt, oder hilft mit einem kräftigen Wasserstrahl nach. Als man die ersten Versuche damit machte, hoffte man gleichzeitig durch den Kalkzusatz eine Verminderung des Feuchtigkeitsgehaltes im Schlämmeaustrag zu erzielen. Das fand aber nicht statt; hingegen beobachtete man eine Erhöhung der Filterleistung, indem der am Filter sich bildende Kuchen meist sich etwas dicker absetzte. Wegen dieser Erhöhung der Leistung des Filters wird der Kalkzusatz absichtlich auf vielen Gruben beibehalten, obgleich er den Nachteil hat, daß die Poren des Filtertuches sich rascher verstopfen.

Auf einer anderen Grube baute man eine flache, muldenförmige Scheibe von 1,5 m Durchmesser ein, die mit 300 Umdrehungen im Behälter umlief. Die Konzentrattrübe wurde in der Mitte aufgegeben und vom Rande der Scheibe gegen die Wand des Behälters geschleudert, so daß ein Schaumabsetzen unmöglich wurde.

Sehr einfach, aber wirkungsvoll ist die Verwendung von Deflektoren. In der Mitte baut man um die vertikale Achse einen feststehenden quadratischen Holzkasten, dessen Seitenlänge ein Zehntel des Behälterdurchmesssers beträgt, und der bis innerhalb 75 mm oberhalb der Rechenarme mündet. Um ihn herum wird ein zweiter quadratischer Kasten aufgestellt mit einer Seitenlänge, die ungefähr ein Drittel des Behälterdurchmessers ist, und der nur 0,45 m unter den Wasserspiegel eintaucht. Zwischen diesen beiden Kästen sammelt sich der Schaum an und kann leicht durch einen starken Wasserstrahl zeitweise niedergeschlagen und zum Sinken gebracht werden.

Eine weitere patentierte Schutzvorrichtung besteht darin, daß mit der vertikalen Welle sich ein innerer Behälter ohne Boden dreht, dessen Durchmesser zu ein Drittel des Behälterdurchmessers angenommen wird und der sich auf zwei Drittel der Tiefe des Hauptbehälters nach unten erstreckt. Mit ihm drehen sich 2 Abstreicharme, die bis an die Behälterwandung heranreichen. Damit der abgestrichene Schaum nicht in das Überlaufgerinne gedrängt wird, ist dies durch ein vorstehendes Eisenblech genügend erhöht. An irgendeiner Stelle ist eine schmale dreieckige Tasche eingebaut, durch die der abgestrichene Schaum ausgetragen wird.

Nur in vereinzelten Fällen wird im Betriebe so viel Kiefernöl auf den Schaum in dünnem Strahl aufgegeben, bis es schaumtötend wirkt, wodurch der Schaum von selber untersinkt.

Selbstverständlich gibt es noch eine Unmasse anderer Verdickungsbehälter, die alle ein sich langsam drehendes

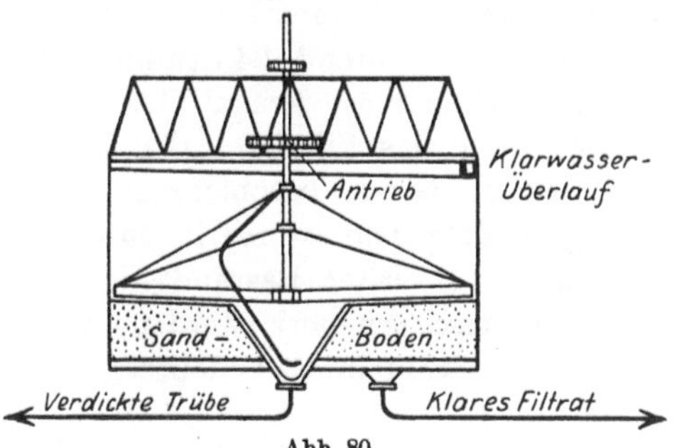

Abb. 80.
Schematische Darstellung des Superverdickers.

Rührwerk besitzen, während der Boden flach oder konisch ausgeführt wird. Durch Ablenkungsbretter der verschiedensten Art und Stellung sucht man das Absetzen zu beschleunigen.

In den letzten Jahren hat man Versuche gemacht, das Verdicken durch Filtrieren mit Vakuum zu bewirken, um auf diese Weise schwer sich absetzende Flotationskonzentrate schneller und besser zu verdicken. Es sind besonders die zwei folgenden Bauarten, die im Betriebe Eingang zu finden beginnen:

Der Super-Verdicker der Golden Cycle-Grube (vgl. Abb. 80) besteht aus einem großen Behälter von 9,14 m Durchmesser und 3,66 m

Höhe, in dem ein falscher Filterboden eingebaut ist, der mit einer 1,5 m hohen Schicht aus feinem, aber doch noch körnigem Sand bedeckt ist.

Da diese Sandschicht das Wasser verhältnismäßig rasch durchläßt, müssen die festen Bestandteile der Trübe sich ebenfalls rasch auf der Oberfläche dieser Sandschicht absetzen, von wo sie durch mechanische Mittel stetig oder zeitweise entfernt werden, so daß man es in der Hand hat, die Verdickung nach Belieben zu steigern oder abzuschwächen. Je klebriger das zu verdickende Material ist und in je größerer Menge es in der Trübe auftritt, desto häufiger und in desto kürzeren Abständen muß das Ausscheiden der abgesetzten Bestandteile erfolgen. Im Vergleich zu den gewöhnlichen Verdickern ist die Absetzgeschwindigkeit bedeutend höher, und dadurch kann die Leistung des Behälters bis nahezu auf das Doppelte gesteigert werden, vorausgesetzt daß man die Höhe der jedesmal abzustreichenden Sandschicht in dem entsprechenden Maße vergrößert.

Durch eine besondere Bauart des Triebwerkes wird bei jeder Umdrehung eine spiralförmig gestaltete Abstreichvorrichtung um eine geringe Tiefe in das Sandbett gesenkt und gleichzeitig in der Mitte ein Konus in Sande offengehalten, der zum Austrag führt. Die Abstreichvorrichtung bringt alles abgesetzte Material zum Konus und nimmt gleichzeitig eine sehr dünne Schicht Sand mit, deren Höhe auf 50—200 mm während 24 Stunden eingestellt werden kann. Das abgezogene Filtrat ist kristallklar. Durch den Anschluß einer Vakuumpumpe kann das Filtrieren der klaren Lösung durch das Sandbett in erheblichem Grade beschleunigt werden. Das Verdicken kann dann so hoch getrieben werden, daß der Abfluß bei geeigneter Trübe bis zu 70 vH fester Bestandteile führt. Der Sandboden muß natürlich zeitweise erneuert werden, was allerdings immer eine längere Betriebsunterbrechung bedeutet, wenn nicht ein Reservebehälter vorgesehen ist.

Der „Genter" stetig arbeitende Vakuumverdicker, der im Jahre 1920 auf den Markt gebracht wurde, versucht ebenfalls Verdicken und Filtrieren in einem einzigen Arbeitsgang zu vereinigen.

Gemäß Abb. 81 hängen in einem Betonbehälter von 3,66 m Durchmesser und 2,90 m Höhe 8 Rahmen, deren jeder 16 Röhren aus durchlochtem Metall oder Holz trägt von 0,10 m Durchmesser und 1,83 m Länge, über die ein sich verjüngendes Filtertuch aus Kanevas gespannt ist. Das Innere dieser Röhren ist mit einem konischen Mehrwegehahn verbunden, der mit $\frac{1}{4}$ Umdrehung pro Minute und in regelmäßigen Zwischenräumen nach ungefähr 4 Minuten das 560 mm betragende Vakuum abschneidet und dann für 4 Sekunden klares Filtrat unter 1,06 kg/cm² Druck einblasen läßt, das die auf dem Kanevas gebildeten

Kuchen loslöst und auf den Boden des Behälters fallen läßt, wo der verdickte Schlamm durch langsam umlaufende Rechen nach der zentralen Austragsöffnung hin bewegt wird. Eine Diaphragmapumpe saugt den Schlamm ab und befördert ihn zum Filter. Der Schlamm ist dick wie Rahm, aber frei von Klumpen, so daß er vorzüglich filtriert.

Das Filtrat ist äußerst rein, und mittels eines selbsttätigen Dichteindikators wird die Beschaffenheit des Filtrats in jedem Rahmen direkt angezeigt. Ist das Filtertuch eines Rahmens schadhaft geworden, so kann dieser sofort abgeschlossen und zur Ausbesserung herausgehoben werden.

Ein Behälter mit 128 Röhren bewältigt 450 t Flotationskonzentrate in 24 Stunden und verdickt diese auf 43—56 vH feste Bestandteile. Der Kraftverbrauch ist 2 PS zur Bewegung des umlaufenden Hahnes und 5 PS zur Drehung der Rechen.

Der Genter Verdicker hat den Vorteil, bedeutend weniger Raum als die anderen Verdicker zu beanspruchen und ist daher in der Anlage erheblich billiger. Ferner arbeitet er rascher und erzeugt ein kristallklares Filtrat, während der zurückbleibende Konzentratschlamm äußerst dicht ausfällt, was eine bedeutend kleinere Filteranlage zum letzten Entwässern bedingt. Er eignet sich daher besonders für Material, das mit den gewöhnlichen Verdickern nicht mehr wirtschaftlich verarbeitet werden kann.

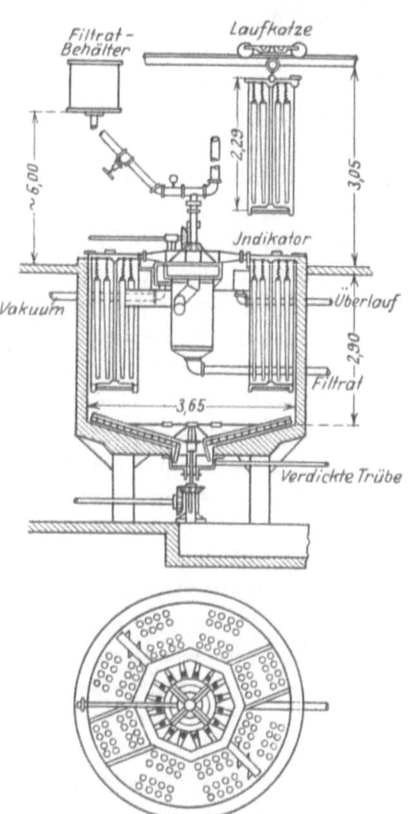

Abb. 81.
Genter stetig arbeitender Vakuumverdicker.

Ausnahmsweise benutzt man in kleineren Anlagen auch die gewöhnlichen Aufbereitungsherde an Stelle der Verdicker, besonders wenn nach einem Umbau des Werkes solche Herde zur Verfügung stehen. Bekanntlich sind Herde vorzügliche Schaumbrecher, und die Flotationskonzentrate verlassen daher die Herde ziemlich gut entwässert. Eine Anreicherung der Konzentrate durch Absonderung der Bergeschlämme ist aber nicht zu erwarten, außer man verwendet als chemischen Zusatz das die Flockenbildung zerstörende Natronwasserglas (vgl. S. 51).

Ein Hintereinanderschalten von zwei oder mehr Verdickern oder Verdickergruppen ist zwecklos, da auf diese Weise absolut keine höhere Verdickung erzielt werden kann; wohl aber kann man damit eine bessere Klärung des Überlaufes erzielen, so daß ein so gereinigtes Wasser erneut zu Flotationszwecken verwendet werden kann. In allen Fällen hingegen, wo es nicht gelingt, den schlammigen Konzentratabfluß des Verdickers auf 50 vH Feuchtigkeit herunterzudrücken, muß man zu dem weiter unten beschriebenen Verfahren des zeitweisen Absetzens mit nachfolgendem Filtrieren übergehen.

Vakuumfilter. Von den verschiedenen Typen der Vakuumfilter haben nur die stetig arbeitenden Trommel- und Scheibenfilter im Betriebe Anwendung gefunden, während die zeitweise arbeitenden Blattfilter (Butters, Moore) sich nicht haben einbürgern wollen, weil ihnen, ganz abgesehen vom zeitweisen Arbeiten, ein zu hohes Fassungsvermögen eigen ist, das für die verhältnismäßig geringe tägliche Tonnenzahl von Flotationskonzentraten nicht ausgenutzt werden kann, so daß die Anlage viel zu teuer ausfallen würde.

Wie schon weiter oben gesagt wurde, muß die zufließende Trübe wenigstens auf 35—50 vH Feuchtigkeit entwässert ankommen, damit die Vakuumfilter gut arbeiten. Doch auch dann werden sie wegen des Ölgehaltes der Trübe kaum unter 12—15 vH Feuchtigkeit entwässern können, während für ölfreie Trübe sehr oft der Feuchtigkeitsgehalt auf 6,5—8 vH heruntergedrückt werden kann. Als praktischer Erfahrungssatz hat sich ergeben, daß je feiner ein Konzentrat gemahlen ist, desto schwieriger geht das Filtrieren vor sich; denn die Poren des Filtertuches verstopfen sich und machen eine weitere Entwässerung unmöglich, der Kuchen bleibt dünn, zeigt Risse und Sprünge und bröckelt ab, so daß das Fassungsvermögen rasch abnimmt. Je mehr gröbere, sandige Teilchen in der Trübe enthalten sind, desto dicker bildet sich der Kuchen, und um so mehr steigt das Fassungsvermögen des Filters. Allerdings ist dann auch die Gefahr vorhanden, daß diese gröberen Teilchen sich am Boden und in den Ecken des Schöpfbehälters festsetzen, so daß ein besonderes Rührwerk angebracht werden muß, um die Trübe in beständiger Bewegung zu erhalten. Auf verschiedenen Gruben, deren Gangmasse aus Kaolin und tonhaltigen Letten besteht, hat man gefunden, daß die erreichbare Feuchtigkeit vom Kieselsäuregehalt der Konzentrate abhängt: je mehr Kieselsäure in ihnen vorhanden ist, desto schwerer gelingt es, den Feuchtigkeitsgehalt herunterzudrücken. Auf einer Grube, wo feine Konzentrate von der Herdarbeit zur Verfügung standen, wurde ein dünnes

Bett aus diesen feinen Herdkonzentraten auf dem Filtertuch gebildet und durch das Vakuum festgehalten. Erst dann ließ man das Filter in der Trübe mit den Konzentratschlämmen arbeiten. Der Abstreicher wurde natürlich so eingestellt, daß er nur den Schlämmekuchen abhob und nicht das Bett der Herdkonzentrate, das immer wieder aufs neue benutzt wird.

Das Oliver-Filter (vgl. Abb. 82) besteht aus einer sich langsam drehenden Trommel, die mit ihrer unteren Hälfte in den Schöpfbehälter eintaucht. Das ganz flache Trommelgehäuse ist am Umfang in 8 bis 16 voneinander getrennte Abteilungen geteilt, die durch besondere Röhren mit einem Verteilungsschieber verbunden werden, der die Verteilung und Stärke des Vakuums auf die einzelnen Abteilungen und den Eintritt der Preßluft zum Abblasen des Kuchens selbsttätig regelt. Dieser Schieber ist auf einem hohlen Endzapfen der Trommel so befestigt, daß der Sitz mit der Welle umläuft, während die Kammer feststeht und mit ringförmigen Nuten ausgestattet ist, die den verschiedenen Stufen der Kuchenbildung entsprechen. Auf der als Sieb hergestellten Außenfläche des Trommelgehäuses wird das Filtertuch aufgespannt und durch spiralförmig aufgewickelten Kupferdraht gegen Abnutzung geschützt, so daß das Tuch eine bedeutend längere Lebensdauer hat als bei Filtern anderer Bauart. Während des Eintauchens der Trommel wird das Maximalvakuum aufgegeben, aber nach dem Austreten allmählich vermindert, damit der Kuchen nicht zu rasch austrocknet und abfällt. Solange der Kuchen mit Luft in Berührung steht, wird die eingesaugte Flüssigkeit durch den atmosphärischen Druck herausgepreßt und fließt zu einem Sammler, von dessen Boden das Filtrat mittels einer Zentrifugalpumpe abgezogen und zu den Zerkleinerungsmaschinen zurückgegeben wird, während die über dem Filtrat befindliche Luft von der Vakuumpumpe angesaugt wird. Auf dem Deckel des Sammlers ist ein Sicherheitsventil angeschraubt, das einen Schwimmer überwacht. Nähert sich nun bei der Drehung der Trommel eine gegebene Abteilung dem Austrage, so wird das Vakuum selbsttätig abgestellt und Preßluft eingeblasen, die den Kuchen noch mehr austrocknet und so auflockert, daß er von einem schräg gestellten Kratzblech, das auf dem Kupferdraht aufliegt, abgehoben wird und in das Austragsgerinne fällt. Mitunter wird dieses Kratzblech durch Frischdampf geheizt, um ein weiteres Trocknen der Konzentrate zu erreichen. Ist ein Gefälle von 10 m unterhalb des Filters für den Filterabfluß verfügbar, so kann man natürlich die Zentrifugalpumpe weglassen, vorausgesetzt daß man von einer Zurückgabe des öligen Wassers an die Zerkleinerungsmühlen absieht.

Um die Trübe in beständiger Bewegung im Schöpftank zu erhalten, sind horizontale Längsrechen angebracht, die auf einem

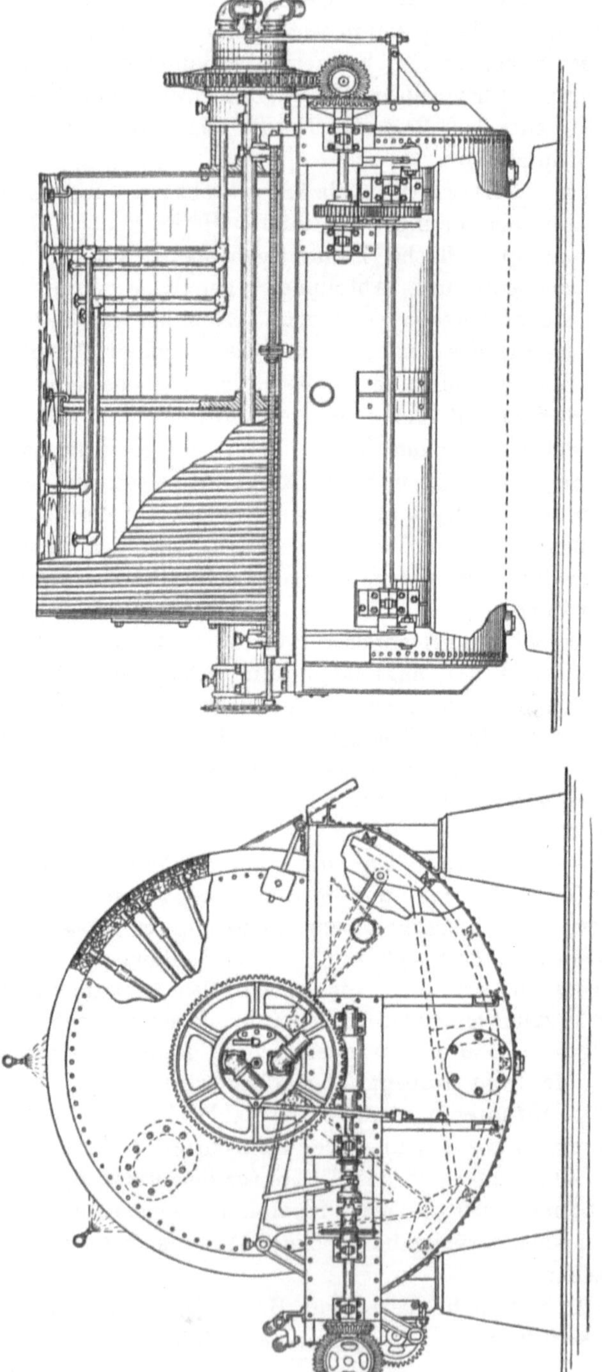

Abb. 82. Oliver-Filter mit oszillierendem Trüberührwerk.

Kreisbogen befestigt werden, der durch eine Exzenterstange in langsam hin- und hergehende Schwingungen um die Trommelachse versetzt wird.

Das Vakuum wird meist auf trocknem Wege erzeugt, damit man gewöhnliche Kompressoren dazu benutzen kann, deren Kraftverbrauch mit 2,5—3,5 PS/st bei 1 cm³/min Luft von 1,5—2,0 at Druck angegeben wird, wenn das Vakuum auf 500 mm Q.S. im Mittel gehalten wird. Nur ausnahmsweise geht man damit auf 425 mm, da dann die Vakuumpumpe nicht mehr wirtschaftlich arbeitet. Die anzusaugende Luftmenge wird unter normalen Verhältnissen zu 0,15 bis 0,30 m³/min je Quadratmeter Filteroberfläche gerechnet. Doch können bedeutende Abweichungen davon vorkommen.

Oliver-Filter werden in allen Größen geliefert von 0,9—4,2 m Durchmesser, wobei die Länge dem 1—2fachen Trommeldurchmesser entspricht. Das Fassungsvermögen beträgt im Durchschnitt 3 t Flotationskonzentrate in 24 Stunden je Quadratmeter Filteroberfläche. Doch ist diese Angabe großen Schwankungen unterworfen je nach den Anforderungen, die man an den zu erreichenden Feuchtigkeitsgrad stellt, und je nach der Natur und dem Schlammgehalt der Konzentrate. Die Kuchendicke schwankt zwischen 6—12 mm. Die Dauer einer Umdrehung ist gewöhnlich 3—4 Minuten für körniges Material, wird aber bei feinem, Schlämme führendem Gut auf 10—12 Minuten erhöht.

Hat sich das Filtertuch verstopft, so bürste man es mit einer 10 vH Salzsäurelösung ab, dem ein Waschen mit frischem Wasser folgt. Etwaige Verstopfungen der Röhren mit Kalk entfernt man auf dieselbe Weise, indem man Abteilung für Abteilung aus einem höher gelegenen Behälter mit 20 vH HCl-Lösung auffüllt, die Säure für einige Zeit stehen läßt und dann mit Wasser nachwäscht. Unter Umständen ist die Reinigung ein zweites Mal zu wiederholen.

Das stetig arbeitende Scheibenfilter (American Con-

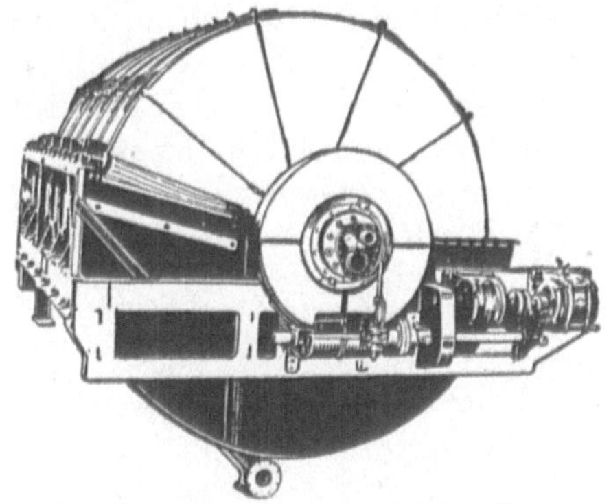

Abb. 83. Stetig arbeitendes Scheibenfilter.

tinuous Filter) besteht nach Abb. 83 aus einer Reihe vertikal stehender Scheiben, die auf einer gemeinschaftlichen Achse sitzen. Jede Scheibe läuft in einem besonderen Schöpftrog um und ist in eine größere Zahl Abteilungen geteilt, deren jede einen Rahmen bildet, über den auf beiden Seiten das Filtertuch eingespannt wird. Innerhalb des Filtertuches wird das Vakuum durch Röhren erzeugt, die zu einem selbsttätig arbeitenden und sich drehenden Verteilungsschieber führen, der am Hohlzapfen der Welle befestigt ist. Die übrigen Vorgänge sind dieselben wie beim Oliver-Filter. Das Abstreichen des Kuchens geschieht durch Gummiwalzen, die sich an das Filtertuch, das kurz vorher durch eingeblasene Druckluft aufgebläht wird, anpressen und beim Drehen den Kuchen auf ihrer eigenen Oberfläche mitnehmen. Dieser an den Walzen anhängende Kuchen wird durch ein in seiner Neigung verstellbares Stahlblech abgestrichen. Fassungsvermögen je Quadratmeter und Kraftverbrauch sind mehr oder weniger dieselben wie beim Oliver-Filter. Seine Vorteile sind, daß infolge einer 30—40 vH Gewichtsersparnis der Anschaffungspreis sich wesentlich niedriger stellt und infolge der gedrängteren Bauart $^1/_3$—$^1/_2$ der Platzbeanspruchung gespart wird. Besondere Rührwerke, die das Absetzen der Schlämme verhüten sollen, sind unnötig. Ferner können zwei oder mehrere verschiedenartige Konzentraterzeugnisse auf ein und derselben Maschine gleichzeitig gehandhabt werden.

Das „Ridgeway-Filter" ist abweichend von den vorausgehenden Bauarten mit einem horizontalen Schöpftrog versehen, der als großer Kreisring ausgebildet ist. In ihm dreht sich ein Gestell aus 14 Kästen, deren jeder 0,275 m² Filteroberfläche hat. Das Filter arbeitet sehr gut, hat aber das kleinste Fassungsvermögen von allen anderen stetig arbeitenden Filterbauarten und verlangt die größte horizontale Platzbeanspruchung.

Im Anschluß an die Entwässerung durch Verdickungsbehälter und Vakuumfilter möchte ich noch erwähnen, daß für spezifisch schwere und leicht sich absetzende Konzentrate die auf S. 210 erwähnten flachen Absetzbehälter mit den oben besprochenen Verdickungsbehältern und Filtern vereinigt werden können, wodurch folgende Stammtafel entsteht:

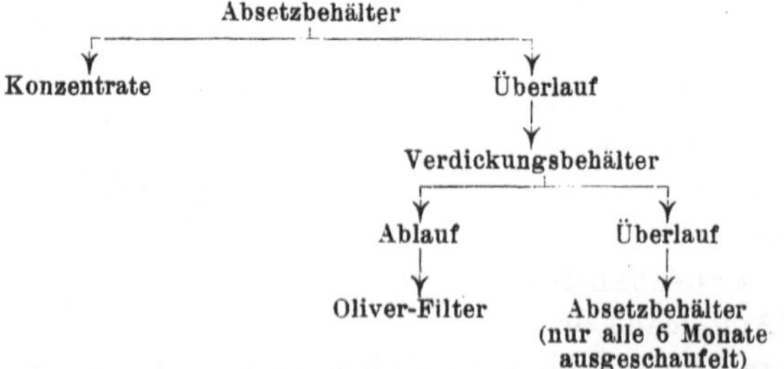

Vom Überlauf der Absetzbehälter geht auf diese Weise nichts verloren, und gleichzeitig wird der Vorteil erzielt, daß die Verdicker- und Filteranlage bedeutend entlastet wird, so daß letztere in beträchtlich verkleinertem Maßstab ausgebaut werden kann.

Zeitweises Absetzen mit Filtrieren.

Das zeitweise Absetzen hat den großen Vorteil, daß es jederzeit eine genaue Überwachung der Feuchtigkeit der abgesetzten Konzentrate erlaubt und daher beste Ergebnisse erzielt, hingegen ist die Anlage teuer und ebenso stellen sich die Betriebskosten höher. Aus diesen Gründen ist diese Anordnung weniger gebräuchlich, macht sich aber unbedingt notwendig, wenn im vorausgehenden Verdickungsbehälter die Feuchtigkeit der abfließenden Schlämme nicht unter 50 vH heruntergebracht werden kann. Mitunter geht man dann so weit, daß die gesamte Konzentrattrübe zuerst in einen mechanischen Kratzklassifikator geschickt wird. Sein hoch entwässerter Austrag am oberen Ende, der das gröbere Material enthält, geht direkt zu einem Vakuumfilter, während der die Schlämme führende Überfluß zu den genannten Absatzbehältern geleitet wird. Sind die Schlämme darin genügend verdickt worden, so werden sie zu einem zweiten Vakuumfilter abgelassen, das sie endgültig entwässert.

Gewöhnlich genügt es aber, drei zylindrische Sammelbehälter, deren Höhe ungefähr gleich dem Durchmesser angenommen wird, aufzustellen. In ihnen läuft ein einfaches mechanisches Rührwerk mit 8—9 Umdrehungen in der Minute um. Damit der Betrieb stetig bleibt, wird der erste Behälter gefüllt, der zweite umgerührt und im dritten geht das Absetzen mit nachfolgendem Abziehen durch Heber vor sich. Ergibt sich bei der Probenahme, daß die abgesetzte Masse die gewünschte Dichte hat, so wird durch senkbare Abzugsröhren die oberhalb stehende Flüssigkeit soweit als möglich abgesaugt, und dann läßt man den Schlamm durch eine seitlich angebrachte Röhre mit Regulierschieber zum Vakuumfilter ausfließen, oder um möglichst gleichmäßigen Abfluß zu erzielen, saugt man ihn mit einer Diaphragmapumpe ab, wie es bei dem Dorrschen Verdickungsbehälter üblich ist.

Entwässern der Konzentrate durch Zentrifugalkraft.

Das Trocknen der Konzentrate durch Zentrifugalkraft ist bis jetzt trotz seiner großen Vorteile der geringeren Raumbeanspruchung und des Wegfalles des Filtertuches oder anderer Filtermedien sowie der Vakuumpumpe noch nicht in die Flotationspraxis eingeführt worden.

In der jüngsten Zeit wird von der Laughlin Filter Corporation die in der Abbildung 84 dargestellte Zentrifuge angeboten, die stetig arbeitet, eine relativ geringe Umdrehungszahl besitzt und das Festsetzen der Schlämme in der Filterkammer durch Anordnung von Abstreicharmen verhindern will.

Die im Verdicker entwässerte Trübe der Konzentrate tritt bei A durch die hohle Antriebswelle ein und wird durch die Zentrifugalkraft

in die ringförmig gestaltete Kammer B gezwungen, die mit den übrigen
Elementen um die horizontale Achse umläuft. Infolge dieser Umdrehungen wird die Trübe dann durch Öffnungen in den Leitkanal C gegen
die Scheibe D geschleudert. Hierdurch wird das Wasser abgesondert,
fällt in C zurück und gelangt durch die besondere Ausbildung des Sy-
stemes in die Kammer G und von dort in die stationäre ringförmige
Kammer H, von wo es ausfließt und zum Verdicker zwecks Reinigung
zurückgepumpt wird. Die festen Bestandteile setzen sich auf der Scheibe
D ab und werden durch das in der Nebenfigur dargestellte Abstreicher-
armpaar (in der Hauptabbildung nicht eingezeichnet) entfernt und nach
der Austragsöffnung F geleitet. Diese Arme drehen sich innerhalb der
Filterkammer E mit etwas abweichender Geschwindigkeit, so daß sie

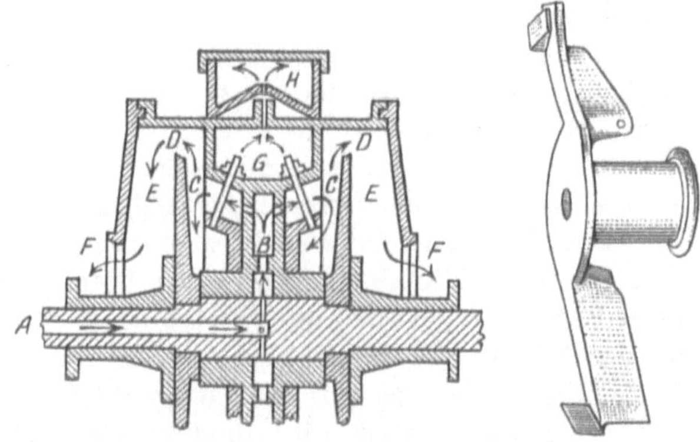

Abb. 84. Längsschnitt durch eine Laughlinsche stetig arbeitende Zentrifuge.

einige Umdrehungen mehr machen als die Scheibe D. Daten aus dem
Betriebe liegen noch nicht vor. Kolloide Schlämme bedürfen eines
größeren Zusatzes an körnigem Material, um mittels Zentrifuge gut entwässert werden zu können.

Trocknen der Konzentrate.

Gehen die Konzentrate direkt zu einem Schmelzwerk, das mit der
Grube verbunden ist, so begnügt man sich mit 15 vH Feuchtigkeit in
ihnen und formt daraus Briketts für die Weiterverarbeitung. Hat man
aber die Konzentrate auf weitere Entfernung zu verfrachten,
so erhöht jedes in ihnen enthaltene Kilo Wasser den Frachtsatz, und
daher werden die Konzentrate noch besonders getrocknet, um den
Wassergehalt auf ein Minimum zu beschränken. Dieses Trocknen hat
gleichzeitig noch den großen Vorteil, die Verluste während des Ver-
sandes zu verhindern, die durch das Lecken der nassen Konzentrate in
den Güterwagen entstehen. Verschickt man nasse Konzentrate, so muß

dies in Säcken geschehen, oder es muß das Innere der Güterwagen mit einer Kanevasverkleidung ausgefüttert werden, die nach Ankunft des Wagens in der Schmelzhütte wieder zurückgeschickt wird. Dem Gefrieren der nassen Konzentrate beim Eintritt kalten Wetters wird ebenfalls durch das Trocknen vorgebeugt. Mit dem Trocknen wird man nur ausnahmsweise unter 5 vH Feuchtigkeit heruntergehen, da bei zu hohem Trocknen die Gefahr der Staubentwicklung vorliegt, die ebenso große Verluste bewirken kann wie zu hohe Feuchtigkeit.

In Mexiko natürlich, wo 7 Monate des Jahres kein Regen fällt, trocknet man die Konzentrate auf gepflasterten Höfen („patios") an der Sonne und behilft sich in der Regenzeit mit vorläufigen Ein-

Abb. 85. Lowden-Trockenofen.

richtungen so gut es eben geht. Zum Beispiel werden alte, unbenutzte Kratzklassifikatoren so umgebaut, daß deren Blechtröge sich heizen lassen. Durch Weiterschaufeln und Aufrühren des Gutes durch die Kratzer gelingt es, allerdings auf Kosten der Wirtschaftlichkeit, ein mehr oder weniger unregelmäßiges Trocknen zu erzielen.

Zum Trocknen benutzt man meist mechanische Trockenvorrichtungen, die aber zwei große Übelstände zeigen. Die Flotationskonzentrate werden nämlich beim Trocknen so fein, daß sie im halbtrockenen Zustande an den horizontalen Transportvorrichtungen hängen bleiben und sich zu Klumpen zusammenballen, die im Innern naß bleiben. Ferner arbeiten alle Trockenvorrichtungen durch Zug der Feuergase, wodurch sich hohe Verluste infolge Flugstaub ergeben, der in besonderen Staubkammern aufgefangen werden muß.

Der jetzt auf vielen Gruben mit Erfolg eingeführte Lowden-Trockenofen (vgl. Abb. 85) sucht diesen Übelständen abzuhelfen.

Der Herd besteht aus gußeisernen Platten, die der Ausdehnung wegen überlappen. Sie werden direkt gefeuert oder durch die Abzugsgase von Verbrennungsmaschinen, Kesselhäusern usw. Über dem Trog ist eine große Zahl schräg gestellter Kratzer angebracht, denen durch ein besonderes Triebwerk eine solche Bewegung erteilt wird, daß sich eine Verbindung aus horizontaler und vertikaler Bewegung ergibt, wie sie schematisch im folgenden angedeutet wird: Die Horizontalbewegungen sind länger und werden durch kurz abgerissene Vertikalbewegungen unterbrochen. Durch letztere wird das Material aufgehackt und zerstoßen und am Zusammenballen verhindert, so daß die darin gebundene Feuchtigkeit viel schneller entweichen kann. Beide Bewegungen sind einstellbar. Die horizontale Bewegung geht außerdem sehr langsam vor sich, mit nur $1-1^{1}/_{2}$ Doppelhüben in der Minute, so daß gar kein Staub aufgewirbelt werden kann. Der Ofen arbeitet daher im Freien ohne jede Schutzhaube, was den Vorteil in sich birgt, daß alle beweglichen Teile sehr leicht zugänglich sind.

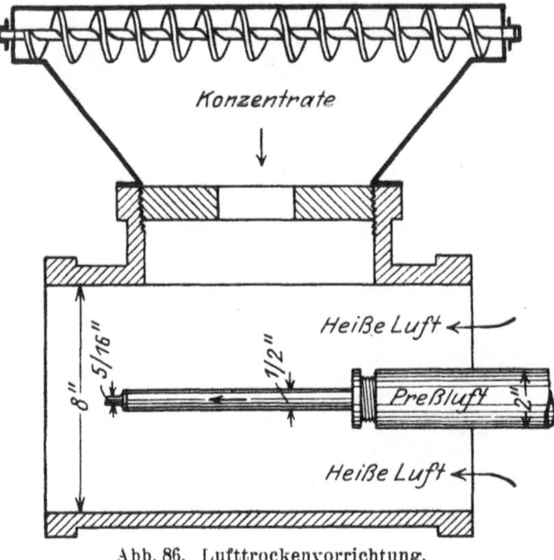

Abb. 86. Lufttrockenvorrichtung.

Dieser Trockenofen wird meist in Breiten von 1,2—1,8 m geliefert bei einer Länge von 7,2 m und mehr und schließt sich direkt an das Austragsblech des Filters an, wobei selbstverständlich die Feuerbüchse an das entgegengesetzte Ende zu liegen kommt. Der Kraftverbrauch ist gering und schwankt zwischen 1,5—2 PS/st. Die Kosten des Trocknens werden zu 0,25—0,50 Dollar je Tonne Konzentrate einschließlich des Brennmaterials und der Instandsetzungskosten, die nur gering sind, angegeben.

In den technischen Zeitungen wurde kürzlich noch folgende, von den üblichen Bauarten ganz abweichende Lufttrockenvorrichtung beschrieben, die aber nur dort anwendbar ist, wo Druckluft zur Verfügung steht (vgl. Abb. 86).

Der entwässerte aber noch feuchte Konzentratschlamm wird durch eine Schnecke über einem Trichter aus Eisenblech ausgeschüttet und fällt durch eine Öffnung in ein 8″ T-Stück, an dessen Ende heiße Luft eintritt, die in einem in der Nähe stehenden Ofen auf 300^0-350^0 C erwärmt wird. Gleichzeitig reicht in das T-Stück eine 2″ Luftröhre hinein, die allmählich zu einer 8-mm-Spitze ausgezogen ist. Vermittels Preßluft, die unter $6^1/_2$ at Druck eintritt, wird die heiße Luft angesaugt und gleichzeitig die herunterfallenden Schlämme in ihre Bestandteile auseinandergeblasen. Der Luftstrom reißt sie auf eine größere Entfernung mit sich, wobei sie durch die mitgeführte heiße Luft vollständig getrocknet werden. Die Konzentrate werden auf diese Weise über eine Länge von 30 m in der 8″ Röhre fortgeleitet und dabei wird zum Trocknen der Konzentrate fast alle Wärme der Luft entzogen, so daß diese am Ende der Röhrentour mit nur noch 40^0 C austritt. Will man die getrockneten Konzentrate in einer Erztasche ansammeln, so kann der Luftdruck auch zum schräg aufwärts gerichteten Transport benutzt werden und lassen sich Höhen bis zu 8 m mit Leichtigkeit überwinden.

Das Fassungsvermögen einer solchen Trockenvorrichtung wird zu $12^1/_2$ t Konzentrate je Stunde angegeben bei einem Luftverbrauch von 3,4 cbm/min unter 6,5 at Druck, zu deren Erzeugung rund 30 PS/st nötig sind. Die Kosten des Trocknens werden wie folgt angegeben:

Krafterzeugung zu 0,025 Dollar pro PS/st	0,75 Dollar je Stunde
0,1 t Steinkohle zu 8 Dollar	0,80 ,, ,, ,,
Lohn eines Arbeiters zur Wartung zu 4 Dollar in achtstündiger Arbeitszeit	0,50 ,, ,, ,,
	Gesamtkosten 2,05 Dollar je Stunde

Dies entspricht $\frac{2,05}{12,5} = 0,16$ Dollar je Tonne Konzentrate.

XIII. Allgemeine Angaben.

Probenehmen.

Zur Ermittlung der täglichen Ausbeute einer Flotationsanlage muß man genaue Angaben über die tägliche Tonnenzahl des aufgegebenen Erzes und der erhaltenen Konzentrate besitzen sowie den Metallgehalt der Aufgabe, der Konzentrate und der Abgänge kennen. Die Kontrolle besteht darin, daß der Durchschnittswert der Proben der Mühlenaufgabe im Monat übereinstimmen muß mit dem Mittelwert, der aus dem Verhältnis berechnet wird:

$$\frac{\text{Konzentratwert} + \text{Abgänge}}{\text{Tonnenzahl}}$$

Ergeben sich hierbei Unterschiede, so können die Verluste durch Diebstahl der Konzentrate, Lecken der Gerinne und Maschinen oder grobe Unachtsamkeit des Bedienungspersonals hervorgerufen werden und muß für deren Abstellung Sorge getragen werden. Man lege daher Betonfußböden, die mit einer Zementlage überzogen sind und deren Gefälle nach einem gemeinsamen, im tiefsten Punkte gelegenen Auffangbehälter führt, von wo aus der vom Lecken herrührende Trübeüberlauf durch Sandpumpen in die Abteilung zurückgefördert wird, von der er herstammt. Meist liegen aber die Unterschiede in Irrtümern, die sich bei der Ermittlung der Tonnenzahl einschleichen oder in der Art und Weise, wie die Proben genommen werden. Ganz unlogisch wäre es, sich nur auf „Konzentrat + Abgänge“-Ermittlung zu beschränken und daraus theoretisch den Aufgabewert zurückzurechnen. Es ist dies ein ganz einseitiges Verfahren, das selbst auf der kleinsten Anlage nicht angewandt werden sollte, da es nie ein wahres Bild der Flotationsvorgänge gibt.

Irrtümer in der Ermittlung der Tonnenzahl. Das Abwiegen jedes einzelnen Förderwagens ist augenscheinlich die genaueste Methode zur Bestimmung der täglichen Tonnenzahl. Doch ist es ein kostspieliges und zeitraubendes Verfahren, das wie bei allen mechanischen Wägemethoden seinen Wert ganz verliert, wenn nicht gleichzeitig der Feuchtigkeitsgehalt des angelieferten Erzes sorgfältig bestimmt wird, was nur selten mit Genauigkeit durchgeführt werden kann. Auf großen Anlagen hat man mit Erfolg automatische Wägeeinrichtungen eingeführt, die das Gewicht des Förderwagens beim Überfahren direkt aufzeichnen. Noch besser ist es, die Fördergurte mit einer Wägevorrichtung auszurüsten, die fortlaufend das darüberliegende Erzgewicht genau ermittelt und aufzeichnet. Alle diese Vorrichtungen sind kostspielig, verlangen stete Überwachung auf Richtigkeit und bringen öftere Reparaturen mit sich, so daß sie für kleine Anlagen überhaupt nicht in Frage kommen.

Man begnügt sich daher oft, aber fälschlicherweise, mit der Bestimmung des mittleren Gewichts und der mittleren Feuchtigkeit der Förderwagen. Diese werden gezählt, und in Zwischenräumen von 2 Tagen bis zu 2 Wochen, je nach den Verhältnissen, wird eine bestimmte Zahl von ihnen gewogen und Feuchtigkeitsproben genommen. Der Durchschnittswert wird dann der weiteren Berechnung zugrunde gelegt. Für trocknes Klima kann man dieses Verfahren zulassen, aber in der Regenzeit oder bei Förderung von nassen Erzen können Unterschiede bis zu 10 vH und mehr sich ergeben, da beim Stürzen der Förderwagen immer eine gewisse Menge des Erzes darin zurückbleibt. Schon besser ist es, beim Vorhandensein eines Förderbandes durch einen Tourenzähler die Umdrehungen der Antriebsscheibe abzulesen und zur Prüfung zwei oder mehrere Male innerhalb einer Schicht 0,3—0,5 m des auf dem Transportband angelieferten Erzes auf die Seite abzulenken, zu wiegen und den Feuchtigkeitsgehalt zu bestimmen.

Es werden sich kleine Gewichtsdifferenzen ergeben, aber im allgemeinen wird der Durchschnitt von der Wirklichkeit nur wenig abweichen, vorausgesetzt, daß der Betrieb stetig ist.

Am besten und genauesten ist für kleine als auch große Anlagen die Ermittlung der Tonnenzahl aus der Bestimmung des spezifischen Gewichts der Trübe verbunden mit der Messung der Durchflußmenge, worüber schon S. 119ff. nähere Mitteilungen gemacht wurden.

Irrtümer im Probenehmen. Das Probenehmen der Aufgabe soll nie dadurch geschehen, daß man von jedem angeförderten Förderwagen eine Handvoll wegnimmt, da auf diese Weise nie das Erzfeine mitgenommen wird. Ebensowenig ist es ratsam, Proben unterhalb des Steinbrechers oder des Transportbandes zu nehmen, sondern man nehme die Probe grundsätzlich zwischen Mühle und Flotationsmaschinen, weil hier der Trübefluß viel gleichmäßiger vor sich geht und auch die Möglichkeiten zur Probenahme sich in größerem Maße bieten. Für kleinere Anlagen wird man einen kleinen Fall im Gerinne anordnen oder den Strom für einige Augenblicke seitlich ablenken, um durch Unterhalten eines schmalen Auffanggefäßes eine Probe über die ganze Strombreite zu bekommen, wobei dafür Sorge zu tragen ist, daß das Gefäß nicht überläuft. Die Proben werden in Zwischenräumen von 20—30 Minuten genommen. Für größere Anlagen benutzt man den auf S. 153 beschriebenen selbsttätigen Probenehmer. Die genommene Probe, die bei 100 t Erzaufgabe im Tage ungefähr 3 bis 5 l während der achtstündigen Schicht betragen kann, wird am Ende jeder Schicht oder alle 24 Stunden im Laboratorium nach dem Absetzen und Abgießen getrocknet und durch irgendeinen Reduzierapparat (Jones) auf 100 g herabgebracht.

Zur Prüfung werden auf vielen Gruben Aufgabeproben unterhalb des Steinbrechers durch Unterhalten einer Schüssel für etwa $^1/_2$ Minute genommen. Solche Proben nehmen natürlich ein bedeutend größeres Volumen ein, und zu ihrer Teilung benutzen die amerikanischen Ingenieure ausschließlich die Methode, mit aller Vorsicht einen konischen Haufen zu formen und diesen nach dem Ausbreiten zu vierteln. Die darauf verwendete Arbeit ist beträchtlich, und es müssen intelligente Arbeiter dazu verwendet werden, deren Arbeit auch wieder zu überwachen ist. Ich habe in langjähriger Praxis gefunden, daß man ebenso zufriedenstellende Ergebnisse in bedeutend kürzerer Zeit und mit einem Minimum an ungeschulten Arbeitskräften erzielt, wenn man den Erzhaufen von einer Stelle auf eine andere schaufeln läßt und dabei eine Schaufel um die andere auf die Seite wirft. Die Aufstellung besonderer Maschinen zum Probenehmen und allmähliche Teilung in Stufen von je 10—20 vH des Gesamterzstromes kann nur in Betracht kommen, wenn die Anlage fremde. Erze auf Grund ihres Metallwertes ankauft.

Proben von den Abgängen werden in der gleichen Weise wie die Proben der Mühlenaufgabe gewonnen. Da der Austrag der Abgänge-gerinne meist weit ab an unzugäng-lichen Stellen liegt, baut man die in Abb. 87 dargestellten Kipp-kästen ein, die aus einer Röhre mit Wasser aufgefüllt werden und beim Umkippen eine Stange be-wegen, an deren Ende ein schmaler Löffel quer unter dem Abgänge-gerinne durchgezogen wird. Der Übelstand ist, daß sie bei nicht beständigem Wasserdruck in der Zuflußröhre Ungenauigkeiten in der Probenahme erzeugen und daher öfters nachgesehen werden müssen.

Konzentratproben werden am Filter genommen oder besser nach dem Trocknen in den Erz-taschen mittels Röhren, die man an verschiedenen Stellen nieder-stößt. Entweder haben diese ein Klappenventil am Boden oder sie bestehen aus zwei ineinanderge-steckten Röhren, deren Längs-schlitze durch Drehen der inneren Röhre geschlossen werden, so daß ein gutes Durchschnittsmuster über die ganze Tiefe des Konzentrat-haufens genommen wird.

Siebanalysen. Siebanalysen wer-den gewöhnlich nur alle 1—2 Wochen genommen, geben aber ein vorzüg-liches Mittel ab, die Leistungsfähig-keit der Mühle und des Klassi-fikators zu überwachen. Weniger bekannt ist, daß sie auch eine Prüfung ermöglichen, ob die Menge der von den Sanden genommenen Probe im richtigen Verhältnis zur Menge der von den Schlämmen im Überlauf genommenen Probe steht. Zeigen die Siebanalysen beider Proben Übereinstimmung in ihren Kurven, so ist das Verhältnis richtig; ergeben sich aber große Abweichungen, so wird

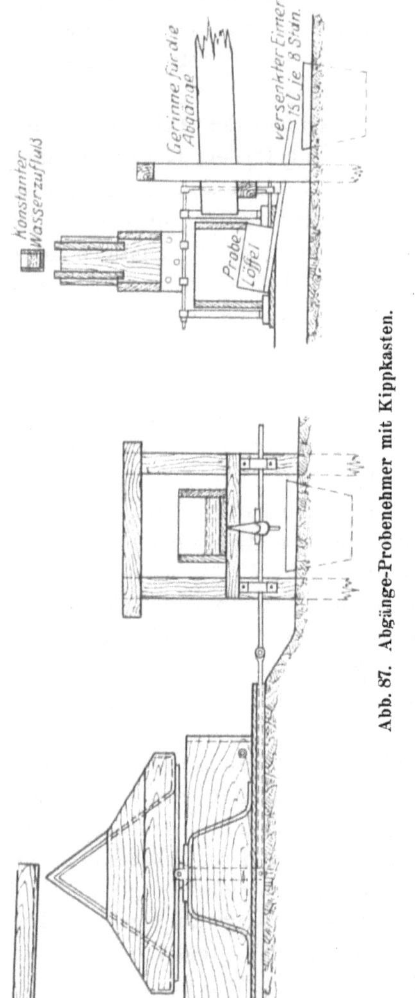

Abb. 87. Abgänge-Probenehmer mit Kippkasten.

man durch Abänderungen in den Probemengen versuchen, diese Übereinstimmung zu erzielen und hat dann die Gewißheit, daß Irrtümer in der Ausführung des Probenehmens ausgeschlossen sind, besonders, wenn die Siebanalysen, wie weiter unten beschrieben wird, so ausgeführt werden, daß zuerst die kolloiden Schlämme durch Auswaschen entfernt werden.

Die Siebanalysen werden gewöhnlich mit größeren Mengen (250—500 g) vorgenommen, damit man in allen Siebnummern solche Mengen erhält, daß ein genaues Abwiegen gesichert ist. Das Trocknen der Proben muß im letzten Stadium unbedingt im Wasserbade geschehen, da beim Eindampfen bis zur Trockne über dem Sandbade die Erzkörnchen bei zu hoher Temperatur zerspringen und grobe Irrtümer in der Bestimmung veranlassen. Die benutzte Siebskala ist gewöhnlich die U.S.-Skala mit 48, 65, 100, 150 und 200 Maschen.

Die Siebe werden zu einem Neste übereinandergestellt und die Probe im obersten Siebe mit der größten Maschenweite aufgegeben. Dann wird das Siebnest einer kreisenden und gleichzeitig schüttelnden Bewegung für längere Zeit unterworfen. Durch Benutzung einer Unterlagscheibe in jedem Siebe wird die Trennung des Siebgutes bedeutend erleichtert, da die dadurch erzeugten Vibrationen auf dem Siebe ein Verstopfen der Sieblöcher verhindern. Vor dem Ausschütten des Überkorns fühle man mit den Fingerspitzen, ob die Trennung wirklich erfolgt ist. Das Überkorn jeder Siebnummer wird gewogen und für sich untersucht.

Um hierbei Verluste durch Staubbildung zu vermeiden und andererseits auch den Gehalt an kolloiden Schlämmen kennenzulernen, verfährt man meist wie folgt: Man gibt die nasse Trübeprobe in angemessenen Mengen direkt auf dem 200-Maschen-Sieb auf und entfernt die Schlämme durch Waschen in einem Eimer, indem man das Sieb so tief eintaucht, daß das Wasser gerade über dem Siebgut zu stehen kommt, schüttle das Sieb für längere Zeit sanft in dieser Lage und wasche den Rückstand über ihm mit einer Wasserflasche so lange, bis das Wasser klar vom Siebe abläuft. Das zurückbleibende Überkorn wäscht man in der Trockenpfanne und dampft es auf einem Sandbade bis zur Trockne ein. Dann erst wird die getrocknete Masse in der soeben angegebenen Weise durch das Siebnest in die verschiedenen Klassen getrennt. Der Prozentgehalt an kolloiden Schlämmen, die durch das Waschen entfernt wurden, wird gewöhnlich durch Differenzbildung ermittelt; man kann aber auch absetzen lassen, abgießen und zur Trockne eindampfen. Der unvermeidliche Verlust, der weniger als 0,1—0,2 vH der Gesamtsumme ausmachen soll und bei sorgfältiger Ausführung auf die feinsten Klassen beschränkt bleibt, wird in der Regel der feinsten Siebnummer gutgeschrieben.

Die erhaltenen Ergebnisse stellt man übersichtlich in Tabellen zusammen oder trägt sie graphisch als Kurven auf. Multipliziert man jeden Einzelprobengehalt mit den entsprechenden Gewichtsprozenten, so muß die Summe dieser Produkte gleich dem Durchschnittswerte der Probe sein bzw. keine größeren Abweichungen davon geben.

Siebanalyse einer Klassifikatortrübe. Probe 500 g. Durchschnittsgehalt des Überlaufs 3,25 vH Cu.

Maschennummer	Lochdurchmesser	Direkter Kugelmühlenaustrag Gewichte			Überkorn	Überlauf (Verdünnung 1:2,5)					
						Gewichte		Kupfergehalt			
	mm	g	vH	Summe	Summe vH	vH	Summe	Probe vH	pro 1 t[1]	vH	Summe
+ 28	0,589	142	28,4	28,4	49,0	—	—	—	—	—	—
+ 48	0,295	144	28,8	57,2	80,8	3,6	3,6	3,6	0,130	4,1	4,1
+ 65	0,208	43	8,6	65,8	87,8	8,2	11,8	3,3	0,271	8,5	12,6
+ 100	0,147	37	7,4	73,2	91,6	15,8	27,6	3,0	0,474	14,9	27,5
+ 150	0,104	19	3,9	77,1	92,9	5,5	33,1	3,1	0,170	5,3	32,8
+ 200	0,074	18	3,7	86,8	93,6	11,5	44,6	3,7	0,425	13,3	46,1
− 200	—	96	19,2	100,0	100,0	55,4	100,0	3,1	1,717	53,9	100,0
Summe:		499	100,0			100,0			3,187	100,0	

Der Überlauf muß gleich sein der ursprünglichen Aufgabe zur Mühle; z. B. 280 t in 24 Stunden. Die Trennung in Sande und Schlämme geschieht offenbar bei 48 Maschen. Damit berechnet sich gemäß der Formel auf S. 75 das zurückgegebene Überkorn zu:

$$\frac{280 \left(\dfrac{57,2}{100} - \dfrac{3,6}{100} \right)}{\dfrac{80,8}{100} - \dfrac{57,2}{100}} = 636 \text{ t in 24 Stunden.}$$

Die Gesamtmenge des in Umlauf befindlichen Erzes wird dann: 916 t in 24 Stunden. Das Verhältnis der totalen Aufgabe zur ursprünglichen ist 3,27 : 1. Die Leistungsfähigkeit des Klassifikators berechnet sich zu:

$$\frac{636 \dfrac{80,8}{100} + 280 \dfrac{96,4}{100}}{916} \cdot 100 = 85,6 \text{ vH.}$$

Zur graphischen Darstellung (vgl. Abb. 88) einer Siebanalyse trägt man auf der Abszissenachse die Lochdurchmesser in Millimeter auf und auf der Ordinatenachse die entsprechende Summe der Gewichtsprozente. Aus obiger Zeichnung ersieht man, daß alle drei Kurven ein mehr oder weniger gleichmäßiges Ansteigen haben, nur ist bei der

---

[1]) Kupfergehalt bezogen auf 1 Tonne der betreffenden Siebklasse.

Überlaufskurve dieses Ansteigen in viel stärkerem Maße ausgeprägt. Daher dürfte ein Heraufsetzen der Trennungsgrenze auf —65 Maschen zwecklos sein; denn die Kurve würde dadurch ein noch stärkeres Ansteigen bekommen und die Schlämmeerzeugung bedeutend höher ausfallen. Die Sandkurve zeigt wie fast immer eine bezeichnende schwache Krümmung nach oben. Die starke Abweichung zwischen Überlaufskurve und der geradlinigen Verbindung der Einzelpunkte läßt darauf schließen, daß die Arbeit nicht sehr sorgfältig vorgenommen wurde oder daß die Menge der im Überlauf

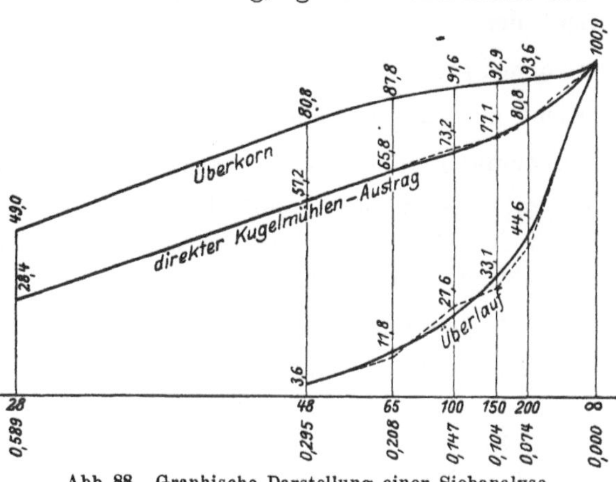

Abb. 88. Graphische Darstellung einer Siebanalyse.

genommenen Probe nicht im richtigen Verhältnis zur Menge der anderen Probe stand, sondern zu klein war. Die Prozentkurve des Kupfergehalts im Überlauf ist nahezu gleichlaufend mit seiner Gewichtskurve und wurde daher nicht aufgetragen. Aus der Tabelle erkennt man, daß in den feinsten —200-Schlämmen mehr als die Hälfte des gesamten Kupfergehalts (53,9 vH) vorhanden ist.

Berechnung der Ausbeute. Kennt man die Gewichte der Aufgabe, Konzentrate oder Berge nur angenähert oder gar nicht, so kann man mit Hilfe der Proben sehr leicht die Ausbeute und andere Daten rechnerisch nach folgenden Formeln ableiten:

Konzentrationsverhältnis . . . . . . $R = \dfrac{K - T}{A - T}$

Wirkliche Ausbeute in vH . . . . . $E = 100\,\dfrac{K(A - T)}{A(K - T)}$

Scheinbare Ausbeute in vH . . . . $E_s = \dfrac{A - T}{A}\,100$

Gewicht der Konzentrate in vH . . $G = \dfrac{A - T}{K - T}\,100$

worin bedeutet: A den Wert der Probe der Aufgabe, K den Wert der Probe der Konzentrate und T den Wert der Probe der Abgänge.

Hat man statt einer Probe mehrere Proben, wie z. B. auf Ag, Pb, Zn usw. ausgeführt, so berechnet man G für jedes einzelne Element;

die Werte dürfen selbstverständlich keine großen Abweichungen voneinander zeigen, wenn die Proben richtig ausgeführt wurden. Den Durchschnitt nimmt man dann als richtig an.

Wurden Zwischenprodukte geliefert, so berechnet man das Gewicht des ersten Konzentrats G_1, indem man das Zwischenprodukt mit dem Probewert Z als Abgang ansieht, aus $G_1 = \dfrac{A-Z}{K_1-Z} 100$. Nun bezieht man das Gewicht des zweiten Konzentrats vorläufig auf das Zwischenprodukt als Aufgabe aus $G_2' = \dfrac{Z-T}{K_2-T} 100$, worin K_1 den Wert der Probe des ersten Konzentrats, K_2 den Wert des zweiten Konzentrats und Z den Wert der Probe des Zwischenprodukts bedeutet. Da nun das Gewicht der Zwischenprodukte $G_z = 100 - G_1$ ist, so folgt das wirkliche Gewicht des zweiten Konzentrats $G_2 = \dfrac{G_z \cdot G_2'}{100}$ und ferner das Gewicht der Abgänge zu $G_t = G_z - G_2$.

Für die selektive Flotation zweier verschiedener Mineralien kann diese Methode sich äußerst verwickelt gestalten, besonders wenn die Zwischenprodukte wieder zurückgegeben werden oder gar in die erste Abteilung überzuführen sind mit der Aussicht, hier einen der beiden Bestandteile in etwas höherem Maße abflotieren zu können. In solchem Falle ist die folgende Ausbeuteberechnung vorzuziehen, die ursprünglich für die Ausbeuteermittlung bei der Zyankaliumbehandlung von Schlämmen und Sanden im Gebrauch war.

Es bezeichne für eine Blei-Zink-Flotation (große Buchstaben beziehen sich auf Blei und kleine Buchstaben auf das Zink):

A = vH Pb in der Aufgabe　　　　　　a = vH Zn in der Aufgabe
K_b = vH Pb in den Bleikonzentraten　k_z = vH Zn in den Zinkkonzentraten
k_b = vH Pb in den Zinkkonzentraten K_z = vH Zn in den Bleikonzentraten
T = vH Pb in den Abgängen　　　　　t = vH Zn in den Abgängen

Setzt man ferner:

x = Tonnenzahl der Aufgabe
y = 　　　,,　　　　,,　　Bleikonzentrate
z = 　　　,,　　　　,,　　Zinkkonzentrate
u = 　　　,,　　　　,,　Abgänge,

so ist offenbar die Bleiausbeute in Hundertteilen: $E = \dfrac{K_b \cdot y}{A \cdot x} \cdot 100$.

Aus den Gleichungen:

$$x \cdot A = y \cdot K_b + z \cdot k_b + u \cdot T$$
$$x \cdot a = y \cdot K_z + z \cdot k_z + u \cdot t$$

erhält man unter Einführung von $u = x - y - z$ zwei Werte für z, die man einander gleich setzt. Dadurch entsteht eine neue Gleichung, die nur noch x und y enthält, und aus ihr rechnet man dann y aus:

$$y = x \cdot \frac{(A - T) \cdot (k_z - t) - (a - t) \cdot (k_b - T)}{(K_b - T) \cdot (k_z - t) - (K_z - t) \cdot (k_b - T)} \cdot$$

Setzt man diesen Wert in die Gleichung für E ein, so kürzt sich x und man erhält:

Bleiausbeute in Hundertteilen:

$$E = \frac{K_b \cdot (A - T) \cdot (k_z - t) - (a - t) \cdot (k_b - T))}{A \cdot (K_b - T) \cdot (k_z - t) - (K_z - t) \cdot (k_b - T)} \cdot$$

In entsprechender Weise findet man:

Zinkausbeute in Hundertteilen:

$$e = \frac{k_z \cdot (a - t) \cdot (K_b - T) - (A - T) \cdot (K_z - t)}{a \cdot (k_z - t) \cdot (K_b - T) - (k_b - T) \cdot (K_z - t)} \cdot$$

Das Konzentrationsverhältnis ergibt sich dann:

$$\text{für Blei: } R = \frac{K_b \cdot 100}{A \cdot E} \quad \text{und} \quad \text{für Zink: } r = \frac{k_z \cdot 100}{a \cdot e} \cdot$$

Endlich ist das Gewicht der Konzentrate in Hundertteilen:

$$\text{für Blei: } G = \frac{100}{R} \quad \text{und} \quad \text{für Zink: } g = \frac{100}{r} \cdot$$

Bestimmung der vH-Zusammensetzung der Mineralien eines Konzentrates.

In der selektiven Flotation wünscht man häufig auf Grund der chemischen Analyse der Hauptelemente die mineralogische Zusammensetzung eines Konzentrats bzw. eines Erzes kennenzulernen, um sich ein Bild machen zu können, wie viele wertlose Begleitmineralien durch Flotation abgestoßen wurden. Auch für Siebanalysen ist diese Ermittlung sehr erwünscht, da man daraus sofort ersieht, welches Mineral in der betreffenden Siebklasse vorherrscht.

Hat man z. B. ein Kupferkies-Schwefelkies-Konzentrat, und ergab die Probe a vH Cu und b vH Fe, so berechnet sich unter der Voraussetzung, daß alles Kupfer an den Kupferkies gebunden ist, die vH-Zusammensetzung des Konzentrats aus den folgenden Gleichungen, wenn der chemischen Zusammensetzung des Kupferkieses

34,5 vH Cu, 30,5 vH Fe und 35 vH S und der des Schwefelkieses 46,6 vH Fe und 53,4 vH S zugrunde gelegt werden:

$$x \frac{34,5}{100} = a$$

$$x \frac{30,5}{100} + y \frac{46,6}{100} = b$$

$$x = \frac{a}{0,345} \qquad \text{vH Kupferkies}$$

$$y = \frac{b - 0,884\,a}{0,466} \qquad \text{vH Schwefelkies.}$$

Der Schwefelgehalt berechnet sich unter der Voraussetzung, daß keine anderen Sulfide vorhanden sind, zu

$$0,35\,x + 0,534\,y \quad \text{vH Gesamtschwefel,}$$

was dann gewöhnlich mit der Schwefelanalyse des Konzentrates übereinstimmen wird.

Der Restbetrag $100 - (x + y)$ dürfte dem unlöslichen Silikatrückstand und etwaigem Kalk entsprechen.

Für ein Konzentrat, das a vH Pb, b vH Zn und c vH Fe enthält, berechnet sich die prozentuale Zusammensetzung aus Bleiglanz, Zinkblende und Eisenkies wie folgt, wenn Bleiglanz aus 86,6 vH Pb und 13,4 vH S und Zinkblende aus 57 vH Zn, 10 vH Fe und 33 vH S besteht:

$$x \frac{86,6}{100} = a$$

$$y \frac{57,0}{100} = b$$

$$y \frac{10}{100} + z \frac{46,6}{100} = c$$

$$x = \frac{a}{0,866} \quad \text{vH Bleiglanz}$$

$$y = \frac{b}{0,570} \quad \text{vH Zinkblende}$$

$$z = \frac{c - 0,175\,b}{0,466} \quad \text{vH Eisenkies.}$$

Der Gesamtschwefelgehalt des Konzentrates ist dann:

$$0,134\,x + 0,33\,y + 0,534\,z \quad \text{vH S.}$$

Für die täglichen Betriebsanalysen ist diese Berechnung zeitraubend und bedient man sich vorteilhaft der in Abb. 89 dargestellten graphischen Darstellung, die einfacher zu handhaben ist und infolge des Ablesens an vertikalen Skalen größere Genauigkeit bietet als die Interpolation zwischen Kurven. Um die richtige Lage der Skalen untereinander zu ermitteln, bezieht man sich gewöhnlich auf ein den

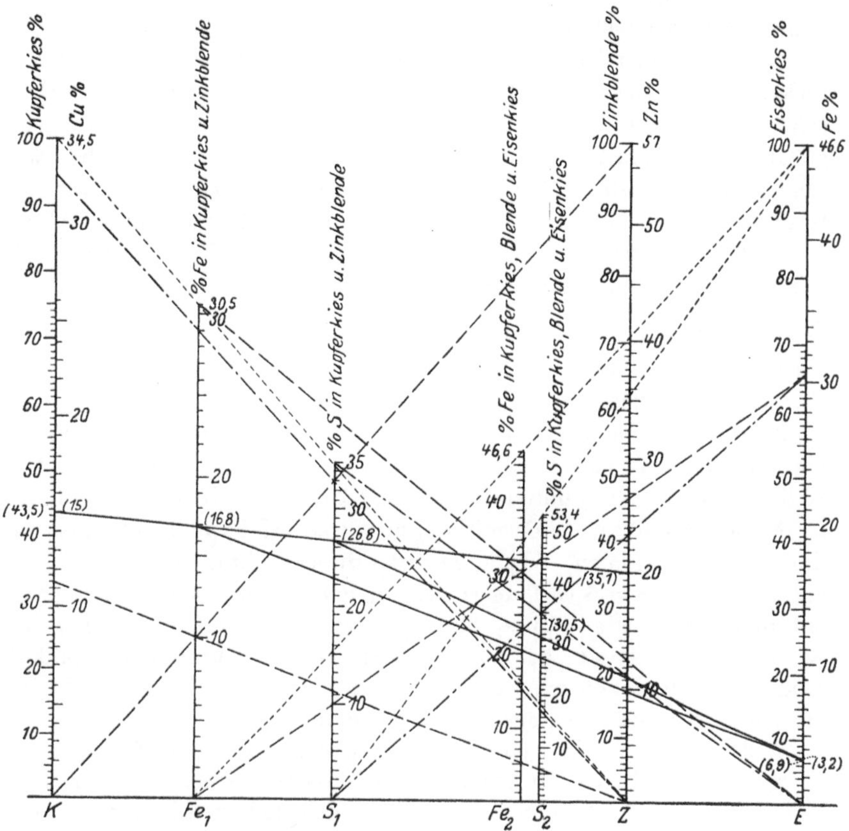

Abb. 89. Graphische Darstellung der prozentualen Zusammensetzung eines Kupferkies-Eisenkies-Blende-Konzentrates.

Mineralien gemeinschaftliches Element, wie z. B. auf S oder in unserem Falle auf Fe.

Für ein Kupferkies-Zinkblende-Eisenkies-Konzentrat wurde zuerst die Kupferkiesskala K eingeteilt: links für 100 vH Kupferkies und rechts für 34,5 vH Cu-Gehalt. An einer anderen geeigneten Stelle wurde dann die Zinkblendeskala Z in derselben Weise eingeteilt: links für 100 vH Zinkblende und rechts für 57 vH Zn. Nun ermittelt man die Stellung der Hilfsskala Fe₁, die den gemeinsamen Eisengehalt des Kupferkieses und der Zinkblende angibt. Ihr Endpunkt, der 30,5 vH Fe im Maximum entspricht, liegt auf der Verbindungslinie von 100 vH auf K und von 0 vH auf Z. Einen zweiten Punkt, der dem 10-vH-Fe-Gehalt der Zinkblende entspricht, bestimmt man durch den Schnitt der Verbindungslinien 0 vH auf K mit 100 vH auf Z und von 0 vH auf Z mit $\frac{10}{0,305} = 32,8$ vH auf K. Die Skala wird dann auf ihrer ganzen Länge eingeteilt.

An irgendeiner anderen passenden Stelle errichtet man die Eisenkiesskala E: links für 100 vH Eisenkies und rechts für 46,6 vH Fe. Dann schreitet man zur Ermittlung der Hilfsskala Fe_2, die den Gesamteisengehalt von Kupferkies, Zinkblende und Eisenkies angibt. Ihr Endpunkt bedeutet 46,6 vH Fe und liegt auf der Verbindungslinie von 0 vH auf Fe_1 mit 100 vH auf E. Als zweiten Punkt nimmt man 30,5 vH an, der dem Eisengehalt des Kupferkieses entspricht. Dieser Punkt liegt auf dem Schnittpunkt der Verbindungslinien von 0 vH auf E mit 30,5 vH auf Fe_1 und von 0 vH auf Fe_1 mit $\frac{30,5}{0,466} = 65,5$ vH auf E. Tritt das Eisen aber noch als Hämatit in größerer Menge auf, so müßte eine weitere Hilfsskala dafür eingeführt werden.

Ergab die Analyse z. B. 15 vH Cu, 20 vH Zn und 20 vH Fe, so verbinde man 15 vH Cu auf K mit 20 vH Zn auf Z und liest auf K 43,5 vH Kupferkies und auf Z 35,1 vH Zinkblende ab. Der Schnittpunkt der genannten Linie mit Fe_1 gibt 16,8 vH Fe in Kupferkies und Zinkblende zusammen. Verbindet man diesen Schnittpunkt mit 20 vH auf der Fe_2-Linie und verlängert bis zum Schnitte mit der E-Skala, so erhält man 6,9 vH Eisenkies. Es bleiben also $100 - (43,5 + 35,1 + 6,9) = 14,5$ vH als Rest, der zum größten Teile aus unlöslichen Silikatrückständen bestehen wird und von Zeit zu Zeit durch eine Probe auf unlösliche Rückstände geprüft werden muß.

Will man auch den Gesamtschwefelgehalt des Konzentrates graphisch ermitteln, so zeichnet man in entsprechender Weise eine Hilfsskala S_1, die den gemeinsamen Schwefelgehalt von Kupferkies und Zinkblende angibt und deren Endpunkt mit 35 vH auf der Verbindungslinie von 100 vH auf K mit 0 vH auf Z liegen muß. Die Hilfsskala S_2 gibt dann den gesamten Schwefelgehalt des Kupferkieses, der Zinkblende und des Eisenkieses an. Ihr Endpunkt entspricht 53,4 vH und liegt auf der Verbindung von 0 vH auf S_1 mit 100 vH auf Z.

Für das obige Beispiel schneidet die eben erwähnte Verbindungslinie 15 vH auf K mit 20 vH auf Z auf der Hilfsskala S_1 als gemeinsamer Schwefelgehalt von Kupferkies und Zinkblende 26,8 vH ab. Verbindet man diesen Punkt mit 6,9 vH auf E, so schneidet diese Linie die Hilfsskala S_2 in 30,5 vH, die den gesamten Schwefelgehalt von Kupferkies, Zinkblende und Eisenkies unter der Voraussetzung darstellen, daß keine anderen Sulfide im Konzentrate vorhanden sind.

Einsetzung der spezifischen Gewichtsbestimmung für die chemische Analyse.

In den technischen Abhandlungen der letzten Jahre ist öfters darauf hingewiesen worden, daß die chemische Analyse durch spezifische Gewichtsbestimmungen mit einer Genauigkeit von 2—5 vH ersetzt werden kann, was für praktische Zwecke vollauf genügen würde. Der Hauptvorteil liegt in dem großen Zeitgewinn: eine Cu-Titrierprobe dauert z. B. 20—30 Minuten, während die Gewichtsbestimmung innerhalb 5 Minuten ausgeführt werden kann.

Bekanntlich ist der Metallgehalt eines Erzes eine Funktion des spezifischen Gewichtes, die der Gleichung einer gewöhnlich, sehr flachen Hyperbel entspricht. Man zeichnet sich, wie in Abb. 90, für bestimmte Siebnummern empirisch Kurven auf, die auf Grund einer größeren Zahl chemischer Analysen für das betreffende Metall entworfen werden und kann dann mittels einer genauen Bestimmung des spezifischen Gewichtes aus der Kurve rasch den entsprechenden Metallgehalt ablesen. Im vorliegenden Falle wurde die Kurve für den S-Gehalt des Erzes bestimmt.

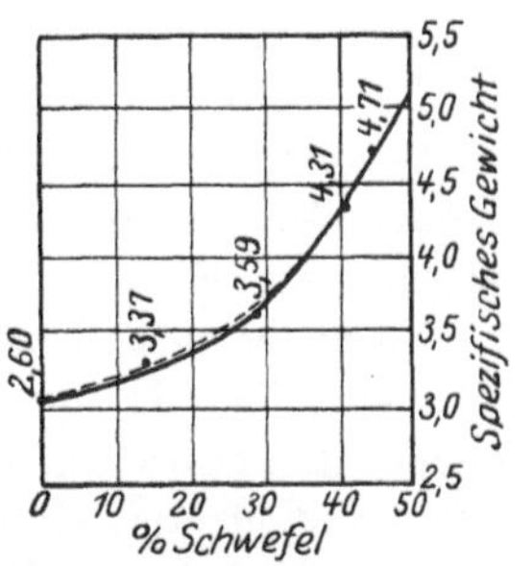

Abb. 90. Kurve des spezifischen Gewichtes in bezug auf den Schwefelgehalt.

Ich habe die Methode mehrere Male geprüft und gefunden, daß für die 24 Stunden Durchschnittsmuster leidlich übereinstimmende Ergebnisse sowohl für Roherz als auch für Konzentrate erzielt werden. Sowie aber Kontrollproben, die infolge einer plötzlichen Änderung der Erzbeschaffenheit sich notwendig machen, genommen werden, versagt die Gewichtsbestimmung. Man kann sich also solcher analytischen Kurven nur mit Erfolg bedienen, wenn es sich um Durchschnittsproben von Erzen handelt, die in ihrer Zusammensetzung ziemlich gleichbleibend sind, und gewinnt dann sehr an Zeit.

Selbstverständlich müssen diese Kurven für jedes einzelne Erzeugnis und für jede Maschinengattung angelegt werden. Um die Schwierigkeiten zu umgehen, daß sich Luftblasen bilden und das fein gemahlene Erz auf der Oberfläche des Wassers schwimmt, bestimmt man direkt das spezifische Gewicht der Trübeprobe wie auf S. 119 angegeben worden ist, wobei man vorher gut umrühren muß, damit alle Luftblasen entweichen. Nach der spezifischen Gewichtsbestimmung dampft man zur Trockne ein und wiegt nochmals aus, um das spezifische Gewicht des Erzes zu erhalten. Um zufriedenstellende Ergebnisse zu bekommen, ist es angebracht, größere Trübemengen von 0,5—1 l für die Bestimmung zu nehmen und diese nach der Pyknometermethode in einer Säureflasche vorzunehmen. Die benutzte Wage muß dann wenigstens eine Empfindlichkeit von $^1/_{25}$ g zeigen.

Besondere Betriebsschwierigkeiten.

Schon früher wurde erwähnt, daß die beste, dem Auge direkt wahrnehmbare Überwachung der Flotationsmaschinen durch einen Kontrollherd für die Konzentrattrübe erhalten wird. Ist ein solcher aber nicht vorhanden, so muß man sich nach der Beschaffenheit des Erzschaumes richten, worüber auf S. 180 ff. die nötigen Angaben gemacht wurden.

Ebenso wurde auf die Nachteile der unregelmäßigen Aufgabe und vor allem der unregelmäßigen Verdünnung der Trübe auf S. 117 ff. eingehend hingewiesen und die stetige Überwachung durch Gewichtsbestimmung oder stetige Dichteindikatoren warm empfohlen.

Die Schwierigkeiten, die das Eindringen von Schmieröl in die Flotationsmaschinen mit sich bringt, so daß unter Umständen bei großen Mengen die Schaumbildung ganz unterbrochen werden kann, wurden auf S. 16 besprochen.

Es erübrigt sich hier, noch von Schwierigkeiten zu sprechen, die im Wasser selbst, in der Handhabung der Öle usw. bestehen können und denen man gewöhnlich erst Beachtung schenkt, wenn Betriebsstörungen schon eingetreten sind.

Das benutzte Wasser muß so frei als möglich von aufgelösten Mineralsalzen und von Säuren sein. Besonders darf es kein aufgelöstes Kupfersulfat enthalten, das bei Zinkblende führenden Erzen oft ungeahnte Schwierigkeiten in der selektiven Flotation erzeugt. Ergibt sich also bei der Analyse des Wassers das Vorhandensein irgendwelcher Salze, so müssen sie durch Ätznatron oder die billigere Rohsoda vor der Benutzung des Wassers ausgefällt werden (vgl. S. 36 ff.). Ätzkalk benutzt man weniger gern, weil er, im Überschuß verwendet, Schwierigkeiten in der Schaumbildung mit sich bringt und das Absetzen der Schlämme begünstigt. Ferner muß das Wasser frei von allen Sedimenten organischer Natur sein. Letztere setzen sich mit Vorliebe als schwammartige Gebilde in den Spitzkästen ab und beeinträchtigen dann die Flotation. Außerdem schließen sie gern feinste Sulfidteilchen in sich ein, so daß sie bei der Untersuchung einen hohen Ag- und Pb-Gehalt aufweisen. Aber auch in den Rührzellen können sich diese Sedimente gleichsam wie Kesselstein festsetzen, der von Zeit zu Zeit abbröckelt und die Röhren und Ventile verstopft. Besonders nach heftigen Regengüssen oder während der monatelang andauernden Regenzeit in Mexiko sieht man sich von Betriebsschwierigkeiten umgeben, deren Ursache fast immer auf solche Sedimentführung des Wassers zurückzuführen ist. Man tut in solchen Fällen gut, das Wasser durch große Absetzbehälter gehen zu lassen, die von Zeit zu Zeit gereinigt werden müssen. Organische Substanzen, die zufällig in die Kugelmühle eintreten, wie Wurzelfasern, Unkraut, alte Säcke usw., sind von den Flotationsmaschinen durch Aufstellung von Drahtsieben mit 20—40 Maschenweite sorgfältig fernzuhalten.

Die Ölkannen hebe man an einem kühlen Ort im Schatten auf und lasse sie nicht in der Sonne stehen, da dann die flüchtigen Bestandteile des Öles verdunsten und seine Wirksamkeit in hohem Maße benachteiligt wird. Gruben, die ihre Ölmischung vor dem Gebrauche herstellen, berichten, daß die Wirksamkeit solcher Mischungen erhöht wird, wenn sie schon eine Woche lang gestanden haben, während sich bei sofortiger Benutzung eine niedrigere Leistung ergab. Man glaubt, daß gewisse chemische Reaktionen eintreten, die auf die Bildung des Erzschaumes vorteilhaft einwirken.

Bei der Zurückgabe des öligen Überflusses vom Verdicker unterlasse man nie, die in ihm enthaltenen Ölmengen zu berücksichtigen und verringere daher um diesen Betrag die vor den Flotationsmaschinen oder in der Kugelmühle aufzugebende Minimalölmenge. Besonders bei der selektiven Flotation kann dies von merklichem Einfluß sein, indem dieser Überfluß oft genügend Teerprodukte enthält, die bei ihrer Zurückgabe auch den Eisenkies oder die Zinkblende zum Flotieren bringen.

Die Änderung der Gangart kann ebenfalls einen verhängnisvollen Einfluß auf die Flotation ausüben. Geht z. B. Kalkspat in den härteren und schwereren Manganspat über, so wird letzterer von der Ölmischung viel leichter flotiert und die Ausbeute sinkt. An Stelle eines grobkörnigen Quarzes kann plötzlich ein äußerst feinkörniger Quarz auftreten, der die Sulfidteilchen fest in sich eingeschlossen hält, so daß sich ein Feineraufschließen nötig macht. Oder die Gangmasse nimmt teilweise infolge des Vorherrschens von Kaolin und Ton eine mehr lettige Beschaffenheit an, so daß sich Schlämme bilden. Man muß dann versuchen, dieses Erz auszuhalten und ausfindig machen, bis zu welchem vH-Satz es dem Haupterz beigemengt werden kann, ohne daß die Schlämme ein weiteres Sinken der Ausbeute verursachen.

Eine große Schwierigkeit bilden ferner die bituminösen Schiefer, sowie das Vorkommen von Graphit im Gangkörper. Auftreten von Kohlenstoff in irgendeiner Form ist immer für die Flotation nachteilig; denn Graphit flotiert vorzüglich und erzeugt mit Öl auf den Blasen eine Art geschmeidigen Film, der die Sulfidteilchen gleichsam daran abgleiten läßt. Von einigen Gruben wird berichtet, daß der Zusatz von Kupfersulfat in geringen Mengen eine gute Wirkung hatte und das Aufsteigen von Graphit wenigstens teilweise unterdrückte. Andere unterziehen eine solche Trübe einer Vorbehandlung, indem sie dünne Wasserstrahlen von 0,5—1 at Druck steil auf die Oberfläche der schon geölten Trübe treten lassen, wodurch genügend Luft mitgerissen wird, um Blasen zu bilden, die nur den Graphit in die Höhe bringen.

Mir gelang es, den Graphit dadurch zu entfernen, daß die Gesamttrübe mit einer geringen Menge einer Ölmischung aus 80 vH Kiefernöl und 20 vH Kreosot durch eine kleine Agitationsmaschine so schnell als möglich gejagt wurde. Hierbei bildete sich ein dunkelschwarzer Schaum, der ziemlich allen Graphit flotierte, aber gleichzeitig 6—8 vH Cu, 12—15 vH Zn und 2—2,5 kg Ag je Tonne enthielt. Dieser Schaum wurde getrennt gehalten und nach dem Trocknen in einer Muffel einer solchen Temperatur ausgesetzt, daß die Metalle sich ververflüchtigten. Die Gase wurden in einer Vorlage abgekühlt und das Produkt den Flotationskonzentraten beigegeben. Das zuerst versuchte Verfahren, die Konzentrate in Säuren zu lösen und dann die Metalle auszufällen, hatte keinen Erfolg, da der Kohlenstoff große Schwierigkeiten beim Filtrieren verursachte. Die vom Graphit befreite Erztrübe aber ließ sich ohne besondere Schwierigkeiten flotieren.

Wahl des Geländes für Flotationsanlagen.

Die Wahl des Standortes einer neuen Flotationsanlage wird durch mannigfache Verhältnisse beeinflußt, durch deren unrichtige Bewertung die Wirtschaftlichkeit der Anlage oft in Frage gestellt werden kann.

Die Hauptfrage, die sorgfältige Prüfung erheischt, ist die Beschaffung des Nutzwassers. Je reiner das vorhandene Wasser ist, desto verwendungsfähiger wird es sein. Freie Säuren oder gelöste Metallsalze greifen, ganz abgesehen von ihrem direkten Einfluß auf die Flotation, die Eisenteile der Maschinen allmählich an. Wenn es unumgänglich nötig ist, das Wasser zur Wiederbenutzung zurückzugeben, kann unter Umständen eine allmähliche Anreicherung des Salzgehaltes stattfinden, der dann schädlich wirkt. Auch fallen solche Salze durch lange Berührung mit der Luft von selber aus und bilden eine schlüpfrige, schlammige Ablagerung, die mit der Zeit fest wird. Wie schon früher gesagt wurde, darf das Nutzwasser keine Sedimente irgendwelcher Art führen, da diese sich im ruhigen Wasser des Spitzkastens absetzen und gewissermaßen als Schlämme auftreten, die die gebildeten Konzentrate verunreinigen, oder sie dringen in die Ventile ein und verstopfen diese mit der Zeit.

In trocknen Gegenden oder im Gebirge, wo der Wasserzufluß während der Trockenmonate nicht mehr ausreicht, muß das Wasser ständig zurückgegeben werden, was in besonderen Fällen so weit geht, daß man nur das Wasser entweichen läßt, das zum Wegschaffen der Abgänge nötig ist. Selbst dann spart man noch weiter, indem man große Absetzteiche anlegt, deren Überfluß zurückgepumpt wird, so daß der Wasserverlust sich nur auf das Lecken des Teichdammes und auf Verdunstung an der Teichoberfläche beschränkt. Solange aber diese weit getriebene Wirtschaftlichkeit nicht von unabänderlicher Notwendigkeit ist, soll man das Entwässern der Erzeugnisse nur so weit treiben, als es die Weiterbehandlung verlangt. Ganz zu verwerfen ist die Praxis, nicht genügend geklärtes Wasser, das noch schlammhaltig ist, wieder zurückzupumpen, weil man sich der Meinung hingibt, daß solches Wasser zu gut ist, um es abfließen zu lassen, aber andererseits die Kosten scheut, es einer ausgedehnteren Klärung zu unterwerfen.

Die Auswahl des Bauplatzes ist ein anderer Hauptpunkt, der fast ausschließlich von der Lage der Grube abhängt, die in den meisten Fällen hoch oben im Gebirge in äußerst abschüssigem Gelände liegt. Es fragt sich dann, ob die Anlage in der Nähe der Grube oder weiter unten im Tal errichtet werden soll. Gewöhnlich macht man in einem solchen Falle geltend, daß der Transport des Erzes von der Grube zur nahe gelegenen Aufbereitung sehr billig ausfällt, und das mag für kleinere Werke von ausschlaggebender Bedeutung sein. Unterzieht man aber das Problem einer genauen Berechnung, so wird man in vielen Fällen finden, daß der mechanische Transport von 1 t Roherz zu einer entfernt gelegenen Aufbereitung im Tale billiger kommt, als der tägliche Taltransport von 1 t Konzentrate mit Wagen auf Kunststraßen oder gar mit Maultieren auf einem Saumpfade, diese Kosten natürlich bezogen auf 1 t Roherz.

Weiterhin ist noch zu beachten, daß in den Steilabhängen des Gebirges kostspielige Futtermauern aufzuführen sind, um ebenen Boden für die Aufstellung der Maschinen zu gewinnen. Der Wasservorrat wird während der trocknen Zeit kaum noch ausreichend sein und zur Ausnutzung für Kraftzwecke überhaupt nicht in Frage kommen. Ferner sind die Rechte der weiter unterhalb liegenden Anwohner zu berücksichtigen, die nur zu geneigt sind, Entschädigungsansprüche für Vernichtung ihrer Kulturen zu erheben, wie sie durch Wegspülen der Halde infolge Regengüsse verursacht werden kann, oder wenn das Wasser für Trinkzwecke durch die Öle oder chemischen Zusätze untauglich gemacht wird. Geschulte Arbeiter sind schwerer zu bekommen, und der Transport der Vorräte stellt sich ungemein teuer. Unterwirft man alle diese Gesichtspunkte einer ernstlichen Berücksichtigung, so wird man es gewiß vorziehen, die Aufbereitung weiter unterhalb im Tale aufzustellen, wo Gehänge von sanfter Neigung zu haben sind und womöglich ein Anschlußgleis an eine vorhandene Eisenbahn ausgebaut werden kann.

Für die Entscheidung, ob ebenes, flach geneigtes oder steil abfallendes Gelände gewählt werden soll, steht der Grundsatz im Vordergrund, der für jeden Entwurf maßgebend ist, aber leider nur selten beobachtet wird: Alle schweren Maschinen sollen auf festgewachsenem Boden aufgestellt werden, oder wenn eine Stockwerkanlage geplant ist, sollen sie auf dem Fußboden zu stehen kommen, der dem natürlichen Boden zunächst liegt. **Steilabhänge** werden dieser Bedingung am besten entsprechen; denn hier kann jede Zerkleinerungsmaschine im Einschnitt auf dem anstehenden Fels ohne kostspielige Fundamentbauten aufgestellt werden. Verschwenderisch kann man über das Gefälle so verfügen, daß eine Zerkleinerungsmaschine unterhalb der anderen zu stehen kommt und daß das zu befördernde Gut in Gerinnen durch seine eigene Schwere von selbst zur tieferen Maschine fließt. Die Konstruktion des zu überdachenden Gebäudes fällt äußerst leicht aus und ist daher billig auszuführen. Dafür sind aber meist hohe und kostspielige Futtermauern anzulegen. Der praktische Betrieb stellt sich teurer, da für jede Höhenabteilung besondere Arbeiter angestellt werden müssen, während im ebenen Gelände ein Arbeiter gleichzeitig mehrere Maschinen mit Muße bedienen kann. Die Aufsicht wird durch das beständige Heruntersteigen und Wiederhinaufklettern außerordentlich erschwert. Die letzte Abteilung, in der sich die eigentlichen Flotationsmaschinen befinden, verlangt aber unbedingt ebenes Gelände oder ein solches von nur ganz flacher Neigung, so daß gerade hierfür Stützmauern im Steilgehänge unverhältnismäßig hohe Geldausgaben bedingen. — Steilabhänge aus verwittertem, brüchigem Gestein vermeide man grundsätzlich für Flotationsanlagen; denn selbst wenn man glaubt, allen verwitterten Fels entfernt zu haben, kann es vorkommen, daß beim Inbetriebsetzen der schweren Steinbrecher und Kugelmühlen der ganze Abhang anfängt abzurutschen und nur die Ausführung kostspieliger Stützmauern einem weiteren Sinken Einhalt bieten kann.

Ebener Boden zeigt natürlich keine solchen Schwierigkeiten, aber dafür muß man entweder künstliche Terrassenbildung für die verschiedenen Abteilungen der Zerkleinerungsmaschinen einführen, oder man muß kräftige Eisenkonstruktionen bauen, die mehrere übereinandergelegte Stockwerke tragen. Für den Zwischentransport werden sich Gurtförderer, Becherwerke und andere Arten von Elevatoren unentbehrlich zeigen, die den Betrieb zwar erschweren, aber ihn nicht gefährden wie in früheren Jahrzehnten, wo die Technik dieser Dauerförderanlagen noch sehr im Rückstande war.

Das günstigste Gelände ist der flach geneigte Boden von
15⁰—25⁰ Neigung, der es erlaubt, die schweren Maschinen auf gewach-
senem Boden aufzustellen und bei geschickter Anordnung genügend
Gefällhöhe abgibt, um die Trübe in Gerinnen von der höheren zur
tiefer liegenden Maschine fließen zu lassen. Die Aufführung der Futtermauern ist lange nicht so kostspielig, und für die Aufstellung der Flotationsmaschinen läßt sich leicht ebener Boden finden, wenn man diese
Abteilung unter einem rechten Winkel zur Hauptachse des Gebäudes
der Zerkleinerungsmaschinen seitlich in das Gehänge einschneidet.

Anlage von Absetzteichen für die Abgänge.

Nur in ganz unbewohnten Gegenden mit tief eingerissenen Schluch-
ten wird man die Abgänge ins Freie lassen können in der Erwartung,
daß heftige Gewittergüsse sie fortschwemmen, wobei als selbstverständlich vorausgesetzt wird, daß die erzielte Ausbeute genügend hoch war,
um ein solches Vorgehen zu rechtfertigen. In den meisten Fällen wird
man aber gezwungen sein, die Bergetrübe auf einem bestimmten Gelände auslaufen zu lassen und durch Absetzen die Abgänge zu entwässern,
so daß sie schichtenweise zu einem hohen Haufen abgelagert werden
können.

Man sucht dazu größere Geländeflächen mit flachem Gefälle aus
und bildet durch vorgebaute Dämme bis zu 500 m und mehr Länge
künstliche Teiche, in denen die Abgänge Zeit und Raum finden,
sich abzusetzen. Als Material für diese Dämme benutzt man die Sande
der Abgänge selbst, die man durch einen auf der Dammkrone auf-
gestellten Kratzerklassifikator aushält, während die getrennten
Schlämme innerhalb des Teiches zur Ablagerung gelangen. Die Kronen-
breite eines solchen Dammes nimmt man wenigstens zu 5 m bei einem
Böschungsverhältnis von 1 : 1. Der Damm selbst wird mit dem An-
wachsen der Schlammoberfläche in Absätzen von ungefähr 1 m Höhe
jeweilig erhöht. Gewöhnlich wird er auf etwa 6 m Länge vorausgebaut,
bevor es nötig ist, den Klassifikator vorwärtszuschieben. Die Zuführung der Abgänge geschieht grundsätzlich durch eiserne Röhren
(vgl. S. 116), die auf der Dammkrone selbst horizontal liegen, sonst aber
unter einem Gefälle von wenigstens 1 : 50 ankommen müssen, damit
bei einer Trübeverdünnung von 1 : 4 keine Verstopfungen auftreten
können. Auch ist bei einem Stillstande der Anlage die Röhre vollständig
auszuspülen. An den Enden des Dammes hält man mehrere Ausfluß-
kanäle offen, in denen durch aufgesetzte Staubretter die Höhe des
Wasserspiegels eingestellt wird, so daß nur Klarwasser ins Freie überlaufen kann. Gewöhnlich genügt zum Absetzen eine Wasserhöhe von
1—2 m über der Oberfläche der abgelagerten Schlämme. Zur Bedienung

des Dammaufbaues und des Absetzens der Schlämme bedarf es meistens nur eines Arbeiters pro Schicht.

Für kleinere Anlagen empfiehlt es sich, entlang der Dammkrone ein offenes Gerinne mit geringer Querneigung zu führen, in dessen Boden Löcher gebohrt sind, die mit einem Handpflock sich verschließen lassen. Durch entsprechendes, abwechselndes Öffnen dieser Löcher wird der am Boden des Gerinnes fließende Sand abgelassen und zum Bau des Dammes benutzt, während die leichteren Schlämme weiterfließen und am Ende des Gerinnes austreten, von wo sie durch eine Röhre in das Innere des Teiches zum Absetzen geleitet werden.

Um den Wellenschlag zu brechen, baut man Flöße aus Holz oder Schilf; letztere sinken aber bald unter. Auch gibt man eine dünne Ölschicht auf, die jedoch bei steten, aus einer Richtung wehenden Winden allmählich durch den Damm geblasen wird.

Das überlaufende Klarwasser wird für Anlagen, die nicht über die genügende Wassermenge zum Betriebe verfügen, durch besondere Pumpen wieder zu den Zerkleinerungsmaschinen zurückgepumpt. In einem solchen Falle dürfte es aber vorzuziehen sein, die Abgänge mittels Dorrscher Verdicker mit langsam umlaufenden Rechen zu entwässern, die dann bis zu 60 m und mehr Durchmesser ausgeführt werden und außerdem noch in Reihe hintereinander geschaltet sind, um so eine Entwässerung auf 40 vH Feuchtigkeit zu erzielen. Ihr Ablauf geht dann direkt zur Halde und der Klarwasserüberlauf wird zu einem Hochbehälter, der ungefähr den Tagesbedarf deckt, zurückgepumpt (vgl. S. 130).

Vermeidung von Betriebsstörungen.

Betriebsstockungen muß durch entsprechende Anlage des Entwurfs derart vorgebeugt werden, daß beim unvermeidlichen Eintreten solcher Störungen ihr Einfluß auf den Fortgang des Gesamtbetriebes nur ganz unmerklich wird, und ein mehr oder weniger andauernder vollständiger Stillstand nach Möglichkeit umgangen wird. Um solche Verhältnisse erzielen zu können, lege man bei der Ausarbeitung des Entwurfes auf die folgenden Gesichtspunkte besonderen Wert:

1. Wenn die Höhe der veranschlagten Tonnenzahl es irgendwie erlaubt, teilt man das Werk in zwei oder mehrere voneinander unabhängige Einheiten, wobei es sehr angebracht ist, Gerinne und andere Transportvorrichtungen, welche die Aufgabe des Gutes zwischen den verschiedenen Arbeitspunkten des Zerkleinerungssystems vermitteln, derart anzuordnen, daß eine kreuzweise Verbindung von einer Mühleneinheit zur anderen schnell hergestellt werden kann. Erst dadurch wird einem größeren Flotationswerk ein solcher Grad von Sicher-

heit gegen die Folgen etwaiger Betriebsstörungen gegeben, daß die Gesamtanlage in ausgezeichnetem Maße sich den jeweiligen Verhältnissen anzuschmiegen vermag.

2. Für kleinere Anlagen unter 200 t täglicher Förderung empfiehlt es sich, die größeren Zerkleinerungsmaschinen in doppelter Ausführung aufzustellen, so daß eine von beiden ausgeschaltet werden kann, um die nötigen Instandhaltungsarbeiten vorzunehmen, während der Rest der Anlage ungestört weiterarbeitet. Von Anfang an werden Steinbrecher von solcher Größe eingebaut, daß die täglich zu verarbeitende Erzmenge innerhalb 8—10 Stunden unter normalen Verhältnissen durchgehen kann, so daß die übrigen Stunden für Instandhaltungsarbeiten benutzt werden können (vgl. S. 69). Auch die Hauptantriebsmaschine zerlegt man gern in kleinere Einheiten und stellt noch eine Reserveeinheit auf, die alle auf eine gemeinsame Antriebswelle arbeiten. Bezieht man von einer entfernten Zentrale elektrische Kraft oder verfügt man über eine Wasserkraft, die stark veränderlich ist, so wird man eine Wärmekraftmaschine zur Aushilfe heranziehen.

3. Die Gesamtgruppe der Zerkleinerungsmaschinen wird meist in eine Grob- und eine Feinzerkleinerungsabteilung geteilt und jeder eine größere Erzvorratstasche vorangestellt, so daß eine von beiden Abteilungen längere Zeit für sich weiter arbeiten kann, bis die nötigen Instandhaltungsarbeiten in der anderen Abteilung vorgenommen sind. Auch helfen diese Hauptvorratstaschen bei Stockungen aus, die in der Anförderung des Erzes aus der Grube stattfinden können. Doch muß in diesem Falle ihr Inhalt wenigstens auf das Doppelte der täglichen Tonnenzahl angenommen werden.

4. Für die Aufgabe auf jede Einzelmaschine sind kleinere Erzzwischentaschen vorzusehen, deren richtige Abmessungen in Verbindung mit den Haupttaschen den Betriebsleiter befähigen, die Arbeit des Gesamtbetriebes plötzlich geänderten Verhältnissen anzupassen. Man kann dann z. B. irgendein Walzenpaar auf kurze Zeit außer Betrieb setzen, ohne daß die gesamte Walzenabteilung wegen Mangels an Rohstoff ausgeschaltet werden muß, noch ein Überladen der weiter arbeitenden Walzenpaare stattfindet. Gleichzeitig ermöglichen die Zwischentaschen eine ausgezeichnete Überwachung und Einstellung der Einzelmaschinen, indem durch strikte Beobachtung der Zu- oder Abnahme des Erzes in der Zwischentasche eine Maximalausnutzung jeder Einzelmaschine sich leicht durchsetzen läßt. Das Fassungsvermögen dieser Zwischentaschen braucht nicht besonders groß angenommen zu werden, und es ist vorteilhaft, ihnen die Form eines umgekehrten Pyramidenstumpfes zu geben, wodurch sich die beste Ausnutzung des Raumes und eine bequeme Aufstellung ergibt. Infolge der Ausladung der Seiten-

wände vermehrt sich der Kubikinhalt bedeutend rascher als bei prismatischen Taschen. Wenn dann noch Gerinne, Gurtförderer und Elevatoren, welche die Verbindung zwischen den Haupt- und Zwischentaschen sowie zwischen den Einzelmaschinen herstellen, so angeordnet werden, daß Ausschaltungen bzw. Wechselverbindungen rasch ausgeführt werden können, ist die Gefahr eines vollständigen Stillstandes nahezu ausgeschlossen.

5. Vorrichtungen, die das Vorkommen von Betriebsstörungen zu vermeiden trachten, sind in ausgedehntem Maßstabe einzubauen, wie z. B. Elektromagnete zur Entfernung der im Erzstrom zufällig mitgeschleppten Eisenstücke, selbsttätig arbeitende Aufgabevorrichtungen, die ein Überladen der Einzelmaschinen verhindern sollen, Alarmapparate, die ein entstehendes Überladen anzeigen, und alle anderen selbsttätigen Vorrichtungen und Indikatoren, welche die gleichmäßige Beschaffenheit der Erztrübe zu gewährleisten versuchen.

Anlage und Betriebskosten.

Die im folgenden gemachten Angaben sind Zusammenstellungen der in den technischen Zeitschriften seit 1915 veröffentlichten Kostenberichte und können daher nur zu rohen Überschlagsrechnungen verwendet werden. Außerdem sind sie noch zu sehr von der allgemeinen Preiserhöhung in den Jahren während und nach dem Weltkriege beeinflußt.

```
Allgemeine Anlagekosten:                      je Tonne in 24 Stunden
   Flotationsanlagen mit Herden . . . . . . . . .   800—1200 Dollar
   Reine Flotationsanlagen ohne Herde . . . . . .   400— 800   ,,
   Umbau einer Gravitationsaufbereitung zur Flotation   100        ,,
   Getrennte Kraftanlagen einschließlich Gebäude .   350— 500   ,,

                                         je Kilogramm Maschinengewicht
Aufstellung von Maschinen . . . . . . . . . . .   0,016—0,033 Dollar
   NB. Für Maschinen, die zum Maultiertransport
      zerlegbar angeordnet sind, rechne man das
      2—3fache dieser Angaben.

                                         je Kubikmeter umbauten Raumes
   Holzgebäude . . . . . . . . . . . . . . . . . .   1,05—2,10 Dollar
   Gebäude in Eisenkonstruktion . . . . . . . . .   2,50—3,50   ,,

Kraftverbrauch                                    je Tonne in 24 Stunden
   Zerkleinern und Feinaufschließen bis zu einem Pro-
      dukt, wovon 60—80 vH durch 200 Maschen
      gehen . . . . . . . . . . . . . . . . . . . .   1,00—2,50 PS/st
   Flotationsanlagen einschließlich Zerkleinerungs-
      maschinen . . . . . . . . . . . . . . . . .   0,96—3,80 PS/st
   NB. 45—30 vH davon fallen auf die eigentliche
      Flotation und der Rest auf das Zerkleinern und
      Feinmahlen.
   Pneumatische Flotationsmaschinen Simpson . .   2,00—2,75 PS/st
```

Pneumatische Flotationsmaschinen Inspiration
Type   3,30   PS/st
Agitationsmaschinen, ältere Systeme und M.-S.-
Maschinen . . . .   5,50 — 7,00 PS/st
Agitationsmaschinen, neuere Systeme . . . . .   1,25 — 3,50 PS/st
NB. Bei reinen Schlämmen steigt der Kraftver-
brauch auf das 2 — 3fache dieser Angaben.

Betriebskosten

1. **Kraftbedarf:**   je PS/st in 24 Stunden
   Dampfanlagen, Auspuff . . . .   0,20 — 0,22 Dollar
   Dampfanlagen, Verbund und Kondensation. .   0,14 — 0,17 ,,
   NB. Kosten die Steinkohlen mehr als 5 Dollar je
   Tonne, so gebe man für jeden Dollar Mehrkosten
   einen Aufschlag von 0,013 Dollar je PS/st.
   Elektrische Anlagen, im Durchschnitt . . . .   0,18 — 0,22   ,,
   Elektrische Anlagen, für abgelegene Gruben .   0,24 — 0,45   ,,
   Faustregel   0,30   ,,

2. **Zerkleinern und Feinmahlen**   je Tonne in 24 Stunden
   Brechen im Steinbrecher auf 40 — 75 mm . . .   0,06 — 0,13 Dollar
   Grobmahlen mit Walzen auf 4 — 6 mm . . . .   0,10 — 0,20   ,,
   Feinmahlen in Kugelmühlen mit 15 — 30 vH des
      Gutes, die durch 200 Maschen gehen. Für jede
      einzelne Maschine . . . .   0,15 — 0,36   ,,
   Gesamtkosten des Feinmahlens für je 1 vH des
      Produktes, das durch 200 Maschen hindurch-
      geht . . . .   0,015 — 0,030 ,,

3. **Gesamtbetriebskosten:**   je Tonne in 24 Stunden
   Flotationsanlagen mit Herden . . . .   0,73 — 1,47 Dollar
   Flotationsanlagen ohne Herde . . . .   0,53 — 1,30   ,,
   Großanlagen, die über 1000 t täglich flotieren .   0,40 — 0,50   ,,
   NB. Die Leistung eines Arbeiters in 8 Stunden
   Schicht wird zu 6 — 15 t (im Durchschnitt 13 t)
   angegeben. Sie sinkt um 40 vH, wenn die Arbeit
   der Zimmerleute, Werkstätten usw. mit ein-
   geschlossen wird.

4. **Einzelkosten:**   je Tonne in 24 Stunden
   Wasserbeschaffung . . . .   0,01 — 0,20 Dollar
   Verdicken und Filtrieren . . . .   0,20 — 0,65   ,,
   Trocknen der Konzentrate . . . .   0,15 — 0,50   ,,
   Generalunkosten einschließlich Verwaltung und
      Probieren für größere Anlagen   0,10   ,,
      für kleinere Betriebe   0,75   ,,

XIV. Laboratoriumsversuche.

Die Vornahme von Versuchen, um zu entscheiden, ob ein gegebenes
Erz für Flotationsbehandlung geeignet ist, beschränkt sich nicht auf
eine bestimmt festgelegte Reihenfolge von Verfahren, sondern es gibt
eine Unmasse von Wegen, die man einschlagen kann, um diese Versuche auszuführen. Auf jedem können zufriedenstellende Ergebnisse
erzielt werden, vorausgesetzt daß sie unter scharfsichtiger Beurteilung
der dem betreffenden Erze eigentümlichen Erfordernisse vorgenommen
werden.

Wer noch nie solche Versuche unternommen hat, tut gut, sich eine
künstliche Mischung aus 60 vH reinem Quarz und 40 vH reinem Kupfer-
oder Eisenkies herzustellen, um mit der Behandlung von Erzen durch
Flotation vertraut zu werden. Rasch lernt er so das Erscheinen des Erzschaumes, seine Eigenschaften und die mechanischen Handgriffe kennen,
um sich zufriedenstellende Ergebnisse für die endgültige Arbeit zu
sichern.

Durchschnittsmuster.

Bevor irgendein Flotationsversuch gemacht wird, ist es unbedingt
nötig, eine gute Durchschnittsprobe des gesamten Erzes aus
der Grube zu erhalten, das von allen in der Grube umgehenden Ab-
bauen und von den Aufschlußstrecken genommen werden muß. Ohne
ein solches umfassendes Durchschnittsmuster sind alle erzielten metal-
lurgischen Ergebnisse vollständig wertlos, ganz gleich mit welcher Sorgfalt und Peinlichkeit die Versuche ausgeführt wurden. Nur selten wird
eine Grube ganz gleichmäßiges Erz führen, und man hat dann das
Gesamtmuster in verschiedene Klassen zu zerlegen: reine Sulfide muß
man von den oxydierten Erzen trennen, und ebenso das reichere Erz
etwaiger Erzmittel vom armen Erz aushalten. Weiche Gangpartien, die
voraussichtlich viel Schlämme erzeugen werden, müssen von den härteren
Erzen getrennt werden. In bezug auf die Erzführung wird man blei-
glanzhaltige Partien von den Gangstellen absondern, wo Kupferkies
überwiegt. Jede Klasse muß für sich untersucht werden, und erst dann
kann man abschließende Versuche vornehmen durch Vereinigung der
verschiedenen Klassen in bestimmten Mischungsverhältnissen, die nach
der Menge des Vorkommens gewählt werden.

Für neue Gruben, deren Baue noch nahe der Tagesoberfläche umgehen, berücksichtige man, daß sie in der Teufe in Sulfide von
niedrigerem Metallgehalt übergehen können. Ist die Anlage auch
zur Behandlung alter Halden einzurichten, so wird man sich von vornherein darüber klar sein müssen, daß deren Erze mehr oder weniger verwittert sind und daher nur in geringen Mengen dem frischen Erze aus der
Grube zuzusetzen sind. Durch Abteufen kleiner Versuchsschächte wird
man sich über ihren Gehalt versichern.

Soll aber eine schon vorhandene Gravitationsaufbereitung
in Flotation umgebaut werden, so wird das Durchschnittsmuster
von der Trübe selbst genommen, wie sie aus den Zerkleinerungsmaschinen abläuft, bevor irgend etwas durch Aufbereitung davon abge-
trennt ist. Das Probenehmen wird auf längere Zeit ausgedehnt werden müssen, um einen vollkommenen Durchschnitt zu erhalten. Selbstverständlich
darf diese Probe vorher nicht getrocknet werden, sondern ist in dem-

selben Zustand zu verwenden, wie sie erhalten wurde. Selbst ein nur oberflächliches Trocknen kann die Oberflächenbeschaffenheit der Erzteilchen derart ändern, daß ihre Neigung zu flotieren vermehrt oder vermindert wird, wodurch die Endergebnisse irgendwelcher Flotationsversuche aufgehoben und unbrauchbar gemacht werden können.

Die meisten auf der Grube selbst hergestellten, kleinen Versuchsflotationsmaschinen haben ein Fassungsvermögen von $\frac{1}{2}-1\frac{1}{2}$ kg, während die größeren Modelle für mehrere Stunden andauernde Versuche in größerem Maßstabe ungefähr 50 kg in 1 Stunde verarbeiten. Man wird daher die Größe des Durchschnittsmusters auf 100 bis 200 kg wählen, so daß das aus der Grube geförderte Gesamtmuster 1—2 t betragen dürfte. Dieses Roherz wird in Hand-Steinbrechern oder in deren Ermanglung durch Fäustel für arme Erze auf 25 mm und für reiche Erze auf 10—17 mm gebrochen. Die Haufenverminderung wird gewöhnlich im Verhältnis 1:2 vorgenommen dadurch, daß man den Erzhaufen auf einem Zementfußboden mehrere Male umschaufelt und das letztemal jede zweite Schaufel zu einem besonderen Haufen aufwirft. Auf diese Weise setzt man die Verminderung fort, bis ungefähr 500 kg erhalten worden sind. Um Staubentwicklung zu verhindern, netzt man das Erz zeitweilig mit einer Gießkanne an oder läßt eine schwache Brause darüber spielen. Die weitere Verminderung wird ungefähr wie folgt mit Feinermahlen verbunden:

Voraussichtliche Menge	Korndurchmesser	
	Armes Erz	Reiches Erz
500 kg	18 mm	8—12 mm
250 kg	12 mm	5— 8 mm
100 kg	8 mm	4— 5 mm

Feinmahlen.

In gut ausgestatteten Laboratorien stehen zum Feinmahlen meist folgende Apparate zur Verfügung: Steinbrecher für Hand- oder Riemenantrieb, die sich bis auf 2—5 mm Korngröße einstellen lassen, und Kegel- oder Tellermühlen, die bis auf 80 Maschen feinmahlen. Da aber diese letzteren Laboratoriumsmaschinen Ergebnisse liefern, die durchaus nicht der Arbeit der Walzen oder Kugelmühlen im Betriebe entsprechen, so ist der beste Weg, ein der Praxis sich näherndes Feinmahlen zu erzielen, indem man das Erz während einer größeren Zahl von nur kurz andauernden Zwischenstufen feinreibt. Man stellt zuerst die Mahlflächen möglichst weit auseinander und siebt sofort auf die gewünschte Feinheit ab. Der Rückstand wird mit etwas engerer Öffnung wiedergemahlen und wieder abgesiebt. Dieses allmähliche Engerstellen und Absieben wiederholt man so oft, als es nötig erscheint. Doch soll man nicht zu viele Zwischenstufen nehmen, da dann die Gefahr vorliegt, daß zu viele der abgeriebenen feinen Eisenabfälle mit in die Masse des Erzpulvers gehen, was die nachfolgenden Flotationsversuche ganz anders ausfällen läßt als im Betriebe.

Auf kleineren Gruben ist man gewöhnlich auf die gußeisernen Mahlplatten mit dem Reibeblock angewiesen, auf denen das Zerkleinern weniger durch Schlag als durch Reiben geschieht. Die Kanten des Minerals werden abgeschliffen und abgerundet, und gerade das soll bei der Flotation vermieden werden. Denn in den Walzen und Kugelmühlen des wirklichen Betriebs wird dieser eckige und winklige Charakter der Mineralteilchen aufrechtgehalten, und folglich liefern sie bei der Flotation ganz andere Ergebnisse wie die abgeplatteten Erzteilchen der Reibplatte. Um diesen Nachteil des Abrundens und Übermahlens der Sulfidteilchen möglichst zu umgehen, muß man darauf achten, daß mit dem Reibeblock mehr geschlagen und gestoßen als gerieben wird, damit er bricht und nicht zerreibt. Außerdem arbeite man genau wie bei den Tellermühlen, indem man öfters unterbricht und sofort durch die gewünschte Siebnummer absiebt. Wenn sehr billige Arbeitskräfte vorhanden sind, ziehe ich in einem solchen Falle vor, im Mörser fein zu stoßen.

Am besten ist es natürlich, das Erz durch die Zerkleinerungsmaschinen einer schon vorhandenen Aufbereitung gehen zu lassen oder in Er-

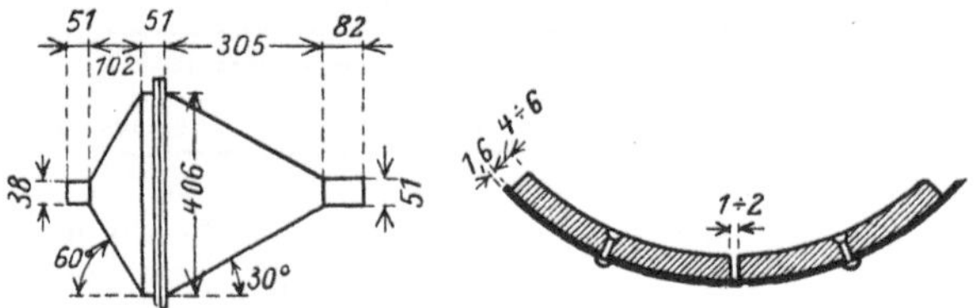

Abb. 91. Selbstgefertigte Kugelmühle fürs Laboratorium.

manglung dessen eine kleine Kugelmühle, wie in Abb. 91 angegeben ist, sich selbst zu bauen.

Die Flanschen beider Kegel aus Nr. 16 oder stärkerem Eisenblech werden durch Gummipackung abgedichtet und mit kleinen Schraubenbolzen wasserdicht angezogen. Will man die Mühle für längeren Betrieb einrichten, so ist es gut, ein 4—6 mm dickes Innenfutter aus alten Automobilreifen anzuschrauben und die versenkten Schraubenköpfe mit Lampendocht abzudichten. Die Lager werden aus Holz hergestellt, von denen eins in der Höhe verstellbar gemacht wird. Die Antriebsscheibe besteht aus einem 50 × 50 mm Holzring, der an den Mittelflansch angeschraubt wird. Man läßt die Mühle mit etwa 30 Umdrehungen pro Minute umlaufen. Statt der Kugeln benutze man kurze Zylinder aus $^7/_8''$ Stahl von 25—30 mm Länge, die an den Kanten mit einer Neigung zugeschärft werden, die mehr oder weniger der Neigung des Mühlenkegels entspricht. Von diesen Zylindern werden so viele aufgegeben, daß bei leerer Mühle ihre Oberfläche etwas unterhalb der Achse liegt. Die Aufgabe geschieht meist von Hand mittels einer schräg gestellten Blechrinne, deren unteres, etwas aufgebogenes Ende in den Hohlzapfen der Mühle hineinreicht. Das ausgetragene Produkt siebt man beständig unter Wasser auf einem Sieb von der gewünschten Feinheit ab, während das Überkorn sofort wieder zurückgegeben wird. Der Kraftverbrauch stellt sich ungefähr auf ½ PS.

Die Größe der Siebnummer, bis zu der dieses erste Feinmahlen für Flotationszwecke ausgeführt wird, ist meist 20—28 Maschen (0,833—0,589 mm). Durch Bildung eines konischen Haufens, Ausbreiten und Vierteilen mit weiterem Feinmahlen in Zwischenstufen verringert man das Generalmuster auf 100 g bei 100 Maschen Feinheit, das einer eingehenden Analyse auf die in ihm vorhandenen Metalle, S, CaO und unlöslichen Rückstand unterworfen wird. Das gemahlene Erz wird in einem verschließbaren Kasten gut aufbewahrt, damit nicht unbefugte Hände daran kommen, um etwa Fälschungen vorzunehmen.

Flotationsapparate für Laboratoriumszwecke.

Für die Vorversuche benutzt man gewöhnlich einen birnförmig gestalteten Hahnentrichter von 250—500 cm³ Inhalt, dessen obere Öffnung mit einem Glasstöpsel verschlossen werden kann. Man schüttelt darin die Mischung von dem auf 65 Maschen feingemahlenen Erz, Wasser, Öl und sauren oder alkalischen Zusätzen genügend lange Zeit, bis ein guter Erzschaum sich auf der Oberfläche gebildet hat. Durch Öffnen des unteren Hahnes können die Berge mit dem Wasser abgelassen werden, während der scharf abgegrenzte Schaum mit den Konzentraten oberhalb des Wasserspiegels zurückbleibt und in ein besonderes Gefäß ausgewaschen wird. Da der Apparat von Glas ist, sind alle Vorgänge dem Auge direkt wahrnehmbar, und man beobachtet von selbst, wann das Schütteln zu unterbrechen ist. In Ermanglung eines solchen Apparates kann man sich zur Not einer gewöhnlichen Flasche mit breitem Hals bedienen. Um dann den Erzschaum mit den Konzentraten abzusondern, gibt man durch eine Gummiröhre so viel Wasser unterhalb des Schaumes auf, bis dieser überfließt und in einer darunter gehaltenen Schüssel aufgefangen wird.

Steht Preßluft zur Verfügung, so gebraucht man mit Vorteil eine vertikale Glasröhre von 50—60 mm Durchmesser und 300 bis 500 mm Länge und schließt das untere Ende mit einem durchbohrten Gummipfropfen, durch den eine engere Glasröhre gesteckt wird, die mit der Preßluft in Verbindung steht. Über das hervorstehende Ende der letzteren setzt man ein kleines Drahtsieb und befestigt darüber ein Stückchen Filtertuch, das an der engen Glasröhre mit Kupferdraht luftdicht angezogen wird. Hat man keinen Gummipfropfen von der gegebenen Abmessung, so vergipst man das Ende der Röhre, wie in Abb. 92 gezeigt ist, und stellt sich so einen porösen Boden der pneumatischen Maschinen im kleinen her.

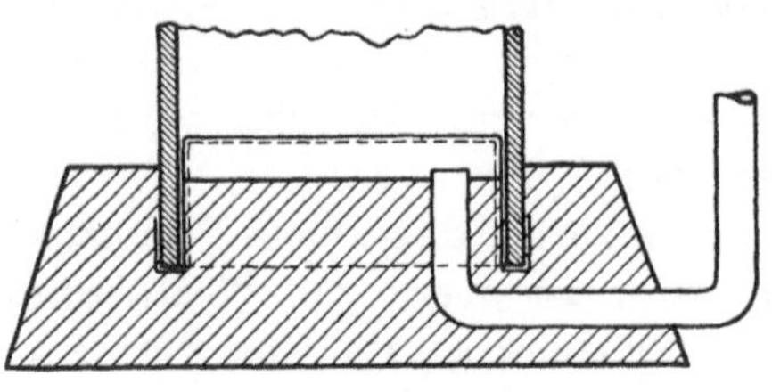

Abb. 92.
Callow-Versuchszylinder fürs Laboratorium.

Dieser kleine, selbstzufertigende Apparat liefert vorzügliche Ergebnisse, die den Versuchen in größeren pneumatischen Modellen nur wenig nachstehen. Auf alle Fälle erhält man rasch einen Überblick, welche Art Ölmischung zu benutzen ist, ob saure oder alkalische Reagenzien zuzusetzen sind usw.

Zur Durchführung des eigentlichen Hauptversuches im kleinen gebraucht man gewöhnlich den in Abb. 93 dargestellten Agitationsflotator für Laboratorien, der auf der Grube selbst durch einen Zimmermann hergestellt werden kann.

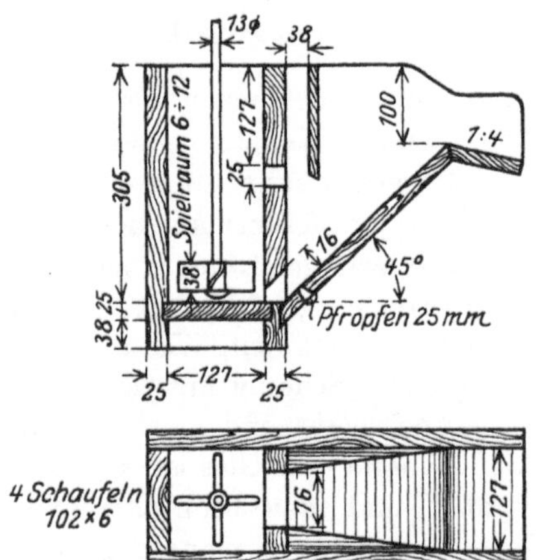

Abb. 93. Agitationsflotator fürs Laboratorium.

Streng achte man darauf, daß kein Leim dazu verwendet wird, sondern alle Verbindungen durch Nut und Fuge hergestellt werden, denn aufgelöster Leim kann unter Umständen die Flotationsversuche vollständig vereiteln. Man gibt der Maschine 400—500 Umdrehungen in der Minute für Handbetrieb und 1500—1800 für Riemen- oder Elektromotorantrieb. Zum Antriebe benutze man aber keinen Elektromotor mit hoher Umdrehungszahl, da dieser keine genaue Umdrehungsgeschwindigkeit gibt, sondern man nehme einen Motor mit relativ niedriger Umdrehungszahl und regle die Umdrehungen des Flotators durch Riemenübersetzung mit Stufenvorgelege. Auf keinen Fall soll die Umfangsgeschwindigkeit am Ende der Propeller 7,5—9,0 m in der Sekunde überschreiten. Angenehm ist es, an den Seitenwänden Glasfenster einzukitten zur Beobachtung der Vorgänge im Innern des Spitzkastens. Das Verhältnis der Agitationsfläche zur Spitzkastenoberfläche nehme man 1 : 1,65 bis 1 : 1,75. Der Inhalt der Maschine ist gewöhnlich 500—1000 g Erz.

Da der Stand des Wasserspiegels durch den Schaumüberlauf vermindert wird, ist es gut, diesen beständig zu erhalten durch einen Glasheber, von dem ein Schenkel in irgendeine Ecke der Agitationskammer hineinreicht, während der andere in einen Glaszylinder mündet. Letzterer erhält sein Wasser aus einer umgekehrten Flasche durch eine Glasröhre, deren unteres Ende in den Glaszylinder eintaucht und gleichzeitig auf die Höhe eingestellt ist, die dem unveränderlichen Trübespiegel im Spitzkasten entspricht.

Selbstverständlich kann man sich auch Nachbildungen aller anderen Flotationsmaschinen im kleinen herstellen, wie z. B. der Callow-Maschine mit kleinem Pachucatank zum Mischen der Trübe. Fast jeder Fabrikant liefert Laboratoriumsmodelle von seiner ihm patentierten Maschine, die allerdings infolge ihrer eleganten Ausstattung hoch im Preis zu stehen kommen.

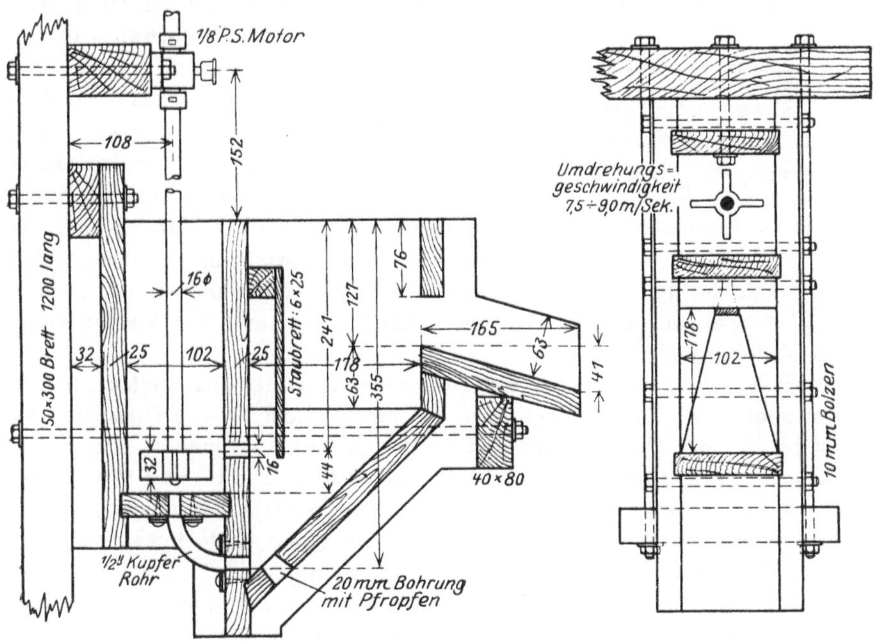

Abb. 94. Versuchsflotator für 50-kg/st-Leistung.

Für die Durchführung größerer Versuche, die mehrere Stunden andauern, wird man größere Modelle bauen lassen, wie sie z. B. in der Abb. 94 dargestellt sind.

Das Fassungsvermögen beträgt ungefähr 50—75 kg in 1 Stunde. Die Herstellungskosten eines solchen Modells einschließlich eines $^1/_8$ PS-Motors sind 200—250 M.

Zur Erzeugung der nötigen Preßluft werden kleine Kompressoren (Schleudergebläse) gebraucht, die 0,25—0,50 m³/min Preßluft unter 0,2 kg/cm² Druck geben. Man kann auch aus einer unbenutzten kleinen Dampfmaschine einen solchen Kompressor auf der Grube selbst herstellen lassen. Beim Vorhandensein von Druckwasser kann man mit Hilfe eines Wasserstrahlapparates die nötige Luftmenge erzeugen, was noch dazu den Vorteil hat, keine besondere Antriebskraft zu verlangen. Als Sammler für Druckluft oder Vakuum verwendet man ein kurzes Stück einer 5″—6″ Röhre und versieht sie mit einem Manometer.

Zum Filtrieren kann man die gewöhnlichen Filtrierflaschen des Laboratoriums anwenden. Für größere Mengen stelle ich mir das folgende in Abb. 95 gezeichnete Filter her.

Ein 50 mm dickes, astfreies Brett wird auf 300 × 300 mm geschnitten und nach der Mitte auf 10 mm ausgehöhlt. Darauf wird

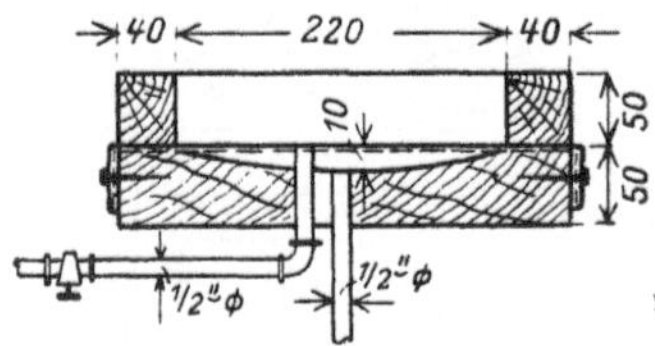
Abb. 95. Selbstgefertigtes Filter.

ein grobmaschiges eisernes Drahtsieb mit Sackleinwand gelegt, an den Kanten umgebogen und festgenagelt. Das darübergelegte Filtertuch wird mittels eines 50 × 40 mm abnehmbaren Holzrahmens und abdichtenden Gummiringen durch Flügelschrauben luftdicht angepreßt. In der Mitte des Brettes ist für den Abfluß des Filtrats ein ¹/₂″ Nippel eingeschraubt und daneben ein zweiter ¹/₂″ Nippel, der an das Drahtnetz anstößt und mit der Vakuumröhre in Verbindung steht.

Hat man auch Konzentrationsversuche anzustellen, so gebraucht man für gröberes Gut die gewöhnliche Waschpfanne von 300—350 mm Durchmesser und für feines Gut feststehende Kanevasherde. Ein 40 mm dickes Brett von 0,20 m Breite und 2 m Länge wird mit grobgewebtem Kanevas belegt, dieser straff angezogen und mit Kupferzwecken aufgenagelt. An dem einen Ende muß eine Stellvorrichtung vorhanden sein, um Herdneigungen von 1 : 10—1 : 5 einstellen zu können. Am oberen Aufgabeende wird durch drehbar aufgenagelte, spitz zugehende Holzklötze eine möglichst gleichmäßige Verteilung der Trübe über die Brettbreite erzielt.

Zum Klassieren des grobkörnigen Gutes von den feinen Schlämmen läßt man sich Spitzkästen oder besser Spitzlutten zimmern. Für größere Mengen kann man auch einen etwa vorhandenen Wilfley- oder Deisterherd benutzen, der eine sehr scharfe Trennung zwischen Sanden und Schlämmen in kürzester Zeit ermöglicht. Die letzteren Herde werden jetzt auch in Größen von 33 × 76 cm für Kraftantrieb von der Fabrik geliefert.

Vorversuche mit Konzentration.

Bevor man zu den eigentlichen Flotationsversuchen übergeht, wird man das auf S. 62ff. Gesagte beachten, ob nicht ein Teil des Erzes durch Konzentration abgeschieden werden kann oder reine Berge schon vor der Behandlung ausgehalten werden können.

Den Vorversuch, reine Berge auszuklauben, muß man selbstverständlich gleich zu Anfang anstellen, bevor das Durchschnittsmuster auf mehr als 25 mm zerkleinert wird. Gewöhnlich benutzt man dazu das bei der ersten Verminderung auf die Seite geworfene Erz und zeichnet die Menge der abgeschiedenen Berge und die Leistung der Scheidejungen auf. Liefern die Proben ein günstiges Ergebnis, so wird das gesamte Durchschnittsmuster auf diese Weise behandelt, ehe man zur Verminderung und Weiterzerkleinerung schreitet.

Zu den Konzentrationsversuchen verwendet man direkt das auf 20—28 Maschen zerkleinerte Durchschnittsmuster ohne weiteres Feinmahlen. 1,5—2,5 kg oder mehr werden abgewogen und in der Pfanne allmählich konzentriert. Die Abgänge fängt man in einem Eimer auf, läßt sie absetzen und konzentriert sie unter Umständen ein zweites Mal. Sind die Abgänge noch ziemlich haltig, so kann man sie vor der zweiten Anreicherung unter Wasser in einem eisernen Mörser auf 60—100 Maschen feiner zerkleinern und siebt sie unter Wasser auf Korngröße ab, obgleich das sehr viel Zeit in Anspruch nimmt und mit äußerster Sorgfalt ausgeführt werden muß, damit man nicht zu früh aufhört, bevor alles Feine durchgesiebt ist (vgl. S. 239). Diesen feingemahlenen Bergerückstand behandelt man dann gleich auf dem Kanevasherd. Die aufzugebende Trübe muß sehr dünn genommen werden (8—10 vH feste Bestandteile) und so gleichmäßig wie möglich über die ganze Herdbreite verteilt werden. Bei richtiger Neigung des Herdes läuft die Trübe in leicht gekräuselten Wellen ab. Das Waschwasser läßt man aus einem etwas höher gelegenen Vorratsbehälter zufließen; es betrage 1—3 l/min für 0,30 m Herdbreite. Hat sich nach längerer Zeit der Herd mit Konzentraten bedeckt, so wäscht man die zurückgebliebenen Berge mit einem dünnen Wasserstrahl ohne hohen Druck behutsam herunter und fängt sie in einem Eimer auf. Die Konzentrate werden dann mit einer Brause mit breitem Mundstück unter größerem Druck heruntergespült, in einem besonderen Gefäß aufgefangen und nach dem Absetzen in einer Pfanne nochmals rein gewaschen. Die mit der Pfanne erhaltenen Konzentrate sowie die vom Kanevasherd werden getrocknet, gewogen und untersucht, ebenso wie die Abgänge und die Ergebnisse tabellarisch zusammengestellt.

Ob Berge oder wenighaltendes Gut in den feinen Schlämmen abgesondert werden kann, wird gewöhnlich durch eine Siebanalyse des Durchschnittsmusters festgestellt. Erhält man Ergebnisse, die zu weiteren Versuchen ermutigen, so zerkleinere man das Durchschnittsmuster bis auf 100 Maschen oder noch feiner und trenne die Trübe in Sande und Schlämme in Spitzlutten oder auf Schüttelherden. Die überlaufende Trübe mit den feinsten Schlämmen wird dann das Ergebnis der Siebanalysen bestätigen.

Auch Versuche mit schweren Lösungen geben rasch darüber Aufschluß. Man nimmt dazu Methylenjodid (CH_2J_2), das ein spezifisches Gewicht von 3,28—3,35 hat. Alle zum Versuche benötigten Gefäße müssen mit Alkohol ausgespült und getrocknet werden, um die geringsten Spuren von Feuchtigkeit zu entfernen. Die Lösung wird durch Tetrakohlenstoff (CCl_4), Äther oder Benzin unter Umrühren so weit verdünnt, bis einige sorgfältig ausgesuchte Körnchen reiner Gangmasse, die vorher durch Kochen in Wasser von Luft möglichst befreit wurden, gerade schwimmen. Das spezifische Gewicht dieser verdünnten Lösung wird nach S. 119 ermittelt, indem man 25 cm³ in einem tarierten Kölbchen abwiegt und das Gewicht durch 25 dividiert. Nun gießt man etwa 25 cm³ dieser verdünnten Lösung in ein 50 cm³ Becherglas und schüttet langsam 10—50 g des zu prüfenden und vorher getrockneten Erzes auf, rührt um und läßt absetzen. Alles Schwere fällt zu Boden, und die oben schwimmenden Berge hebt man mit Pinsel und Spatel ab, wäscht sie ein- bis zweimal mit Wasser, trocknet und wiegt aus. Die Lösung mit dem Rückstand wird durch ein Papierfilter filtriert und das abfiltrierte CH_2J_2 über dem Wasserbade zur Weiterbenutzung eingedampft. Auf Wiedergewinnung des in den Rückständen zurückgebliebenen CH_2J_2 durch Auswaschen mit Alkohol und Verdampfen verzichtet man meist. Prüft man nun den Metallgehalt der Produkte und wiegt letztere aus, so hat man vermittels einer Trennung durch schwere Lösung und zwei Proben sofort ein genaues Bild über das im großen zu erwartende Ergebnis.

Eigentliche Flotationsversuche.

Bevor ich zum eigentlichen Flotationsversuch schreite, ziehe ich es bei ganz unbekannten Erzen vor, erst im kleinen mit dem auf S. 261 beschriebenen Callow-Glaszylinder unter Benutzung von Preßluft Versuche anzustellen. Gewöhnlich erhält man dadurch schon ganz bestimmte Winke, mit welcher Klasse von Ölmischungen zu arbeiten ist und welche Reagenzien der Trübe zuzusetzen sind, damit sie alkalisch oder sauer arbeitet. Auf die Mengen des zugesetzten Öles kommt es hierbei gar nicht an. Man will nur das Wie ergründen, aber nicht das Wieviel, das erst in den Versuchen mit der Flotationsmaschine ermittelt wird.

Für wirkliche Flotationsversuche in Laboratoriumsmodellen zerkleinert man das Erz fast ausschließlich auf 65 Maschen (0,208 mm) und gebraucht eine Verdünnung von 1 : 3. Ölmischungen und Reagenzien setzt man nur in geringen Mengen zu. Diese Versuche werden mit derselben Verdünnung, aber mit 5—10 Abänderungen der Ölmischung wiederholt.

Um den Versuch im Laboratoriumsmodell auszuführen, wird zuerst eine geringe Menge Wasser in die Maschine aufgegeben und für kurze Zeit gedreht. Dann schüttet man das auf 65 Maschen gemahlene Erz in Mengen von 0,5—1 kg auf. Die richtige Erzmenge bestimmt man durch einen Versuch, indem man die Maschine mit so viel Wasser auffüllt, daß beim Drehen der Wasserspiegel ungefähr 25 mm unter der Überlaufskante steht. Aus der gebrauchten Wassermenge und dem angenommenen Verdünnungsverhältnis berechnet sich dann die Menge des zuzusetzenden Erzes. Nach dem Zuschütten des Erzes gibt man bei gleichzeitiger Drehung tropfenweise die Ölmischung zu. Ist man sicher, daß alles gut durcheinander gemengt ist, werden die Umdrehungen unterbrochen und der Rest des Wassers für die angenommene Verdünnung zugegossen. Alsdann dreht man 5—10 Minuten ununterbrochen, bis sich Schaum bildet und über die Kante überzufließen beginnt. Sollte er nicht von selbst überlaufen, so bediene man sich eines Spatels oder Löffels, um ihn abzuheben. Die Reinheit des Schaumes wird durch Sichern in einem Uhrglase geprüft. Gut ist es, während des Umrührens den Kasten durch einen Deckel zu verschließen, damit nicht die Trübe herausgeschleudert wird. Der Gesamtversuch, der so lange fortgesetzt wird, bis kein Schaum mehr aufsteigt, dauert je nach der Ölmischung und anderen Verhältnissen 10—30 Minuten. Mitunter trennt man das erste, also beste Produkt und nennt es Konzentrat. Wenn es nicht mehr aufsteigt, gibt man einige Tropfen mehr Schaumerzeuger zu und nennt das nun gebildete Erzeugnis Zwischenprodukt. Diese Art und Weise entspricht mehr der Arbeit der M.S.-Agitationsmaschinen, die in den ersten Zellen reine Konzentrate bilden und im Reste Zwischenprodukte. Letztere werden dann in derselben Maschine nochmals behandelt.

Nach der Beendigung des Versuches werden die Abgänge abgelassen und die Maschine so gut wie möglich gereinigt. Abgänge und Erzschaum werden auf dem Filter entwässert, dann zur Trockne eingedampft, gewogen und untersucht. Verfügt man nicht über ein Filter, so läßt man die Produkte über Nacht absetzen, zieht mit einem Heber das klare Wasser ab und dampft dann vorsichtig zur Trockne ein.

Da, wie schon oft erwähnt wurde, nur selten in ein und demselben Vorgang ein hochgradiges Konzentrat und ein hoher Prozentsatz der Ausbeute erzielt werden kann, ist es üblich, in diesen Versuchen einen

kräftigen Erzschaum zu bilden und die Berge so rein als möglich aus-
zutragen. Die erhaltenen minderwertigen Konzentrate werden in
späteren Versuchen gereinigt. Ist eine selektive Flotation der Erze
erforderlich, so wird man von den Abgängen ein Muster nehmen und
sie dann ohne zu trocknen direkt der Weiterbehandlung in derselben
Maschine unterwerfen, allerdings mit anderer Ölmischung und anderen
Reagenzien.

Bei der Ausführung dieser Versuche gewöhnt man sich sehr rasch
daran, wie der Schaum sich zu der zu erwartenden Ausbeute verhält,
und kann auf einen einzigen Blick hin urteilen, ob man gute oder
schlechte Ergebnisse erhalten wird. So ist es möglich, beträchtlich an
Zeit zu sparen, indem man die Versuche ausschaltet, die offenbar ein
schlechtes Ergebnis liefern würden. Die Zeitverluste, die mit diesen
Versuchen verbunden sind, werden so auf ein Minimum beschränkt.

Die weiteren Untersuchungen und Abänderungen werden sich nun
auf das Studium der folgenden Punkte erstrecken:

1. Ermittlung der besten Ölmischung und ihrer Menge in Verbindung mit der chemischen Reaktion der Trübe und der Ölmischung;

2. Verdünnungsverhältnis;

3. Bestimmung der besten Siebnummer, auf die das Erz zu mahlen
ist;

4. Temperatur der Lösung;

5. Agitations- oder pneumatische Maschinen.

Ermittlung der Ölmischung und Ölmenge in Verbindung mit der Trübereaktion.

Es mag seltsam anmuten, daß ich die Entscheidung über die Ölmischung an die erste Stelle setze; denn eigentlich sollte diese von der
Bestimmung der Siebgröße, auf die das Erz zu zerkleinern ist, und von
der Ermittlung der Trübeverdünnung eingenommen werden. Man
bedenke aber, daß irgendein Erz, das auf 65 Maschen feingemahlen
ist und auf 3 : 1 verdünnt wurde, wenn es überhaupt der Flotation
zugänglich ist, immer annehmbare Ergebnisse liefern wird. Macht man
daher zuerst die Ölmischung ausfindig, die brauchbare Ergebnisse verspricht, so kann man ziemlich sicher sein, daß unter Berücksichtigung
aller Umstände das Feinmahlen auf 65 Maschen eine feste Grundlage
zu weiteren Schlußfolgerungen bietet. Ein Öl, das bei einem auf 65 Maschen gemahlenen Erz beste Ergebnisse liefert, wird aller Wahrscheinlichkeit nach ebenfalls beste Ergebnisse erzielen, wenn es auf eine andere
Siebgröße gemahlen wird; womit aber nicht gesagt werde, daß dann
der Prozentgehalt der Ausbeute auch der gleiche bleiben muß. Vielmehr
wird die Ausbeute mit der Siebnummer wechseln, wenn die Ölmischung

dieselbe bleibt. Genau die gleichen Schlußfolgerungen haben für die Trübeverdünnung ihre Berechtigung. Aus diesem Grunde ist es also vorzuziehen, erst die Ölmischung zu bestimmen und dann die Ausbeute auf ihr Maximum zu steigern durch Abänderung der Siebnummer, auf die das Erz zu mahlen ist. Doch ist es empfehlenswert, nach Festlegung aller anderen eben erwähnten Faktoren wieder zur Abänderung der Ölmischung zurückzukehren und auszufinden, ob nicht eine weitere Änderung der Ölmischung noch bessere Ergebnisse erzielen läßt.

Bezüglich der Zusammensetzung der Ölmischung und der Menge des Öles weise ich auf die Schlußfolgerungen auf S. 31 hin, und bezüglich der Beziehungen, die zwischen der Reaktion der Erztrübe und Ölmischung bestehen sollen, wurde auf S. 22 das Nötige eingehend besprochen.

Das Abmessen der alkalischen oder sauren Reagenzien geschieht meist mit einer Pipette. Schwieriger hingegen gestaltet sich das Abmessen der Ölmischung aus einer Pipette, da sich das Öl am Meniskus zusammenzieht und immer etwas Öl an den Glaswänden hängen bleibt. Am genauesten ist die Zuführung des Öles mittels einer Nadel, die an einer kurzen Glasröhre mit Siegellack befestigt wird. Man nimmt Tropfen für Tropfen und läßt sie in die Trübe fallen. Natürlich muß jedes Öl sorgfältig bestimmt werden in bezug auf das Gewicht eines von der Spitze der Nadel abfallenden Tropfens.

Schließlich möchte ich nicht unterlassen, darauf hinzuweisen, daß im Betriebe der Verbrauch fast in allen Fällen kleiner ausfällt als ihn die Laboratoriumsversuche angeben.

Als Beispiel für die Anordnung solcher Versuche gebe ich die folgende dem Betriebe entnommene Versuchsreihe. Die ersten Versuche hatten ergeben, daß von 8 verschiedenen Ölmischungen, die probiert wurden, eine Mischung von 60 vH Steinkohlenteer, 30 vH Holzkohlenkreosot und 10 vH Kiefernöl in alkalischer Trübe gute Ergebnisse erwarten ließ. In der ersten Versuchsreihe wurde man sich schlüssig, welcher alkalische Zusatz am besten arbeitete. Kalk wurde von Anfang an ausgeschlossen, weil er im Überschuß verwandt die Schaumbildung störend beeinflußte und weil dem ungeschulten mexikanischen Bedienungspersonal nicht genügend Zutrauen geschenkt werden konnte, eine wirksame Überwachung auszuüben. Alle Versuche sind ohne Gewichtsbestimmung der Produkte gemacht und die Ausbeute wurde aus den Proben der Aufgabe, Konzentrate und Abgänge berechnet.

Versuchsreihe Nr. 1.

Benutztes Reagens: NaOH — 1 kg je Tonne Erz.

	Pb	SiO_2	Zn	
Aufgabe	4,0 vH	—	9,2 vH	Ausbeute 68,5 vH Pb
Konzentrate	17,4 vH	37,0 vH	11,5 vH	37,9 vH Zn
Abgänge	1,5 vH	—	8,2 vH	

Benutztes Reagens: Na_2CO_3 — 2 kg je Tonne Erz.

	Pb	SiO$_2$	Zn	
Aufgabe	4,1 vH	—	8,5 vH	Ausbeute 74,0 vH Pb
Konzentrate	16,9 vH	49,0 vH	14,1 vH	35,0 vH Zn
Abgänge	1,3 vH	—	7,0 vH	

Infolge der besseren Ausbeute und des niedrigeren Preises der Rohsoda wurde diese für die weiteren Versuche ausschließlich zugrunde gelegt. In der nun folgenden Versuchsreihe handelt es sich darum, den besten Prozentsatz des alkalischen Zusatzes festzustellen.

Versuchsreihe Nr. 2.

Na$_2$CO$_3$	Aufgabe	Konzentrate	Abgänge	Ausbeute
0,75 kg/t	4,1 vH Pb	14,8 vH Pb	1,50 vH Pb	65,0 vH
1,50 kg/t	4,1 vH Pb	16,9 vH Pb	1,45 vH Pb	70,5 vH
2,00 kg/t	4,1 vH Pb	16,1 vH Pb	1,10 vH Pb	78,5 vH
2,50 kg/t	4,1 vH Pb	17,5 vH Pb	1,00 vH Pb	80,0 vH

Hieraus schloß man, daß mit zunehmendem Sodagehalt die Ausbeute steigt. Da aber der Unterschied der Ausbeute in den beiden letzten Versuchen sehr gering ist, so wurde aus Gründen der Wirtschaftlichkeit 2 kg/t Sodazusatz endgültig gewählt.

Der folgenden Versuchsreihe wurde das Gewicht der Ölmenge zugrunde gelegt.

Versuchsreihe Nr. 3.

1000 g Erz auf 65 Maschen gemahlen. 2 g Na_2CO_3.

Ölmischung	Aufgabe	Konzentrate	Abgänge	Ausbeute
0,50 kg/t	4,1 vH Pb	10,9 vH Pb	1,25 vH Pb	78,5 vH
1,00 kg/t	4,1 vH Pb	16,7 vH Pb	0,80 vH Pb	83,5 vH
1,50 kg/t	4,1 vH Pb	15,6 vH Pb	1,05 vH Pb	74,8 vH
2,00 kg/t	4,1 vH Pb	13,7 vH Pb	1,35 vH Pb	74,4 vH

Das Ergebnis ist, daß 1 kg Ölzusatz und 2 kg Sodazuschlag je Tonne Erz die beste Ausbeute erwarten lassen. Das erlangte Konzentrationsverhältnis (1 : 4,1) ist allerdings niedrig, kann aber, wie wir später sehen werden, durch nachfolgende Reinigermaschinen bedeutend erhöht werden.

An diese Versuchsreihen schloß sich eine Reihe entsprechender Untersuchungen an, um aus den Abgängen die Zinkblende zu gewinnen, deren Endergebnis war, daß bei einem weiteren Zusatz von 0,35 kg Rohsoda, 0,40 kg Kupfersulfat und 0,15 kg Schwefelnatrium eine höchste Ausbeute von 78,2 vH Zn erhalten wurde.

Bestimmung der Trübeverdünnung.

Die Versuche zur Ermittlung des besten Verhältnisses der Trübeverdünnung sind leicht und in kürzester Zeit auszuführen. Nur beachte man, daß die einmal ermittelte Verdünnung unveränderlich durch die ganze Versuchsreihe mit aller Peinlichkeit beibehalten wird und ohne zwingende Notwendigkeit nicht abgeändert werden soll. Ich verweise auf die ausführliche Beschreibung auf S. 57ff. bezüglich der Vorteile dicker Trüben und ebenso auf S. 117.

Versuchsreihe Nr. 4.

1000 g Erz auf 65 Maschen gemahlen. 8 Minuten Umrühren. Zimmertemperatur. 2 g Rohsoda. 1 g Ölmischung. Mittlerer Gehalt der Aufgabe 4,1 vH Pb.

Trübeverdünnung	Feste Bestandteile	Gewicht der Abgänge	Gehalt der Abgänge	Ausbeute
3 : 1	25,0 vH	791,0 g	0,85 vH Pb	83,7 vH
3,5 : 1	22,2 vH	792,5 g	0,75 vH Pb	85,5 vH
3,75 : 1	21,0 vH	782,0 g	1,05 vH Pb	80,0 vH
4 : 1	20,0 vH	777,0 g	1,35 vH Pb	74,5 vH

Die beste Ausbeute erhält man demnach mit einer Trübeverdünnung 3,5 : 1, die allen weiteren Versuchen zugrunde gelegt ist.

Wirkung des Feinmahlens auf die Versuche.

Nachdem die Ölmischung, Reaktion der Trübe und Trübeverdünnung ermittelt worden sind, wie sie sich am besten für das Erz eignen, das behandelt werden soll, tritt man an den nächsten Hauptpunkt heran, den Grad des Feinmahlens ausfindig zu machen, der höchste Ausbeute ergibt. Schon weiter oben wurde bemerkt, daß es weit besser ist, dazu ein Erz zu nehmen, das im Betriebe in einer vorhandenen Aufbereitung zerkleinert wurde, als ein Erz, das im Laboratorium feingemahlen worden ist, weil die Laboratoriumsmühlen ein Produkt liefern, das nicht einmal angenähert durch die Arbeit der Walzen oder Kugelmühlen wiederholt werden kann. Muß man indessen zu dieser Art des Mahlens seine Zuflucht nehmen, so beachte man das auf S. 259 f. Mitgeteilte.

Eine Reihe von Versuchen zwischen 28—100 Maschenweite wird aller Wahrscheinlichkeit nach den bestmöglichen Grad der Feinheit des Zerkleinerns feststellen lassen.

Versuchsreihe Nr. 5.

1000 g Erz. 8 Minuten Umrühren. Zimmertemperatur. 2 g Na_2CO_3. 1 g Ölmischung. Verdünnung 3,5 : 1. Metallgehalt der Aufgabe 4,1 vH Pb und 8,8 vH Zn.

Maschen-nummer	Loch-durch-messer mm	Gewichte		Konzentrate			Abgänge		Ausbeute	
		Konzen-trate g	Ab-gänge g	Pb vH	SiO₂ vH	Zn vH	Pb vH	Zn vH	Pb vH	Zn vH
48	0,295	212,5	785,0	12,1	47,7	15,6	1,95	7,0	62,5	37,8
65	0,208	209,0	788,5	16,7	42,5	15,0	0,75	7,2	85,6	35,0
100	0,147	236,0	767,5	13,8	47,3	16,2	1,10	6,4	79,5	45,0

Merkwürdigerweise geht beim Aufschließen bis auf —100 Maschen die Bleiausbeute bedenklich zurück, während die Zinkausbeute stärker zunimmt. Dies ist in diesem Falle darauf zurückzuführen, daß der Bleiglanz beim Feinmahlen zu sehr schlämmt und nicht mehr so bereitwillig flotiert, während die mehr körnig bleibende Zinkblende infolge des kräftigen Umrührens reichlich vom Bleiglanzschlamm mitgehoben wird. Diese Erwägung gab den Ausschlag, für die Neuanlage pneumatische Flotationsmaschinen vorzusehen an Stelle der erst geplanten Agitationsmaschinen. Daß beim Feinmahlen bis auf 48 Maschen keine guten Ergebnisse zu erwarten waren, war vorauszusehen, denn Bleiglanz von dieser Korngröße ist zu schwer, um vom Schaume längere Zeit getragen zu werden. Eine Trennung in Sande und Schlämme mittels der Siebanalyse gab zwar reiche Herdkonzentrate in den Sanden, aber die Schlämme, die 81,5 vH des gesamten Bleigehalts enthielten, zeigten eine so niedrige Flotationsausbeute (59,7 vH), daß weitere Versuche in dieser Richtung als zwecklos aufgegeben wurden.

Wenn immer es möglich ist, sollen Siebanalysen den Mahlversuchen vorausgehen oder in Verbindung damit durchgeführt werden. Keine andere Stufe der Versuche wird ein so gutes Bild über den Charakter der Erze und ihr Verhalten zur Flotation geben, als eine Siebanalyse, die mit peinlicher Genauigkeit und unter Berücksichtigung aller Schlußfolgerungen durchgeführt wird. Ich verweise nochmals auf die Angaben auf S. 57ff., wo die Beziehungen erörtert werden, die den Grad der Feinheit des Aufschließens beherrschen.

Auf Grund der Siebanalysen setzt man eine Trennungsgrenze fest und bewahrt die abgesonderten Schlämme und Sande voneinander getrennt auf. Es kann dann geschehen, daß bei besonderer Behandlung der Sande bzw. der Schlämme mitunter bessere Ergebnisse erzielt werden, als wenn man beide innig gemengt der Flotation unterzieht. Wird dies durch Versuche in dem Callowschen Versuchszylinder bestätigt, so stellt man sich größere Mengen Sande und Schlämme durch Klassieren in Spitzlutten her und unterwirft diese weiterhin getrennter Behandlung. Die Schlämme können dann entweder hierfür wertlos sein oder sie können, verdickt und einer zweiten besonderen Flotation unterzogen, ein armes Konzentrat abgeben, das im Reiniger sich genügend hoch anreichern läßt. Die Sande andererseits dürften durch Herdbehandlung lieferfähige Konzentrate ergeben oder lassen sich durch Feinermahlen einer nachträglichen Flotation zugänglich machen, die dann ebenfalls ein gutes Endprodukt herausholt. Nähern sich die Schlämme dem kolloiden Zustand, wie dies bei letten- oder tonhaltigen Erzen vorkommt, so wird der Zusatz von Flockenbildung zerstörenden Substanzen in verdünnter Trübe die Endergebnisse oft günstig beeinflussen.

Temperatur der Trübe.

In allen Fällen gibt ein Erwärmen der Trübe günstigere Ergebnisse
als die Behandlung mit kaltem Wasser, und eine Reihe darauf hinzielen-
der Versuche wird bald darüber Aufschluß geben, ob Erwärmen vorteilhaft ist und bis zu welchem Grade es unter Berücksichtigung der Kosten
getrieben werden kann. Gewöhnlich wird man aber finden, daß bei
strikter Beobachtung aller Einzelheiten und strenger Aufrechterhaltung
der Verdünnung die normalen Temperaturen genügen, ohne das Endergebnis in schärferem Maße zu beeinflussen.

Das Erwärmen der aus Holz hergestellten Flotationsmaschinen ist mit Schwierigkeiten verknüpft, und schlägt man
gewöhnlich folgenden Weg ein: die Maschine wird wiederholt mit
kochend heißem Wasser aufgefüllt, bis deren Wände heiß geworden
sind. Dann füllt man mit Wasser auf, das auf die Temperatur erhitzt
wurde, die man zur Vornahme der Versuche gewählt hatte. Auf diese
Weise gelingt es, die Temperatur für die Zeitdauer des Versuches
(5—10 Minuten) mit geringen Abweichungen beständig zu erhalten.
Maschinen aus Metall kann man mit einem Bunsenbrenner auf der gewünschten Temperatur für längere Zeit erhalten.

Versuchsreihe Nr. 6.

1000 g Erz auf 65 Maschen feingemahlen. Umrühren in 2 Perioden
von 5 Minuten, und nach jeder wurde der Schaum abgehoben, aber
beide Produkte zusammen untersucht, da das Sichern im Uhrglas keine
großen Unterschiede wahrnehmen ließ. 2 g Na_2CO_3. 1 g Ölmischung.
Verdünnung 3,5 : 1. Metallgehalt der Aufgabe 4,1 vH Pb.

Temperatur	Konzentrate	Abgänge	Ausbeute
25° C	16,9 vH Pb	0,65 vH Pb	87,5 vH
48° C	17,0 vH Pb	0,60 vH Pb	88,5 vH

Die Benutzung des mit 48° C von der Sauggasanlage ablaufenden
Kühlwassers erhöht die Ausbeute um eine Kleinigkeit, und da genug
Frischwasser zur Kühlung vorhanden war, wurde dessen Verwendung
für die Neuanlage vorgesehen.

Reinigen der Konzentrate.

Um die genügende Menge für einen solchen Versuch zu erhalten,
macht man je nach dem Konzentrationsverhältnis 5—10 Hauptversuche hintereinander unter denselben Bedingungen und beobachte
ferner die auf S. 138ff. gemachten Angaben über das Mengenverhältnis
des Reinigers zum Grobflotator. Den Schaum kann man leicht von
den Konzentraten trennen, wenn man sie über Nacht stehen läßt, am
Morgen das klare darüberstehende Wasser mit einem Heber abzieht

und den Rückstand für längere Zeit erwärmt, so daß er sich leicht in einer Filtrierflasche abfiltrieren läßt. Setzen sich aber die Konzentrate nur schwer ab, so filtriert man mittels einer Vakuumpumpe. In Ermangelung einer solchen wird man sich genötigt sehen, den gesamten abgezogenen Schaum in eisernen Pfannen allmählich bis zur Trockne einzudampfen, was mit großer Vorsicht geschehen muß, damit kein Rösten oder Verbrennen der Sulfide eintritt.

Das gesamte Konzentrat dieser Versuche wird in der Laboratoriumsmaschine genau wie bei dem Hauptversuche behandelt, nur richte man jetzt das Hauptaugenmerk darauf, die Konzentrate so rein wie möglich zu erhalten und den Metallgehalt so hoch als möglich anzureichern; denn die mitfallenden Zwischenprodukte des Reinigungsverfahrens gehen im Betriebe an den Grobflotator zurück. Handelt es sich bei dieser Reinigung um selektive Flotation zur Absonderung eines zweiten, schwerer zu flotierenden Erzkörpers, so muß für größere Mengen des Versuchsmaterials gesorgt werden, damit man eine zweite und unter Umständen eine dritte Reinigung vornehmen kann. Sehr oft gibt eine Zwischenbehandlung auf ,einem Kanevasherd vor der letzten Reinigung gute Ergebnisse in bezug auf das Ausscheiden der reinen Berge.

Betrachtet man kritisch die bisher durchgeführte Versuchsreihe, so wird man das Bestreben erkennen, daß nur die beste Ausbeute im Blei in Erwägung gezogen wurde. Auf den Zinkgehalt in den Konzentraten nahm man fast gar keine Rücksicht, da angenommen wurde, daß durch selektive Flotation der Konzentrate in der Reinigungsmaschine der Zinkgehalt bedeutend vermindert werden könne. Es wurden 12 Grobflotatorenversuche hintereinander unter möglichst gleichbleibenden Bedingungen gemacht und der vereinigte Erzschaum einem Reinigungsverfahren unterworfen, das folgendes Endergebnis gab:

Versuchsreihe Nr. 7.

2500 g Konzentrate in 2 Versuchen. 7 Minuten Umrühren. Temperatur 48⁰ C. .3 g Rohsoda. 0,8 g Ölmischung aus 50 vH Steinkohlenteer, 30 vH Holzkohlenkreosot und 20 vH Kiefernöl. Verdünnung 3,25 : 1.

Aufgabe der Konzentrate . . .	17,2 vH Pb	41,5 vH SiO$_2$	14,8 vH Zn
Konzentrate des Reinigers . . .	30,8 vH Pb	27,4 vH SiO$_2$	16,8 vH Zn
Zwischenprodukte des Reinigers	2,35 vH Pb	—	12,6 vH Zn
Ausbeute	93,5 vH		59,5 vH

Das Gewicht der Konzentrate des Reinigers war 52,3 vH der Aufgabe und das erzielte Konzentrationsverhältnis 1 : 1,8.

Durch eine zweite Reinigung gelang es, die Konzentrate auf 45,1 vH Pb mit 18,2 vH Zn zu bringen. Die beabsichtigte selektive Ausmerzung des Zinks wurde also nur teilweise erzielt. Verschiedene Versuche, die Konzentrate durch Herdarbeit anzureichern, schlugen fehl. Man erhielt zwar ein nahezu reines Bleikonzentrat, aber in sehr geringen Mengen, während die Blendekonzentrate und auch die Herdabgänge der Zwischenprodukte noch einen hohen Bleigehalt aufwiesen. Da nun die Abzüge der Schmelzhütte auf Zn nur 1,86 Dollar je Tonne Erz ausmachten, während andererseits die Vergütung infolge des hohen Bleigehaltes 5,97 Dollar betrug, so zog die Gesellschaft es vor, weitere Versuche einzustellen und sich mit den erhaltenen Ergebnissen zu begnügen in der berechtigten Erwartung, daß beim wirklichen Betrieb durch mehrmalige Reinigung das Endergebnis verbessert werden könnte.

Agitations- oder pneumatische Flotationsmaschinen.

Im Laufe der vorausgegangenen Versuche wird man mehr oder weniger einen Anhalt bekommen, ob Agitations- oder pneumatische Maschinen für die Neuanlage vorzuziehen seien. Hat man sich für die eine oder die andere Gattung entschieden, so wird man gut tun, die Versuche mit einem solchen Modelle zu wiederholen, das zu diesem Zweck für eine größere Leistung (50—75 kg/st) eingerichtet wird. Gleichzeitig ist es angebracht, auf die Verbesserung der Ölmischung dabei zurückzukommen, ob nicht durch weitere Abänderungen in ihrer Zusammensetzung oder in der Ölmenge noch günstigere Ergebnisse erhalten werden können. Diese Versuche, die auf mehrere Stunden ausgedehnt werden, geben schon ein weit besseres Bild, was man im Betriebe erwarten darf, obgleich sie infolge ihrer Kleinheit kaum den Grad von Vollständigkeit erreichen werden, den man im Betriebe im großen Maßstabe erhoffen kann. Andererseits kann es aber auch geschehen, daß die Laboratoriumsversuche mit solcher Sorgfalt ausgeführt worden sind, daß hierbei bessere Ergebnisse erzielt wurden als die Anlage im Betriebe je aufweisen kann. Bei diesen Versuchen in größerem Maßstabe kann man natürlich die Konzentrate und Abgänge nicht mehr zur Trockne eindampfen, sondern muß alle 10—15 Minuten Trübemuster nehmen wie beim normalen Betrieb und diese am Ende des Versuches zusammen untersuchen.

Große Werke, die mehr als 250 t täglich verarbeiten, lassen gewöhnlich, um ganz sicher zu gehen, eine besondere Versuchsanlage aufbauen, deren Stammtafel auf Grund der Laboratoriumsversuche aufgestellt wird und die ein Fassungsvermögen von 25—50 t in 24 Stunden haben. Erst wenn nach längerer Zeit im Betriebe gute und gleichbleibende Ergebnisse erhalten werden, wird die Gesellschaft zur endgültigen Aufstellung der Großanlage schreiten.

Tabellarische Zusammenstellung der Versuchsergebnisse.

Während der Laboratoriumsversuche sammelt sich ein großes Material von Daten an, das übersichtlich zusammengestellt werden muß, um schnell und leicht Vergleiche machen zu können. Für eine systematische Anordnung dieser Aufzeichnungen empfiehlt es sich, jedem Versuche ein besonderes Blatt zu widmen, das folgende Angaben enthalten soll:

Datum und Nummer des Versuches.

Siebanalyse (Tabellen hierzu sind schon auf S. 240 angegeben worden. Da die Siebanalysen meist schon in den ersten Versuchen vorgenommen werden, kann man in den folgenden von einer Wiederholung absehen).

Ölmischung: Prozentangabe der Zusammensetzung der Ölmischung, cm³ oder g bzw. kg/t, die zum Versuche verbraucht wurden.

Reagenzien: Bezeichnung der benutzten Reagentien, in welchem Zustande sie verwendet wurden, cm³ oder g bzw. kg/t, die zu dem Erze zugesetzt wurden,

Wasser: Reaktion auf Lackmus, Gehalt an Salzen, unter Umständen eine vollständige Analyse des Wassers. Physikalische Eigenschaften des Wassers: hart oder weich, Reinheit, Sedimente, ob das Wasser einer Vorbehandlung unterzogen wurde und in welcher Weise, Temperatur des Wassers,

Grobflotation: Dauer des Versuches, Umdrehungszahl der Maschine, Aufgegebene Erzmenge in Gramm, Siebnummer, auf die das Erz gemahlen worden war, Verdünnung der Trübe und Prozentsatz der festen Bestandteile, Beschaffenheit des erhaltenen Schaumes, gleichmäßig oder ungleichmäßig, zähe oder unbeständig, leicht überfließend oder abzuheben, Größe der Blasen, Farbe des Schaumes usw. Beschaffenheit der Konzentrate, viel oder wenig, Gangmasse oder andere Begleiter, Ergebnisse des Sicherns im Uhrglase, nur fein oder körnig oder eine Mischung beider, Schlämme führend usw. Reaktion der Trübe, alkalisch oder sauer, unter Umständen Angabe des titrierten Säure- bzw. Alkaligehaltes.

Versuchsergebnisse der Grobflotation: ungefähr wie in folgender Tabelle:

	Gewichte g	Pb vH	Cu vH	Zn vH	Fe vH	S vH	CaO vH	SiO₂ vH	Ag kg/t	Au kg/t
Aufgabe . .	—	—	—	—	—	—	—	—	—	—
Abgänge . .	—	—	—	—	—	—	—	—	—	—
Konzentrate	—	—	—	—	—	—	—	—	—	—
Ausbeute. .	—	—	—	—	—	—	—	—	—	—
Konzentrationsverhältnis									—	—

Prozentangabe der mineralogischen Zusammensetzung der Aufgabe Abgänge und der Konzentrate.

Reiniger-Flotation: dieselben Angaben wie unter Grobflotation.

Besondere Bemerkungen.

Die chemischen Analysen, die den zeitraubendsten Teil der Arbeit ausmachen, werden meist nur im Anfang der Arbeit auf die Bestimmung aller Elemente ausgedehnt. Bei der Abänderung der Versuche wird man sich aber nur auf die Bestimmung des metallurgisch wichtigsten Elementes beschränken und erst wieder bei den Endversuchen Vollanalysen durchführen, um Aufschluß darüber zu erhalten, wie sich die Gruppierung der Elemente zueinander in den Endprodukten gestaltet hat.

Elmore-Prozeß.

Für den älteren Ölprozeß nimmt man eine Literflasche mit breitem Hals, schüttet 100 g Erz mit 300 cm³ Wasser hinzu und rührt kräftig um, bis sich eine gleichmäßige Trübe gebildet hat. Dann gebe man 0,5 cm³ konzentrierte Schwefelsäure zu und 210 cm³ dickflüssiges Öl (teerige Petroleumrückstände oder sogar Zylinderöl). Nun verschließe man die Flasche mit dem Glasstöpsel, stürze sie abwechselnd 20—30 mal um und lasse stehen. Nach dem Absetzen sieht man auf dem Boden eine Lage Berge mit einigen Sulfiden, darüber eine Lage schmutzigen Wassers und darauf eine Schicht Öl, die die meisten Sulfide enthält, aber auch je nach dem Erfolge des Versuches mit mehr oder weniger Gangmasse durchsetzt ist. Zum Schlusse gibt man vorsichtig mehr Wasser mittels einer Gummiröhre zu, die unterhalb der Ölschicht endet. Die Ölschicht mit den Sulfiden steigt in die Höhe, und der Überfluß kann in einem besonderen Gefäße aufgefangen werden. Durch gelindes Erwärmen und schwaches Umrühren der übergelaufenen Massen bringt man die Sulfide auf dem Boden zum Absetzen und kann das darüber befindliche Öl bald abgießen.

Für den neueren Vakuumprozeß benutzt man eine 300-cm³-Flasche, die mit der Wasserstrahlpumpe verbunden wird. Man gebe 30 g Sulfide, 100 g Wasser, 0,2 cm³ Rohpetroleum und 0,2 cm³ Schwefelsäure auf. Dann rührt man gut um, bis sich eine möglichst gleichmäßige Beschaffenheit der Trübe ergibt. Zum Schlusse schließt man das Vakuum an und schüttelt dabei gleichzeitig die Flasche, damit das Erz sich nicht am Boden festsetzt. Gelingt der Versuch, so steigen die Sulfide zur Oberfläche und bilden hier einen dünnen Erzschaum.

Prozesse ohne mechanische oder pneumatische Durchmischung.

Es kommen hier die in der Praxis nur wenig benutzten Macquisten- und Wood-Prozesse in Betracht. Für den Macquisten-Prozeß genügt ein gewöhnliches Stück Röhre von kleinem Durchmesser, die langsam gedreht wird.

Für den Wood-Prozeß kann man sich die in Abb. 96 skizzierte Maschine im kleinen selbst herstellen.

Die Versuche müssen mit der größten Sorgfalt ausgeführt werden, um praktische Ergebnisse zu erhalten, da alles von der Oberflächenspannung des Wassers und der Sulfide abhängt. Die Zugabe einer kleinen Menge Öles zeitigt immer gute Erfolge.

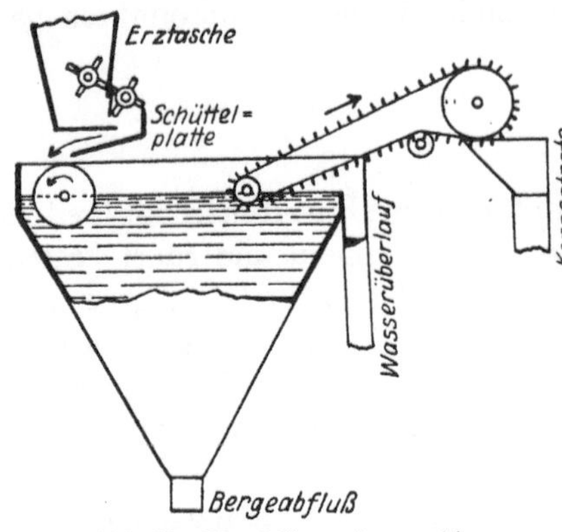

Abb. 96. Wood-Versuchsmaschine.

Für den Potter-Delprat-Prozeß schüttet man 2,5—3 kg nicht zu fein gemahlenen Erzes in einen dreieckigen Holztrog und gibt das nötige Wasser dazu. Aus einem etwas höher gelegenen Behälter, der 0,5—1,5 vH Schwefelsäurelösung enthält und durch einströmenden Dampf auf 70° C erhitzt wird, läßt man durch einen als Heber gestalteten Gummischlauch die Säurelösung in die Trübe einlaufen. Das Erz muß während des Versuches mit einem Holzspatel gut umgerührt werden. Der gebildete Schaum wird so schnell als er aufsteigt, abgehoben, da er sehr wenig haltbar ist. Enthält das Erz nur geringe Massen Eisen- oder Kalkspat, so gibt man davon bis zu 3 vH der Erzmasse zu. In den meisten Fällen wirkt der Zusatz von etwas Öl vorteilhaft auf die Flotation ein. Gewöhnlich erhält man ein zwar reines Konzentrat, aber niedrige Ausbeute, da ein großer Teil der Sulfide nur bis zur halben Höhe gehoben wird und dann von selbst wieder zurückfällt. Schlämme geben immer eine schlechte Ausbeute.

Flotation oxydierter Erze.

Über die Flotation oxydierter Erze sind schon S. 46ff. nähere Angaben gemacht worden und wurde auch dort erwähnt, daß bis jetzt nur ausnahmsweise zufriedenstellende Ergebnisse erhalten worden sind. Oxydierte Zinkerze scheinen sich am schwersten zu flotieren, während Blei- und Kupferkarbonate verhältnismäßig weniger Schwierigkeiten verursachen. Meist muß man die Trübe sauer halten und die Behandlung mit H_2S auf längere Zeit ausdehnen, um eine gute Ausbeute zu erzielen.

Die Flotation des Kupferkieses ist jetzt so weit vorgeschritten, daß nur Kleinigkeiten des Kupfersulfides in den Abgängen zurückbleiben. Der größere Teil des in den Abgängen vorhandenen Kupfers tritt in der Form oxydierter Kupfermineralien auf, die der gewöhnlichen Flotation nicht zugänglich sind. Bis jetzt ist es noch nicht gelungen, durch einen billigen Prozeß dieses oxydierte Kupfer zum Flotieren zu bringen.

Ausbeute der Laboratoriumsversuche.

Im allgemeinen kann man sehr zufrieden sein, wenn die Flotationsversuche im Laboratorium das Folgende ergeben:

Kupfererze im Reiniger ein Konzentrat von . . . . 25—30 vH Cu je Tonne Konzentrate
Bleierze imReiniger ein Konzentrat von60—70 vH Pb „   „   „
Zinkerze im Reiniger ein Konzentrat von . . . . 50—55 vH Zn „   „   „

wobei die Ausbeute nicht unter 85—90 vH für Blei- und Kupfererze und 60—80 vH für Zinkerze sinken soll.

Je niedriger der Metallgehalt des aufgegebenen Erzes ist, desto niedriger wird auch die Ausbeute ausfallen. Große Gruben begnügen sich z. B. bei einer Aufgabe von 1,1—1,25 vH Cu mit einer Ausbeute von nur 80—85 vH.

XV. Schlußbemerkungen.

Verfolgt man den Entwicklungsgang der Flotation seit ihrem Eintritt in die Aufbereitung, so sieht man, daß sie sich Schritt für Schritt hat den Boden erobern müssen. Noch zu Ende des Weltkrieges herrschten Zweifel, ob sie die alte Gravitationsaufbereitung je völlig verdrängen würde. Die hochentwickelten Freiberger Methoden hatten vor der Schlämmeaufbereitung haltgemacht und waren durch die amerikanischen Verbesserungen der Schlämmherde überflügelt worden. Vor dem Feinmahlen der Erze zum feinsten Pulver schreckte man auch nicht mehr zurück, da die Einführung der Hardinge- und Marcy-Mühlen im geschlossenen Kreislauf mit mechanisch arbeitenden Klassifikatoren die Schwierigkeiten der Feinzerkleinerung erfolgreich zu überwinden gestattete. Die großen Anaconda-Werke behielten noch die Gravitationsaufbereitung bei, gingen aber schon einen Schritt weiter, indem sie die Schlämmeaufbereitung aufgaben und ihre Schlämme teils für sich, teils in Mischung mit den Abgängen der Aufbereitung direkt der Flotation überwiesen. Die Inspiration-Gesellschaft ging noch weiter; sie sah vollkommen von der Errichtung einer Gravitations-Aufbereitung ab und führte allgemein die Flotation ein. Doch wurden die Abgänge der pneumatischen Maschinen durch mechanische Klassifikatoren in Sande und Schlämme getrennt und die Sande auf Herden konzentriert, während die Schlämme so weit in ihrem Metallgehalt durch Flotation vermindert wurden, daß eine Weiterverarbeitung zwecklos erschien und man sie auf die Halde schicken konnte. Wahrscheinlich wäre es praktisch richtiger gewesen, diese wertlosen Schlämme schon vor der Flotation abzusondern und so diese Abteilung zu entlasten.

Seitdem sind weitere Fortschritte gemacht worden: Durch wiederholte Reinigung gelang es, die ärmeren Konzentrate der Grobflotatoren so anzureichern, daß die Frage der Verfrachtungskosten endgültig gelöst wurde. Auch die selektive Flotation erzielte solche Erfolge, daß die technische Ausbeutung der bisher unaufgeschlossenen Zinkbleierzlagerstätten in äußerst feinkörniger Verwachsung in Angriff genommen werden konnte. Nur die Flotation oxydierter Erze blieb im Rückstande, doch wird es nur eine Frage der Zeit sein, daß auch solche Erze der Flotation zugänglich gemacht werden. Man wird daher nicht fehlgehen, wenn man behauptet, daß im Verlaufe weiterer 10 Jahre die Flotation vollständig die alte Gravitationsaufbereitung verdrängt haben wird.

Auch für die Behandlung von Gold- und Silbererzen, die bisher ausschließlich im Zyanidverfahren verarbeitet wurden, beginnt der Flotationsprozeß sich einzubürgern, allerdings nur als Hilfsprozeß. Die Produkte der Feinzerkleinerung in den Röhrenmühlen werden in Sande und Schlämme getrennt, die Sande wie gewöhnlich auf Herden konzentriert und ihre Rückstände in großen Laugebehälter mit Zyankaliumlösung behandelt. Die Schlämme gehen hingegen direkt zur Flotation, wodurch das kostspielige Auslaugen in Rührbehältern wegfällt. Unzweifelhaft ist dies ein sehr billiges Verfahren und wohlfeil in der Aufstellung. Die Hauptursache aber, warum der Flotationsprozeß dem Zyanidverfahren gegenüber noch nicht genügend Beachtung gefunden hat, ist, daß man dem Verfrachten großer Mengen Konzentrate mit großem Widerwillen gegenübersteht. Viele dieser Gruben liegen weit ab von den Hüttenwerken ab, so daß infolge der hohen Frachtsätze die Verschiffung der Konzentrate der Flotation den Gesellschaften zur Erörterung gar nicht vorgeschlagen werden darf. Für sie kommt nur die Erzeugung und Verschiffung von Gold- oder Silberbarren in Betracht. Um praktisch der Lösung dieser Frage näher zu treten, hat man versucht, die Flotationskonzentrate, die nur einen geringen vH-Satz des Gesamterzes ausmachen und schon genügend fein gemahlen sind, mit äußerst starken (4—5 vH) CyK-Laugen unter gleichzeitiger Regenerierung des CyK zu verarbeiten. Dabei ergeben sich aber Schwierigkeiten infolge des Ölgehaltes der Konzentrate und das Öl mußte durch eine vorausgehende Behandlung mit Ätzkalklösung verseift werden. Stand billiger Brennstoff zur Verfügung, so versuchte man es mit oxydierendem Rösten der Konzentrate, wodurch aber gewisse Silberkonzentrate der CyK-Behandlung erst recht unzugänglich wurden. Auch Auslaugen mit heißem Wasser wurde erfolgreich vorgenommen. Die einfachste und beste Lösung des Problems ist offenbar, die Konzentrate direkt auf der Grube zu sintern und zu verbleien. Die daraus durch Abtreiben zu erhaltenden Silberbarren können mit den Barren des Zyanidverfahrens zusammen verschifft werden. Gruben hingegen, die in Gegenden liegen, wo die Verkehrsverhältnisse noch unsicher sind oder Einbrüche bewaffneter Banden zu befürchten stehen, verzichten von selbst auf den Barrenversand und geben der Verfrachtung der Zyanidniederschläge sowie der hoch angereicherten Flotationskonzentrate unbedingt den Vorzug, da diese Erzeugnisse weniger dem Diebstahl ausgesetzt sind.

Der offene Widerstand, den die großen Schmelzhütten im Anfang den Flotationskonzentraten machten, hat mit der Zeit nachgelassen. Es wurden Verbesserungen eingeführt, um die äußerst feinen und noch ziemlich feuchten Konzentrate zu sintern und so wie normale Erze zu verschmelzen, so daß sie nicht mehr ein lästiges Übel (a nuisance) bildeten. Es gibt jetzt kein Schmelzwerk mehr, das auf Flotationskonzentrate besondere Schmelzgebühren erhebt oder Abzüge darauf macht.

Das größte Hindernis gegen die allgemeine Einführung des Flotationsprozesses ist immer noch wie seit seiner Einführung der Rechtsstreit mit der Patentinhaberin, der „Minerals Separation Co.". Wie im Zyanidverfahren wird erst nach Ablauf der Patente eine ungehemmte Entwicklung eintreten. Einige Gesellschaften scheuen überhaupt davor zurück, Patentgebühren zu bezahlen, andere wieder suchen sich der Verpflichtung zu entziehen, selbsterfundene Verbesserungen der Minerals Separation Co. abzutreten, die sie dann zu ihrem eigenen Besten ausnutzt. Daher ist keine von beiden im geringsten geneigt, erzielte Verbesserungen dem allgemeinen Wohle zugute kommen zu lassen und so zu einer schnelleren Lösung der technischen Schwierigkeiten beizutragen.

Aber welcher ungeheuren Gebiete die Flotation sich trotzdem im Bereiche des Aufbereitungswesens in den Vereinigten Staaten bemächtigt hat, geht so recht aus der jüngst veröffentlichten Statistik des „Bureau of Mines" hervor, nach der im Jahre 1924 im Gesamtgebiete der Staaten 45,1 Mill. Tonnen Erz durch Flotation aufbereitet und im Verhältnis 1 : 15,3 konzentriert wurden. Das bedeutet eine Zunahme um nahezu 70 vH der im Jahre 1919 flotierten Erze, die nur 26,5 Mill. Tonnen betrugen. Es entfielen 42,1 Mill. Tonnen auf Kupfererze, deren Durchschnittswert zu 1,41 vH Cu je Tonne Roherz angegeben wird, während das Anreicherungsverhältnis 1 : 21,3 war. In großem Abstande folgen dann die reinen Blei- und Blei-Silber-Erze mit 2,1 Mill. Tonnen und einer Anreicherung von 1 : 10,9. Die Zink- und Zink-Blei-Erze sind mit 0,9 Mill. Tonnen angeführt bei einer Anreicherung von 1 : 6,8; ihre Konzentrate selbst setzten sich aus 80 vH Zink und 20 vH Bleikonzentraten zusammen. An Gold-Silber-Erzen wurden nur 18000 t flotiert, wobei ein Anreicherungsverhältnis von 1 : 56,2 erzielt wurde. Von Graphiterzen wird gemeldet, daß im Jahre 1923 18688 t mit einer Anreicherung von 1 : 47,3 flotiert wurden.

Von den Kupfererzen, dem Stiefkind der alten Gravitationsaufbereitung, wurden aber 95 vH der gesamten Kupfererzförderung der Vereinigten Staaten durch Flotation verarbeitet und von den Zink- und Zink-Blei-Erzen schon 45,2 vH der gesamten Zink-Blei-Erzförderung. Von den reinen Blei- und Blei-Silber-Erzen wurden hingegen nur 28 vH der Gesamtförderung durch Flotation gewonnen, was sehr leicht erklärlich ist: infolge der hohen spezifischen Gewichtsdifferenz kann die Gravitationsaufbereitung sehr gut arbeiten und andererseits sind die Besitzer von Bleiaufbereitungen dem Umbau einer, wenn auch älteren, so doch an und für sich gut arbeitenden Aufbereitung in eine Flotationsanlage schon aus wirtschaftlichen Gründen nicht besonders leicht zugänglich.

Es kann bei solchen Zahlen nicht wundernehmen, daß der veralteten Gravitationsaufbereitung ein baldiges, restloses Ersetzen durch die moderne Flotation prophezeit werden muß und daß der Bearbeitung armer, innig verwachsener Zink-Blei-Erze eine reale Blütezeit bevorsteht, um so dem allmählich brennend werdenden Mangel an Blei und Zink abzuhelfen.

Sachverzeichnis.

Abscheiden der Berge 65.
Absetzen, zeitweises, mit Filtrieren 231.
Absetzbehälter zum Entwässern der Konzentrate 210.
Acid sludge 13.
Agitationsflotatoren 166.
— für Laboratoriumsversuche 262.
Airlift (Druckluftheber) 107.
Akins Flotationsmaschine 177.
— Klassifikator 98.
Alkaligehalt-Indikator 124.
Alkalisch reagierende Öle 23.
Alkalische Zusätze zur Trübe 34.
Alpha-Naphthylamin 15.
Aluminiumsulfat als Flockenbildner 10.
Anlage der Bergehalden 253.
Anlagekosten von Flotationswerken 256.
Aräometer Baumé 120.
Attraktionstheorie (Coghill) 5.
Ätzkalk 38.
— zur Erhöhung der Filterleistung 222.
Ätznatron 35.
Aufbereitung 64.
Aufgabe der Chemikalien 28, 34, 36, 37.
Aufgabevorrichtungen für Erze 111.
— für Ölmischungen 25.
Aufschließungsgrad für Feinmahlen 57.
Ausbeuteberechnung 241.
Ausbeute der Laboratoriumsversuche 279.
Ausklauben lieferbarer Produkte 63.
Auswurfwagen 112, 116.
Auto-Probenehmer 153.

Backenquetsche 68.
Baumé-Aräometer 120.
Bauplatz-Auswahl 250.
Berechnung der Ausbeute 241.
Berge-Aushalten 65.

Berge-Flotation durch schwere Lösungen 66.
— -Flotation durch schwere Lösungen im Laboratorium 266.
Betriebskosten 256.
Betriebsschwierigkeiten 248.
Betriebsstörungen, Vermeidung derselben 254.
Bituminöse Schiefer, schädlicher Einfluß 249.
Bradford-Prozeß 44.

Callow-Flotationsmaschine 154.
— -Sieb 100.
— -Versuchszylinder für Laboratorium 262.
Chapopote 14, 31.
Chemikalien, Aufgabe 28, 34, 36, 37.
—, Zusatz zur Trübe 32.
Chilenische Mühlen, langsam laufende 72.
Chilenische Mühlen, schnell laufende 84.
Cyankalium und Natrium 37.

Deflektoren für Verdickungsbehälter 223.
Diaphragma-Druckpumpe 107.
— -Saugpumpe 105, 215.
Dichte der Trübe 117.
— —, deren Bestimmung 119.
Dichte-Indikatoren für Trüben 121, 151.
Dicke Erztrübe s. Trübenbeschaffenheit.
Dorr-Klassifikator 95.
— — mit Vorbehälter 98.
— -Muldenverdicker 215.
— -Verdickungsbehälter 213.
Druckfilter 212.
Druckluft-Heber 107.
— -Verbundheber 110.
Durchmischung der Erztrübe mit Luft 22, 34.

Durchschnittsmuster für Laboratoriumsversuche 258.

Einstellung des Erzschaumes 183.
— der Klassifikatoren 95.
— der Kugelmühlen 79.
— des Trübeausflusses 185.
Eisenspäne als Flockenzerstörer 52.
Elevatoren für Trübe 105.
Elektrostatische Ladungen, Theorie der 7.
Elmore-Flotationsmaschine 164.
— — für Laboratoriumsversuche 277.
— -Prozeß mit Öl im Überschusse 2, 4.
— — mit Öl im Überschusse im Laboratorium 277.
Emulsionen 10.
Entwässern der Konzentrate 210.
Erdöldestillation, saurer Rückstand der 13, 30.
Erdöle 14.
Erwärmen der Erztrübe 29, 32. 124.
— — — im Laboratorium 273.
Erz-Rutsche, Tür 112.
Erzschaum, Beschaffenheit 180.
— Niederschlagen 187.
— Einstellung 183.
Erztrübe s. Trübenbeschaffenheit.
Erz-Vorratstaschen 115.
Essigsäure als Flockenbildner 10.
Eukalyptusöl 14, 30.

Fairchild-Doppelaustrag-Mühle 82.
Feinheit des Aufschließens 57.
Feinmahlen der Erze 8, 55.
— für Laboratoriumsversuche 259, 271.
—, Beziehung zur Ölmischung 19, 31, 117.
Feinwalzen 70.
Feinzerkleinerungsmaschinen 73.
Fette 14.
Filterpressen 212.
Flockenbildende Reagenzien 10, 34.
Flockenbildung zerstörende Zusätze für Schlämme 9, 10, 34, 35, 36, 42, 51, 60.
Flockenbildung zerstörende Zusätze für Herde 51, 203.
Flotation als Haupt- oder Nebenprozeß 209.
— als Hilfsprozeß beim Cyanidverfahren 272.
Flotationsanlagen, Geländewahl 250.
— Anlage- und Betriebskosten 256.
— Kraftverbrauch 256.

Flotationsapparate für Laboratoriumsversuche 261.
Flotationsmaschinen 150.
—, pneumatische 153.
—, Agitations- 166.
—, hydraulische 179.
Flotationsversuche im Laboratorium 266.
Forester-Rexman-Mühle 84.
Frenier-Spiralpumpe 109.

Gasolin 15.
Geländewahl für Flotationsanlagen 250.
Genter Vakuum-Filter 224, 225.
Gerinne für Erztrübe 116.
— -Flotationsmaschine 162.
Graphit, schädlicher Einfluß 249.
Gravitationsaufbereitung 64, 205.
Grobflotatoren 126.
—, Fassungsvermögen für selektive Flotation 193.
—, mehrzellige 132.
—, Beziehung zur Ölmischung 12, 18.
—, Beziehung zur Trübenverdünnung 13, 20, 31, 117, 192.
—, Schaltung 127.
—, Stammtafeln 134.
—, Zellenzahl 133.
Grob- und Feinwalzen 69.
Gurtförderer 115.
— mit automatischer Wägevorrichtung 116, 236.

Hahnentrichter für Laboratoriumsversuche 261.
Hardinge-Kugelmühlen 76.
— — mit Luftklassifikator 88.
— -Röhrenmühle 86.
Hebbard-Flotationsmaschine 170.
Heizöl 14.
Herdarbeit in Verbindung mit Flotation 61, 63, 205.
Herde nach der Flotation 207.
— als Schaumtöter 188.
— bei Verwendung die Flockenbildung zerstörender Substanzen 51, 208.
— vor der Flotation 205.
— zur Überwachung 54, 188, 208.
— in Zwischenschaltung innerhalb der Reiniger 148.
Herman-Mühle 81.
Holzkohlenteer 12.
Horizontalgerinne zur Konzentratentwässerung 211.
Hum-Mer-Siebe, elektrische 104.
Huntington-Mühle 85.

Hydraulische Flotationsmaschinen 179.
Hynes Scheibenflotationsmaschine 176.

Impakt-Sieb 102.
Indikatoren für Alkaligehalt 124.
— für Trübedichte 120, 151.
Inspiration-Flotationsmaschine 157.
— Standard-Grobflotator 158.
Irrtümer in der Ermittlung der Tonnenzahl 236.
— im Probenehmen 237.

Janney-Flotationsmaschine 171.

Kaliumxanthogenat 8, 15, 23, 25, 31, 191.
Karbonate, Flotation der 46, 278.
Kaskaden-Flotationsmaschine 180.
Kegelmühlen 68.
Kiefernöl 11, 13, 16, 25, 29, 32.
—, schaumbildende Kraft 12.
—, schaumtötend 223.
— zur Entfernung des Graphites 250.
Kiefernteeröl 14.
Kippkasten-Probenehmer 238.
Klassifikatoren, Entwässern der Konzentrate 211.
—, geschlossener Kreislauf mit Mühlen 73, 96.
—, Leistungsfähigkeit 240.
—, mechanische 94.
Klauben s. Ausklauben.
Kohlenteer 12.
Kolloide Öllösungen 10.
— Schlämme 9, 21, 24, 31, 34.
— — Einfluß auf die Flotation 59.
Konditionierende Zwischenbehälter 44, 191.
Konischer Verdickungsbehälter 213.
Kontaktwinkel flotierender Körper 2.
Kontrollapparate vor der Flotation 150.
Kontrollherde 54, 188, 208.
Kontrollventile für Kalklösung 126.
— für Verdickungsbehälter 215.
Konzentrate, Anreichern im Reiniger 138.
—, Ausklauben 63.
—, Entwässern 210.
—, Mineralogische Zusammensetzung 243.
—, Reinigen bei Laboratoriumsversuchen 273.
—, Trocknen 232.
—, Waschen 210.

Konzentrationsversuche im Laboratorium 265.
Kratzer-Klassifikatoren 99.
Kraut-Flotationsmaschine 172.
Kreosot 12, 17, 23, 29.
Kresol 14, 23, 30.
Kresylsäure 14, 191.
Krupp-Kugelmühle 81.
K. u. K. Flotationsmaschine 174.
Kugelmühlen für Laboratoriumsversuche 260.
— mit Peripherie-Austrag 80.
— mit zentralem Austrag 78.
— -Einstellung 80.
Kupfersulfat (-vitriol) als Flockenbildner 10.
— zur Entfernung des Graphites 250.
— als Zusatz zur selektiven Flotation 41, 190.

Laboratoriumsversuche 257.
Lane-Mühle 72.
Leahy No Blind Sieb 102.
Lehm und Letten in der Gangmasse 21, 31, 34, 36, 39, 51, 59, 99.
Lowden-Trockenofen 233.
Luftklassifikator mit Hardinge-Mühle 89.
Luft-Trockenvorrichtung 234.

Macquisten-Prozeß 2, 277.
Magnetische Scheiben zum Aushalten von Eisen 70, 112.
— Substanzen als Zusatz zur Flotation 52.
Marathon-Mühle 83.
Marcy-Kugelmühle 77.
— -Stabmühle 82.
Mechanische Klassifikatoren siehe Klassifikatoren.
Mehrzellen-Grobflotator 132.
Membran-Saugpumpe 105, 215.
Minerals Separation-Flotationsmaschine 168.
Minimal-Ölverbrauch 20, 32.
— — für selektive Flotation 192.
Mineralogische Zusammensetzung der Konzentrate 243.
M. M.-Siebskala 56.
Moderne Ölflotation 2, 5.
Mühlen 73.
— in Verbindung mit Klassifikatoren 73, 96.
Murex-Prozeß 52.

Natriumsulfid s. Schwefelnatrium.
Natriumthiosulfat 45.
Natriumxanthogenat 16, 25, 191, 203.

Neutralisieren des Wassers 35, 37, 38, 248.
Nichtölige Reagenzien 7, 15.
Niederschlagen des Erzschaumes 817.

Oberflächenfilm 1, 8.
Oberflächenspannung 1, 8.
Öle, alkalisch reagierende 15.
—, sauer reagierende 15, 24.
—, vegetabilische 14.
Olein 23.
Öler, Aufgabe in der Kugelmühle 11, 25.
—, Aufgabe vor dem Schaumbildner 11.
—, Beziehung zum Feinmahlen 19.
—, — zum Schaumbildner 11, 17, 18, 31.
Ölflotation, moderne 2, 5.
Öliger Überlauf des Verdickers, Zurückgabe an die Kugelmühle 22, 31, 249.
Oliver Vakuum-Filter 228.
Öllösungen, kolloide 10.
Ölmischungen, Aufgabe 25.
—, Aufgabeapparate 27.
—, erprobte 29.
— für Grobflotatoren 18.
— für Laboratoriumsversuche 268.
—, getrennte Aufgabe der Komponenten 10, 31.
—, Beziehung ihrer chemischen Reaktion zur Trübenreaktion 22.
—, — zur Trübebeschaffenheit 19, 117.
—, Schlußfolgerungen in bezug auf Zusammensetzung 31.
— für selektive Flotation 40, 190.
Ölsäure 23.
Ölüberschuß, seine Wirkung 12, 32.
Ölverbrauch, Ermittlung bei Laboratoriumsversuchen 268.
— für selektive Flotation 21.
—, minimaler 21.
—, Beziehung zur Durchmischung mit der Luft 21.
—, — zur Trübebeschaffenheit 31.
Ortho-Toluidin 15, 23, 30.
Ovoca-Klassifikator 99.
Oxidierte Erze, Flotation und Zusätze von Chemikalien 46, 278.

Pachuca-Behälter 26.
Paraffin 14.
Parker-Flotationsmaschine 175.
Petroleum 14.
Pfannenmühlen 87.
Phenolphthaleinlösung zum Titrieren auf Alkaligehalt 23, 38.

Plungerpumpen als Trübeelevatoren 111.
Pineoil s. Kiefernöl.
Pneumatische Flotationsmaschinen 153.
Pochstempel 69.
Potentielle Energie, Theorie der 6.
Potter-Delprat-Prozeß 2, 4, 278.
Primäre Schlämme 9.
Probenahme-Anlage 91.
Probenehmen, Irrtümer im 237.
Probenehmer, automatischer 153, 237.

Reaktionen, chemische, zwischen Trübe und Ölmischung 22.
Reinigen der Flotationskonzentrate bei Laboratoriumsversuchen 273.
Reinigermaschinen, Fassungsvermögen 138.
—, Ölmischung 18.
— für selektive Flotation 195.
—, wiederholte Reinigung 140.
—, Zwischenschaltung von Herden 149.
Ridgeway Vakuum-Filter 230.
Roh-Erdöl 14.
— -Kreosot 12.
— -Kresol 14.
— -Öl, schaumtötende Wirkung 12, 16, 22.
Röhren-Mühlen 85.
Roh-Soda 37.
— -Teeröl 12.

Sammelbehälter 150, 197, 212.
Sauer reagierende Öle 24.
Saure Zusätze zur Trübe 32.
Saurer Rückstand der Erdöldestillation 13, 30.
Schaltung der Grobflotatoren 127.
Schaumabstreifer 186.
Schaumbildner, Aufgabe in oder vor den Flotatoren 12, 25.
—, Beziehung zum Öler 17, 31.
—, — zur Trübe 19, 20, 31.
Schaumbildung 181.
—, Töten der 12, 16, 22.
Schaumbrechen 187.
Schaumzurückgabe nach dem Gegenstromprinzip 137.
Scheiben-Vakuum-Filter 229.
Schiefer, bituminöse 249.
Schlämme, Einfluß auf die Flotation 9, 59, 118.
—, kolloide 8, 9, 21, 24, 31, 34.
—, primäre 9, 60.
—, sekundäre 9.
— -Aufbereitung 60.

Schmieröle und -fette 16, 32.
Schüttelaufgabe-Vorrichtung 114.
Schüttelroste 100.
Schwefel zum Flotieren oxydierter Erze 50.
Schwefeldioxyd für selektive Flotation 45.
Schwefelnatrium für selektive Flotation 42, 200.
Schwefelsäure 32.
— als Flockenbildner 10, 34.
Schwefelwasserstoffgas 45, 46.
Schwere Lösungen für Bergeflotation 66.
— — für Laboratoriumsversuche 266.
Selektive Flotation 190.
— —, Durchmischung mit Luft 22.
— —, dicke Trübe 21, 40, 192.
— —, Fassungsvermögen der Grobflotatoren 193.
— —, Minimal-Ölverbrauch 191, 192.
— —, Ölmischungen 40, 190.
— —, Reinigen der Konzentrate 194.
— —, Beziehung der chemischen Reaktionen zwischen Trübe und Ölmischung 15, 190.
— —, Stammtafeln 196.
— —, Zusätze von Chemikalien 40.
Setz- und Herdarbeit s. Herdarbeit.
Siebanalysen 238, 265, 272.
Siebe 99.
Siebskalen 56.
Simpson-Flotationsmaschine 162.
Soda 37.
Spezifisches Gewicht der Trübe 119.
Spezifische Gewichtsbestimmung statt der chemischen Analyse 247.
Spiralaufgabevorrichtung für Mühlen 114.
Stabmühlen 82.
Stabroste 99.
Stammtafeln von Flotationsanlagen 136.
— für selektive Flotation 136.
— für Flotation oxydierter Erze 37, 42.
Steinbrecher 68.
Steinkohlenteer 12, 17, 29.
Subaerations-Flotationsmaschinen 170.
Substitution der chemischen Analyse durch spezifische Gewichtsbestimmung 247.
Sulferierte nichtölige Reagenzien 16.
Sundt-Diaz-Flotationsmaschine 161.

Super-Verdicker 223.
Symon-Tellermühle 71.

Teer 12, 17, 29.
Teeröl 12, 17, 31.
Tellermühlen 71.
Temperatur der Trübe 124.
— — — für Laboratoriumsversuche 273.
Terpentinöl s. Kiefernöl.
Terpentinspiritus 14.
Theorie des Prozesses 1.
— der Attraktion (Coghill) 5.
— der elektrischen Ladungen 7.
— der kleinsten potentiellen Energie 6.
Thiokarbamid 15, 30.
Tonnenzahl, tägliche. Ihre Ermittlung 123.
— — Irrtümer in der Ermittlung 236.
Töten der Schaumbildung 12, 16, 22.
Trommelsiebe 100.
Trockenmahlen 87.
Trocknen der Konzentrate 232.
Trübeausfluß, seine Einstellung 185.
Trübe Elevatoren 105.
Trübebeschaffenheit, dicke Erztrübe 20, 31, 117, 192.
—, Erwärmen der Trübe 29, 124.
—, Neutralisieren des Wassers 35, 37, 39.
—, Beziehung zur Durchmischung mit Luft 21.
—, Beziehung der chemischen Reaktionen zwischen Trübe und Ölmischung 22.
—, Beziehung zum Feinmahlen der Erze 118.
—, Beziehung zur Ölmischung 19, 31, 117.
— für Schlämme 19, 118.
— für selektive Flotation 191.
—, Zusätze von Chemikalien 32.
Trübedichte, ihre Bestimmung 119.
—, Indikatoren für dieselbe 121, 151.
Trübeverdünnung 118.
Tylor-Siebskala 56.

Überkorn, Apparate zur Trennung des 94.
Überladen der Grobflotatoren 58.
Überlauf, öliger, der Verdicker, siehe öliger Überlauf.
U. S.-Siebskala 56.

Vakuum-Filter, stetig arbeitende 226.
Vakuum-Verdicker 225.
Vegetabilische Öle 14.

Verdicken durch Filtrieren mit Vakuum 224.
Verdickungsbehälter 65, 206, 213.
—, konische 213.
Verdünnung der Trübe 118.
Verhältnis zwischen Öler und Schaumbildner 17.
Versuche im Laboratorium 257.
Verteilungsbehälter 151.
Vibrierende Siebe 101.
Vorzerkleinerungsmaschinen 68.

Wägevorrichtungen, automatische 116, 236.
Walzen 69.
Waschen der Konzentrate 210.
Wasser, seine Beschaffenheit 248.
—, Weichmachen 36, 37.
Wassergasteer 12.
Wasserglas 51.
Wood-Prozeß 2, 277.

Xylidin 15, 23.

X-Reagens 15.

Y-Reagens 15.

Zeigler-Flotationsmaschine 177.
Zeitweises Absetzen mit Filtrieren 231.
Zentrifugal-Sandpumpe 110.
Zerkleinern der Erze 55.
Zerkleinerungsmaschinen 68.
—, Anordnung 90.
—, Antrieb 93.
Zitronensäure als Flockenbildner 10.
Z-Reagens 15.
Zurückgabe des öligen Überlaufes, s. öliger Überlauf.
— des Schaumes nach dem Gegenstromprinzip 137.
Zusätze von Chemikalien zur Trübe 32.
— von magnetischen Substanzen zur Flotation 52.
Zwischentransport 115.

Die wissenschaftlichen Grundlagen der nassen Erzaufbereitung.
Von Dipl.-Berging. **Josef Finkey**, a. o. Professor der Aufbereitungskunde an der Montan. Hochschule in Sopron. Aus dem ungarischen Manuskript übersetzt von Dipl.-Berging. **Johann Pocsubay**, Assistent an der Montan. Hochschule in Sopron. Mit 44 Textabbildungen und 31 Tabellen. VI, 288 Seiten. 1924. RM 10.—; gebunden RM 11.—

Aus den zahlreichen Besprechungen:

Die theoretischen Erörterungen Finkeys berücksichtigen nicht nur das bisher auf dem Gebiete bekannte Schrifttum, sondern bringen auch Ergebnisse eigener Forschungen. Die zur Entwicklung der Formeln und Gleichungen angewandte höhere Mathematik setzt im allgemeinen nur die Kenntnisse der Elemente der Differential- und Integralrechnung voraus. Das wissenschaftliche Werk kann jedem, der sich theoretisch und praktisch mit dem Aufbereitungswesen zu befassen hat, als Grundlage und Wegweiser empfohlen werden.

(Stahl und Eisen.)

Lehrbuch der Bergbaukunde
mit besonderer Berücksichtigung des Steinkohlenbergbaues. Von Prof. Dr.-Ing. e. h. **F. Heise**, Direktor der Bergschule zu Bochum, und Prof. Dr.-Ing. e. h. **F. Herbst**, Direktor der Bergschule zu Essen. In 2 Bänden.

Erster Band: Gebirgs- und Lagerstättenlehre. Das Aufsuchen der Lagerstätten (Schürf- und Bohrarbeiten). Gewinnungsarbeiten. Die Grubenbaue. Grubenbewetterung. Fünfte, verbesserte Auflage. Mit 580 Abbildungen und einer farbigen Tafel. XIX, 626 Seiten. 1923.
Gebunden RM 11.—

Zweiter Band: Grubenausbau. Schachtabteufen. Förderung. Wasserhaltung. Grubenbrände. Atmungs- und Rettungsgeräte. Dritte und vierte, verbesserte und vermehrte Auflage. Mit 695 Abbildungen. XVI, 662 Seiten. 1923.
Gebunden RM 11.—

Kurzer Leitfaden der Bergbaukunde.
Von Prof. Dr.-Ing. e. h. **F. Heise**, Direktor der Bergschule zu Bochum, und Prof. Dr.-Ing. e. h. **F. Herbst**, Direktor der Bergschule zu Essen. Zweite, verbesserte Auflage. Mit 341 Textfiguren. XII, 224 Seiten. 1921. RM 5.20

Das Sprengluftverfahren.
Von Bergassessor **Leopold Lisse**. Mit 108 Textabbildungen. VII, 109 Seiten. 1924. RM 5.—

(w) **Grundzüge der Bergbaukunde** einschließlich Aufbereitung und Brikettieren. Von Dr.-Ing. e. h. **Emil Treptow,** Geh. Bergrat, Professor i. R. der Bergbaukunde an der Bergakademie Freiberg, Sachsen. Sechste, vermehrte und vollständig umgearbeitete Auflage.

    I. Band: **Bergbaukunde.** Mit 871 in den Text gedruckten Abbildungen. X, 636 Seiten. 1925.   Gebunden RM 18.—

    II. Band: **Aufbereitung und Brikettieren.** Mit 324 in den Text gedruckten Abbildungen und XI Tafeln. X, 338 Seiten. 1925.   Gebunden RM 21.—

Aus der Besprechung des II. Bandes in „Glückauf", Nr. 3, 1926:

Im Gegensatz zu dem bekannten Lehrbuch der Bergbaukunde von Heise und Herbst, das besonders den Steinkohlenbergbau und dabei in erster Linie den des rheinisch-westfälischen Bezirks berücksichtigt, und der neu erschienenen Kalibergbaukunde von Spackeler enthält das nunmehr in sechster Auflage vorliegende Werk des bekannten Verfassers die Grundzüge der gesamten Bergbaukunde. Wenn der Verfasser hierbei vom Erzgangbergbau als dem ältesten und besonders in seiner Heimat Freiberg von alters her geübten und fortgebildeten ausgeht, so ist dies ganz natürlich, da gerade der sächsische und der Harzer Erzbergbau die Lehrmeister des Bergbaues überhaupt gewesen sind. Andererseits hat sich aber der Verfasser bemüht, jedem deutschen Bergbau, sei es auf Erz, Stein- und Braunkohle oder Salz, gerecht zu werden und zahlreiche Beispiele und Angaben über einzelne besonders bemerkenswerte Lagerstätten der Erde und deren Abbau zu bringen.

Der Band ist in folgende 10 Abschnitte eingeteilt: die Lagerstätten, das Aufsuchen der Lagerstätten, die Gesteinarbeiten, die Grubenbaue, der Grubenausbau, Förderung, Fahrung, die Wasserhaltung, Wetterlehre, Betrieb und Verwaltung der Gruben. Es ist anzuerkennen, daß der Verfasser im ganzen den alten Fehler solcher mehr allgemein gehaltenen Werke vermieden hat, nämlich zu viele geschichtlich bemerkenswerte, aber heute praktisch wertlose Einrichtungen in Wort und Bild zu erläutern. Auf jeden Fall sind in jedem Abschnitt immer die neueren und neuesten Einrichtungen mitbehandelt und gebührend hervorgehoben und überhaupt dem gegenwärtigen Stande der Bergwissenschaft oder, richtiger gesagt, der Wissenschaft überall Rechnung getragen worden. . . .

Eine große Anzahl guter Textabbildungen und sehr viele Hinweise auf Sonderveröffentlichungen erhöhen den Wert des in den Fachkreisen geschätzten Buches, das zur Anschaffung warm empfohlen werden kann.

Tiefbohrwesen, Förderverfahren und Elektrotechnik in der Erdölindustrie. Von Dipl.-Ing. **L. Steiner,** Berlin. Mit 223 Abbildungen. X, 340 Seiten. 1926.   Gebunden RM 27.—

Verfahren und Einrichtungen zum Tiefbohren. Kurze Übersicht über das Gebiet der Tiefbohrtechnik. Von Ingenieur **Paul Stein.** Zweite, gänzlich umgearbeitete Auflage. Mit 20 Textfiguren und 1 Tafel. IV, 33 Seiten. 1913.   RM 1.20

Diamantbohrungen für Schürf- und Aufschlußarbeiten über und unter Tage. Von Dipl.-Bergingenieur **G. Glockemeier.** Mit 48 Textfiguren. III, 58 Seiten. 1913.   RM 2.—

(w) **Technische Gesteinskunde.** Leitfaden für Ingenieure des Tief- und Hochbaufaches, der Forst- und Kulturtechnik, für Steinbruchbesitzer und Steinbruchtechniker. Von Ing. Dr. phil. **Josef Stiny.** Mit 27 Abbildungen. („Technische Praxis", Band XXIV.) 355 Seiten. 1919. RM 2.—

(w) **Handbuch der technischen Gesteinskunde.** Von Professor Ing. Dr. phil. **Josef Stiny.** Wien. Mit etwa 350 Abbildungen. Etwa 400 Seiten.   Erscheint im Frühjahr 1927.

Lehrbuch der Bergwerksmaschinen (Kraft- und Arbeitsmaschinen). Von Dr. **H. Hoffmann,** Ingenieur in Bochum. Mit 523 Textabbildungen. VIII, 372 Seiten. 1926. Gebunden RM 24.—

Aus dem Inhalt:

Thermodynamik. — Die Brennstoffe und ihre Verbrennung. — Allgemeines über Dampfkesselanlagen. — Die Feuerungen. der Dampfkessel. — Dampfkesselbauarten und Dampfkesselzubehör. — Berechnung von Rohrleitungen. — Allgemeines über Kolbenmaschinen. — Die Reglung der Kraftmaschinen. — Die Dampfmaschinen. — Die Kondensation des Abdampfes von Dampfmaschinen und Dampfturbinen. Wasserrückkühlanlagen. — Die Dampfturbinen. — Verwertung des Abdampfes von Dampfkraftmaschinen. — Schachtförderanlagen. — Die Dampffördermaschinen. — Die Kolbenpumpen. — Kreiselpumpen, Turbopumpen. — Kolbenkompressoren. — Turbokompressoren. — Druckluftantriebe. — Hochdruckkompressoren. Preßluftlokomotiven. — Kältemaschinen. — Ventilatoren. — Die Verbrennungsmaschinen. — Elektrische Kraftübertragung im Bergbau. — Meßkunde. — Namen- und Sachverzeichnis.

Die Bergwerksmaschinen. Eine Sammlung von Handbüchern für Betriebsbeamte. Unter Mitwirkung zahlreicher Fachgenossen herausgegeben von Dipl.-Bergingenieur **Hans Bansen,** Tarnowitz.

Es liegen vor:

Dritter Band: Die Schachtfördermaschinen. Zweite, vermehrte und verbesserte Auflage, bearbeitet von **Fritz Schmidt** und **Ernst Förster.**

I. Teil: Die Grundlagen des Fördermaschinenwesens. Von Privatdozent Dr. **Fritz Schmidt,** Berlin. Mit 178 Abbildungen im Text. VIII, 209 Seiten. 1923. RM 8.40

II. Teil: Die Dampffördermaschinen. Von Professor Dr. **Fritz Schmidt,** Berlin. Mit 231 Textabbildungen. Erscheint Anfang 1927.

III. Teil: Die elektrischen Fördermaschinen. Von Professor Dr.-Ing. **Ernst Förster,** Magdeburg. Mit 81 Abbildungen im Text und auf einer Tafel. VII, 154 Seiten. 1923. RM 6.—

Sechster Band: Die Streckenförderung. Von Dipl.-Berging. **Hans Bansen.** Zweite, vermehrte und verbesserte Auflage. Mit 593 Textfiguren. XII, 444 Seiten. 1921. Gebunden RM 18.—

Die Drahtseilbahnen (Schwebebahnen) einschließlich der Kabelkrane und Elektrohängebahnen. Von Professor Dipl.-Ing. **P. Stephan.** Vierte, verbesserte Auflage. Mit 664 Textabbildungen und 3 Tafeln. XII, 572 Seiten. 1926. Gebunden RM 33.—

Die Drahtseile als Schachtförderseile. Von Dr.-Ing. **Alfred Wyszomirski.** Mit 30 Textabbildungen. IV, 94 Seiten. 1920. RM 3.—

Berechnung elektrischer Förderanlagen. Von Dipl.-Ing. **E. G. Weyhausen** und Dipl.-Ing. **P. Mettgenberg.** Mit 39 Textfiguren. IV, 90 Seiten. 1920. RM 3.—